DREAMWEAVER CS6
FLASH CS6
PHOTOSHOP CS6
中文版网页设计三合一

李娇、吴涛、朱云飞、王国胜 / 编著

中国青年出版社
CHINA YOUTH PRESS

中青甜狮

图书在版编目（CIP）数据

Dreamweaver CS6 / Flash CS6 / Photoshop CS6 中文版网页设计三合一
/ 李娇等编著 . — 北京：中国青年出版社，2013.5
ISBN 978-7-5153-1603-1
I.①D… II.①李… III.①网页制作工具 IV.①TP393.092
中国版本图书馆 CIP 数据核字（2013）第 090589 号

Dreamweaver CS6 / Flash CS6 /
Photoshop CS6中文版网页设计三合一

李娇、吴涛、朱云飞、王国胜 / 编著

出版发行：　中国青年出版社
地　　址：　北京市东四十二条 21 号
邮政编码：　100708
电　　话：　（010）59521188 / 59521189
传　　真：　（010）59521111
企　　划：　北京中青雄狮数码传媒科技有限公司
策划编辑：　张　鹏
责任编辑：　刘稚清　柳　琪
助理编辑：　沈　莹
封面设计：　六面体书籍设计　张旭兴　郭广建
印　　刷：　中煤涿州制图印刷厂北京分厂
开　　本：　787×1092　1/16
印　　张：　30.25
版　　次：　2013 年 8 月北京第 1 版
印　　次：　2016 年 1 月第 2 次印刷
书　　号：　ISBN 978-7-5153-1603-1
定　　价：　49.90 元（附赠 1DVD，含视频教学＋素材文件）

本书如有印装质量等问题，请与本社联系　电话:（010）59521188 / 59521189
读者来信：reader@cypmedia.com
如有其他问题请访问我们的网站：www.lion-media.com.cn

"北大方正公司电子有限公司"授权本书使用如下方正字体。封面用字包括：方正兰亭黑系列。

▌写作背景

一个商业网站的设计流程分为网页图像设计、网页排版、网页动画设计 3 个部分，这就需要使用图像处理软件、网页排版软件和动画制作软件。在不同公司推出的各种产品中，最著名、最权威的当数 Photoshop、Dreamweaver 和 Flash，这 3 款软件已经成为网页设计领域任何一个设计师都不可或缺的工具。在设计网站时，首先使用 Photoshop 设计网页的整体效果图，并进行细节处理、背景图像处理以及网页图标设计等。接着运用 Dreamweaver 出色的排版功能完美表现网页的设计效果，从而完成网页的制作。最后，使用 Flash 制作动画 Logo、Banner 或是网站宣传动画等。

▌本书特色

本书组织结构合理、语言通俗易懂，知识系统全面，实际应用性强。遵循简洁、易学、实用的写作原则，根据网页设计者的特点与需求，在阐述网页设计理论知识的基础上，更加强调上机动手操作能力的培养，帮助学习者在最短时间内掌握网页设计的绝大多数技能。

▌内容简介

全书分 3 篇，第 1 篇为 Dreamweaver 篇，主要包括网页设计基础知识、Dreamweaver 入门知识、网页的创建、网页的布局、网页的美化、网页的交互行为、网页模板等内容。第 2 篇为 Photoshop 篇，主要包括 Photoshop 的基础操作、网页图像的设计、网页元素的设计等内容。第 3 篇为 Flash 篇，主要包括 Flash 入门知识、网页动画的制作、网页特效的设计等内容。

▌附赠光盘

本书光盘中不仅包含书中的实例文件及 7 小时多媒体教学视频，还附赠海量网页设计素材、模板及其他网页设计相关知识电子书，具体内容如下。

◎ 13255 个按钮图标素材和 2600 个动画素材
◎ 500 个精品广告 Logo 及 Banner 素材
◎ 1830 个优秀网站欣赏及 245 套网页模板
◎ HTML、CSS、JavaScript、ASP 语法和网页配色知识电子书

本书适用于各大中专院校、职业院校和各类培训学校作为网页制作教材使用，也可供网页制作的初学者和爱好者学习使用。

在本书的编写过程中，多位老师倾注了大量心血，但恐百密之中仍有疏漏，恳请广大读者及专家不吝赐教。

编者

CONTENTS
目 录

Part 01 Dreamweaver CS6篇

Part 03 Flash CS6篇

Chapter 12 Flash CS6 基础操作

Chapter 13 网页动画的制作

Chapter 14 网页特效的制作

教学视频索引

Chapter 01
配置网站服务器

Chapter 02
文档的基础操作
建立自己的站点

Chapter 03
插入网页图像
网站引导页
制作图文混排网页

Chapter 04
利用表格布局网页
利用框架布局网页
利用Div+CSS布局网页

Chapter 05
利用CSS自定义导航栏
创建CSS样式
外部CSS文件的创建和应用

Chapter 06
文本交互行为
制作选项卡式网页
为网页添加行为

Chapter 07
创建Access
制作注册页面
验证注册信息

Chapter 08
编辑模板
设计一个模板网页
利用模板制作其他网

Chapter 09
编辑图像文件
设置网页图像颜色
绘制网页图像
绘制卡通蝴蝶

Chapter 10
内容感知移动工具

图层蒙版操作
修饰图像效果
制作杂志插画

Chapter 11
设计网页
绘制网站Logo
绘制导航条

Chapter 12
绘制卡通插画
绘制自然景物

Chapter 13
手机网站动画
汽车网站片头

Chapter 14
网站导航菜单
网站切换按钮

Chapter 15
制作科技公司网站

Part **01** **Dreamweaver CS6篇**

Dw

Ps

Fl

网页设计基础

　　随着计算机技术与网络技术的迅猛发展，互联网成为了人们生活中不可缺少的一部分。越来越多的人开始通过网络进行学习、工作、娱乐等，甚至建立了自己的网站。学习制作网站并不难，在正式开始学习之前，首先来了解一些有关网站的常识。通过对本章内容的学习，读者可以对网站有一个全面具体的认识。

本章重点知识预览

本章重点内容	学习时间	必会知识	重点程度
网站的基本概念	15分钟	网站、网页的基本概念	★
网页的设计理念	25分钟	网页的配色 网页的布局	★★
网站的开发流程	35分钟	网页的开发技术 网站的建设 网站的测试 网站的维护	★★★

本章范例文件	·无
本章实训文件	·无

本章精彩案例预览

▲ 红色调网页

▲ 蓝色调网页

▲ 绿色调网页

1.1 网站开发概述

随着因特网的发展与普及，网站已经成为越来越重要的信息发布途径。在学习制作网页之前，必须先了解一下网站的基础知识及其相关的概念。

1.1.1 什么是网站

网站是由多个网页组成的，但不是网页的简单罗列组合，而是用超链接方式组成的既有鲜明风格又有完善内容的有机整体。要想制作出一个好的网站，必须了解网站建设的一些基本知识。

1．网站的概念

网站（website）是指因特网上一块固定的面向全世界发布消息的地方，由域名（网站地址）、网站源程序和网站空间构成，通常包括主页和其他具有超链接文件的页面。网站空间由专门的独立服务器或租用的虚拟主机承担；网站源程序则放在网站空间里面，表现为网站前台和网站后台。简单来说，域名就相当于一个家的门牌号码；网站的空间就相当于一个家，可以存放许多东西。

网站是指在因特网上，根据一定的规则，使用HTML等工具制作的用于展示特定内容的相关网页的集合。简单地说，网站是一种通讯工具，人们可以通过网站来发布自己想要公开的资讯，或者利用网站来提供相关的网络服务。人们可以通过网页浏览器来访问网站，获取自己需要的资讯或者享受网络服务。衡量一个网站的性能通常从网站空间大小、网站位置、网站连接速度（俗称"网速"）、网站软件配置、网站提供服务等几方面考虑，最直接的衡量标准是这个网站的真实流量。

在早期，域名、空间服务器与程序是网站的基本组成部分，随着科技的不断进步，网站的组成也日趋复杂，目前大多数网站由域名、空间服务器、DNS域名解析、网站程序、数据库等组成。

2．网站的分类

按照不同的标准可对网站进行不同的分类，具体介绍如下。

1）根据网站所用编程语言可以分为ASP网站、PHP网站、JSP网站、ASP.NET网站等。

2）根据网站的用途可以分为门户网站（综合网站）、行业网站、娱乐网站等。

3）根据网站的功能可以分为单一网站（企业网站）、多功能网站（网络商城）等。

4）根据网站的所有者可以分为个人网站、商业网站、政府网站、教育网站等。

5）根据网站的商业目的可以分为营利性网站（行业网站、论坛）、非营利性网站（政府网站、教育网站）等。

1.1.2 网站的类型

网站的主要目的是为了高效传播信息，使外界了解需要宣传的内容，如企业信息、学术内容或其他信息，并且进而达成宣传形象或提供服务的目的。根据行业特性的差别，以及建站目的和主要目标群体的不同，大致可以把网站分为以下几种类型。

1．资讯门户类网站

这类网站以提供信息资讯为主要目的，是目前最普遍的网站形式之一。这类网站虽然涵盖的工作类型多，信息量大，访问群体广，但所包含的功能却比较简单。其基本功能通常包含检索、论坛、留言，也有一些提供简单的浏览权限控制，例如许多企业网站中就有只对代理商开放的栏目或频道。图1-1就是一家典型的资讯门户类网站。

开发这类网站的技术含量主要涉及3个因素：一是承载的信息类型；二是信息发布的方式和流程；三是信息量的数量级。

图1-1 资讯门户类网站

2. 社区网站

社区网站指的是大型的、分类较多的，并且有很多注册用户的网站，与BBS差不多。社区网站要提供用户注册和登录的功能，这也是社区网站最基本的功能。图1-2所示就是一个社区网站。

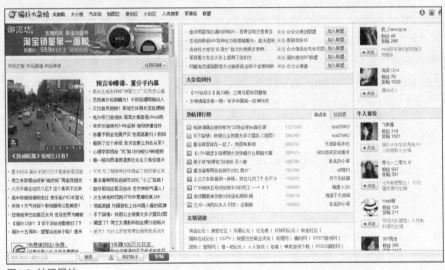

图1-2 社区网站

3. 企业品牌类网站

企业品牌类网站建设要求展示企业综合实力，体现企业CIS和品牌理念。这类网站非常强调创意，对于美工设计要求较高，精美的Flash动画是常用的表现形式。其网站内容组织策划、产品展示体验方面也有较高要求。企业品牌类网站多利用多媒体交互技术、动态网页技术，并针对目标客户进行内容建设，以达到品牌营销传播的目的。图1-3所示就是典型的企业品牌类网站。

企业品牌类网站可细分为如下3类。

1）企业形象网站：这类网站主要用于塑造企业形象，传播企业文化，推介企业业务，报道企业活动，展示企业实力。

2）品牌形象网站：当企业拥有众多品牌，并且不同品牌之间市场定位和营销策略各不相同时，企业可根据不同品牌建立其品牌网站，以针对不同的消费群体。

3）产品形象网站：针对某一产品的网站，重点在于产品的体验。

图1-3 企业品牌类网站

4．功能性网站

这是近年来兴起的一种新型网站，Google即其典型代表。这类网站的主要特征是将一个具有广泛需求的功能扩展开来，开发一套强大的支撑体系，将该功能的实现推向极致。功能性网站看似页面简单，却往往投入惊人，效益可观。图1-4所示的百度就属于功能性网站。

图1-4 功能性网站

5．交易类网站

这类网站是以实现交易为目的，以订单为中心；交易的对象可以是企业（B2B），也可以是消费者（B2C）。这类网站包括3项基本内容：商品如何展示、订单如何生成和订单如何执行。因此，该类网站一般需要有产品管理、订购管理、订单管理、产品推荐、支付管理、收费管理、送发货管理、会员管理等基本系统功能。功能复杂一些的可能还需要积分管理系统、VIP管理系统、CRM系统、MIS系统、ERP系统、商品销售分析系统等。

▼ Part 01 Dreamweaver CS6篇

Chapter 01 | 网页设计基础

Chapter 02
Chapter 03
Chapter 04
Chapter 05
Chapter 07
Chapter 08

交易类网站成功与否的关键在于业务模型的优劣。企业为配合自己的营销计划搭建的电子商务平台，也属于这类网站。图1-5所示的就是一个典型的交易类网站。

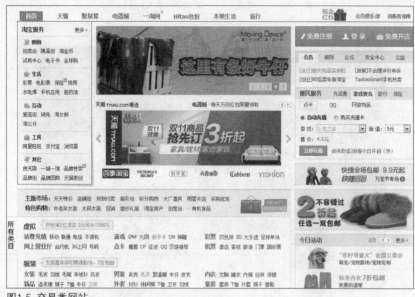

图1-5 交易类网站

6．办公及政府机构网站

企业办公网站主要包括企业办公事务管理系统、人力资源管理系统、办公成本管理系统和网站管理系统。政府办公网站利用外部政务网与内部局域办公网络而运行。其基本功能包括：提供多数据源接口，实现业务系统的数据整合；统一用户管理，提供方便有效的访问权限和管理权限体系；可以灵活设立二级子网站和部门网站；实现复杂的信息发布管理流程。

这类网站面向社会公众，既可提供办事指南、政策法规、动态信息等，也可提供网上行政业务申报、办理，相关数据查询等。图1-6所示是国家税务总局的网站。

图1-6 办公及政府机构网站

7．互动游戏网站

这类网站的投入由所承载游戏的复杂程度决定，其趋势是向超巨型方向发展，有的已经形成了独立的网络世界，让玩家乐不思蜀，欲罢不能。这是近年来国内逐渐风靡起来的一种网站。图1-7所示是某互动游戏网站。

图1-7 互动游戏网站

8．有偿资讯类网站

这类网站与资讯类网站有些相似，也是以提供资讯为主，不同之处在于其提供的资讯要求直接有偿回报。这类网站的业务模型一般要求访问者或按次、或按时间、或按量付费。图1-8所示就是一个有偿资迅类网站。

图1-8 有偿资讯类网站

▼ Part 01 Dreamweaver CS6篇

Chapter 01 | 网页设计基础
Chapter 02
Chapter 03
Chapter 04
Chapter 05
Chapter 06
Chapter 07
Chapter 08

9. 综合类网站

这类网站的共同特点是提供两个以上的典型服务，可以把它看成一个网站服务的大卖场，不同的服务由不同的服务商提供。在设计综合类网站首页时会尽可能把所能提供的服务都包含进来。图1-9所示就是一个综合类网站。

图1-9 综合类网站

在实际应用中，很多网站往往不能简单地归为某一种类型，无论是建站目的还是表现形式都可能涵盖了两种或两种以上类型。对于这种企业网站，可以按上述类型的区别划分为不同的部分，每一个部分都基本上可以认为是一个较为完整的网站类型。

1.1.3 认识网页

网页是构成网站的基本元素，是承载各种网站应用的平台。如果只有域名和虚拟主机而没有制作任何网页的话，浏览者仍旧无法访问网站。网页实际上只是一个纯文本文件，它通过各式各样的标记对页面上的文字、图片、表格、声音等元素进行描述（例如字体、颜色、大小），而浏览器则对这些标记进行解释并生成页面，于是就得到现在所看到的画面。网页文件中存放的只是图片的链接位置，而图片文件与网页文件是互相独立存放的，甚至可以不在同一台计算机上。

通常看到的网页，大都是以HTM或HTML后缀结尾的文件。同时，还有以CGI、ASP、PHP和JSP后缀结尾的。根据网页生成方式的不同，大致可分为静态网页和动态网页两种。

1. 静态网页

静态网页是网站建设初期经常采用的一种形式，其内容是预先确定的，并存储在Web服务器之上。静态网页是相对于动态网页而言的，是指没有后台数据库、不含程序和不可交互的网页。网站建设者把内容设计成静态网页，访问者只能浏览网站提供的网页内容。

静态网页是标准的HTML文件，它的文件扩展名是.htm或.html，可以包含文本、图像、声音、Flash动画、客户端脚本、ActiveX控件及Java小程序等。尽管在这种网页上使用这些对象后可以使网页动感十足，但是，这种网页不包含在服务器端运行的任何脚本，网页上的每一行代码都是由网页设计人员预先编写好后放置到Web服务器上的，在发送到客户端的浏览器上后不再发生任何变化，因此称其为静态网页，如图1-10所示。

图1-10 静态网页

静态网页具有如下3个特点。

1）静态网页内容相对稳定，除非网页设计者修改了网页的内容，不会发生变化，因此容易被搜索引擎检索到。

2）静态网页交互性比较差，不能实现和浏览者之间的交互。静态网页的信息流向是单向的，即从服务器到浏览器，服务器不能根据用户的选择调整返回给用户的内容，在功能方面有比较大的局限性。

3）任何静态网页都有一个固定的URL，并且网页URL以.htm、.html、.shtml等常见形式为后缀，而不含有"?"。

2．动态网页

动态网页与网页上的各种动画、滚动字幕等视觉上的"动态效果"没有直接关系，动态网页可以是纯文字内容的，也可以包含各种动画的内容，这些只是网页具体内容的表现形式。无论网页是否具有动态效果，采用动态网站技术生成的网页都称为动态网页，如图1-11所示。

图1-11 动态网页

动态网页是取决于由用户提供的功能，并根据存储在数据库中网站上的数据而创建的页面。与静态网页相对应，动态网页URL的后缀不是.htm、.html、.shtml、.xml等常见形式，而是.aspx、.asp、.sp、.php、.perl、.cgi等形式，并且在动态网页URL中有一个标志性符号——？。

动态网页其实就是建立在B/S架构上的服务器端脚本程序。在浏览器端显示的网页是服务器端程序运行的结果。

动态网页的特点介绍如下。

1）动态网页以数据库技术为基础，可以大大降低网站维护的工作量。

2）采用动态网页技术的网站可以实现更多的功能，如用户注册、用户登录、搜索查询、用户管理、订单管理等。

3）动态网页并不是独立存在于服务器上的网页文件，只有当用户请求时服务器才返回一个完整的网页。

4）搜索引擎一般不可能从一个网站的数据库中访问全部网页，因此采用动态网页的网站在进行搜索引擎推广时，需要进行一定的技术处理才能适应搜索引擎的要求。

静态网页和动态网页各有特点，网站采用动态网页还是静态网页，主要取决于网站的功能需求和网站内容的多少，如果网站功能比较简单，内容更新量不是很大，采用纯静态网页的方式会更简单，反之一般要采用动态网页技术来实现。静态网页是网站建设的基础，静态网页和动态网页之间并不矛盾，为了使网站适应搜索引擎检索的需要，即使采用动态网站技术，也可以将网页内容转化为静态网页发布。

TIP 认识HTML文件

网页又称作HTML文件，是一种可以在WWW（World Wide Web）网上传输，并被浏览器识别和翻译成页面显示出来的文件。其中HTML的意思是HyperText Markup Language，即"超文本标记语言"。"超文本"就是指页面内可以包含图片、链接，甚至音乐、程序等非文字的元素。网页就是由HTML语言编写出来的。文字与图片是构成一个网页的两个最基本的元素，此外，还包括动画、音乐、程序等。

1.2 网页设计理念

网站的成功与否，很重要的一个因素在于它的构思及设计理念，要有好的创意及丰富详实的内容，才能够让网页焕发出勃勃生机。

1.2.1 网页配色艺术

色彩对网站的设计来说非常重要，从一个网站的色彩设计中就可以看出网站的风格。色彩的魅力是无限的，它可以让本身平淡无味的东西瞬间变得漂亮起来。作为最具说服力的视觉语言，色彩在人们的生活中起着先声夺人的作用。

1. 色彩的基本概念

自然界中的颜色可以分为无彩色和有彩色两大类。无彩色指黑色、白色和各种深浅不一的灰色，而其他所有颜色均属于彩色。任何一种彩色都具有以下3个属性。

色相（Hue）：也叫色泽，是颜色的基本特征，能够反映颜色的基本面貌，是一种色彩区别于另一种色彩的最主要因素。

饱和度（Saturation）：也叫纯度，指颜色的纯洁程度。饱和度高的色彩纯、鲜亮，饱和度低的色彩暗淡、含灰色。

明度（Brightness）：也叫亮度，能够体现颜色的明暗程度，明度越大，色彩越亮。

非彩色只有明度特征，没有色相和饱和度的区别。

电脑屏幕的色彩是由RGB（红、绿、蓝）3种色光所合成的，通过调整这3个基本色可以调校出其他的颜色。在许多图像处理软件中，都提供了色彩调配功能。如图1-12所示。

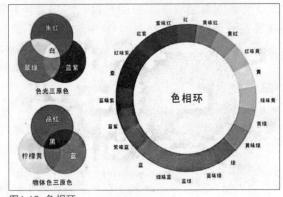

图1-12 色相环

2．色彩搭配

网页的色彩是树立网站形象的关键要素之一，色彩搭配既是一项技术性工作，也是一项艺术性很强的工作。在设计网页时，除了要考虑网站本身的特点外，还要遵循一定的艺术规律，从而设计出色彩鲜明、性格独特的网站。网页色彩的搭配需要遵循一些原理，这些原理包括色彩的鲜明性、独特性、艺术性，以及色彩搭配的合理性。充分地运用色彩搭配的原理，可以使网页具有深刻的艺术内涵，并能提升网页的文化品位。

（1）近似色搭配

近似色是指色环中两个或三个相邻的颜色，例如橙黄色—黄色、红色—橙色等为近似色。近似色的搭配给人的视觉效果很舒服、自然，画面统一和谐，如图1-13所示。

图1-13 近似色搭配

（2）互补色搭配

互补色是指在色环中相对的两种色彩，该配色为极端对比类型，例如红色—绿色等。其效果强烈、炫目，有时候是一种很好的搭配，如图1-14所示。

Chapter 01 │ 网页设计基础
Chapter 02
Chapter 03
Chapter 04
Chapter 05
Chapter 06
Chapter 07
Chapter 08

图1-14 互补色搭配

（3）无彩色搭配

无彩色组合搭配在实用方面很有价值，例如黑—白、黑—灰等。其效果庄重、大方，富有现代感，如图1-15所示。

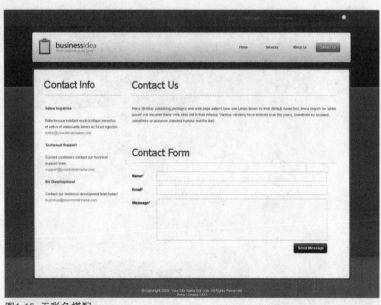

图1-15 无彩色搭配

（4）无彩色与有彩色搭配

无彩色与有彩色搭配的对比效果既大方又活泼，例如黑—红、灰—紫等。灰色是万能色，可以和任何色彩搭配，也可以帮助两种对立的色彩和谐过渡，如图1-16所示。

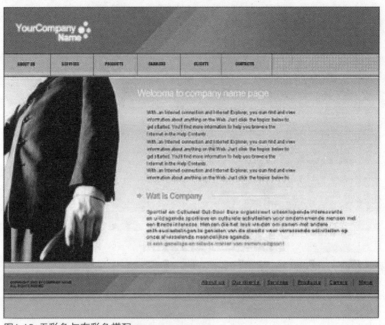

图1-16 无彩色与有彩色搭配

3．色彩所带来的心理感受

一个配色合理且极具风格的网站会给浏览者留下深刻的印象。色彩能让人们通过视觉产生联想，从而引起心理作用，不同的色彩会带给浏览者不同的心理感受。

（1）红色

红色是一种激奋的色彩，代表热情、活力、吉祥，是能量充沛的色彩，容易引起人们的注意。但有时也会给人血腥、暴力的感觉，容易造成心理压力、视觉疲劳。图1-17是以红色作为主色调的网页。

图1-17 红色调网页

（2）黄色

黄色是明度极高的颜色，具有欢乐、轻快的个性，代表明朗、愉快、希望、信心、高贵，是色彩中最为娇气的一种。淡黄色代表天真、烂漫、娇嫩。图1-18是以黄色作为主色调的网页。

Chapter 01 基础 | 网页设计
Chapter 02
Chapter 03
Chapter 04
Chapter 05
Chapter 06
Chapter 07
Chapter 08

图1-18 黄色调网页

（3）蓝色

蓝色是知性与灵性兼具的色彩。天空蓝代表希望、理想；深蓝意味着诚实、公正和权威；宝石蓝代表坚定与理智。蓝色在网页设计中是应用比较广泛的颜色。图1-19是以蓝色作为主色调的网页。

图1-19 蓝色调网页

（4）绿色

绿色给人无限的安全感，象征着自由和平、新鲜舒适，代表充满希望、安逸和青春，显得宁静、和睦和健康。绿色是具有黄色和蓝色两种颜色的成分，在绿色中，将黄色的扩张感和蓝色的收缩感中和，并将黄色的温暖感和蓝色的寒冷感相抵消。绿色和金黄色、白色搭配，可产生优雅舒适的气氛。图1-20是以绿色为主色调的网页。

Dreamweaver CS6 / Flash CS6 /
Photoshop CS6 网页设计三合一　中文版

图1-20　绿色调网页

（5）紫色

紫色的光波最短，在自然界中较少见到，被引申为象征高贵、神秘的色彩。淡紫色代表浪漫、优雅、娇气，深紫色则魅力十足，狂野中带着一些浪漫。图1-21是以紫色为主色调的网页。

图1-21　紫色调网页

（6）白色

白色代表纯洁、纯真、朴素、神圣和明快，具有洁白、出淤泥而不染的感觉。图1-22是以白色为主色调的网页。

图1-22　白色调网页

（7）橙色

橙色也是一种激奋的颜色，具有轻快、热烈、温馨、时尚的效果。图1-23是以橙色为主色调的网页。

图1-23　橙色调网页

（8）黑色

黑色代表严肃、庄重，象征着权利与威仪，同时又具有沉默、空虚、压抑的感觉。图1-24是以黑色为主色调的网页。

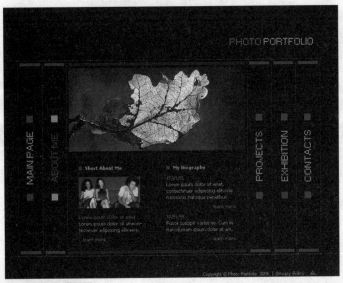

图1-24　黑色调网页

1.2.2　网页布局艺术

确定网页风格后，要对网页的布局进行整体规划。根据不同的组织形式，可以将网页的版式分成很多种，常见的网页布局有国字型、封面型、分割型、分栏型、焦点型、标题正文型等。

1. 国字型

国字型是大型网站常用的页面布局，特点是内容丰富、链接多、信息量大。最上面一般是网站的标志、广告及导航栏；下面是主要内容，左右各有一些栏目，主体内容在中间；最下面是一些网站的基本信息及版权信息。这种结构是国内一些大中型网站常用的布局方式，其优点是能够充分利用版面，信息量大；缺点是页面显得拥挤，不够灵活。图1-25所示的网页便使用了国字型的布局。

图1-25 国字型布局

2．封面型

封面型布局更接近于平面设计艺术，主要应用于网站主页或广告宣传页面上，一般为设计精美的图片或动画配上简单的文字链接。图1-26所示的是使用了封面型布局的网页。

图1-26 封面型布局

3．分割型

分割型布局是指把页面分成上下或左右两部分，分别安排文字和图片内容。在这种布局下，文字和图片的比例相当，形成对比效果；在整个页面中文字部分理性而有说服力，图片部分感性而有表现力。图 1-27 所示的是使用了分割型布局的网页。

图1-27 分割型布局

4．分栏型

　　分栏型布局一般将网页分为左右（或上下）两栏或多栏，主要以横向两栏、三栏或纵向两栏、三栏居多。分栏型布局是一种严谨、规范的版面布局方式，能给人以条理清晰的感觉。图1-28所示的是使用了分割型布局的网页。

图1-28　分栏型布局

5．焦点型

　　焦点型布局是指将文字或图片置于页面的视觉中心，然后安排其他视觉元素引导浏览者的视线向页面中心聚焦或者向外辐射，形成收缩或膨胀的视觉感受，给浏览者带来强烈的视觉效果。图1-29所示的是采用了焦点型布局的网页。

图1-29　焦点型布局

6．标题正文型

　　标题正文型的布局结构一般用于显示文章页面、新闻页面和一些注册页面等。该布局的特点是内容简单，网页上部是标题，下部是网页正文。图1-30所示的是使用了标题正文型布局的网页。

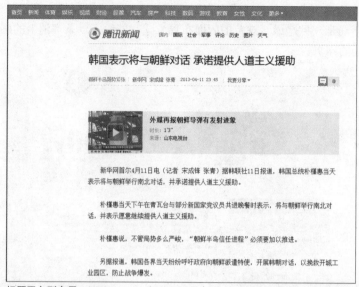

图1-30 标题正文型布局

1.3　网页设计软件

目前有许多网页设计软件，一类是使用HTML语言直接编制网页的编辑软件，另一类是使用Dreamweaver、Photoshop等页面设计软件。直接编写HTML语言要求掌握大量的HTML标记，适用于对HTML语法非常熟悉的用户。而使用Dreamweaver、Photoshop等软件制作网页不要求掌握大量复杂的HTML标记，整个创作变得非常轻松，因此受到广大网页设计师的青睐。

1.3.1　Dreamweaver CS6

目前，Dreamweaver的最新版本是CS6，它是世界顶级软件厂商Adobe推出的一款用于制作并编辑网站和移动应用程序的网页设计软件。由于它支持代码、拆分、设计、实时视图等多种方式来创作、编写和修改网页，对于初级人员，可以无需编写任何代码就能快速创建Web页面。Dreamweaver CS6新版本使用了自适应网格版面创建页面，在发布前使用多屏幕预览审阅设计，可大大提高工作效率；改善的FTP性能，可更高效地传输大型文件；"实时视图"和"多屏幕预览"面板可呈现HTML5代码，并且能够检查自己的工作。

Dreamweaver包括可视化编辑、HTML代码编辑的软件包，并支持ActiveX、JavaScript、Java、Flash、ShockWave等特性，而且它还能通过拖曳从头到尾制作动态的HTML动画，支持动态HTML（Dynamic HTML）的设计，使得页面没有plug-in也能够在Netscape和IE 4.0浏览器中正确地显示页面的动画。同时，它还提供了自动更新页面信息的功能。Dreamweaver采用了Roundtrip HTML技术。这项技术使得网页能够在Dreamweaver和HTML代码编辑器之间进行自由转换，并且HTML句法及结构不变。专业设计者可以在不改变原有编辑习惯的同时，充分享受到可视化编辑带来的益处。Dreamweaver最具挑战性和生命力的是它的开放式设计，这项设计使任何人都可轻松扩展它的功能。

1.3.2　Photoshop CS6

Adobe Photoshop，简称PS，是一款由Adobe 公司开发和发行的图像处理软件。

Chapter 01 | 网页设计 | 基础

Chapter 02

Chapter 03

Chapter 04

Chapter 05

Chapter 06

Chapter 07

Chapter 08

Photoshop主要处理以像素构成的数字图像。使用其众多的编修与绘图工具，可以更有效地进行图片编辑工作。实际上，Photoshop的应用领域是很广泛的，在图像、图形、文字、视频、出版等方面都有所涉及。

Photoshop是Adobe公司旗下最著名的图像处理软件之一，集图像扫描、编辑修改、图像制作、广告创意，图像输入与输出等各种功能于一体，深受广大平面设计人员和电脑美术爱好者的喜爱。

2012年4月24日，Adobe发布了Photoshop CS6的正式版。在Photoshop CS6中，整合了Adobe专有的Mercury图像引擎，通过显卡核心GPU提供了强悍的图片编辑能力；Content-Aware Patch帮助用户更加轻松方便地选取区域，方便用户进行抠图等操作；Blur Gallery可以允许用户在图片和文件内容上呈现渲染模糊特效；Intuitive Video Creation提供了一种全新的视频操作体验。

1.3.3 Flash CS6

Flash是一种集动画创作与应用程序开发于一身的创作软件，它以流式控制技术和矢量技术为核心，制作的动画具有短小精悍的特点，所以被广泛应用于网页动画的设计中，以成为当前网页动画设计最为流行的软件之一。

Flash动画设计的3大基本功能是绘图和编辑图形、补间动画和遮罩，这也是整个动画设计知识体系中最重要、也是最基础的。这3个功能是自Flash诞生以来就存在的。Flash虽然不可以像一门语言一样进行编程，但使用其内置的语句并结合JavaScript，也可做出互动性很强的主页来。

目前，最新的零售版本为Adobe Flash Professional CS6。该软件是用于创建动画和多媒体内容的强大的创作平台。设计身临其境，而且在台式计算机和平板电脑、智能手机和电视等多种设备中都能呈现一致效果的互动体验。新版Flash Professional CS6附带了可生成Sprite表单和访问专用设备的本地扩展。可以锁定最新的Adobe Flash Player 和AIR 运行时以及Android和ios设备平台。它为创建数字动画、交互式Web站点、桌面应用程序以及手机应用程序开发提供了功能全面的创作和编辑环境。

1.4　动态网页开发技术

随着Web的广泛应用，Web的开发技术也在不断地进步，单纯的静态网站已不能满足用户的需求，动态网站开发技术成为当今网站开发中的主流技术。目前常用的动态网站开发技术有ASP、ASP.NET、JSP、PHP等。

1.4.1 ASP技术

ASP是Active Server Page的缩写，意为"动态服务器页面"。ASP是微软公司开发的替代CGI脚本程序的一种应用，它可以与数据库和其他程序进行交互，是一种简单、方便的编程工具，利用它可以产生和运行动态的、交互的、高性能的Web服务应用程序。ASP的网页文件的格式是.asp，现在常用于各种动态网站中。其主要功能是为生成动态的交互式的Web服务器应用程序提供一种功能强大的方法或技术。

ASP具有很好的安全性，由于它在服务器端执行，所以不必担心别人下载程序而窃取编程逻辑。访问者除了浏览器上的HTML界面外，什么都看不见，从而保护了开发者的利益。一个ASP程序相当于一个可执行文件，必须放在Web服务器上有可执行权限的目录下。用户在浏览器地址栏输入网址，默认页面的扩展名是.asp，当浏览器向Web服务器请求调用ASP文件时，服务器引擎开始运行ASP程序，对被请求的ASP文件按照从上到下的顺序开始处理，执行脚本命令，然后动态生成HTML页面并传送回到浏览器中。

通常情况下，ASP网页具有以下几个特征。

1）利用ASP可以实现突破静态网页的一些功能限制，实现动态网页技术；

2）ASP文件是包含在HTML代码所组成的文件中的，易于修改和测试；

3）服务器上的ASP解释程序会在服务器端执行ASP程序，并将结果以HTML格式传送到客户端浏览器上，因此使用各种浏览器都可以正常浏览ASP所产生的网页；

4）ASP提供了一些内置对象，使用这些对象可以使服务器端脚本功能更强；

5）ASP可以使用服务器端ActiveX组件来执行各种各样的任务，例如存取数据库等；

6）由于服务器是将ASP程序执行的结果以HTML格式传送回客户端浏览器，因此使用者不会看到ASP所编写的原始程序代码，可防止ASP程序代码被窃取；

7）方便连接ACCESS与SQL数据库。

1.4.2 ASP.NET技术

ASP.NET的前身是ASP技术，是在IIS 2.0上首次推出，并在IIS3.0上发扬光大，成为服务器端应用程序的热门开发工具。ASP.NET是建立在公共语言运行库上的编程框架，可用于在服务器上生成功能强大的Web应用程序。

ASP.NET是基于通用语言的编译运行的程序，它的强大性和适应性，可以使它运行在Web应用软件开发者的几乎全部的平台上。通用语言的基本库、消息机制、数据接口的处理都能无缝地整合到ASP.NET的Web应用中。ASP.NET同时也是language-independent（语言独立化），现在已经支持的有C#（C++和Java的结合体）、VB、JScript、C++、F++。以后这样的多种程序语言协同工作的能力，包括现在的基于COM+开发的程序，都能够完整地移植向ASP.NET。

ASP.NET一般分为两种开发语言，即VB.NET和C#。C#相对比较常用，它是.NET独有的语言，VB.NET则为以前的VB程序设计，适合于以前的VB程序员。ASP.NET运行的架构分为3个阶段：在IIS与Web服务器中的消息流动阶段；在ASP.NE网页中的消息分派阶段；在ASP.NET网页中的消息处理阶段。

与以前的Web开发模型相比，ASP.NET具有更好的灵活性、简易性、可管理性、可缩放性与可用性、自定义性与可扩展性以及安全性等优点。

1.4.3 JSP技术

JSP（Java Server Pages）是由Sun Microsystems公司倡导、许多公司参与一起建立的一种动态网页技术标准。JSP技术有些类似于ASP技术，它是在传统的网页HTML文件（*.htm,*.html）中插入Java程序段（Scriptlet）和JSP标记（tag），从而形成JSP文件（*.jsp）。用JSP开发的Web应用是跨平台的，既能在Linux中运行，也能在其他操作系统中运行。JSP可用一种简单易懂的等式表示为：HTML+Java+JSP标记=JSP。

JSP技术使用Java编程语言编写类XML的tags和scriptlets，来封装产生动态网页的处理逻辑。网页还能通过tags和scriptlets访问存在于服务端的资源的应用逻辑。JSP将网页逻辑与网页设计和显示分离，支持可重用的基于组件的设计，使基于Web的应用程序的开发变得迅速和简单。Web服务器在遇到访问JSP网页的请求时，首先执行其中的程序段，然后将执行结果连同JSP文件中的HTML代码一起返回给客户。插入的Java程序段可以操作数据库、重新定向网页等，以实现建立动态网页所需要的功能。JSP与JavaServlet一样，是在服务器端执行的，通常返回给客户端的就是一个HTML文本，因此客户端只要有浏览器就能浏览。

JSP页面由HTML代码和嵌入其中的Java代码所组成。服务器在页面被客户端请求以后对这些Java代码进行处理，然后将生成的HTML页面返回给客户端的浏览器。Java Servlet是JSP的技术基础，而且大型的Web应用程序的开发需要Java Servlet和JSP配合才能完成。JSP具备了Java技术的简单易用、完全面向对象、具有平台无关性且安全可靠、主要面向因特网的所有特点。

JSP技术的强势表现在以下几个方面。

1）一次编写，多处运行。除了系统之外，代码不用做任何更改。

2）系统的多平台支持。基本上可以在所有平台上的任意环境中开发，在任意环境中进行系统部署，在任意环境中扩展。相比ASP.NET的局限性是显而易见的。

3）强大的可伸缩性。从只有一个小的Jar文件就可以运行Servlet/JSP，到由多台服务器进行集群和负载均衡，到多台Application进行事务处理、消息处理、一台服务器到无数台服务器，Java显示出了强大的生命力。

4）多样化和功能强大的开发工具支持。这一点与ASP很像，Java已经有了许多非常优秀的开发工具，而且许多可以免费得到，并且其中许多已经可以顺利地运行于多种平台之下。

5）支持服务器端组件。Web应用需要强大的服务器端组件来支持，开发人员需要利用其他工具设计实现复杂功能的组件供Web页面调用，以增强系统性能。JSP可以使用成熟的Java Beans组件来实现复杂商务功能。

1.4.4 PHP技术

PHP是一种HTML内嵌式语言，是在服务器端执行的嵌入HTML文档的脚本语言，语言的风格类似于C语言，被广泛地使用。

PHP独特的语法混合了C、Java、Perl以及PHP自创的语法。它可以比CGI或者Perl更快速地执行动态网页。与其他的编程语言相比，PHP是将程序嵌入到HTML文档中去执行，执行效率比完全生成HTML标记的CGI要高许多；PHP还可以执行编译后代码，可以加密和优化代码运行，使代码运行更快。PHP具有非常强大的功能，所有的CGI功能PHP都能实现，而且支持几乎所有流行的数据库以及操作系统，最重要的是PHP可以用C、C++进行程序的扩展。

PHP的特性包括以下几点。

1）开放的源代码。所有的PHP源代码事实上都可以得到。

2）方便快捷。程序开发快、运行快，技术本身学习快。PHP可以被嵌入于HTML语言，相对于其他语言，其编辑简单、实用性强，更适合初学者。

3）跨平台性强。由于PHP是运行在服务器端的脚本，可以运行在UNIX、Linux、Windows下。

4）执行效率高。PHP消耗相当少的系统资源。

5）面向对象。在PHP4、PHP5中，面向对象方面都有了很大的改进，现在PHP完全可以用来开发大型商业程序。

1.5 网站开发流程

建设一个网站包括网站策划、网页设计、网站内容整理、网站推广、网站维护等环节。一个好的开发流程能够给设计者带来很大的帮助和指导，这个过程需要网站策划人员、美术设计人员、Web程序员共同完成。

1.5.1 网站总体策划

网站策划是决定网站平台建设成败的关键内容之一。网站策划重点阐述了解决方案能给客户带来哪些价值，以及通过何种方法去实现这些价值，从而帮助业务员赢取订单；网站策划人员要做的工作不仅仅是撰写一份策划方案书，而是涵盖了从了解客户需求到与美术设计人员与技术开发人员

Chapter 01 网页设计基础
Chapter 02
Chapter 03
Chapter 04
Chapter 05
Chapter 06
Chapter 07
Chapter 08

的沟通协调，到网站发布宣传与推广等多项工作内容。

1．网站策划核心

一个企业网站策划者，首先应当深入了解企业的产品生产和销售状况，如企业产品所属行业背景、企业生产能力、产品年销售概况、内外销比重、市场占有率、产品技术特点、市场宣传卖点、目标消费群、目标市场区域、竞争对手情况等。只有详细了解了企业产品信息和市场信息，才能进行定位分析，准确判定在网站当中将要进行的产品展示应该达到什么样的目的，做到心中有数，有的放矢。其次网站策划人有一个明显区别于网站开发者的视觉差异，那就是要站在企业（客户）和访问者的角度来规划网站，这一点在规划产品展示的时候显得尤为突出。一个完整的产品展示体系，主要包括直观展示，用户体验和网站互动3个部分。

2．网站策划流程

一个网站的成功与否，和建站前的网站规划有着极为重要的联系。在建立网站前，应明确建设网站的目的、网站的功能、网站规模、投入费用，进行必要的市场分析等。网站策划对网站建设起着计划和指导的作用，对网站的内容和维护起着定位作用。

（1）网站策划方案的价值

网站策划重点阐述了解决方案能给客户带来哪些价值，以及通过何种方法去实现这种价值，从而帮助业务员赢取订单。另外，一份优秀的解决方案在充分挖掘、分析客户的实际需求的基础之上，又以专业化的网站开发语言、格式，有效地解决了日后开发过程中的沟通、整理资料的方向性问题。

（2）前期策划资料收集

策划方案资料的收集情况是网站策划方案能够成功的关键点，它关系到是否能够准确充分地帮助客户分析、把握互联网应用价值点。往往一份策划方案能否中标，与信息的收集方法、收集范围、执行态度、执行尺度有密切关系。

（3）网站策划思路整理

在充分收集客户数据的基础之上，需要对数据进行分析、整理，需要客户、业务员、策划师、设计师、软件工程师、编辑的齐心参与，进行多方位的分析、洽谈、融合。

（4）网站策划方案写作

网站策划方案写作是整个标准的核心。一份专业的网站策划方案需要经过严格的包装才能提交给客户。方案的演示与讲解关系订单的成败大事。网站策划方案的归档、备案可以根据公司的知识库规则的不同，而制订出不同的标准。

3．网站策划的重要性

网站策划逐步被各企业所重视，在企业建站中起到核心的作用。网站建设其实不是一件简单的事情，将美术设计、信息栏目规划、页面制作、程序开发、用户体验、市场推广等多方面知识合理地融合在一起，才能够建出成功的网站。而将这些结合在一起的就是网站策划，策划主要的任务是根据领导给出的主题，结合具体市场情况，通过与各个技术部门人员沟通，制定出合理的建设方案，网站策划对网站是否成功起着决定性作用。

1.5.2 设计和制作素材

要让自己的网站有声有色、引人注意，就要尽量搜集素材。网站的资料和素材包括所需图片、动画、Logo的设计、框架规划、文字信息搜索等，搜集到的素材越充分，制作网站就越容易。素材可以从图书、报刊及多媒体等中搜集，也可以从网上搜集，还可以自己制作，然后对搜集到的素材去粗取精，选出所需的素材。

1．网站标志的设计

网站标志是网站独有的传媒符号，主要作用是传递网站定位，表达网站理念，便于人们识别。标志设计追求的是以简洁的符号化视觉艺术形象向人们传达网站的主题和理念。网站标志是网站内涵的集中体现，通常出现在页面的上方。常用的表现形式分为图案型、文字型和图文型，如图1-31所示。

图1-31 网站标志

2．网站导航的设计

网站的导航栏可以引导浏览者迅速找到想要的信息。在网页设计中，导航栏的形式很丰富，可以根据网站风格和主题合理地设计导航栏的形式。常见的是在网页的上方或两侧，以文字列表的形式展示导航栏。也有为追求特色的艺术效果，将文字和图形结合设计出的导航栏，如图1-32所示。

图1-32 精美导航

3．其他网页元素的设计

能让网页变得更精彩的还有很多其他细节的设计，比如载入画面的设计。精美的载入画面设计可以让浏览者耐心地等待网页下载。载入画面的设计方式和手段有很多，常见的多采用百分比形式，如图1-33所示。

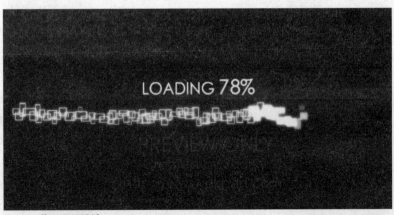

图1-33 载入画面设计

1.5.3 建立站点

在建立站点之前首先要规划站点，准备建设站点所需要的文字资料、图片信息、视频文件，还要将这些素材整合，并确定站点的风格和规划站点的结构。同时在内部还要整齐、有序地排列归类站点中的文件。在建立站点时，应遵循以下原则。

（1）文档分类保存

建立的站点比较复杂，就不要把文件只放在一个文件夹中，需要把文件分类，放在不同的文件夹中，方便更好地管理。在创建文件夹的时候先建立根文件夹，再建立子文件夹。而且站点中还有一些特殊的文件，如模板、库等最好放在系统默认创建的文件夹中。

（2）为文件夹合理命名

为了方便管理，文件夹和文件的名称最好要具有一定的意义，这样就能使网页内容更加清晰，也便于网站后期的管理，提高工作效率。

（3）本地站点和远程站点结构统一

为了方便维护和管理，在设置本地站点时，应该使本地站点与远程站点的结构设计保持一致。将本地站点上传至远程服务器上时，可以保证本地站点和远程站点的完整拷贝，避免出错，也便于对远程站点的调试和管理。

1.5.4 制作网页

在准备好资料和素材之后，就可以动手制作网站了。网站中的页面统称为网页，它们是纯文本文件，是向浏览者传递信息的载体。网页制作要能充分吸引访问者的注意力，让访问者产生视觉上的愉悦感。因此在创作网页的时候就必须将网站的整体设计与网页设计的相关原理紧密结合起来。网站设计是将策划案中的内容、网站的主题模式，结合自己的认识通过艺术的手法表现出来；网页制作通常就是将网页设计师所设计出来的设计稿，按照W3C规范用HTML语言将其制作成网页格式。

在网页排版时，要尽量保持网页风格的一致，以避免在网页跳转时产生不协调的感觉。将相同版面的网页做成模板，基于模板创建网页，可以大大提高制作的效率。随着浏览器和W3C标准一致性的改善，XHTML/XML（可扩展标识语言）与CSS（层叠样式表）共同用作网页内容的设计已经被广泛地接受和使用。

1.5.5 测试和发布网站

网站制作完成之后，要将其上传到服务器中，供他人使用浏览。网站上传到服务器之前，首先要进行本地测试，以保证页面的浏览效果、网页链接等与设计要求相符，最后发布网站。进行网站测试可以避免各种错误的产生，从而为网站的管理和维护提供方便。

1. 测试网站

网站测试是指当一个网站制作完上传到服务器之后针对网站的各项性能情况的一项检测工作。它与软件测试有一定的区别，除了要求外观的一致性以外，还要求其在各个浏览器下的兼容性。

（1）性能测试

网站的性能测试主要是从连接速度测试、负荷测试和压力测试等方面进行的。连接速度测试是指打开网页的响应速度测试。负荷测试是在某一负载级别下，检测电子商务系统的实际性能。可以通过相应的软件在一台客户机上模拟多个用户来测试负载。压力测试是测试系统的限制和故障恢复能力。

（2）安全性测试

安全性测试是对网站的安全性（服务器安全，脚本安全）、可能有的漏洞、攻击性、错误性等进行测试。对客户服务器应用程序、数据、服务器、网络、防火墙等进行测试。

（3）基本测试

基本测试包括色彩的搭配、连接的正确性、导航的方便和正确、CSS应用的统一性的测试。

（4）稳定性测试

稳定性测试是指测试网站运行中整个系统是否运行正常。

2．发布网站

完成网站的创建和测试之后，通过将文件上传到远程文件夹来发布站点。远程文件夹是存储文件的位置，这些文件用于网站的测试、生产、协作和发布，具体取决于用户的环境。在文件面板中可以很方便地实现文件上传功能。

1.5.6 网站的后期维护

网站的内容不是永久不变的，所以要注意经常对网站进行维护和更新内容，保持网站的活力。只有不断地给网站补充新的内容，才能够吸引住浏览者。网站的维护是指对网站的运行状况进行监控，发现问题及时解决，并对其运行的实时信息进行统计。

网站维护的内容主要包括以下几个方面。

1）基础设施的维护。主要有网站域名维护、网站空间维护、企业邮局维护、网站流量报告、域名续费等。

2）应用软件的维护。即业务活动的变化、测试时未发现的错误、新技术的应用、访问者需求的变化和提升等。

3）内容和链接的维护。

4）安全的维护。包括数据库导入导出的维护、数据库备份、数据库后台维护、网站紧急恢复。

5）做好网站安全管理，定期定制杀毒，防范黑客入侵网站，检查网站各项功能。

TIP 网站的更新

网站更新多指在不改变网站结构和页面形式的情况下，为网站的固定栏目增加或修改内容。

1.6 上机实训

学习完本章内容之后，接下来先动手练习一下网站服务器的配置操作。

实训 1 | 配置网站服务器 实训目的：介绍在Windows7下如何安装IIS，以及在IIS下配置服务器的方法

◎ **实训要点：了解并学会安装IIS、能够设置IIS服务器**

01 执行"控制面板>程序"命令，单击"打开或关闭Windows功能"选项，如图1-34所示。

02 弹出"Windows功能"窗口，在其中选择"Internet服务信息"选项，单击"确定"按钮，如图1-35所示。

图1-34 控制面板

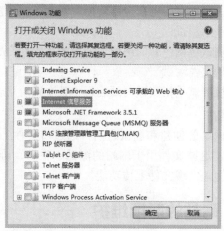

图1-35 "Windows功能" 对话框

03 安装完成后，再次进入控制面板，选择"系统和安全"选项，单击"管理工具"命令，弹出"管理工具"窗口，如图1-36所示。

04 双击"Internet 信息服务 (IIS) 管理器"选项进入 IIS 设置面板，IIS 安装程序自动建立了默认的 Web 站点，如图 1-37 所示。

图1-36 "管理工具" 窗口

图1-37 建立的Web站点

05 选中ASP文件并双击，打开ASP页面，ASP父路径是没有启用的，要开启父路径，选择True，如图1-38所示。

06 返回Default Web Site主页，单击右侧的"高级设置"选项，如图1-39所示。

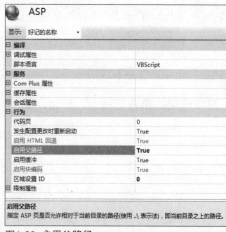

图1-38 启用父路径

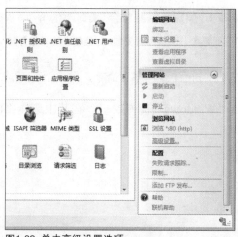

图1-39 单击高级设置选项

07 弹出"高级设置"对话框，设置网站目录，更改物理路径，单击"确定"按钮返回Default Web Site主页，如图1-40所示。

图1-40 "高级设置"对话框

09 弹出"编辑网站绑定"对话框，设置网站端口，设置完成后单击"确定"按钮返回Default Web Site主页，如图1-42所示。

图1-42 "编辑网站绑定"对话框

11 可以看到添加的默认文档"index.asp"，调整文档顺序，如图1-44所示。此时Windows 7的IIS设置已经基本完成。

08 单击右侧的"绑定"选项，弹出"网站绑定"对话框，选中要绑定的网站，单击"编辑"按钮，如图1-41所示。

图1-41 "网站绑定"对话框

10 选中默认文档并双击，打开默认文档窗口，单击"添加"按钮，在打开的"添加默认文档"对话框中输入文档名称，单击"确定"按钮，如图1-43所示。

图1-43 添加默认文档

图1-44 添加的文档

Chapter 01 网页设计基础
Chapter 02
Chapter 03
Chapter 04
Chapter 05
Chapter 06
Chapter 07
Chapter 08

1.7 习题

1. 选择题

（1）根据不同的标准可对网站进行不同的分类，下列网站不属于根据网站持有者分类的是（　）。

A. 个人网站　　　　　　　　　　　B. 政府网站

C. 教育网站　　　　　　　　　　　D. 门户网站

（2）常见的网页布局类型是（　）。

A. 企业品牌类网站　　　　　　　　B. 交易类网站

C. 分栏型网站　　　　　　　　　　D. 资讯门户类网站

（3）下列网页色彩搭配不属于近似色搭配的是（　）。

A. 红色—橙色　　　　　　　　　　B. 紫色—红色

C. 黄色—草绿色　　　　　　　　　D. 黄色—蓝色

（4）下列说法错误的一项是（　）。

A. 网站的性能测试主要从连接速度测试、负荷测试等方面进行的

B. 连接速度测试是指打开网页的响应速度测试

C. 安全性测试是对客户服务器应用程序、数据、服务器、网络、防火墙等进行测试

D. 稳定性测试是指测试网站运行中整个系统是否运行正常

2. 填空题

（1）网站是指因特网上一块固定的面向全世界发布消息的地方，由_____、网站源程序和_____构成，通常包括主页和其他具有超链接文件的页面。

（2）_____是构成网站的基本元素，是承载各种网站应用的平台。

（3）彩色具有的3个属性是_____、_____和明度。

（4）网站标志是网站独有的传媒符号，主要作用是传递_____，表达_____，便于人们识别。

3. 上机操作

通过本章内容的学习熟悉网站的基本概念知识，并配置网络服务器。

Dreamweaver CS6
轻松入门

Chapter

02

　　随着网络的普及，越来越多的人在网上拥有自己的网站，Dream-weaver CS6的出现使网页的制作变得非常轻松。为了更好地使用Dreamweaver CS6制作网页，首先来学习有关软件的基本操作。

 本章重点知识预览

本章重点内容	学习时间	必会知识	重点程度
Dreamweaver CS6 的工作界面	25分钟	自定义软件界面 熟悉软件视图模式	★
站点的创建与管理	25分钟	站点的创建、编辑、 导入与导出	★★
文档的基本操作	30分钟	文档的新建、保存、导入、 打开与关闭	★★

本章实训文件	• Chapter 02\实训1\我的站点

 本章精彩案例预览

▲ Dreamweaver CS6启动界面

▲ 欢迎屏幕

▲ 设置首选参数

2.1 Dreamweaver CS6的工作界面

Dreamweaver CS6作为可视化的网页编辑软件，能够帮助用户迅速地创建页面，其所集成的源代码编辑功能为编程人员提供了面向细节的功能。Dreamweaver CS6强大的网页设计功能和网页编程功能，得到了广大网页设计爱好者和专业人士的青睐。

2.1.1 启动软件

在完成Dreamweaver CS6的安装后，通过双击桌面上的快捷方式图标或是通过"开始"菜单选择"所有程序"中的Adobe Dreamweaver CS6选项，即可启动Dreamweaver CS6应用程序。图2-1是Dreamweaver CS6启动时的界面。

图2-1 Dreamweaver CS6启动界面

2.1.2 欢迎屏幕介绍

Dreamweaver CS6的启动界面时尚、大方，给人焕然一新的感觉。启动界面显示完毕后，即会出现欢迎屏幕，如图2-2所示。

Dreamweaver CS6工作区的欢迎屏幕由3栏组成，分别介绍如下。

（1）打开最近的项目

此栏中列出了最近打开过的文件列表，单击文件名即可快速将其打开。

（2）新建

此栏中列出了可以创建的新文件类型。单击下方的"更多"选项，可以调出更多可创建的文件类型。

（3）主要功能

此栏展示了Dreamweaver CS6的主要功能。

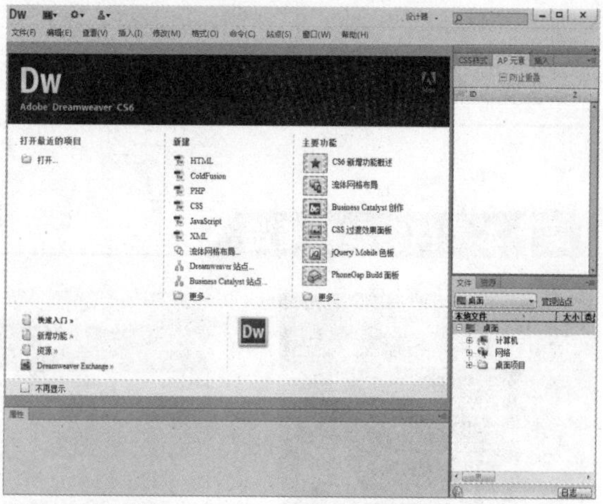

图2-2 欢迎屏幕

2.1.3 自定义软件界面

Dreamweaver CS6的工作界面非常灵活，为了满足不同用户的使用习惯，系统允许用户根据自己的需要对软件的工作界面进行自定义，以便于提高工作效率。

1. 设置首选参数

选择"编辑>首选参数"命令，打开"首选参数"对话框，在"分类"列表框中，选择相应的项目，设置其属性，使其符合用户的操作习惯，如图2-3所示。

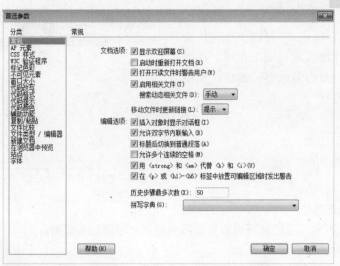

图2-3 "首选参数"对话框

TIP　欢迎屏幕的显示设置

如果勾选欢迎屏幕左下角的"不再显示"复选框，则以后在开启软件时将不显示该界面。若需要显示欢迎屏幕，则应选择"编辑 > 首选参数"命令，打开"首选参数"对话框，在"常规"选项面板的"文档选项"选项组中勾选"显示欢迎屏幕"复选框。

2．工作区的调整

用户可以根据自己的使用习惯调整Dreamweaver CS6的工作区布局。

（1）选择工作区布局

选择"窗口>工作区布局"命令，在级联菜单中进行相应的选择即可实现工作区布局的快速切换，如图2-4所示。Dreamweaver CS6提供了编码器、设计器、双重屏幕、流体布局等工作区布局。

（2）新建工作区布局

选择"窗口>工作区布局>新建工作区"命令，弹出"新建工作区"对话框，在该对话框中输入自定义工作区布局的名称，单击"确定"按钮即可，如图2-5所示。新建的工作区布局名称会显示在"工作区布局"菜单中。

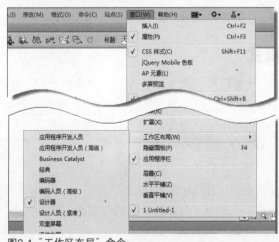

图2-4 "工作区布局"命令

图2-5 "新建工作区"对话框

（3）管理工作区布局

选择"窗口>工作区布局>管理工作区"命令，弹出"管理工作区"对话框，在该对话框中可以对工作区进行重命名或删除操作，如图2-6所示。

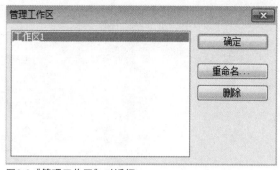

图2-6 "管理工作区" 对话框

3．显示/隐藏面板和工具栏

工作界面中的面板和工具栏是可以根据实际需要进行隐藏和显示的。

（1）折叠/展开面板组

双击左上角面板组的名称，就可以展开/折叠面板组。

（2）显示/隐藏工具栏

选择"查看>工具栏"命令，选择要显示/隐藏的工具栏名称，或者右击工具栏，从弹出的快捷菜单中选择相应的工具栏名称。

（3）显示/隐藏面板组

单击面板组右上角的黑色三角按钮，可以关闭面板组。选择"窗口"菜单中面板的名称，可以显示/隐藏面板组。

4．自定义收藏夹

选择"插入>自定义收藏夹"命令，弹出"自定义收藏夹对象"对话框，从"可用对象"列表框中选择需要经常使用的命令，单击添加按钮，将其添加到"收藏夹对象"列表框中，最后单击"确定"按钮即可定制自己的工具栏，如图2-7所示。

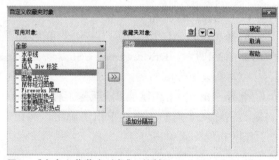

图2-7 "自定义收藏夹对象" 对话框

2.1.4 Dreamweaver CS6的视图模式

打开文档工具栏，通过单击"代码"、"拆分"、"设计"、"实时视图"、"实时代码"等按钮，可以实现在不同的视图模式之间进行切换，如图2-8所示。

| 代码 | 拆分 | 设计 | 实时视图 | 实时代码 |

图2-8 视图按钮

1）单击"代码"视图按钮 代码 ，表示仅在文档窗口中显示HTML源代码。

2）单击"拆分"视图按钮 拆分 ，表示在文档窗口中会同时显示HTML源代码和页面设计效果。

3）单击"设计"视图按钮 设计 ，表示仅在文档窗口中显示页面设计效果。

4）单击"实时视图"按钮 实时视图 ，表示显示不可编辑的、交互式的、基于浏览器的文档视图。

5）单击"实时代码" 实时代码 按钮，表示显示浏览器用于执行该页面的实际代码。此代码以黄色突出显示，并且是不可编辑的。

在"设计"视图中随时可以切换到"实时视图"。切换时，只是在可编辑和"实时"之间切换"设计"视图。进入"实时视图"后，在"设计"视图保持冻结的同时，"代码"视图保持可编辑状态，因此可以更改代码，刷新"实时视图"可以查看所进行的更改是否生效。

> **TIP** 深入了解"实时代码"视图
>
> "实时代码"视图类似于"实时视图"，"实时代码"视图显示浏览器为呈现页面而执行的代码版本，是非可编辑视图。

2.2 站点的创建与管理

在制作网页之前，应该先有效地规划和组织站点。合理的站点结构能够加快对站点的设计，提高工作效率，节省时间。

2.2.1 创建站点

Dreamweaver CS6是创建站点的优秀工具，不仅可以创建单独的文档，还可创建完整的Web站点。

1. 创建本地站点

创建本地站点的具体步骤如下。

01 打开Dreamweaver CS6，选择"站点>新建站点"命令，如图2-9所示弹出站点设置对象对话框。

02 在"站点名称"文本框中输入站点名称；单击"本地站点文件夹"文本框右边的浏览文件夹按钮，设置本地站点文件夹的路径和名称，如图2-10所示。

图2-9 "新建站点"命令

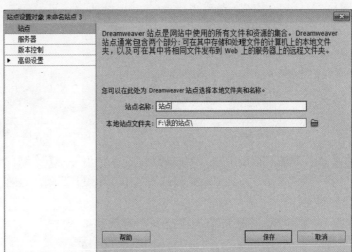

图2-10 站点设置对象对话框

03 设置完成后单击"保存"按钮，完成本地站点的创建，在"文件"面板中将显示新创建的站点，如图2-11所示。

图2-11 新建的站点

2. 创建远程站点

在远程服务器上创建站点，需要在远程服务器上指定远程文件夹的位置。创建远程站点的具体步骤如下。

01 选择"站点>新建站点"命令，弹出站点设置对象对话框，输入站点名称，设置本地站点文件夹的路径和名称，如图2-12所示。

02 切换到"服务器"选项面板，单击"添加新服务器"按钮 ➕，如图2-13所示。

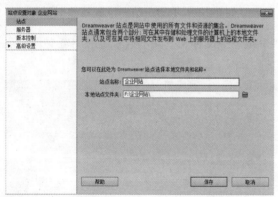

图2-12 站点设置对象对话框

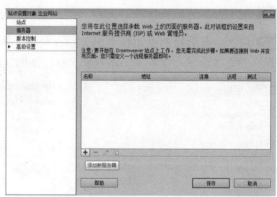

图2-13 "服务器"选项面板

03 在打开的对话框中输入"FTP地址"、"用户名"和"密码"等，单击"测试"按钮，如图2-14所示。

04 测试完成后，系统将弹出提示信息对话框，在其中单击"确定"按钮，如图2-15所示。

图2-14 设置基本信息

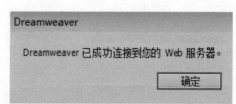

图2-15 提示信息对话框

05 返回上一对话框，切换到"高级"选项卡，设置相应的选项，单击"保存"按钮，如图2-16所示。

图2-16 设置高级信息

07 切换到"版本控制"选项面板，进行相应的设置并单击"保存"按钮，如图2-18所示。

图2-18 "版本控制"选项面板

06 返回"服务器"选项面板，可以看到新建的远程服务器的相关信息，单击"保存"按钮，如图2-17所示。

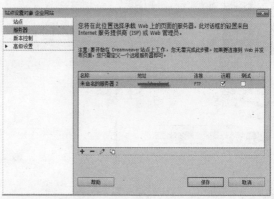

图2-17 已新建远程服务器

08 站点创建完成后，在"文件"面板中将显示新建的站点，如图2-19所示。

图2-19 新建的远程站点

2.2.2 编辑和管理站点

站点创建好之后，接下来用户可以对本地站点进行多方面的管理和编辑。

1. 打开站点

在编辑站点之前，首先来了解一下如何打开站点，具体步骤如下。

01 选择"窗口>文件"命令，打开"文件"面板，在左侧下拉列表中选择"管理站点"选项，如图2-20所示。

02 弹出"管理站点"对话框，选择站点名称，然后单击"完成"按钮即可打开该站点，如图2-21所示。

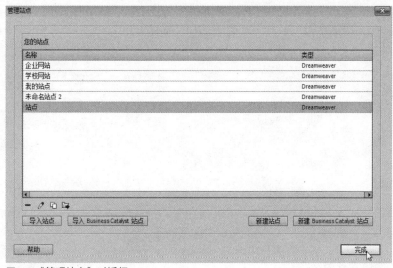

图2-20 选择管理站点选项　　　　图2-21 "管理站点" 对话框

2．编辑站点

对于已经创建好的站点，用户还可以对站点的属性进行编辑修改。其具体的步骤如下。

01 选择 "站点>管理站点" 命令，打开 "管理站点" 对话框，选择要编辑的站点名称，单击 "编辑当前选定的站点" 按钮，如图2-22所示。

02 弹出站点设置对象对话框，从中即可对站点进行相应的编辑，如图2-23所示。

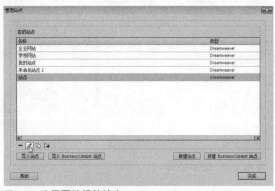

图2-22 选择要编辑的站点　　　　图2-23 对站点进行编辑

TIP **巧妙打开 "管理站点" 对话框**
在编辑站点信息的同时，也可以改变站点的外观。

3．复制站点

如果需要创建多个结构相同或类似的站点，可以利用站点的可复制性来实现，然后对复制的站点进行编辑。其具体的操作步骤如下。

01 打开 "管理站点" 对话框，选择要复制的站点名称，然后单击 "复制当前选定的站点" 按钮，如图2-24所示。

02 新复制的站点名称会出现在 "管理站点" 对话框的站点列表中，单击 "完成" 按钮即可完成复制，如图2-25所示。

图2-24 复制站点　　　　　　　　　　　　　　　　图2-25 站点复制完成

　　如果需要更改站点的名称，选中新复制的站点，然后单击"编辑当前选定的站点"按钮即可对其名称作出进一步的修改。

4.删除站点

　　如果用户不需要对某些站点进行操作，可将其从站点列表中删除。删除站点只是从Dreamweaver CS6的站点管理器中删除站点的名称，其文件仍然保存在磁盘相应的位置上。删除站点的具体操作步骤介绍如下。

01 打开"管理站点"对话框，选择要删除的站点名称，然后单击"删除当前选定的站点"按钮，如图2-26所示。

02 系统弹出提示对话框，询问用户是否要删除站点，如图2-27所示。若单击"是"按钮，则删除上一步选定的站点。

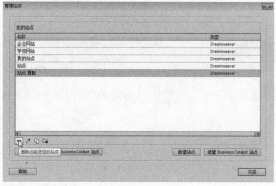

图2-26 删除站点

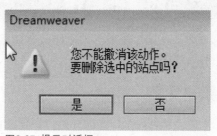

图2-27 提示对话框

2.2.3 导入和导出站点

　　在站点管理器中，可以通过导入和导出按钮实现Internet网络中各计算机之间站点的移动，或者与其他用户共享站点的设置。下面将对其具体操作进行介绍。

01 打开"管理站点"对话框，选择要导出的站点名称，单击"导出当前选定的站点"按钮，如图2-28所示。

02 弹出"导出站点"对话框，从中选择导出站点的保存路径，然后单击"保存"按钮，如图2-29所示。

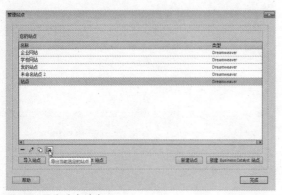

图2-28 导出选定站点

图2-29 设置导出站点的保存路径

03 返回"管理站点"对话框,单击"完成"按钮即可。用同样的方法,单击"导入站点"按钮,可以将以前备份的STE文件重新导入到站点管理器中,如图2-30所示。

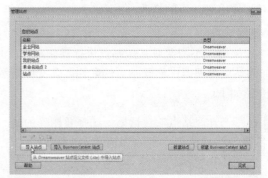

图2-30 导入站点

2.3 文档的基础操作

网页文档的基本操作包括网页文档的新建、保存和打开等,这是制作网页的基本操作,下面将对这部分内容进行详细介绍。

2.3.1 新建文档

制作网页应该从创建空白文档开始。新建文档的具体步骤介绍如下。

01 开启Dreamweaver CS6应用程序,选择"文件>新建"命令,如图2-31所示。

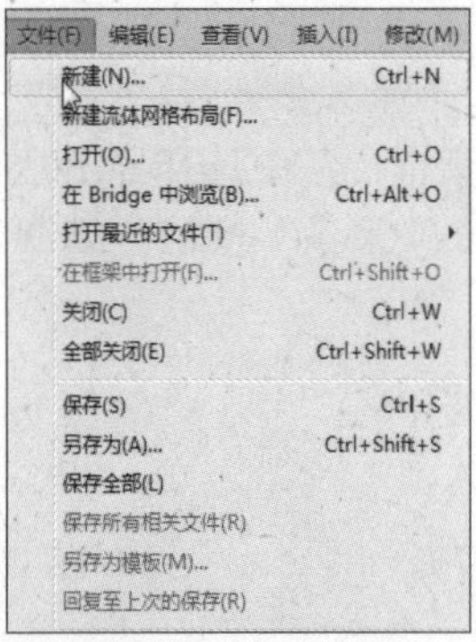

02 弹出"新建文档"对话框,从中选择需要创建的文档类型,然后单击"创建"按钮即可,如图2-32所示。

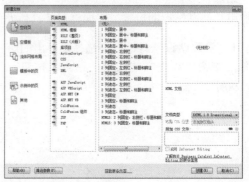

图2-31 选择"新建"命令

图2-32 "新建文档"对话框

Chapter 01

Chapter 02 轻松入门 | Dreamweaver CS6

Chapter 03

Chapter 04

Chapter 05

Chapter 06

Chapter 07

Chapter 08

TIP **通过欢迎屏幕新建文档**
启动 Dreamweaver CS6 应用程序时，在欢迎屏幕中单击要创建的文档类型，即可直接创建新的网页文件。

2.3.2 保存文档

完成网页制作后，需要对文档进行保存。如果文档名称后面带有*号，表示该文档还未保存。保存文档的具体步骤如下。

01 选择"文件>保存"命令，或者按快捷键Ctrl+S，如图2-33所示。

02 弹出"另存为"对话框，从中选择文档保存位置，并输入文件名称，最后单击"保存"按钮即可，如图2-34所示。

图2-33 选择"保存"命令

图2-34 "另存为"对话框

TIP **保存文档时的命名原则**
网页文档要用英文或者数字进行命名，基本网页的扩展名为.html。

2.3.3 打开文档

在Dreamweaver CS6中可以打开多种格式的文档，这些文档的扩展名包括.html、.asp、.dwt和.css等。打开文档的具体操作步骤如下。

01 选择"文件>打开"命令，或者按快捷键Ctrl+O，如图2-35所示。

02 在弹出的"打开"对话框中选择要打开的文件，单击"打开"按钮即可，如图2-36所示。

图2-35 选择"打开"命令

图2-36 "打开"对话框

用户也可以选择"文件 > 打开最近的文件"命令，在弹出的子菜单中，选择需要打开的文件名称，如图 2-37 所示。或者是在启动Dreamweaver CS6 后出现的欢迎屏幕中的"打开最近的项目"列表下单击需要打开的文件名称。

图2-37 打开最近使用过的文件

2.3.4 导入文档

在制作网页时，可以将编辑好的XML模板Word文档等直接导入到Dreamweaver 里，以节省时间，提高工作效率。导入文档的具体操作步骤如下。

01 选择"文件>导入"命令，在弹出的子菜单中选择选择需要导入的文档类型（这里选择Excel文档），如图2-38所示。

02 弹出"导入Excel文档"对话框，在该对话框中选择要导入的文件，单击"打开"按钮，如图2-39所示。

图2-38 选择导入的文档类型

图2-39 选择要导入的文档

03 此时，在编辑窗口中即可看到导入的Excel文档，如图2-40所示。

除此之外，用户还可以导入XML模板、表格式数据、Word文档等。

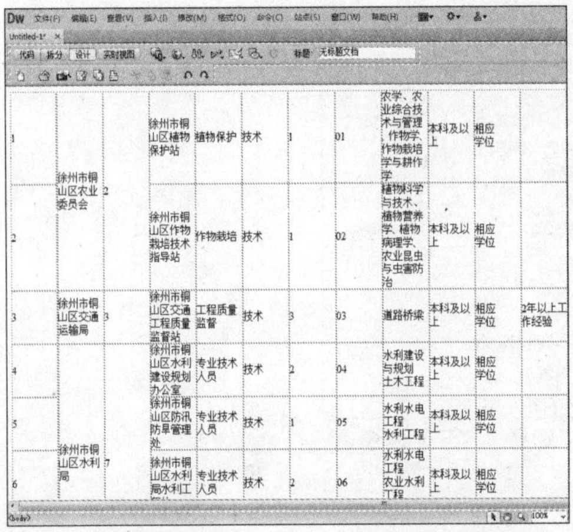

图2-40 导入的文档

2.3.5　关闭文档

完成对网页文档的编辑、保存后，可以通过"文件>关闭"命令，或者单击文档名称右侧的关闭按钮 Untitled-1 × 关闭当前文档。如果需要关闭整个应用程序，则单击文档窗口右上角的关闭按钮 × 。

2.4　上机实训

在学习完本章内容后，再通过下面的上机实训题目来温习巩固必备的网页制作知识。

实训 1 | 建立自己的站点 　实训目的：通过本章学习，能够创建自己的个人站点，并导入自己事先准备好的文档，其最终效果如图2-41所示。

◎ 实训要点：创建站点、编辑站点、导入文档

图2-41　最终效果

01 启动Dreamweaver CS6应用程序，新建网页文档。选择"站点>新建站点"命令，以打开相应的对话框，如图2-42所示。

02 在"站点名称"文本框中输入站点名称，然后在"本地站点文件夹"文本框中输入路径，最后单击"保存"按钮，如图2-43所示。

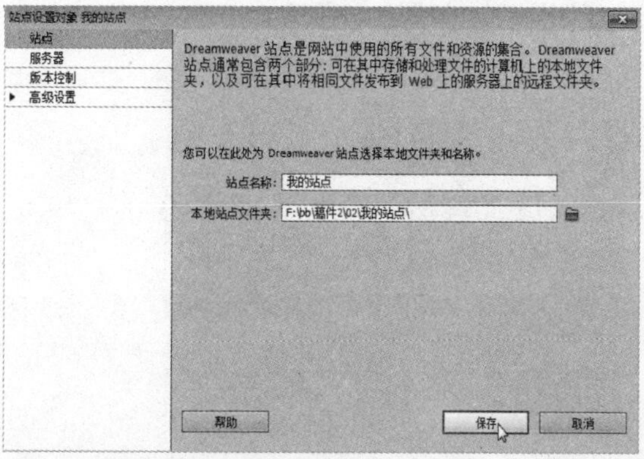

图2-42　选择"新建站点"命令

图2-43　设置站点

03 此时在"文件"面板中可以看到刚刚创建的站点，如图2-44所示。

04 选中站点并右击，在弹出的快捷菜单中选择"新建文件"命令，如图2-45所示。

图2-44 创建完成的终点

图2-45 新建文件

05 将新建的文件重命名为index.html，如图2-46所示。随后双击文件将其打开，进入其编辑窗口。

06 选择"文件>导入>Word文档"命令，弹出"导入Word文档"对话框，选择事先准备好的Word文档，单击"打开"按钮，如图2-47所示。

图2-46 重命名文件

图2-47 导入Word文档

07 返回编辑区后即可看到Word文档已经导入到了网页中，如图2-48所示。

08 保存文件，按F12键预览网页效果，如图2-49所示。

图2-48 导入的Word文档

图2-49 预览网页效果

2.5 习题

1. 选择题

（1）如果文档名称后面带有（　）号，表示该文档还未保存。

A.#　　　　　B.*　　　　　C..　　　　　D.&

（2）如果需要设置"首选参数"，可以选择（　）命令。

A. 编辑＞首选参数　　　　　　B. 查看＞首选参数

C. 文件＞首选参数　　　　　　D. 修改＞首选参数

（3）新建文档的快捷键是（　）。

A. Ctrl+S　　　　　　　　　　B. Ctrl+N

C. Ctrl+O　　　　　　　　　　D. Ctrl+Shift+N

（4）在制作网页时，可以将事先编辑好的文档直接导入到Dreamweaver中，下列哪一项不属于可导入的文档类型（　）。

A. XML 模板　　　　　　　　　B. 表格式数据

C. Word 文档　　　　　　　　　D. PPT 文档

2. 填空题

（1）拆分视图表示在文档窗口中会同时显示_____和页面设计效果。

（2）Dreamweaver CS6提供的工作区布局包括编码器、_____、_____和流体布局等。

（3）实时视图按钮表示显示_____、_____、基于浏览器的文档视图。

（4）如果需要创建多个结构相同或类似的站点，可以利用站点的_____来实现。

3. 上机操作

通过本章的学习，建立自己的站点，并将word文档导入网页中，如下图所示。

制作要点：（1）新建站点；（2）编辑站点；（3）导入word文档。

图2-50 最终网页效果

制作网页内容

网页是由文本、图像、超链接和动画等基本元素组成的，其中文本、图像和超链接是最基本的。不同的对象在Dreamweaver CS6中的添加及属性设置方法各有不同。一个图文并茂的网页，不仅具有更高的丰富性和观赏性，还能提高浏览者的兴趣。为此，本章将着重介绍如何创建网页内容。

 本章重点知识预览

本章重点内容	学习时间	必会知识	重点程度
网页文本的插入	30分钟	插入文本内容 设置文本属性	★★★
网页图像的插入	30分钟	插入常见图像 设置图像属性 创建鼠标经过图像效果	★★★
多媒体元素的插入	25分钟	插入Flash动画 插入其他常见媒体文件	★★★
超链接的创建	35分钟	创建各类超链接的方法 超链接路径的设置	★★★★

本章范例文件	• Chapter 03\插入网页文本　　• Chapter 03\插入网页图像
本章实训文件	• Chapter 03\实训1　　• Chapter 03\实训2　　• Chapter 03\实训3

本章精彩案例预览

▲ 在网页中插入图像

▲ 更新网页图像

▲ 插入媒体文件并预览

3.1 插入网页文本

　　文本是网页的重要组成部分，网页中信息的传达主要以文本为主，用户可以对网页文本的样式、大小和颜色等属性进行设置。

3.1.1 插入文字

　　在网页中添加文本最简单、最直接的方法就是通过键盘直接输入，或者将文本复制并粘贴到文档中。此外，还可以导入已有的Word文档。

1. 直接输入文本

　　打开素材网页文档，将插入点放置在文档窗口中，输入文字内容，然后保存文档并预览效果，如图3-1所示。

图3-1 输入文本

2. 从外部导入文本

　　为了提高工作效率，用户可以从外部直接导入文本内容，具体操作步骤如下。

01 打开网页文档，选择"文件>导入>Word文档"命令，如图3-2所示。

02 弹出"导入Word文档"对话框，在该对话框中选择要导入的文件，然后单击"打开"按钮，如图3-3所示，文本内容即被导入网页文档中。

图3-2 选择导入Word文档命令

图3-3 "导入Word文档"对话框

3.1.2 设置文本格式

　　打开"属性"面板，利用文本属性可以设置或更改所选文本的格式，包括文本字体、文本颜色和文本大小等。

1. 设置字体

一般来说，网页中尽量使用宋体或黑体，减少使用或是不使用特殊的字体。这是因为浏览网页的计算机中没有安装特殊字体的话，在浏览时计算机只能以普通的默认字体来显示，而大多数计算机的系统中都默认安装有宋体和黑体这两种字体。下面介绍设置字体的操作步骤。

01 打开网页文档，选中要设置字体的文本，如图3-4所示。

02 打开"属性"面板，在"字体"下拉列表中选择所需的字体，如图 3-5 所示。

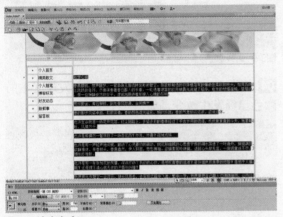

图3-4 选中文本

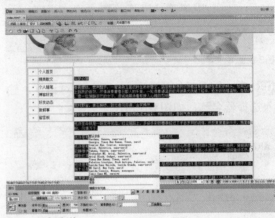

图3-5 选择字体

03 随后系统自动弹出"新建CSS规则"对话框，从中输入选择器名称，如图3-6所示。

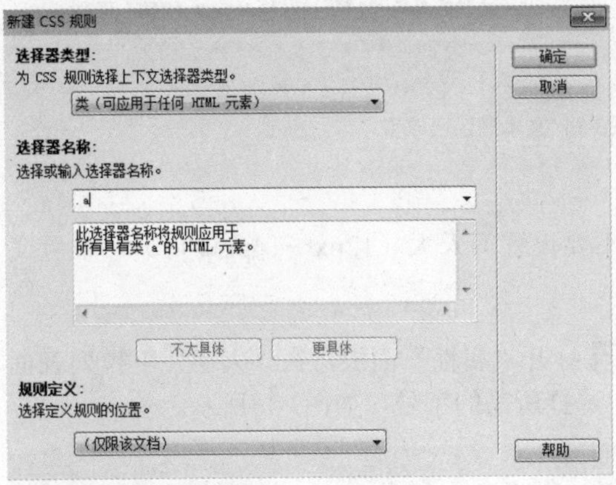

04 设置完成后单击"确定"按钮，字体样式即会发生相应的变化，如图3-7所示。

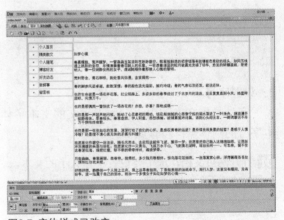

图3-6 输入选择器名称

图3-7 字体样式已改变

2. 设置文本颜色

有时为了突出文本信息，增强网页的表现力，可以为文本设置颜色。其具体的操作步骤如下。

01 打开网页文档，选中要设置文本颜色的文本，如图3-8所示。

02 在"属性"面板中单击"文本颜色"按钮，选择需要的颜色（或者是直接在其后的文本框中输入颜色的十六进制值），如图3-9所示。

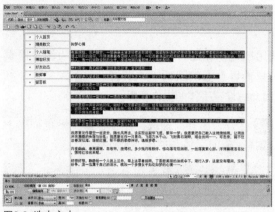

图3-8 选中文本

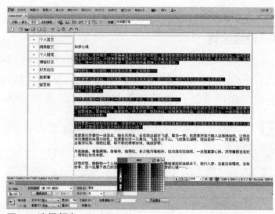

图3-9 选择颜色

03 系统自动弹出"新建CSS规则"对话框，输入选择器名称，如图3-10所示。

04 单击"确定"按钮后返回，即会发现文本的颜色已经发生改变，如图3-11所示。

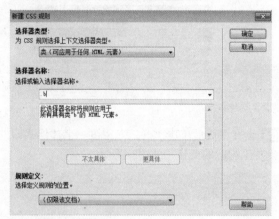

图3-10 输入选择器名称

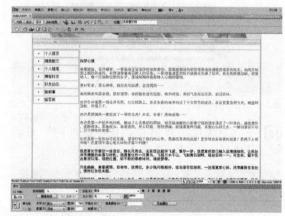

图3-11 文本颜色已改变

3．设置字号

字号是指文本的大小，用于正文的文本字体一般不要设置得太大（12px～14px即可）。设置文本字号的具体操作步骤如下。

01 打开网页文档，选中要设置字体大小的文本，如图3-12所示。

02 打开"属性"面板，在"大小"下拉列表框中选择所需的字号，如图3-13所示。

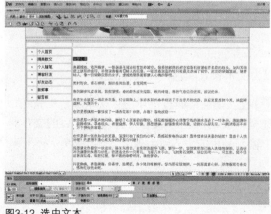

图3-12 选中文本

图3-13 选择字号

03 系统自动弹出"新建CSS规则"对话框，输入选择器名称，如图3-14所示。

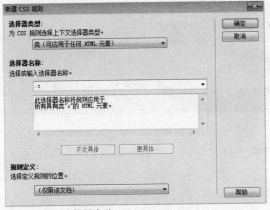

图3-14 输入选择器名称

04 单击"确定"按钮返回编辑区后，即可发现文本的字号大小已发生改变，如图3-15所示。

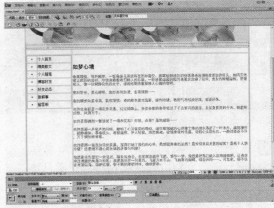

图3-15 文本字号已改变

3.1.3 设置段落格式

在文档窗口中输入一段文字，按Enter键后，会自动形成一个段落。段落的编辑操作主要包括段落格式、预先格式化、段落的对齐方式和缩进格式等。

1. 设置段落格式

段落指的是一段格式上统一的文本。设置段落格式的具体操作步骤如下。

01 选中文本段落，选择"格式>段落格式"命令，在弹出的级联菜单中进行相应的选择（或者在"属性"面板的"格式"下拉列表中选择），如图3-16所示。

02 选择一个段落格式，如选择"标题2"后，该格式即应用到所选段落中，如图3-17所示。

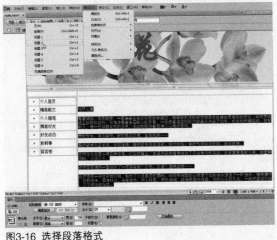

图3-16 选择段落格式

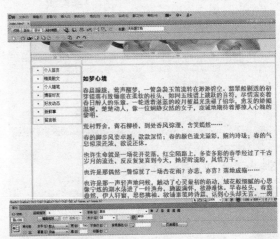

图3-17 应用段落格式

2. 定义预先格式化

预先格式化指的是预先对<pre></pre>标记对之间的文本进行格式化。在Dreamweaver CS6中，不能连续地使用多个空格，在这种情况下可以利用预先格式化来解决。定义预先格式化的具体操作步骤如下。

01 将插入点定位在所选段落中，打开"属性"面板，在"属性"面板"格式"下拉列表中选择"预先格式化的"选项（或者选择"格式>段落格式>已编排格式"命令），如图3-18所示。

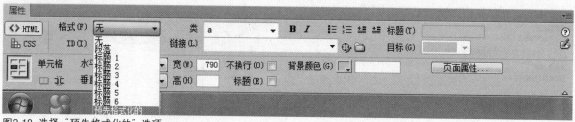

图3-18 选择"预先格式化的"选项

02 执行上一步操作后，所选段落的两端自动添加了<pre></pre>标记。如果原来段落的两端有<p></p>标记，则会分别用<pre></pre>标记来替换。

> **TIP 关于使用预先格式化的注意事项**
> 由于预先格式化文本不能自动换行，因此应尽量少使用预先格式化功能。

3．设置段落对齐方式

段落对齐方式指段落相对于文档窗口（或浏览器窗口）在水平位置上的对齐方式，包括左对齐、居中对齐、右对齐和两端对齐。设置段落对齐方式的具体操作步骤如下。

01 将插入点定位在所选的段落中，选择"格式>对齐"命令，在其级联菜单中选择"居中对齐"选项，如图3-19所示。

02 执行上一步操作后，即可实现所选段落的居中对齐操作，如图3-20所示。

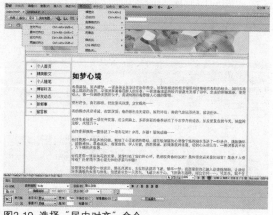

图3-19 选择"居中对齐"命令

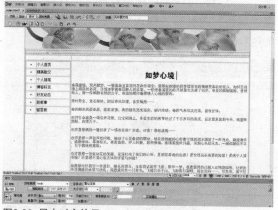

图3-20 居中对齐效果

> **TIP 各对齐方式含义介绍**
> 各段落对齐方式的功能如下。
> - 左对齐：设置段落相对于文档窗口左对齐。
> - 居中对齐：设置段落相对于文档窗口居中对齐。
> - 右对齐：设置段落相对于文档窗口右对齐。
> - 两端对齐：设置段落相对于文档窗口两端对齐。

4. 设置段落缩进

段落缩进主要是指内容相对于文档窗口（或浏览器窗口）左端产生的间距。设置的具体操作步骤如下。

01 将插入点定位在所选段落中，选择"格式>缩进"命令，如图3-21所示。

02 执行上一步操作后，即可实现当前段落的缩进，如图3-22所示。

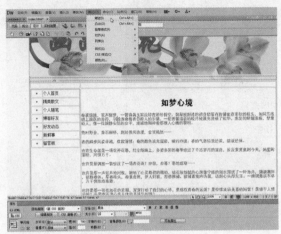

图3-21 选择"缩进"命令

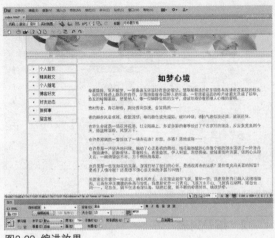

图3-22 缩进效果

用户也可以单击"属性"面板中的"内缩区块"按钮 ，或者是使用快捷键实现缩进，即按快捷键Ctrl+Alt+]向右缩进，按快捷键Ctrl+Alt+[向左恢复缩进位置。

3.1.4 设置文本样式

文本样式是指文本的外观显示样式，包括文本的粗体、斜体、下划线和删除线等。在Dreamweaver CS6中可以设置多种文本样式，具体的操作步骤如下。

选中文本，选择"格式>样式"命令，在弹出的级联菜单中选择合适的样式子选项，比如粗体、斜体、下划线、加强等。

经常使用的文本样式的含义介绍如下，其对应的显示效果如图3-23所示。

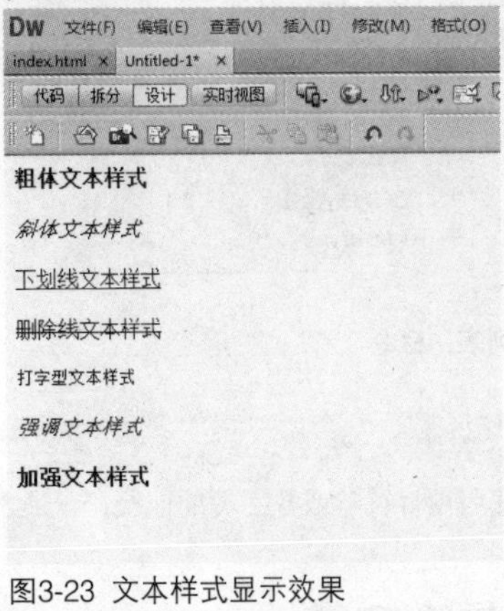

- 粗体：设置文本加粗显示。
- 斜体：设置文本以斜体样式显示。
- 下划线：设置在文本下方显示下划线。
- 删除线：设置在文本的中部显示一条横线，表示文本被删除。
- 打字型：设置文本以等宽度文本来显示。等宽度文本指每个字符或字母的宽度相同。

图3-23 文本样式显示效果

- 强调：设置选中的文本在文件中被强调。大多数浏览器都会显示为斜体样式。
- 加强：设置选中的文本在文件中以加强的格式显示。大多数浏览器都会显示为粗体样式。

3.1.5 使用段落列表

列表实际上是在每段文字前面加上列表符，使文本内容井然有序。使用列表排版文本可以使文本结构更清晰。通常，列表分为项目列表、编号列表和定义列表。

1．项目列表

项目列表常应用在列举类型的文本中，下面对项目列表的具体应用进行介绍。

01 打开网页文档，将插入点定位在需要设置项目列表的文档中，选择"格式>列表>项目列表"命令，如图3-24所示。

02 此时，插入点所在处将出现默认的项目列表，如图3-25所示。之后使用相同的方法，为其他文本设置项目列表。

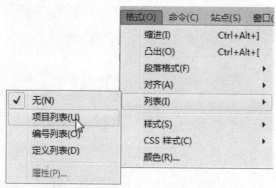

图3-24 选择"项目列表"命令

图3-25 插入项目列表

2．编号列表

编号列表常应用在条款类型的文本中，下面对编号列表的具体应用进行介绍。

01 打开网页文档，将插入点定位在需要设置编号列表的文档中，选择"格式>列表>编号列表"命令，如图3-26所示。

02 此时，插入点所在处将出现默认的编号列表，如图3-27所示。接着参照上述操作为其他文本设置编号列表，如图3-28所示。

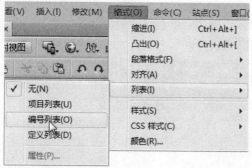

图3-26 选择"编号列表"命令

图3-27 插入编号列表

图3-28 设置其他编号列表

TIP 定义列表

定义列表不使用项目符号或数字等的前缀符，通常用于词汇表或说明中。

3.1.6 插入特殊字符

在网页中，有时需要插入一些特殊符号，如商标符号、版权符号等。因此，在Dreamweaver CS6中集成了这种功能，用户可以很方便地插入这些特殊符号。

01 将插入点定位在要插入字符的位置，选择"插入>HTML>特殊字符>其他字符"命令，弹出"插入其他字符"对话框，如图3-29所示。

02 在该对话框中选择需要的字符符号，比如版权符号。选择后单击"确定"按钮即可将其插入，效果如图3-30所示。

01 Chapter
02 Chapter
03 Chapter / 制作网页 / 内容
04 Chapter
05 Chapter
06 Chapter
07 Chapter
08 Chapter

图3-29 "插入其他字符"对话框

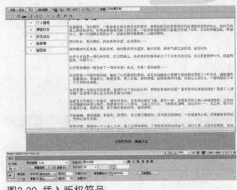

图3-30 插入版权符号

此外,用户也可以在"插入"面板下的"文本"选项面板中选择字符选项进行插入,如图 3-31 所示。

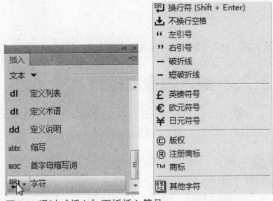

图3-31 通过"插入"面板插入符号

3.2　插入网页图像

要想制作出色彩丰富的网页,图像是必不可少的。图像更能吸引浏览者的注意,比文本要丰富。通常用于网页上的图像格式为JPEG、GIF和PNG。

3.2.1　插入普通图像

图像是网页中不可缺少的元素,巧妙地在网页中使用图像,可以为网页增添活力。在Dreamweaver中插入图像的具体步骤如下。

01 打开网页文档,将插入点定位在需要插入图像的位置,选择"插入>图像"命令,如图3-32所示。

02 弹出"选择图像源文件"对话框,从中选择需要插入的图像文件,单击"确定"按钮,如图3-33所示。

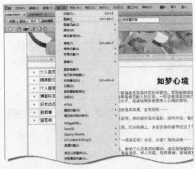

图3-32 选择"插入>图像"命令

图3-33 选择图像文件

03 弹出"图像标签辅助功能属性"对话框，直接单击"确定"按钮，如图3-34所示。

04 返回编辑区后，即可看到图像已经插入到网页中了，如图3-35所示。

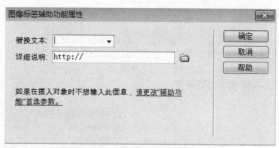

图3-34 "图像标签辅助功能属性"对话框

图3-35 图像已插入网页

3.2.2 插入图像占位符

图像占位符是指在将最终图像添加到网页之前使用的替代图像。在对网页进行布局时，经常会用到这一功能，还可以设置不同的颜色和文字来代替图像。插入图像占位符的具体操作步骤如下。

01 将插入点定位在要插入图像占位符的位置。选择"插入>图像对象>图像占位符"命令，弹出"图像占位符"对话框，如图3-36所示。

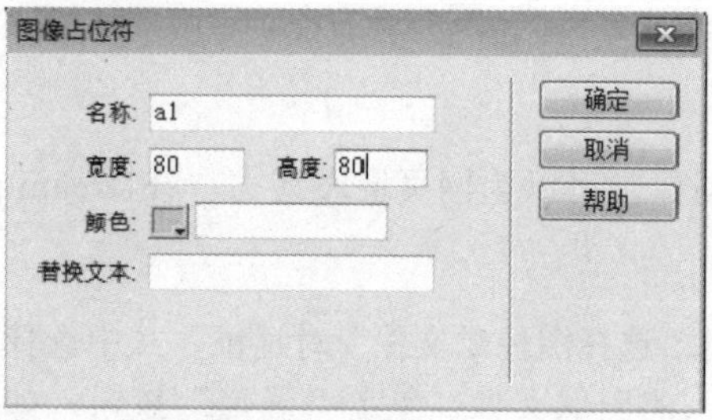

02 在对话框中进行相应的设置，最后单击"确定"按钮，返回编辑区即可看到图像占位符已经准确地插入到指定位置，如图3-37所示。

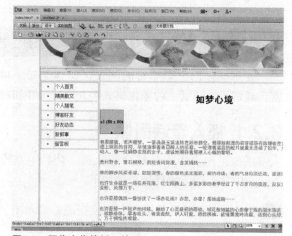

图3-37 图像占位符插入效果

图3-36 "图像占位符"对话框

3.2.3 插入背景图像

如果网页是以文本为主的，背景图片的添加或许会起到画龙点睛的效果。背景图像是网页中的另外一种图像显示方式，既不影响文本的输入，也不影响普通图像的插入。

01 打开网页文档，打开"属性"面板，单击"属性"面板中的"页面属性"按钮，如图3-38所示。

02 弹出"页面属性"对话框，选择"分类"列表框下的"外观（CSS）"选项，单击"背景图像"文本框后的"浏览"按钮，如图3-39所示。

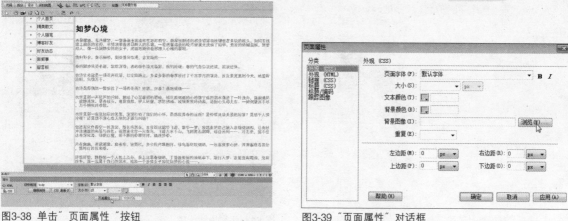

图3-38 单击"页面属性"按钮

图3-39 "页面属性"对话框

03 弹出"选择图像源文件"对话框，从中选择背景图片，单击"确定"按钮，如图3-40所示。

04 返回"页面属性"对话框，单击"确定"按钮即可完成背景图像的插入，如图3-41所示。

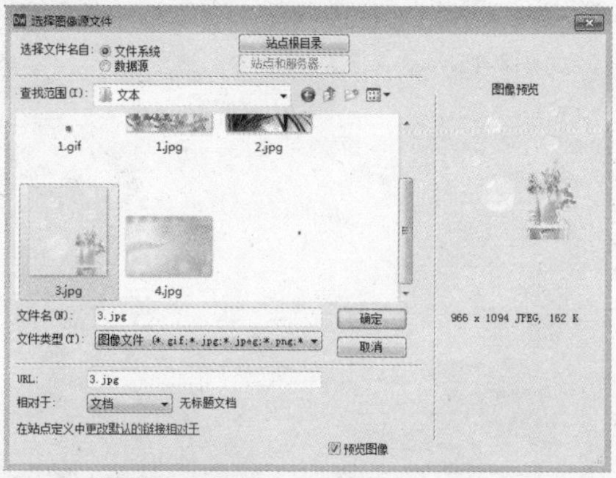

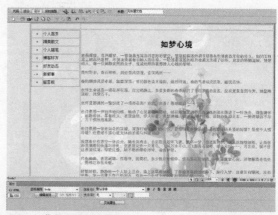

图3-40 选择背景图像

图3-41 背景图像插入效果

TIP **"页面属性"对话框背景相关属性介绍**

在"页面属性"对话框"外观（CSS）"选项面板中与背景相关的属性介绍如下。

- 背景颜色：设置页面的背景颜色。
- 背景图像：设置页面的背景图像。可以单击"浏览"按钮，在弹出的对话框中选择图像，也可以直接输入图像路径。
- 重复：设置背景图像在水平或垂直方向是否重复。包括no-repeat（图像不重复）、repeat（重复）、repeat-x（横向重复）和repeat-y（纵向重复）。

3.2.4 应用鼠标经过图像

　　鼠标经过图像是一种在浏览器中查看并且鼠标指针经过时会发生变化的图像。鼠标经过图像必须具有两幅图像：初始图像和替换图像，并且两幅图像大小应相同。如果两幅图像大小不同，Dreamweaver CS6会自动调整第二幅图像的大小，使之与第一幅图像匹配。

01 打开网页文档，将插入点定位在要插入图像的位置，选择"插入>图像对象>鼠标经过图像"命令，如图3-42所示。

02 在对话框中，单击"原始图像"文本框后的"浏览"按钮，在"原始图像"对话框中选择图像文件，如图3-43所示。

图3-42 选择"鼠标经过图像"命令

图3-43 选择原始图像

03 单击"鼠标经过图像"文本框右侧的"浏览"按钮，弹出"鼠标经过图像"对话框，在其中选择图像文件，单击"确定"按钮，如图3-44所示。

04 返回"插入鼠标经过图像"对话框，勾选"预载鼠标经过图像"复选框。若要建立链接，则在"按下时，前往的URL"文本框中输入地址，如图3-45所示。

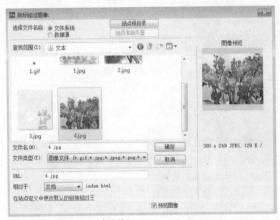

图3-44 选择鼠标经过图像

图3-45 "插入鼠标经过图像"对话框设置

05 保存文档，按F12键在浏览器中预览，效果如图3-46和图3-47所示。

图3-46 鼠标指针经过前

图3-47 鼠标指针经过时

3.2.5 插入Photoshop智能图像

在Dreamweaver CS6中不仅能够插入常用格式的图像，还可以插入PSD格式的图像。插入后，在修改PSD原图像后，允许直接更新输出的图像。下面将对其具体操作进行介绍。

01 选择"插入>图像"命令，弹出"选择图像源文件"对话框，从中选择PSD源文件，单击"确定"按钮，如图3-48所示。

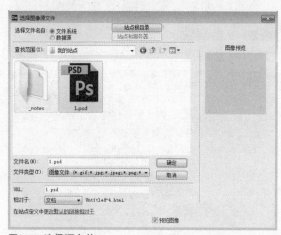

图3-48 选择源文件

02 弹出"图像优化"对话框，设置参数，单击"确定"按钮，如图3-49所示。

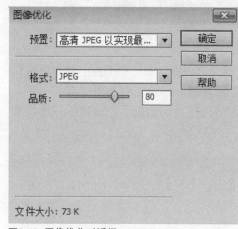

图3-49 图像优化对话框

03 系统自动弹出"保存Web图像"对话框，选择图像保存路径后单击"保存"按钮，如图3-50所示。

图3-50 保存Web图像

04 弹出"图像标签辅助功能属性"对话框，直接单击"确定"按钮，图像即被添加到网页中，如图3-51所示。

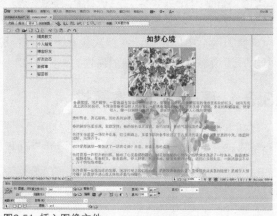

图3-51 插入图像文件

05 在插入图像左上角有一个小图标，将鼠标指针放置在该图标上时，会出现"图像已同步"的提示，如图3-52所示。

06 对PSD源文件进行修改，返回Dreamweaver中可以看到图片左上角图标的提示文字变成了"原始资源已修改"，如图3-53所示。

图3-52 图标提示文字

图3-53 修改源文件后的图标提示文字

07 选中图像，单击"属性"面板中的"编辑图像设置"按钮 ，图片左上角图标指示文字又变成"图像已同步"状态了，而且图片也得到了更新，如图3-54所示。

图3-54 更新图像文件

3.3 编辑网页图像

插入网页中的图像，在默认状态下使用的是源图像的大小、颜色等。用户可以根据不同网页的要求，适当地重新调整图像的属性。

3.3.1 更改图像基本属性

插入图像文件后，选中该图像，打开"属性"面板，可以看到其中有设置图像的大小、缩略图和链接路径等属性的选项。通过该"属性"面板即可设置图像的各种属性，如图3-55所示。

图3-55 图像"属性"面板

图像的"属性"面板中包含多个选项，其中各选项的含义介绍如下。

- 源文件：设置指定图像文件的路径。
- 链接：设置图像链接到的目标路径。
- 替换：设置图片的说明文字。主要用于浏览器不能正常显示图像时替代图像显示的文本。

- "宽"和"高"：设置在浏览器中显示图像的高度和宽度值，以像素为单位。
- 编辑：启动图像编辑器中的一组编辑工具可以对图像进行复杂的编辑，包括编辑图像设置、裁剪大小、重新取样、设置亮度和对比度及锐化图像等。
- 类：将定义的类样式应用到图像上。
- 地图：设置创建客户端图像地图。
- 热点工具：单击这些按钮，创建图像的热区链接。
- 目标：链接页面在窗口或框架中打开时的显示位置，包括_parent、_blank、new、_self和_top选项。
- 原始：设置图像下载完成前显示的低质量图像。

3.3.2 高级图像编辑功能

在Dreamweaver CS6中，可以直接对图像进行编辑，例如调整图像的亮度和对比度、锐化图像、裁剪图像等。

1. 编辑图像设置

在Dreamweaver CS6中可以使用"编辑图像设置"按钮对图像进行编辑，具体的操作步骤如下。

01 打开素材文件，选中要编辑的图像，单击"属性"面板中的"编辑图像设置"按钮，如图3-56所示。

02 弹出"图像优化"对话框，从中设置相应的参数，单击"确定"按钮，如图3-57所示。

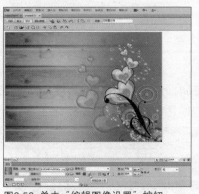

图3-56 单击"编辑图像设置"按钮

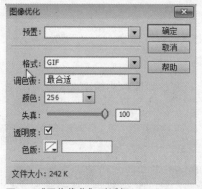

图3-57 "图像优化"对话框

03 弹出"保存Web图像"对话框，如图3-58所示，选择保存路径，单击"保存"按钮，随后图像将会自动更新，如图3-59所示。

图3-58 "保存Web图像"对话框

图3-59 设置效果

2．裁剪

当图像插入到网页中之后，如果有多余的部分，可以利用"裁剪"按钮进行裁剪，具体的操作步骤如下。

01 打开网页文档，选定要裁剪的图像。然后单击"属性"面板中的"裁剪"按钮，如图3-60所示。

02 弹出提示对话框，单击"确定"按钮，随后在所选图像的周围会出现裁剪控制框，如图3-61所示。

图3-60 单击"裁剪"按钮

图3-61 裁剪控制框

03 拖动鼠标，调整裁剪控制框至合适大小，如图3-62所示。

04 在裁剪控制框内双击或按Enter键，即可完成裁剪图像的操作，如图3-63所示。

图3-62 调整裁剪控制框

图3-63 裁剪效果

3．亮度和对比度

对于网页中显得过于暗淡或明亮的图像，可以利用"属性"面板中的"亮度和对比度"按钮来改变图像的色调，使图像整体效果更协调。

01 选择网页中的图像，单击"属性"面板中的"亮度和对比度"按钮，弹出如图3-64所示的提示框。

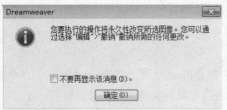

图3-64 提示框

02 单击"确定"按钮，在弹出的"亮度/对比度"对话框中调整亮度、对比度参数，如图3-65所示。

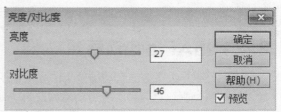

图3-65 "亮度/对比度"对话框

03 设置完成后单击"确定"按钮即可，如图3-66和3-67所示为调整前后的效果对比图。

图3-66 调整前效果

图3-67 调整后效果

4．锐化

利用"锐化"按钮可以增强图像边缘的对比度，从而增加图像的清晰度和锐度。

01 打开网页文档，选定图像，单击"属性"面板中的"锐化"按钮，弹出"锐化"对话框，从中调整参数，如图3-68所示。

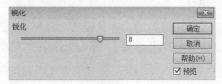

图3-68 "锐化"对话框

02 调整结束后单击"确定"按钮即可，如图3-69和3-70所示为调整前后的效果对比。

图3-69 锐化之前效果

图3-70 锐化之后效果

3.4　插入多媒体元素

在网页中除了可以插入普通的文本和图像外，还可以插入多媒体元素，例如Flash动画、Flash视频和音乐等，这样可以从视觉、听觉等多角度丰富网页的内容，使网页整体变得生动有趣。

3.4.1　插入Flash动画

在网页中，大多数具有动画效果的导航栏或者banner通常都是Flash动画。在Dreamweaver CS6中插入的Flash动画包括两种：普通动画和透明动画。插入Flash动画的具体操作步骤如下。

01 打开网页文档，将插入点定位在要插入Flash动画的位置，选择"插入>媒体>SWF"命令，如图3-71所示。

02 打开"选择SWF"对话框，选择要插入的Flash动画，然后单击"确定"按钮，如图3-72所示。

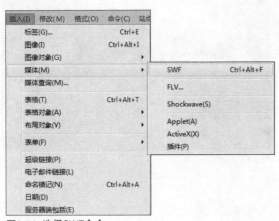

图3-71　选择SWF命令

图3-72　选择要插入的Flash动画

03 弹出"对象标签辅助功能属性"对话框，从中进行相应的设置（这里保持默认选择），如图3-73所示，单击"确定"按钮即可插入Flash动画，如图3-74所示。

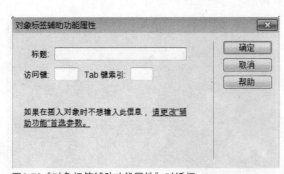

图3-73　"对象标签辅助功能属性"对话框

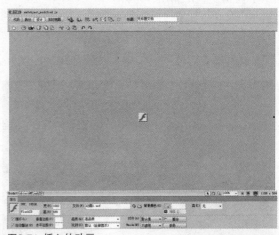

图3-74　插入的动画

选中插入的Flash动画，可以通过"属性"面板对其进行修改，如图3-75所示。此时"属性"面板中各选项的含义介绍如下。

图3-75 属性面板

- "宽"和"高"：设置文档中Flash动画的宽度和高度，以像素为单位。
- 文件：设置指定Flash动画文件的路径。
- 背景颜色：设置指定动画区域的背景颜色。
- 编辑：设置启动Flash以更新FLA文件。
- 类：设置对动画应用CSS类。
- 循环：设置使动画连续播放。若没有选择循环，则动画将在播放一次后停止。
- 自动播放：设置在加载页面时自动播放动画。
- "垂直边距"和"水平边距"：设置动画的上下或左右的边距。
- 品质：设置动画的质量参数，如低品质、自动低品质、自动高品质和高品质。
- 比例：设置动画的缩放比例，包括全部显示、无边框和严格匹配。
- 对齐：设置动画在页面中的对齐方式。
- Wmode：为Flash动画设置Wmode参数以避免与DHTML元素相冲突，包括"窗口"、"不透明"和"透明"三个参数。
- 播放：单击该按钮，在设计视图窗口中可以预览动画。
- 参数：单击该按钮，可以在打开的"参数"对话框中设定附加参数。

3.4.2 插入Flash视频

FLV流媒体格式是一种新兴的视频格式，全称为Flash Video，从Flash MX 2004开始就对其提供了完美的支持。该格式的出现有效地解决了视频文件导入Flash后使导出的SWF文件体积庞大，不能在网络上很好地使用等缺点。在Dreamweaver CS6中可以直接导入Flash Video。在Dreamweaver CS6中，"插入FLV"对话框的"视频类型"下拉列表中有两种视频类型可供选择，一种是累进式下载视频，另一种是流视频。

1. 累进式下载视频

累进式下载视频类型是将FLV文件下载到站点访问者的硬盘上，然后播放。累进式下载允许在下载完成之前就开始播放视频文件。

01 选择"插入>媒体>FLV"命令，打开"插入FLV"对话框，在"视频类型"下拉列表中选择"累进式下载视频"选项，如图3-76所示。

图3-76 选择"累进式下载视频"选项

02 单击"浏览"按钮选择视频文件并设置参数，设置完成后单击"确定"按钮，FLV视频文件即添加到网页上，如图3-77所示。

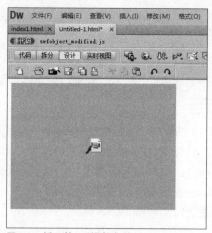

图3-77 插入的FLV视频文件

"插入FLV"对话框中各选项的含义介绍如下。

- URL：设置FLV文件的相对路径或绝对路径。
- 外观：设置视频组件的外观。
- "宽度"和"高度"：以像素为单位设置FLV视频组件的宽度和高度。如果要通过Dreamweaver CS6确定FLV文件的准确宽度和高度，则单击"检测大小"按钮。如果无法确定，则必须输入宽度和高度值。
- 限制高宽比：保持视频组件的宽度和高度之间的比例不变。默认情况下会选择此选项。
- 自动播放：设置在加载页面时是否播放视频。
- 自动重新播放：设置播放控件在视频播放完之后是否返回起始位置。

2．流视频

流视频是对视频内容进行流式处理，并在一段可确保流畅播放的很短的缓冲时间后在网页上播放该内容。

选择"插入>媒体>FLV"命令，打开"插入FLV"对话框，在"视频类型"下拉列表中选择"流视频"选项，设置视频参数，单击"确定"按钮即可，如图3-78所示。

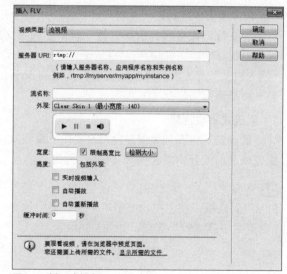

对话框中各选项的含义介绍如下。

- 服务器URI：设置服务器名称、应用程序名称和实例名称。
- 流名称：设置需要播放的FLV文件名称。
- 实时视频输入：设置视频内容是否是实时的。
- 缓冲时间：设置在视频开始播放前进行缓冲处理所需的时间（以秒为单位）。

图3-78 插入流视频

3.4.3 插入其他媒体

在Dreamweaver CS6中除了可以插入Flash动画文件和FLV视频文件外，还可以插入QuickTime或

Shockwave影片、Jave Applet或ActiveX控件，以及其他音频或视频对象，插入的操作方法大致相同。下面以插入ActiveX控件为例进行介绍。

01 打开网页文档，将插入点定位在要插入 ActiveX 控件的位置，选择"插入 > 媒体 >ActiveX"命令，如图 3-79 所示。

02 弹出"对象标签辅助功能属性"对话框，根据需要从中进行相应设置，这里选择直接单击"确定"按钮，如图3-80所示。

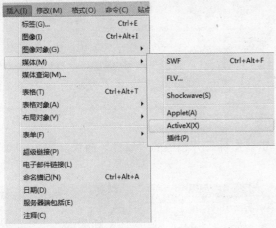

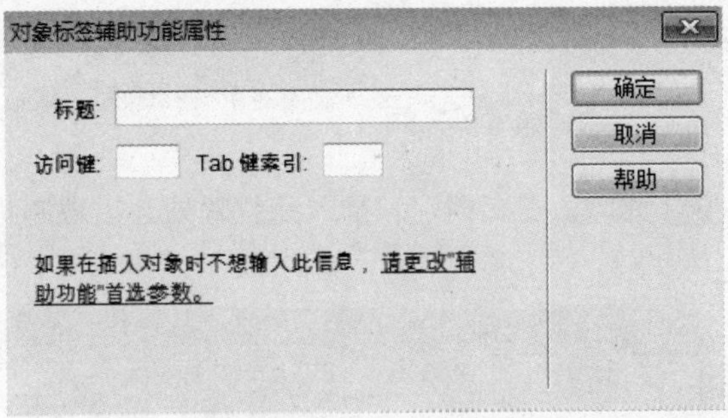

图3-79 选择ActiveX命令

图3-80 "对象标签辅助功能属性"对话框

03 文档窗口中显示 ActiveX 控件图标。保存文件，浏览网页。浏览器会弹出"已限制此网页运行脚本或 ActiveX 控件"字样，单击"允许阻止的内容"按钮即可，如图 3-81 所示。

图3-81 预览网页

3.4.4 插入声音和视频

在Dreamweaver CS6中可以使用"插件"命令插入多种格式的音频和视频文件，例如MP3、RM和MID等格式的文件，从而使网页内容表现得更加多样化。

01 打开网页文档，将插入点定位在要插入音频文件的位置，选择"插入>媒体>插件"命令，如图3-82所示。

02 弹出"选择文件"对话框，选择要插入的音频文件，单击"确定"按钮，如图3-83所示。

图3-82 选择"插件"命令

图3-83 选择文件

03 此时，在文档窗口插入点位置处会出现图标。单击该图标打开相应的"属性"面板，如图3-84所示。

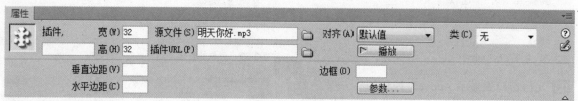

图3-84 插件属性面板

04 单击"参数"按钮，弹出"参数"对话框，从中设置参数属性，设置完成后单击"确定"即可，如图3-85所示。

　　用户可以使用同样的方法，在网页中插入不同格式的视频文件，在此将不再赘述。

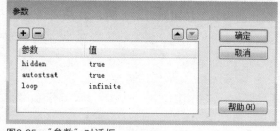

图3-85 "参数"对话框

TIP 音视频参数含义介绍

hidden用于设置是否隐藏面板，autostart用于设置是否自动开始播放，loop用于设置音、视频的播放次数。

3.5 创建超链接

　　网络中的所有资源都是通过超链接联系在一起的。链接能使网页从一个页面跳转到另一个页面。成功地运用链接可以使网页变得更方便、更清晰和更富有灵性。

　　超链接是指站点内不同页面之间、站点与Web之间的链接关系，它可以使站点内的网页成为有机整体，能够使不同站点之间建立联系。超链接通常由链接载体和链接目标两部分组成。

3.5.1 创建超链接的方法

　　网页中的链接载体有很多，包括文本、图像和动画等，但是链接文件不同，链接的方法也不一样。例如在同一个网页中实现链接，或者在一幅图像中实现局部链接，以及常见的邮件链接等。

下面具体介绍几种超链接的实现方法。

1．文本链接

文本链接是网页中最常见的超链接形式。创建文本链接的具体操作步骤如下。

01 选择要创建链接的文本内容，打开"属性"面板，单击"链接"文本框后的"浏览文件"按钮，如图3-86所示。

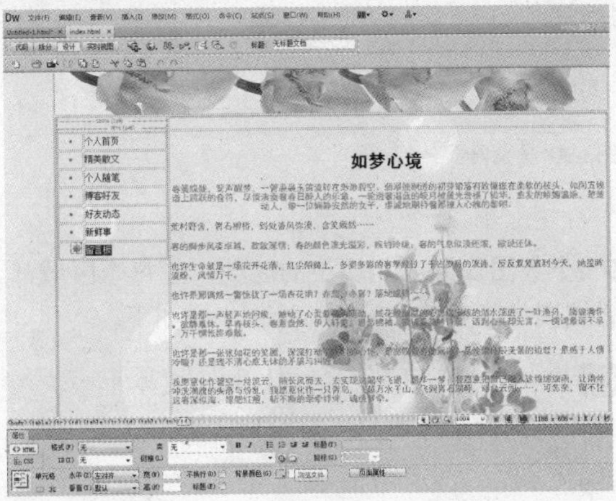

02 弹出"选择文件"对话框，从中选择要链接到的文件，单击"确定"按钮，如图3-87所示。

图3-86　浏览文件

图3-87　选择要链接到的文件

03 保存文件，预览网页。可以看到，被链接的文本颜色和鼠标指针发生变化，如图3-88所示。

> **TIP　创建文本链接的技巧**
>
> 用户可以通过以下方式创建文本链接。
>
> 第一，选中文本内容，单击鼠标右键，在弹出的快捷菜单中选择"创建链接"命令，在弹出的对话框中进行设置。
>
> 第二，选择要创建链接的文本内容，拖动"属性"面板上的"指向文件"按钮，指向要链接到的文件即可。

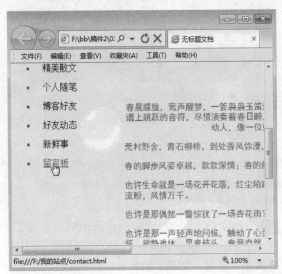

图3-88　预览网页

2．图像链接

图像也可以添加超链接，方法和文本链接类似。其具体操作步骤如下。

01 选择要创建链接的图像，打开"属性"面板，在"链接"文本框中输入要链接到的地址，如图 3-89 所示。

02 保存文档，按F12键预览网页。当鼠标指针指向此图像时，鼠标指针就会变成手形，如图3-90所示，单击后即可转往之前设置的地址。

图3-89 输入链接网址

图3-90 预览网页

3. 图像热点链接

如果一个图像里需要包含多个链接区域，就要将一个大图像分成几块小的区域，对每个区域都单独进行链接，这时可以利用图像的热点链接功能。设置图像热点链接的具体操作步骤如下。

01 打开网页文档，选定图像，打开"属性"面板，单击"矩形热点工具"按钮，然后在图像上拖动鼠标创建热点区域，如图3-91所示。

02 在"属性"面板中的"链接"文本框中输入要链接到的文件路径，如图3-92所示。

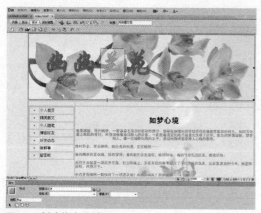

图3-91 创建热点区域

图3-92 指定链接文件

03 保存文档，按F12键在浏览器中预览效果。可以看到，当鼠标指针经过热点区域时，指针变成小手形状，如图3-93所示。

图3-93 预览效果

4．锚链接

锚链接又叫锚文本链接，是链接的一种形式，指在文档中设置位置标记，并给予命名，以便引用。通过创建锚链接，可以使链接指向当前文档或不同文档中的指定位置。锚点常常被用来实现到特定主题或者文档顶部的跳转链接，使访问者能够快速浏览到选定的位置，加速信息检索。

创建锚链接的大致方法为：一是设置锚记，二是创建到该位置的链接。其具体操作步骤如下。

01 打开网页文档，将插入点定位在正文第一行，选择"插入 > 命名锚记"命令，如图3-94 所示。

02 弹出"命名锚记"对话框，在文本框中输入锚记名称，单击"确定"按钮，如图3-95所示。

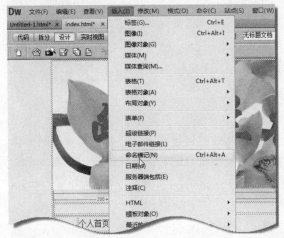

图3-94 选择"命名锚记"命令

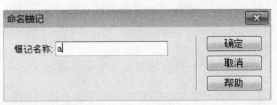

图3-95 输入锚记名称

03 此时，在插入点位置处可以看到一个锚标记，如图3-96所示。

04 选择网页底部的"返回顶部"文字，在"属性"面板的"链接"文本框中输入"#a"，如图3-97所示。

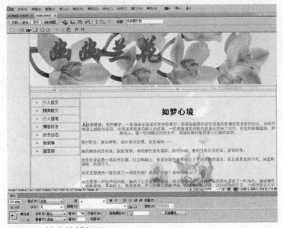

图3-96 创建的锚标记

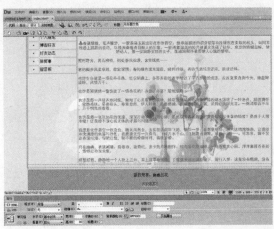

图3-97 创建锚链接

05 保存文件，按F12键预览网页。可以看到，当单击"返回顶部"链接后，正文第一行将出现在浏览器顶部，如图3-98和3-99所示。

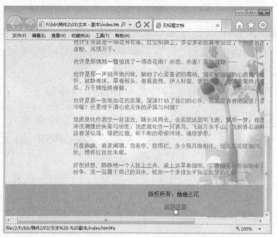

图3-98 单击链接文本

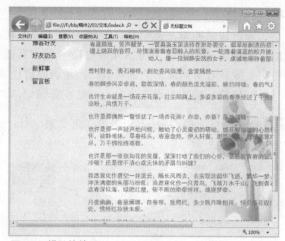

图3-99 锚链接效果

5．电子邮件链接

电子邮件链接是一类特殊的超链接，在网页上加入电子邮件超链接，可以方便浏览者与网站管理者之间的联系。当访问者单击电子邮件链接时，将调用系统中设置的默认邮件程序，弹出一个邮件发送窗口。

创建电子邮件链接的具体操作步骤如下。

01 将插入点定位在需要创建电子邮件链接的位置，选择"插入>电子邮件链接"命令，弹出"电子邮件链接"对话框，如图3-100所示。

02 从中设置显示的文本和电子邮件，单击"确定"按钮并保存文档。接着预览网页效果。当单击电子邮件链接文本，系统将自动打开用于发送邮件的E-mail程序窗口，如图3-101所示。

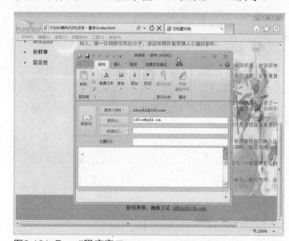

图3-101 E-mail程序窗口

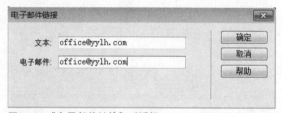

图3-100 "电子邮件链接"对话框

6．下载链接

通过下载链接，用户可以从网络上下载需要的文件。一般素材网和软件网等下载链接应用得比较多。创建下载链接的具体步骤如下。

01 选中网页底部的"下载文档"文本，单击"属性"面板中"链接"文本框后的"浏览文件"按钮，打开"选择文件"对话框，从中选择供下载的文件，如图 3-102 所示。

02 设置完成后单击"确定"按钮，接着保存文件。按F12键预览网页，可以看到，当单击"下载文档"链接时，系统将弹出信息提示，如图3-103所示。

Chapter 01
Chapter 02
Chapter 03 内容 制作网页
Chapter 04
Chapter 05
Chapter 06
Chapter 07
Chapter 08

图3-102 选择文件

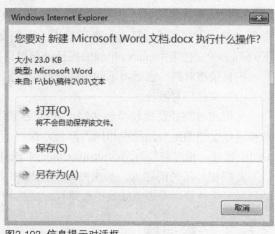

图3-103 信息提示对话框

03 单击"另存为"选项，弹出"另存为"对话框，选择保存位置，单击"保存"按钮，如图3-104所示。

04 下载完毕后，将弹出文件下载完毕提示框，如图3-105所示。

图3-104 选择保存路径

图3-105 文件下载完毕提示框

3.5.2 超链接的路径

每一个网页文档都有自己的存放位置和路径，并且是惟一的地址。在创建网页的过程中，只要确定当前文件与站点根目录之间的相对路径即可。在网站中链接路径可以分为绝对路径和相对路径两种。

1．绝对路径

绝对路径是包含服务协议（通常是http://或ftp://）的完全路径，绝对路径包含的是具体地址。若目标文件被移动，则链接无效，创建外部链接时必须使用绝对路径。绝对路径是指资源的完整地址，其形式为：协议名://网站域名/文档名。例如http://www.jsxz.com即是一个绝对路径。

绝对路径的最大特点为：绝对路径同链接的源端点位置无关；如果目标端点不变，无论源端点如何移动，都不会发生错误链接；用于外部网站的链接。

2．相对路径

相对路径有"根目录相对路径"和"文档相对路径"两种。相对路径适合创建网站的内部链接，通常只包含文件夹名和文件名。一个相对路径不包括协议和主机信息，这是因为它的路径与当前文档的访问协议和主机相同，甚至有相同的目录路径。

（1）根目录相对路径

根目录相对路径是从当前站点的根目录开始的路径。站点上所有可公开的文件都存放在站点的根目录下。所有基于根目录的路径都从"/"开始的。例如，/bb/wenjian/index1.html就是站点根目录下wenjian子文件夹中index1.html的根目录相对路径。

根目录相对路径也适用于创建内部路径，但大多数情况下，一般不使用这种路径形式。

（2）文档相对路径

文档相对路径是指和当前文档所在的文件夹相对的路径。使用文档相对路径可以省去当前文档和被链接文档的绝对路径中相同的部分，保留不同的部分。例如在index3.html文件中创建指向index1.html的链接，相对路径为../bb/wenjian/index1.html，这里的../表示向上一级。

文档相对路径的特点：如果网站的结构和文件的相对位置不变，链接就不会出错。整个网站移动到另一个位置，不需要修改链接路径。文档相对路径适合于网站的内部链接。

3.5.3 链接目标

链接目标可以是任意网络资源，包括页面、E-mail、图像和声音等。不同目标的链接设置方法也不一样。

从网页到网页是最常见的链接方式，如果链接载体所在的网页和链接目标所在的网页都在同一个站点中，则属于站内链接。设置站内链接的方法是在"属性"面板"链接"文本框中输入链接目标的地址。如果不知道链接目标的确切地址，可以单击"浏览文件"按钮，在弹出的对话框中选择相应的文件。无论目标文件与当前文件的目录关系如何，其格式为：<a href="目标文件路径/目标文件名">。

外部链接是指链接到网站外的其他网页，设置外部链接的方法是在"链接"文本框内输入完整的链接目标地址。例如链接到百度网站首页，则输入http://www.baidu.com。

链接目标文件在窗口中的打开方式包括以下5种。

（1）_blank：将链接的文件载入一个未命名新浏览器窗口中。

（2）_new：将链接文件载入一个新的浏览器窗口中。

（3）_parent：将链接文件载入含有该链接的框架的父框架集或父窗口中。

（4）_self：将链接的文件载入该链接所在的同一框架或窗口中。

（5）_top：将链接的文件载入整个浏览器窗口中，会删除所有的框架。

3.6 上机实训

下面通过上机实训来练习本章所讲解的内容。

实训1 | 制作精美的文字网页　实训目的：熟悉如何通过设置字体样式和段落格式来美化网页，并运用所学的知识制作一个效果如图3-106所示的网页。

◎ **实训要点**：输入文本、设置段落格式、设置字体样式

图3-106 最终效果

01 启动 Dreamweaver CS6，打开网页素材文档，如图 3-107 所示。

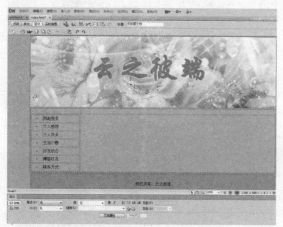

图3-107 打开素材文档

03 将插入点定位在所选的段落中，在"属性"面板的"格式"下拉列表中选择"标题1"，选择"格式>对齐>居中对齐"命令，如图3-109所示。

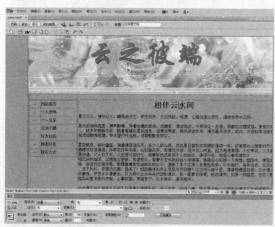

图3-109 设置段落格式和对齐方式

02 将插入点定位在编辑窗口中，输入文本内容，如图3-108所示。

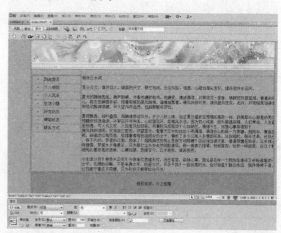

图3-108 输入文本

04 选中要设置字体的文本，打开"属性"面板，在"字体"下拉列表中选择所需的字体，如图3-110 所示。

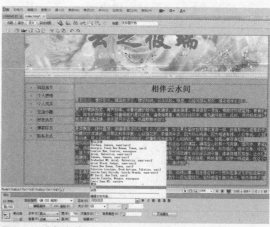

图3-110 选择字体

05 弹出"新建CSS规则"对话框后，输入选择器名称，单击"确定"按钮，如图3-111所示。

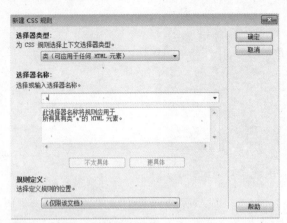

图3-111 "新建CSS规则"对话框

07 参照字体样式的设置方法，调整网页中文本内容的字号大小与颜色，如图3-113所示。

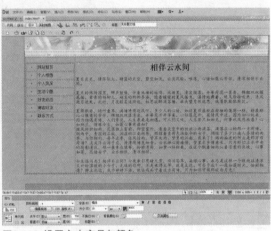

图3-113 设置文本字号与颜色

06 返回编辑区后即可发现文本字体已经发生了变化，如图3-112所示。

图3-112 设置字体效果

08 保存文件，并按F12键预览网页效果，如图3-114所示。

图3-114 预览网页

 实训2 | 制作网站引导页面　实训目的：通过制作如图3-115所示的网页效果，熟悉并掌握插入多媒体元素的方法。

◎ 实训要点：设置页面属性、插入表格与图像、插入多媒体元素

图3-115 网页最终效果

01 启动Dreamweaver CS6，新建网页文档，并将其另存为index.html，如图3-116所示。随后单击"属性"面板中的"页面属性"按钮。

图3-116 新建文档

03 随后背景图像便添加到网页中，选择"插入>表格"命令，弹出"表格"对话框，设置行列数为4行1列、表格宽度为1000像素、边框粗细为0像素，如图3-118所示。

图3-118 "表格"对话框参数设置

05 将插入点定位在表格第一行的单元格中，选择"插入 > 图像"命令，插入图像素材，如图3-120所示。

图3-120 插入图像

02 打开"页面属性"对话框，设置页面边距为0像素，单击"背景图像"文本框后面的"浏览"按钮，选择背景图像，单击"确定"按钮，如图3-117所示。

图3-117 设置页面属性

04 单击"确定"按钮，此时表格即插入到网页中，设置表格对齐方式为居中对齐，如图3-119所示。

图3-119 插入表格

06 将插入点定位在第二行单元格中，设置单元格背景颜色为#999999、高为30像素、对齐方式为"居中对齐"，如图3-121所示。

图3-121 设置单元格格式

Chapter 01
Chapter 02
Chapter 03 | 制作网页 内容
Chapter 04
Chapter 05
Chapter 06
Chapter 07
Chapter 08

07 在单元格中输入文本，设置文本样式，如图 3-122所示。

图3-122 输入文本

09 将插入点定位在最后一行单元格中，设置单元格行高为50像素、居中对齐，选择"插入>图像"命令，插入图像素材，如图3-124所示。

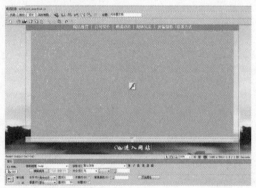

图3-124 插入图像

08 将插入点定位在第3行单元格中，选择"插入>媒体>SWF"命令，插入SWF动画，设置对齐方式为"居中对齐"，如图3-123所示。

图3-123 插入动画

10 保存文件，并按F12键预览网页，最终效果如图3-125所示。

图3-125 预览网页

🖥️ **实训3 | 制作图文混排网页**　实训目的：通过制作如图3-126所示的网页效果，掌握制作图文并茂网页的方法，关于表格的应用将在下一章中详细介绍。

◎ 实训要点：表格的插入和编辑，插入图像、插入文本，设置文本格式

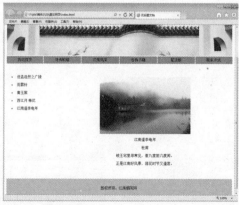

图3-126 最终效果

▼ Part 01 Dreamweaver CS6篇

Chapter 01
Chapter 02
Chapter 03 制作网页内容
Chapter 04
Chapter 05
Chapter 06
Chapter 07
Chapter 08

01 启动Dreamweaver CS6，新建网页文档，并另存为index.html。随后设置页面属性，如图3-127所示。

图3-127 设置页面属性

03 将插入点定位在第一行表格，选择"插入 > 图像"命令，弹出"选择图像源文件"对话框，选择图像文件，单击"确定"按钮，如图 3-129 所示。

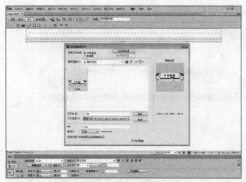

图3-129 "选择图像源文件"对话框

05 将插入点放置在第二行单元格中，设置单元格行高为30像素、背景颜色为#999999，如图3-131所示。

图3-131 设置单元格

02 选择"插入>表格"命令，插入一个2行1列的表格，其表格宽度为1000像素，对齐方式为"居中对齐"，如图3-128所示。

图3-128 插入表格

04 弹出"图像标签辅助功能属性"对话框，单击"确定"按钮，此时图像便插入文档中，如图3-130所示。

图3-130 插入图像

06 单击鼠标右键，在弹出的快捷菜单中选择"表格 > 拆分单元格"命令，弹出"拆分单元格"对话框，将单元格拆分为6列，单击"确定"按钮，如图 3-132 所示。

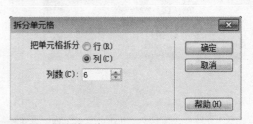

图3-132 拆分单元格

07 单元格拆分为6列后，继续设置设置单元格的宽度为167像素、对齐方式为"居中对齐"，如图3-133所示。

图3-133 设置单元格

09 选择"插入>表格"命令，在导航栏下面插入一个1行1列的表格，如图3-135所示。

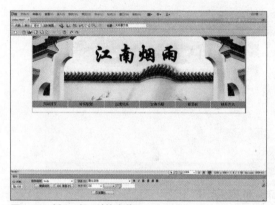

图3-135 插入1行1列的表格

11 将插入点定位在左侧单元格中，选择"插入>表格"命令，插入一个6行2列的w表格，调整列宽，设置行高为30像素，如图3-137所示。

图3-137 插入6行2列的表格

08 将插入点定位在单元格中，输入文本，设置文本格式，如图3-134所示。

图3-134 输入文本并设置格式

10 将插入点定位在单元格中，选择"插入>表格"命令，插入一个1行2列的表格，如图3-136所示。

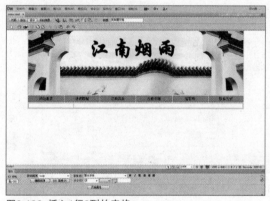

图3-136 插入1行2列的表格

12 将插入点定位在第二行单元格中，选择"插入>图像"命令，插入图像素材图标，将其设置为居中对齐，然后输入文本，如图3-138所示。

图3-138 插入图标、输入文本

Chapter 01
Chapter 02
Chapter 03 制作网页 内容
Chapter 04
Chapter 05
Chapter 06
Chapter 07
Chapter 08

13 使用相同的方法，插入其他图标和文本，如图3-139所示。

图3-139 输入其他图标和文本

15 在图像下面输入文本并设置文本样式，再设置对齐方式为"居中对齐"，如图3-141所示。

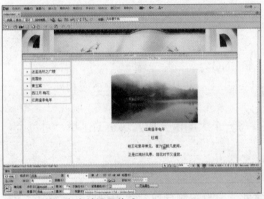

图3-141 输入文本并设置格式

17 将插入点定位在最下方单元格中，输入文本，如图3-143所示。

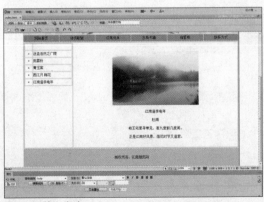

图3-143 输入文本

14 将插入点定位在右侧单元格中，选择"插入 > 图像"命令，插入图像素材，设置图像为居中对齐，如图3-140所示。

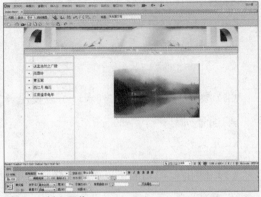

图3-140 插入图像

16 在页面底部插入一个1列1行的表格，设置高度为80像素、水平对齐方式为"居中对齐"、背景颜色为#CCCCCC，如图3-142所示。

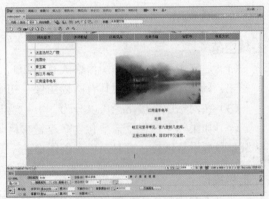

图3-142 插入表格并设置格式

18 保存文件，按F12键预览网页，效果如图3-144所示。

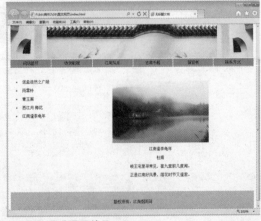

图3-144 预览网页效果

3.7 习题

1. 选择题

（1）可以在以下（ ）中对文本属性进行设置。

A. "属性"面板   B. "对象"面板

C. "启动"面板   D. "插入"面板

（2）要创建有序选项的列表，可以使用（ ）。

A. 编号列表   B. 项目列表

C. 定义列表   D. 分类列表

（3）利用（ ）功能可以增加图像边缘的对比度，从而增加图像的清晰度和锐度。

A. 裁剪   B. 亮度和对比度

C. 锐化   D. 重新取样

（4）在浏览器中单击电子邮件链接后，会启动（ ）。

A. 网页   B. 浏览器

C. 邮件程序   D. A、B、C

2. 填空题

（1）通常用于网页上的图像格式有 JPEG、_____ 和 PNG。

（2）鼠标经过图像必须具有两幅图像：初始图像和 _____，并且两幅图像大小应相同。

（3）在网站中链接路径可以分为 _____ 和 _____。

（4）如果一个图像里需要包含多个链接区域，就要将一个大图像分成几块小的区域，对每个区域都单独设置链接，这时可以利用图像的 _____。

3. 上机操作

通过本章所学知识，制作一个如图 3-145 所示的网页，并为左侧导航栏菜单创建文本链接。

制作要点：（1）插入、编辑表格；（2）插入背景图像；（3）设置段落格式与文本格式；（4）创建文本链接。

图3-145 网页效果示例

设计网页布局

设计网页既要合理安排内容又要美观精致，仅仅通过文字和图片的排列是远远不够的。因此，在Dreamweaver CS6中提供了表格、框架、Div以及AP Div等布局网页的方法。利用这些方法，用户可以制作出复杂的页面结构，再配合文本和图像，便可以制作出优秀的网页。

 本章重点知识预览

本章重点内容	学习时间	必会知识	重点程度
用表格布局网页	30分钟	在网页中插入表格 设置表格属性	★★★
用框架布局网页	45分钟	创建框架与框架集 设置框架与框架集	★★★★
用Div布局网页	45分钟	创建Div标签 创建AP Div 编辑AP Div	★★★★★

本章范例文件	·Chapter 04\用表格布局 ·Chapter 04\控制带有链接的框架内容 ·Chapter 04\创建AP DIV
本章实训文件	·Chapter 04\实训1 ·Chapter 04\实训2 ·Chapter 04\实训3

本章精彩案例预览

▲ 利用表格布局网页

▲ 利用框架布局网页

▲ 利用Div+CSS布局网页

4.1 网页布局类型

网页布局的最终目的是制作出整齐、美观，而且内容丰富的网页。在制作网页的过程中，网页布局的类型有多种，下面对常见的几种布局类型进行介绍。

1. 表格式网页布局

在复杂的网页设计中使用表格，可以有效地组织数据，整齐地排列文件，使整个网页看起来简洁清晰。在表格中不但可以组织文件、图像、组件等内容，还可以通过未定义边框的表格对网页进行合理的布局，所以表格已经成为制作网页的一种有效的工具。

表格式网页布局的优势是思路简单，对表格的行和列都可以加入CSS属性，方便易学。另外，使用该布局方式能对不同对象加以处理，而又不用担心不同对象之间的影响，在定位图片和文本上也比较方便。表格式网页布局的缺点为：当使用的表格过多时，页面加载速度会受到影响。在Dreamweaver CS6文档窗口内创建表格是一件非常容易的事情。

2. 框架式网页布局

框架网页是一种特殊的HTML网页，框架（Frames）由框架集（Frameset）和单个框架（Frame）两部分组成。框架网页可以将浏览器窗口分为不同的区域，在每一个区域中显示一个网页。框架在规范页面布局、提高页面传输效率等方面有着很重要的作用。

在网页中使用框架具有以下优点：

1）使网页结构清晰，易于维护和更新；

2）访问者的浏览器不需要为每个页面重新加载与导航相关的图形；

3）每个框架网页都具有独立的滚动条，因此访问者可以独立控制各个页面。

在网页中使用框架具有以下缺点：

1）一些早期的浏览器不支持框架结构的网页；

2）加载框架式网页速度慢；

3）不利于内容较多、结构复杂页面的排版；

4）大多数的搜索引擎都无法识别网页中的框架，或无法对框架中的内容进行搜索。

3. Div+CSS式网页布局

Div+CSS是目前最流行的布局方法，主要是靠样式表来实现。Div+CSS布局可以简单地理解为运用Div在网页上划出一块属于自己的区域，然后运用CSS对这块区域进行相应的排版、修饰和美化。

Div+CSS布局与传统表格式布局的区别在于，表格式布局的定位都是采用表格，通过表格的间距或者用无色透明的GIF图片来控制布局版块的间距；而Div+CSS布局采用层（div）来定位，通过层的margin、padding、border等属性来控制版块的间距，而这些属性一般由CSS来控制。

4.2 用表格布局网页

表格是页面布局极为有用的设计工具，通过设置表格和单元格的属性，可以实现对页面元素的准确定位，使页面在形式上条理清晰。合理地利用表格布局，有助于协调页面结构的均衡。

4.2.1 在页面中插入表格

在文档中利用表格可以对网页内容进行精确定位，在Dreamweaver CS6中使用"插入"面板或"插入"菜单，选择"插入"面板下"常用"选项面板中的"表格"命令，都可以创建表格。创建表格的具体操作步骤如下：

01 将插入点定位在要插入表格的位置，选择"插入>表格"命令，弹出"表格"对话框，如图4-1所示。

02 在对话框中设置表格行数为5、列数为2、表格宽度为1000像素、边框粗细为0像素、标题为无，单击"确定"按钮即可，如图4-2所示。

图4-1 "表格"对话框

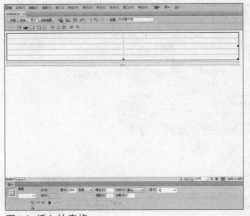

图4-2 插入的表格

4.2.2 设置表格属性

在Dreamweaver CS6中，选中表格，即会出现如图4-3所示的表格属性面板，从中可以对表格行数、列数、间距等属性进行修改。

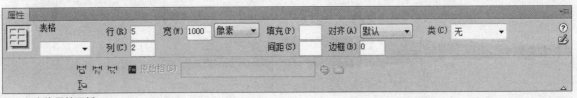

图4-3 表格属性面板

表格属性面板中各参数的含义介绍如下。

- "行"和"列"：设置表格的行数和列数。
- 宽：设置表格的宽度，以"像素"或"百分比"为单位。
- 填充：设置单元格内容与单元格边框之间的距离。
- 间距：设置相邻单元格之间的间隙大小。
- 对齐：设置表格的对齐方式，包括默认、左对齐、居中对齐、右对齐。
- 边框：设置表格边框的宽度，以像素为单位。
- 类：设置表格CSS类。
- "清除列宽"按钮：设置清除表格的列宽。
- "清除行高"按钮：设置清除表格的行高。
- "将表格宽度转换成像素"按钮：用于将表格的宽度转换成以像素为单位的宽度。
- "将表格宽度转换成百分比"按钮：用于将表格的宽度转换成以百分比为单位的宽度。

4.2.3 以表格方式布局网页

在布局网页时，使用表格不仅可以使页面设计得更加合理，还可以将网页元素轻松地放置在网页中的任何位置。下面将对其具体操作过程进行详细的介绍。

01 插入表格。首先将插入点定位在文档中，然后选择"插入>表格"命令，插入一个8行6列、边框粗细为1像素的表格，如图4-4所示。

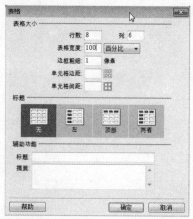

图4-4 表格对话框

03 输入文本内容。将插入点定位在单元格中，输入相应的文本，如图4-6所示。

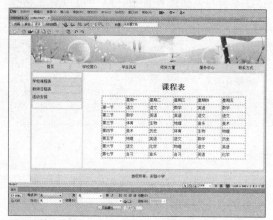

图4-6 输入文本

05 返回编辑区后即会发现表格中已经新增加了一行，如图4-8所示。

图4-8 新插入的行

02 网页中即插入了上一步设置的表格。接着设置表格的宽度为80%、对齐方式为"居中对齐"、单元格高度为30像素，如图4-5所示。

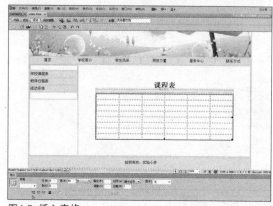

图4-5 插入表格

04 将插入点定位在第5行单元格，选择"插入>表格对象>在下面插入行"命令，如图4-7所示。

图4-7 在表格最下方插入行

06 选中需要合并的单元格，单击"属性"面板中的合并单元格按钮，如图4-9所示。

图4-9 合并单元格

07 将插入点定位在单元格中，然后输入相应的文本，如图4-10所示。

08 设置单元格的背景颜色为浅黄色、水平对齐方式为"居中对齐"。最后保存并预览网页，效果如图4-11所示。

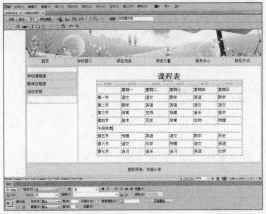

图4-10 输入文本

图4-11 预览网页效果

4.3 用框架布局网页

框架并不是文件，而是存放文档的容器，任何一个框架都可以显示任意一个文档。框架通常用来定义页面的导航区域和内容区域，即一个框架显示包含导航栏的文档，而另一个框架则显示含有内容的文档。框架对于制作风格统一的网页有很大优势。

4.3.1 以框架方式布局网页

在框架网页中，浏览器窗口被划分成了若干区域，每个区域称为一个框架，每个框架可显示不同的文档内容，彼此之间互不干扰。简单来说，框架的作用就是将浏览器窗口划分为若干个区域，每个区域可以分别显示不同的网页。框架网页最明显的特征就是当一个框架的内容固定不动时，另一个框架中的内容仍可以通过滚动条进行上下滚动。

框架技术主要通过框架集和单个框架两种元素来实现。框架集是一个定义框架结构的网页，它包括网页内框架的数量、每个框架的大小、框架内网页的来源和框架的其他属性等。而单个框架包含在框架集中，是框架集的一部分，每个框架中都放置一个内容网页，组合起来就是浏览者看到的框架网页。使用框架技术可以将多个网页集中在同一浏览器窗口中显示，并可以使不同页面在统一的浏览窗口中相互切换。

4.3.2 创建框架和框架集

Dreamweaver CS6中提供了多种框架集，一个框架集文件可以包括多个嵌套的框架集。创建框架与框架集包括"创建预定义的框架集"和"创建嵌套框架集"两种情况。

1．创建预定义框架集

创建预定义框架集的具体操作步骤如下。

01 新建网页文档，选择"插入>HTML>框架"命令，在弹出的级联菜单中选择框架集类型，如图4-12所示。

02 弹出"框架标签辅助功能属性"对话框，用户可以根据自己的需要设置此对话框，最后单击"确定"按钮即可，如图4-13所示。

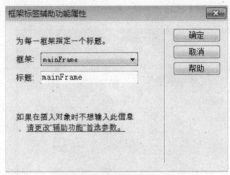

图4-12 选择所需框架命令 图4-13 "框架标签辅助功能属性"对话框

2．创建嵌套框架集

大多数使用框架的网页实际上都使用嵌套的框架。创建嵌套框架集的具体操作步骤如下。

01 将插入点定位在要插入嵌套框架集的框架中，然后选择"修改>框架集>拆分上框架"命令，如图4-14所示。

02 此时，在设计视图中的框架集中会出现嵌套框架集，如图4-15所示。

图4-14 选择所需的框架集命令

图4-15 创建的嵌套框架集

TIP 创建嵌套框架集的其他方法
选择"插入>HTML>框架"命令，再在弹出的级联菜单中选择一种框架集类型即可。

4.3.3 设置框架及框架集属性

框架是框架集的组成部分，通过"属性"面板可以设置框架和框架集的属性。

1．设置框架属性

选择"窗口>框架"命令，打开"框架"面板，在"框架"面板中单击选择框架，如图4-16所示。

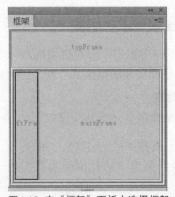

图4-16 在"框架"面板中选择框架

选择框架后会出现如图4-17所示的框架属性面板，从中可以设置以下参数。

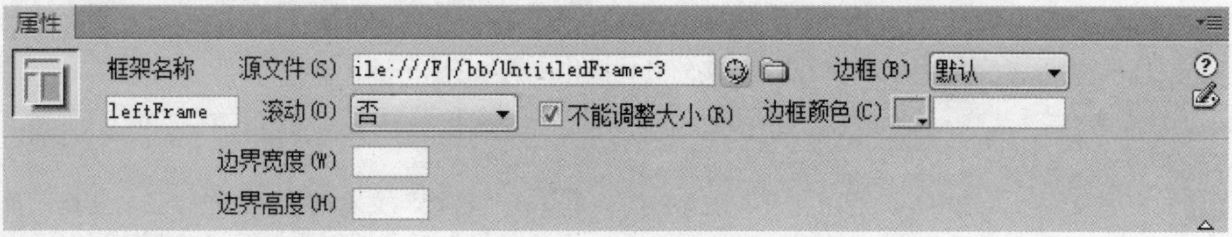

图4-17 框架属性面板

- 框架名称：设置链接的目标属性或脚本在引用该框架时所用的名称。
- 源文件：设置在框架中显示的源文档，单击文本框右侧的"浏览文件"按钮，可以选择文件。
- 滚动：设置框架是否显示滚动条，包括"是"、"否"、"自动"和"默认"4个选项。
- 不能调整大小：设置浏览者无法通过拖动框架边框在浏览器中调整框架的大小。
- 边框：设置在浏览器中查看文档时框架边框是否显示，包括"是"、"否"和"默认"3个选项。
- 边框颜色：设置边框显示的颜色。
- 边界宽度：以像素为单位，设置左边距和右边距的宽度（框架边框和内容之间的空间）。
- 边界高度：以像素为单位，设置上边距和下边距的宽度（框架边框和内容之间的空间）。

2. 设置框架集属性

在文档窗口中单击框架集中两个框架之间的边框，或者在"框架"面板中单击围绕框架集的边框选择框架集，即会显示框架集属性面板，如图4-18所示，从中可以设置以下参数。

- 边框：设置在浏览器中查看文档时框架边框是否显示，包括"是"、"否"和"默认"3个选项。
- 边框颜色：设置边框显示的颜色。
- 边框宽度：设置边框的宽度。
- 值：设置框架高度或宽度，在"单位"下拉列表中可以选择合适的单位。

图4-18 框架集属性面板

4.3.4 保存框架和框架集

若想要在浏览器中预览框架网页，则必须先保存框架集文件以及框架中的所有文档。

（1）保存框架集内所有文件

选择"文件>保存全部"命令，即可保存所有的文件。

选择该菜单命令将保存在框架集中打开的所有文档，包括框架集文件和所有带框架的文档。没有保存的框架，在框架的周围将显示粗边框。

（2）保存框架集文件

在"框架"面板中选择框架集，选择"文件>框架集另存为"命令或"文件>保存框架页"命令。

（3）保存框架文件

在"框架"面板中选择框架，选择"文件>保存框架"命令或"文件>框架另存为"命令。

如果框架集中有框架文档未被保存，则会弹出"另存为"对话框，提示保存该文档，直到所有的文档保存完为止。

4.3.5 控制带有链接的框架内容

若在一个框架中使用链接打开另一个框架中的文档，则需要设置链接目标。链接目标属性用于指定打开链接内容的框架或窗口。设置链接的具体操作步骤如下：

01 打开网页文档，选中导航栏中"个人随笔"文本，随后打开"属性"面板，如图4-19所示。

02 在"链接"文本框中输入链接到的文档，单击"目标"后面的下拉按钮，在下拉列表框中选择链接打开的目标位置为mainframe，即主框架，如图4-20所示。

图4-19 选择文本

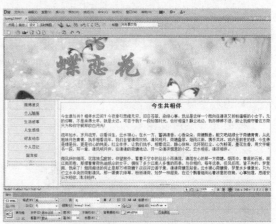

图4-20 设置链接目标位置

03 保存文件，按F12键预览网页。可以看到，单击"个人随笔"文本链接后，所链接的页面会在主框架内打开，如图4-21所示。

图4-21 预览网页

4.4 创建Div

Div与其他HTML标签一样，是HTML语言所支持的标签。<div>标签作为一个容器标签，被广泛地应用在HTML语言中。在传统表格式的布局当中之所以能够进行页面的排版设计，完全依赖于表格对象table。目前，一种全新的布局方式即CSS+Div布局成为主流，这种布局方式不需要依赖表格，Div就是这种布局方式的核心对象。

4.4.1 Div标签与AP Div的关系

简单地说，Div就是一个区块容器标签，即<div>和</div>之间相当于一个容器，可以容纳段落、标题、表格和图片等元素。用户可以把<div>和</div>中的内容视为一个独立的对象，Div标签本身没有任何表现属性，如果要使Div标签显示某种效果或显示在某个位置，就要为Div标签定义CSS样式。

AP Div 存放在 Div 和 SPAN 标签描述的 HTML 内容的容器里，用来控制浏览器窗口中对象的位置。AP Div 是一种页面元素，可以定位于网页的任何一个位置。AP Div 是 <div> 的一种存在形式，早期的 Dreamweaver 版本将其称作"层"。AP Div 中可以包含 HTML 文件的任何一个元素，例如文本、图像、表单和动画等。在 Dreamweaver CS6 中可以利用 AP Div 非常灵活、方便地设计页面布局。AP Div 最主要的特征是可以在网页内容之上或之下浮动，以实现对 AP Div 的准确定位。

AP Div通常是绝对定位的Div标签，可以将任何一个HTML元素作为AP元素进行分类。Dreamweaver将带有绝对位置的所有Div标签视为AP元素（分配有绝对位置的元素），即使未使用AP Div绘制工具创建的Div标签也是如此。

TIP 深入了解<div>
> <div> 是一种块元素，与段落标签一样，默认独占一行。若未应用 CSS 样式于 <div>，则没有明显的视觉效果。

4.4.2 创建Div标签

Div标签只是一个标识，作用是把内容标识成一个区域。插入Div标签的具体步骤如下：

01 打开"插入"面板，选择"插入"面板下"布局"选项面板中的"插入Div标签"命令，如图4-22所示。

02 弹出"插入Div标签"对话框，设置各种参数后，单击"确定"按钮，如图4-23所示。

图4-22 选择"插入"Div标签命令

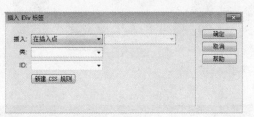

图4-23 "插入Div标签"对话框

03 随后页面中将显示插入的Div标签，如图4-24所示。此外，选择"插入>布局对象>Div标签"命令，也可以插入Div标签。

图4-24 插入的Div标签

4.4.3 创建AP Div

在AP Div中可以放置文本、图片和动画等页面元素，利用AP Div可以很容易地定位页面中元素的位置。创建AP Div的具体操作步骤如下。

01 选择"插入"面板下"布局"选项面板中的"绘制 AP Div"命令，如图 4-25 所示。

图4-25 选择"绘制AP Div"命令

02 在需要插入AP Div的位置拖动鼠标，插入AP Div，如图4-26所示。

图4-26 绘制AP Div

03 将插入点定位在AP Div中，选择"插入>图像"命令，插入图像素材，如图4-27所示。

图4-27 插入图像

04 选择AP Div，调整大小以及位置即可，如图4-28所示。

图4-28 调整大小及位置

4.5 编辑AP Div

在利用AP Div布局网页之前，需要掌握AP Div的属性和设置方法，以及AP Div的基本操作技巧。

4.5.1 AP Div的基本操作

利用AP Div可以精确地定位网页元素，在布局网页时，可以对AP Div进行选择、调整大小、移动和对齐等基本操作。

1. 选择AP Div

在对AP Div进行调整等操作时，首先要选择AP Div，对没有选择的AP Div是无法进行相关操作的。选择AP Div的方法有以下几种。

01 打开"AP元素"面板，在面板中单击AP Div的名称，即可选择AP Div，如图4-29所示。

02 将光标放在AP Div的边线上，当光标变成十字形时，单击即可选择AP Div，如图4-30所示。

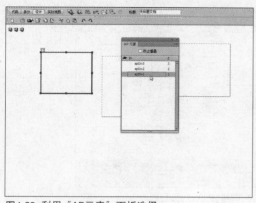

图4-29 利用"AP元素"面板选择

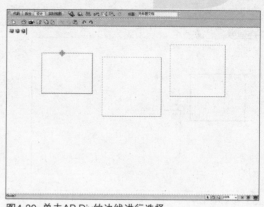

图4-30 单击AP Div的边线进行选择

03 在设计视图中单击AP Div标记 ，即可选择相应的AP Div，如图4-31所示。若在按住Shift键的同时单击多个AP Div标记，即可选择多个AP Div。

04 如果AP Div标记不可见，用户只需选择"编辑>首选参数"命令，在打开的"首选参数"对话框的"分类"列表框中，选择"不可见元素"选项，再在右侧勾选"AP元素的锚点"复选框，然后单击"确定"按钮即可，如图4-32所示。

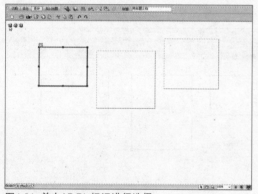

图4-31 单击AP Div标记进行选择

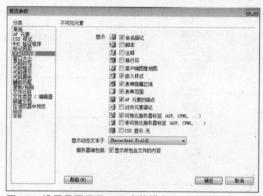

图4-32 设置是否显示AP元素的锚点

2．移动AP Div

AP Div具有非常强的灵活性，用户可以根据需要调整其位置。移动AP Div的方法有以下几种。

1）通过拖动AP Div的选择柄到适当的位置后松开鼠标即可，如图4-33所示。

2）在"AP Div属性"面板的"左"和"上"文本框中输入相应数值，即可移动AP Div的位置。

3）选定要移动的AP Div，按方向键，一次可以移动1个像素的位置；如果在按住Shift键的同时按方向键，则一次可以移动10像素的位置。

3．调整AP Div的大小

在使用AP Div布局网页时，可以调整一个或多个AP Div的大小，使它们具有相同的宽度或高度。具体的操作方法有以下几种。

1）选定AP Div，通过拖动AP Div的控制点来调整大小。

2）在"AP Div属性"面板的"宽"和"高"文本框中输入相应数值，即可调整AP Div的大小。

3）选择多个AP Div，选择"修改>排列顺序>设成宽度相同"（或"设成高度相同"）命令，便可以将AP Div的宽度或高度设置成最后一个选定的AP Div的宽度或高度，如图4-34所示。

4）选择多个AP Div，在"属性"面板的多个CSS-P元素属性中的"高"和"宽"文本框中输入相应的数值，即可调整选定的AP Div。

4．对齐AP Div

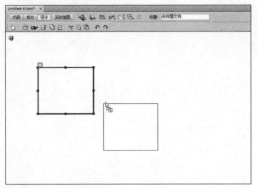

图4-33 移动AP Div

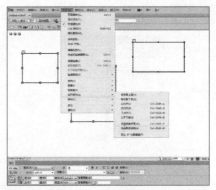

图4-34 调整AP Div的排列顺序

利用"排列顺序"子菜单中的命令，可以按照最后一个选定的AP Div边框来对齐其他的AP Div，具体的操作步骤如下。

01 选定多个 AP Div，选择"修改 > 排列顺序"命令，从弹出的子菜单中选择一个对齐命令（这里选择上对齐），如图 4-35 所示。

02 选定的AP Div的上边框都与最后一个选定的AP Div的上边框对齐，如图4-36所示。

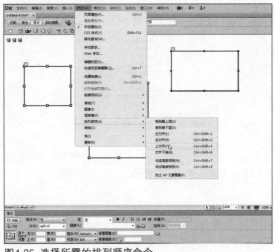

图4-35 选择所需的排列顺序命令

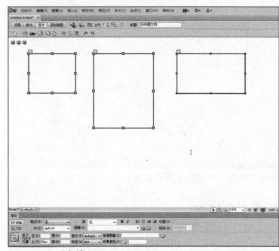

图4-36 上对齐效果

4.5.2 设置AP Div属性

与其他元素一样，选择"窗口>属性"命令，打开"属性"面板，选中AP Div，"属性"面板中将会显示AP Div的属性，如图4-37所示，从中可以对以下选项进行设置。

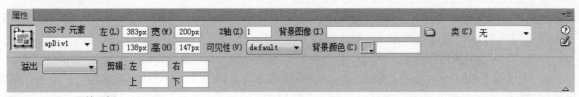

图4-37 AP Div 属性面板

- CSS-P：设置AP Div的名称，以便在"AP元素"面板中标识AP Div。
- "左"和"上"：设置AP Div的左边界和上边界距离页面左边界和上边界的距离，以像素为单位。

- "宽"和"高"：设置AP Div的宽度和高度，以像素为单位。
- Z轴：设置AP Div在Z方向的索引值，主要用于设置AP Div的堆叠顺序。Z轴值大的AP Div总位于Z轴值小的AP Div上面。
- 可见性：设置AP Div的初始显示状态。
- 背景图像：设置AP Div的背景图像。
- 背景颜色：设置AP Div的背景颜色，文本框为空则指定透明背景。
- 溢出：当AP Div的内容超过AP Div的大小时，设置AP Div内容的显示方法。
- 剪辑：设置AP Div可见区域的大小。

TIP **"可见性"选项的介绍**

"可见性"选项包括4个参数，分别介绍如下。default（默认）：不明确指定可见性属性，大多数浏览器会继承该 AP Div 的父级 AP Div 的可见性属性。inherit（继承）：继承父级 AP Div 的可见性属性。visible（可见）：显示 AP Div 及其中的内容，不管父级 AP Div 是否可见。hidden（隐藏）：隐藏 AP Div 及其中的内容，不管父级 AP Div 是否可见。

TIP **"溢出"选项的介绍**

"溢出"选项包括4个参数，分别介绍如下。visible（可见）：当 AP Div 内容超过 AP Div 的大小时，AP Div 会自动向右或向下扩展，以适应 AP Div 的内容。hidden（隐藏）：当 AP Div 内容超过 AP Div 的大小时，则隐藏超出 AP Div 部分的内容。scroll（滚动）：浏览器将在 AP Div 上添加滚动条。auto（自动）：当 AP Div 的内容超过 AP Div 大小时，浏览器才显示 AP Div 的滚动条，否则不显示。

4.6 常见的Div+CSS布局方式

目前，使用Div+CSS布局网页是最为流行的，其最大的好处就是可以使HTML代码更加整齐，并且容易使人理解。使用CSS既能控制页面元素和页面结构，也能够控制网页布局样式。与传统的布局方式相比，使用Div+CSS布局方式的网页浏览时的速度也比较快，可控性也要更强。

4.6.1 居中布局方式

居中布局设计是网页中最常见的布局方式之一，下面将具体介绍居中布局设计的步骤。

01 在HTML文档的<head>与</head>之间输入如下的CSS样式代码。

```
<head>
<meta http-equiv="Content-Type" content="text/html; charset=utf-8" />
<title>居中布局</title>
<style type="text/css">
#box {
background-color: #0F0;
width: 400px;
height:300px;
margin: 0 auto;
text-align: center;
color: #F00;
}
</style>
</head>
```

02 在HTML文档的<body>与</body>之间输入以下代码。

```
<body>
<div id="box"> 居中布局设计 </div>
</body>
```

03 保存文件，按F12键预览页面的效果，如图4-38所示。

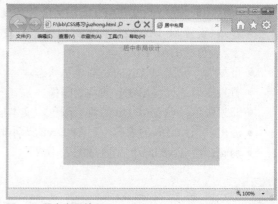

图4-38 居中布局效果

4.6.2 两列固定宽度布局方式

两列固定宽度布局非常简单，两列的布局需要用到两个<div>标签。为两个Div指定宽度，然后让它们在水平线中并排显示，从而形成两列式布局。其具体的操作步骤如下。

01 在HTML文档的<head>与</head>之间输入如下的CSS样式代码。

```
<head>
<meta http-equiv="Content-Type" content="text/html; charset=utf-8" />
<title> 无标题文档 </title>
<style type="text/css">
#left {
background-color: #0F0;
float: left;
height: 250px;
width: 300px;
color:#FFF;
}
#right {
background-color: #00F;
float: left;
height: 250px;
width: 250px;
color:#FFF;
}
</style>
</head>
```

02 在HTML文档的<body>与</body>之间输入以下代码。

```
<body>
<div id="left"> 左侧 </div>
<div id="right"> 右侧 </div>
</body>
```

03 保存文件，预览网页，效果如图4-39所示。

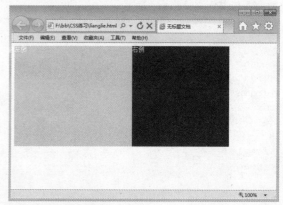

图4-39 两列固定宽度布局效果

Chapter 01

Chapter 02

Chapter 03

Chapter 04 | 布局设计网页

Chapter 05

Chapter 06

Chapter 07

Chapter 08

4.6.3 两列固定宽度居中布局方式

两列固定宽度居中布局可以使用Div的嵌套方式实现，用一个居中的Div作为容器，将两列分栏的Div放置在容器中，以实现两列的居中显示。其具体的操作步骤如下。

01 在HTML文档的<head>与</head>之间输入如下的CSS样式代码。

```
<head>
<meta http-equiv="Content-Type" content="text/html; charset=utf-8" />
<title> 无标题文档 </title>
<style type="text/css">
#box {
width: 500px;
margin: 0 auto;
}
#left {
background-color: #0F0;
float: left;
height: 250px;
width: 300px;
color:#FFF;
}
#right {
background-color: #00F;
float: left;
height: 250px;
width: 200px;
color:#FFF;
}
</style>
</head>
```

02 在HTML文档的<body>与</body>之间输入以下代码。

```
<body>
<div id="box">
<div id="left"> 左侧 </div>
<div id="right"> 右侧 </div>
</body>
```

03 保存文件，预览网页，效果如图4-40所示。

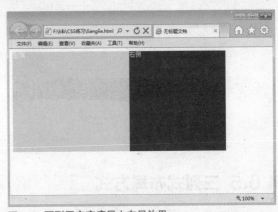

图4-40 两列固定宽度居中布局效果

4.6.4 两列宽度自适应布局方式

利用两列宽度自适应布局方式，可以实现左右列宽度的自动适应调整。设置时通过指定左右列的宽度百分比即可实现，其具体的步骤如下。

01 在HTML文档的<head>与</head>之间输入如下的CSS样式代码。

```
<head>
<meta http-equiv="Content-Type" content="text/html; charset=utf-8" />
<title>无标题文档</title>
<style type="text/css">
#left {
background-color: #0F0;
float: left;
height: 300px;
width: 70%;
color:#FFF;
}
#right {
background-color: #00F;
float: left;
height: 300px;
width: 30%;
color:#FFF;
}
</style>
</head>
```

02 在HTML文档的<body>与</body>之间输入以下代码。

```
<body>
<div id="left">左侧</div>
<div id="right">右侧</div>
</body>
```

03 保存文件，预览网页，效果如图4-41所示。

图4-41 两列宽度自适应布局效果

4.6.5 三列式布局方式

三列式布局，一般左列要求固定宽度，并居左显示；右列要求固定宽度，并居右显示；中间列需要在左列和右列中间，根据左右列的宽度变化自适应。实现的具体步骤如下。

01 在HTML文档的<head>与</head>之间输入如下的CSS样式代码。

```
<head>
<meta http-equiv="Content-Type" content="text/html; charset=utf-8" />
<title> 无标题文档 </title>
<style type="text/css">
#left {
height: 250px;
width: 80px;
float: left;
background-color: #0F0;
color:#FFF;
}
#right {
height: 250px;
width: 80px;
float: right;
background-color: #0F0;
color:#FFF;
}
#main {
height: 250px;
margin:0 80px;
background-color: #00F;
color:#FFF;
}
</style>
</head>
```

02 在HTML文档的<body>与</body>之间输入
以下代码。

```
<body>
<div id="left"> 左侧 </div>
<div id="right"> 右侧 </div>
<div id="main"> 中间 </div>
</body>
```

03 保存文件，预览网页，效果如图4-42所示。

图4-42 三列式布局效果

4.7　上机实训

　　为了更好地掌握本章所讲解的内容，在此安排了一些上机实训案例。

实训 1｜利用表格布局网页实例　实训目的：利用本章所学习的表格知识, 制作一个如图4-43所示的表格布局网页。

◎ 实训要点: 插入表格、编辑表格、插入图像、设置文本样式

图4-43 最终效果

01 启动Dreamweaver CS6，新建网页文档，并将其另存为index.html。 设置页面属性，如图4-44所示。

02 选择"插入>表格"命令，插入一个2行2列、表格宽度为1000像素、居中对齐的表格。调整表格列宽和行高，并将第二行单元格进行合并，如图4-45所示。

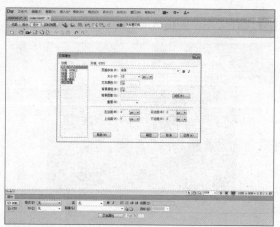

图4-44 新建文档并设置页面属性

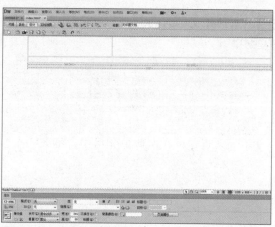

图4-45 插入表格并设置格式

03 将插入点定位在单元格中，选择"插入>图像"命令，插入图像素材，再设置水平对齐方式为"居中对齐"，如图4-46所示。

04 将插入点定位在右侧单元格中，设置单元格水平对齐方式为"居中对齐"、垂直对齐方式为"底部"，输入文本并设置文本样式，如图4-47所示。

Chapter 01
Chapter 02
Chapter 03
Chapter 04 设计网页布局
Chapter 05
Chapter 06
Chapter 07
Chapter 08

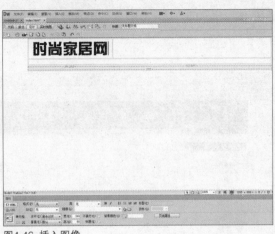

图4-46 插入图像

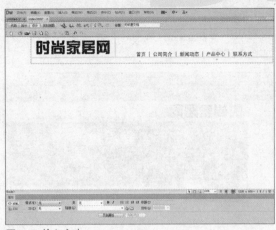

图4-47 输入文本

05 将插入点定位在第二行单元格，选择"插入>图像"命令，插入图像素材，如图4-48所示。

06 选择"插入>表格"命令，插入一个1行2列、表格宽度为1000像素、居中对齐的表格，随后调整列宽，如图4-49所示。

图4-48 插入图像

图4-49 插入表格

07 将插入点定位在左侧单元格中，插入一个7行2列、表格宽度为100%、居中对齐的表格，调整列宽和行高，如图4-50所示。

08 将插入点定位在第二行单元格中，合并单元格，插入图像素材，如图4-51所示。

图4-50 插入嵌套表格

图4-51 插入图像

09 将插入点定位在第三行单元格中，插入图像，设置居中对齐，然后输入文本并设置文本样式，如图4-52所示。

10 使用相同的方法，设置其他单元格，如图4-53所示。

图4-52 输入文本

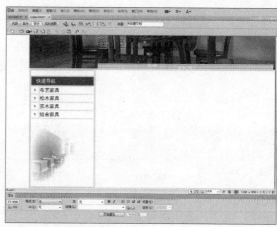

图4-53 设置其他单元格

11 将插入点定位在右侧单元格中，插入一个5行1列、表格宽度为98%、居中对齐的表格，如图4-54所示。

12 在第二行单元格中输入"当前位置："文本并设置文本样式，在第三行单元格中插入一条水平线，如图4-55所示。

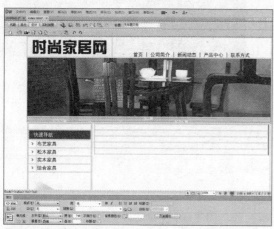

图4-54 插入嵌套表格

图4-55 插入文本和水平线

13 将插入点定位在第四行单元格中，插入一个3行2列的表格，将左侧3个单元格合并，调整单元格列宽和行高，如图4-56所示。

图4-56 合并单元格

Chapter 01

Chapter 02

Chapter 03

Chapter 04 设计网页 | 布局

Chapter 05

Chapter 06

Chapter 07

Chapter 08

14 将插入点定位在右侧第三个单元格中，插入一个2行3列的表格，再将其居中对齐，如图4-57所示。

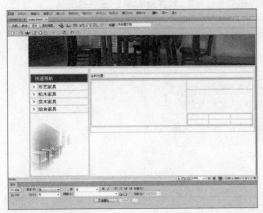

图4-57 插入表格

16 使用相同的方法，设置其他单元格，如图4-59所示。

图4-59 设置其他单元格

18 在单元格中输入相应的文本，如图4-61所示。最后保存文件，并按F12键预览网页。

15 选择"插入>图像"命令，插入图像素材，如图4-58所示。

图4-58 插入图像

17 在网页底部插入一个1行1列、表格宽度为1000像素、居中对齐的表格。设置单元格背景为#CCCCCC、高为80像素、水平对齐方式为"居中对齐"，如图4-60所示。

图4-60 设置单元格格式

图4-61 输入文本

实训 21｜利用框架布局网页实例　实训目的：利用本章所学习的框架和框架集知识，制作一个如图4-62所示的框架布局网页。

◎ 实训要点：创建框架及框架集、设置框架及框架集的属性、保存框架及框架集、设置页面属性、表格的应用

图4-62　最终效果

01 新建网页文档，选择"插入>HTML>框架"命令，在弹出的框架子菜单中选择框架集类型（在此选择上方及左侧嵌套），如图4-63所示。

图4-63　这样所需的框架命令

02 弹出"框架标签辅助功能属性"对话框，用户可以根据自己的需要设置此对话框，最后单击"确定"按钮，如图4-64所示。

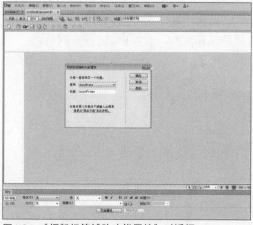

图4-64　"框架标签辅助功能属性"对话框

Chapter 01
Chapter 02
Chapter 03
Chapter 04 设计网页 布局
Chapter 05
Chapter 06
Chapter 07
Chapter 08

03 返回编辑区，即可发现在文档编辑窗口创建了一个框架集，如图4-65所示，保存框架集。将插入点定位在顶部框架，单击"属性"面板中的"页面属性"按钮。

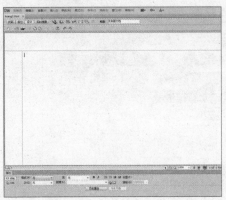

图4-65 创建框架集

05 选择"插入>表格"命令，插入一个1行1列的表格，设置表格属性，单击"确定"按钮，如图4-67所示。

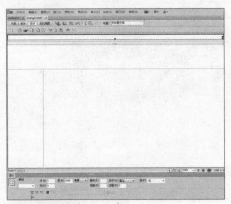

图4-67 插入表格

07 单击顶部框架的边框，在"属性"面板中设置框架的"行"值与图像高度相同，效果如图4-69所示。

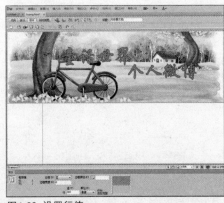

图4-69 设置行值

04 弹出"页面属性"对话框，从中设置该页面的上下左右边距为0像素，单击"确定"按钮，如图4-66所示。

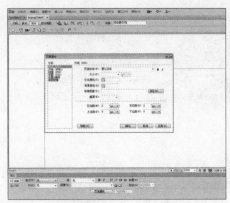

图4-66 设置页面属性

06 将插入点定位在表格中，选择"插入 > 图像"命令，插入图像素材，如图 4-68 所示。

图4-68 插入图像

08 将插入点定位在左框架中，打开"页面属性"对话框，设置该页面的上下左右边距为0像素，单击"确定"按钮，如图4-70所示。

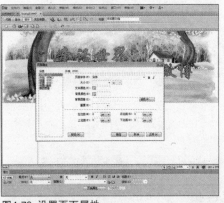

图4-70 设置页面属性

09 选择"插入>表格"命令，插入一个8行2列的表格，设置表格宽度为250像素，将第一行、第二行、第三行单元格分别合并单元格，如图4-71所示。

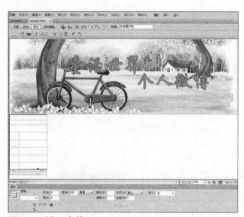

图4-71 插入表格

11 将插入点定位在第二行单元格中，选择"插入 > 图像"命令，插入图像素材，如图 4-73 所示。

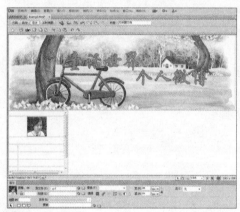

图4-73 插入图像

13 将插入点定位在第四行单元格中，插入图像和文本，随后设置文本样式，如图4-75所示。

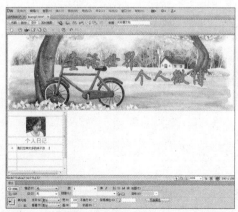

图4-75 插入图像、文本

10 单击框架边框，在"属性"面板中设置框架"列"的值250像素，如图4-72所示。

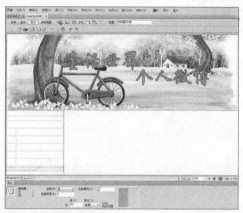

图4-72 设置列值

12 在第三行单元格中输入文本，并设置文本样式，最后居中对齐，如图4-74所示。

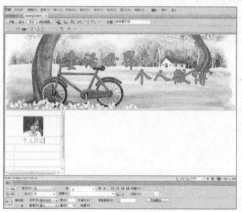

图4-74 输入文本

14 使用相同的方法，设置其他单元格中的内容，如图 4-76 所示。

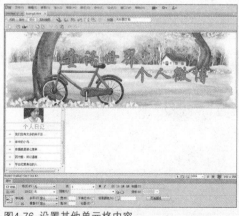

图4-76 设置其他单元格内容

15 将插入点定位在主框架内，设置页面边距为 0像素，如图4-77所示。

图4-77 设置页面属性

16 选择"插入>表格"命令，插入一个1行1列的表格，设置表格宽度为80%，如图4-78所示。

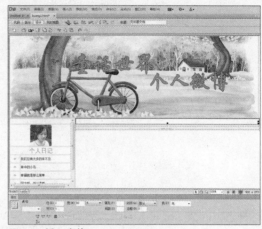

图4-78 插入表格

17 将插入点定位在表格中，输入文本，设置文本格式和样式，如图4-79所示。

图4-79 输入文本

18 单击底部框架边框，按住 Alt 键，向上拖动鼠标，生成一个新的框架页面，如图 4-80 所示。

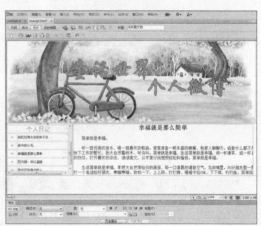

图4-80 新建框架

19 将插入点定位在框架中，设置页面各边距为 0像素，如图4-81所示。

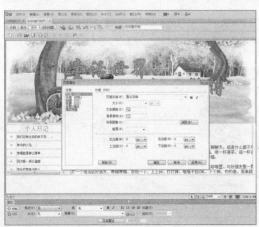

图4-81 设置页面属性

20 选择"插入>表格"命令，插入一个1行1列、表格宽度为1000像素的表格，如图4-82所示。

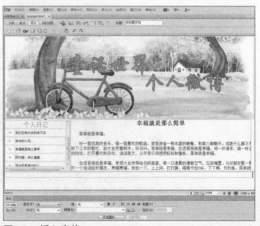

图4-82 插入表格

21 设置单元格背景颜色为#FBF79E、高为80像素、居中对齐，输入文本，如图4-83所示。

图4-83 设置单元格并输入文本

22 保存文件，按 F12 键预览网页，效果如图 4-84 所示。

图4-84 预览网页

💻 **实训 3 | 利用Div+CSS布局网页实例** 实训目的：通过制作如图4-85所示的网页案例，掌握创建Div标签的方法，并认识CSS规则。

◎ 实训要点：创建Div标签、简单认识CSS规则

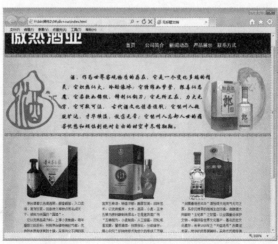

图4-85 最终效果

01 新建网页文档，将其另存为index.html，然后新建两个CSS文件，分别保存为css.css和div.css，如图4-86所示。

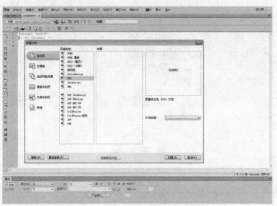

图4-86 新建文档

03 切换到css.css文件，创建一个名为*和body的标签CSS规则，具体代码如下。

```
*{
margin:0px;
boder:0px;
padding:0px;
}
body {
font-family: "宋体";
font-size: 12px;
color: #000;
background-image: url(3.jpg);
background-repeat: repeat;
}
```

05 此时就在页面中插入名为box的Div，切换到div.css文件，创建一个名为#box的CSS规则，具体代码如下。

```
#box {
width: 1000px;
height: 950px;
background-image:url(1.jpg);
background-repeat:no-repeat;
}
```

06 在名为 box 的 Div 中将多余文本内容删除，单击"插入"面板下"布局"选项面板中的"插入 Div 标签"按钮。在"插入 Div 标签"对话框的"插入"下拉列表框中选择"在开始标签之后"，在"标签选择器"中选择"<div id="box" >"，在 ID 文本框中输入 top，如图 4-89 所示。

02 选择"窗口>CSS样式"命令打开"CSS样式"面板，单击面板底部的"附加样式表"按钮，弹出"链接外部样式表"对话框，将新建的外部样式表文件css.css和div.css链接到页面中，如图4-87所示。

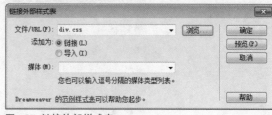

图4-87 链接外部样式表

04 切换到设计视图，将插入点置于页面视图中，单击"插入"面板下"布局"选项面板中的"插入 Div 标签"按钮，弹出"插入 Div 标签"对话框，在 ID 文本框中输入 box，单击"确定"按钮，如图 4-88 所示。

图4-88 插入名为box的Div

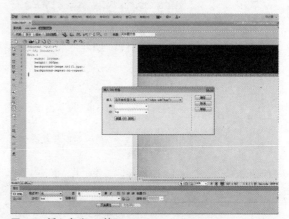

图4-89 插入名为top的Div

07 使用同样的方法在名为top的Div中，插入一个名为top1的Div，如图4-90所示。

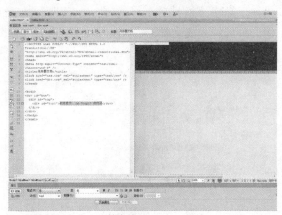

图4-90 插入名为top1数字的Div

08 将页面切换到div.css文件，创建一个名为#top1的CSS规则，具体代码如下。

```
#top1 {
width:300px;
height:100px;
float: left;
padding-top: 20px;
padding-left: 10px;
margin-left: 10px;
}
```

09 将插入点移至名为top1的Div中，选择"插入>图像"命令，插入图像素材4.png，如图4-91所示。

图4-91 插入图像

10 使用同样的方法在名为top的Div中，插入一个名为top2的Div，如图4-92所示。

图4-92 插入名为top2的Div

11 将页面切换到div.css文件，创建一个名为#top2的CSS规则，具体代码如下。

```
#top2 {
width:550px;
height:20px;
float: right;
padding-top: 80px;
padding-right: 20px;
color: #FFF;
font-family:" 黑体 ";
text-align:center;
font-size: 18px;
}
```

12 切换回index.html文件，在代码部分的<div id="top2">和</div>之间添加如下列表代码。

```
<ul>
<li> 首页 </li>
<li> 公司简介 </li>
<li> 新闻动态 </li>
<li> 产品展示 </li>
<li> 联系方式 </li>
</ul>
```

13 切换到div.css文件，创建名为#top2 ul li的CSS规则，控制列表显示，具体代码如下。

```
#top2 ul li {
text-align: center;
float: left;
list-style-type: none;
height: 30px;
width: 90px;
}
```

14 在名为top2的Div标签后插入名为top3的Div。切换到div.css文件，创建名为#top3的CSS规则，然后选择"插入>图像"命令，插入图像2.jpg，如图4-93所示。

15 单击"插入"面板下"布局"选项面板中的"插入Div标签"按钮，弹出"插入Div标签"对话框。在"插入"下拉列表框中选择"在开始标签之后"，在"标签选择器"中选择"<div id="top">"，在ID文本框中输入main，如图4-94所示。

图4-93 创建CSS规则并插入图像   图4-94 插入名为main的Div

16 切换到div.css文件，创建名为#main的CSS规则，具体代码如下。

```
#main {
width:980px;
height:500px;
margin-top: 10px;
margin-right: 10px;
margin-left: 10px;
}
```

17 在名为main的Div中，删除多余文本，分别插入名为main-left、main-main和main-right的Div 。然后切换到div.css文件，创建名为#main-left、#main-main和#main-right的CSS规则，具体代码如下。

```css
#main-left {
width:230px;
height:450px;
margin-top:15px;
margin-left:65px;
float:left;
line-height:20px;
font-family:" 宋体 ";
color:#630;
}
#main-main {
width:230px;
height:450px;
margin-top:15px;
margin-left:65px;
float: left;
line-height:20px;
font-family:" 宋体 ";
color:#630;
}
#main-right {
width:230px;
height:450px;
margin-top:15px;
margin-left:65px;
float:left;
line-height:20px;
font-family:" 宋体 ";
color: #630;
}
```

18 在名为main-left的Div中，将多余的文本内容删除。选择"插入>图像"命令，插入图像素材1.png，如图4-95所示。

19 将插入点移动到图像下方，输入文本内容，如图4-96所示。

图4-95 插入图像

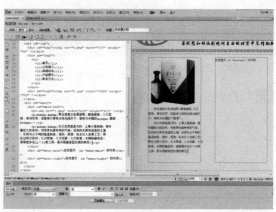

图4-96 输入文本

20 使用相同的方法，设置名为main-main的Div和名为main-right的Div，如图4-97所示。

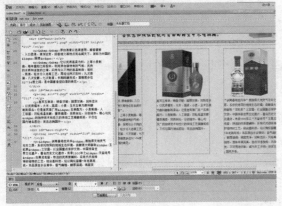

图4-97 设置其他Div

21 单击"插入"面板下"布局"选项面板中的"插入Div标签"按钮，弹出"插入Div标签"对话框。在"插入"下拉列表框中选择"在开始标签之后"，在"标签选择器"中选择"<div id="main">"，在ID文本框中输入footer，单击"确定"按钮，如图4-98所示。

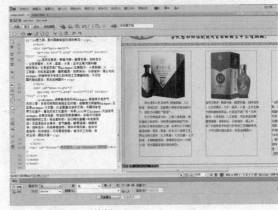

图4-98 名为footer的插入Div

22 切换到div.css文件，创建名为#footer的CSS规则，具体代码如下。

```
#footer {
width:1000px;
height:80px;
background-color: #732E1A;
color:#FFF;
text-align:center;
line-height:20px;
font-family:" 黑体 ";
font-size:18px;
padding-top:30px;
}
```

23 在名为footer的Div中，删除多余的文本内容，然后输入文本"版权所有：傲然酒业"，如图4-99所示。

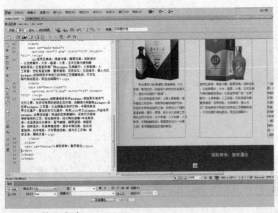

图4-99 输入文本

24 保存文件，并按F12键预览网页，效果如图4-100所示。

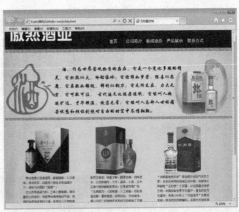

图4-100 预览网页效果

Chapter 01
Chapter 02
Chapter 03
Chapter 04 设计网页 布局
Chapter 05
Chapter 06
Chapter 07
Chapter 08

4.8 习题

1. 选择题

（1）在选择"插入 > 表格"命令打开的"插入表格"对话框中，不可以设置的表格参数是（　）。

A. 水平行数目　　　　　　　　　　　　　B. 垂直行数目

C. 每个单元格的宽度　　　　　　　　　　D. 表格的预设宽度

（2）在 Deamweaver 中，下面关于拆分单元格说法错误的是（　）。

A. 将插入点定位在要拆分的单元格中，在"属性"面板中单击拆分单元格行或列按钮

B. 将插入点定位在要拆分的单元格中，在拆分单元格中选择行，表示水平拆分单元格

C. 将插入点定位在要拆分的单元格中，在拆分单元格中选择列，表示垂直拆分单元格

D. 拆分单元格只能是单把一个单元格拆分成两个

（3）关于框架集，以下说法正确的是（　）。

A. 使用预定义的框架集设置框架，各框架没有名称。

B. 使用预定义的框架集就不能再使用鼠标拖曳边框的方法来分割框架。

C. "查看＞可视化助理＞框架边框"命令用于通过鼠标拖曳边框分割框架。

D. 使用"框架"面板只能快速选择一个框架。

2. 填空题

（1）框架网页是一种特殊 HTML 网页，框架由 ＿＿＿＿＿ 和 ＿＿＿＿＿ 两部分组成。

（2）Div 标签只是一个标识，作用是把内容标识成一个 ＿＿＿＿＿。

（3）AP Div 是一种页面元素，它存放在 Div 和 SPAN 标签描述的 HTML 内容的 ＿＿＿＿＿ 里，用来控制浏览器窗口中 ＿＿＿＿＿。

（4）要想实现当 AP Div 的内容超过 AP Div 的大小时，AP Div 会自动向右或向下扩展以适应 AP Div 的内容，应该选择 ＿＿＿＿＿。

3. 上机操作

通过对本章知识的学习，利用表格技术及 AP Div 制作一个如图 4-101 所示的网页。

制作要点：（1）插入表格；（2）编辑表格；（3）插入图像和文本；（4）插入 AP Div 标签；（5）设置 AP Div 属性。

图4-101 网页效果示例

使用CSS美化网页

要想制作出美观大方的网页，仅仅依靠 HTML 语言是不够的。在制作网页时使用 CSS 技术，可以对页面布局、字体、颜色、背景和其他效果实现更加精确的控制。一个 CSS 文件不仅可以控制单个文档中的网页对象样式，还可以控制多个文档中的网页对象样式。用 CSS 扩展 HTML 语法的功能，不仅能改变网页视觉效果，而且有利于修改和维护。

 本章重点知识预览

本章重点内容	学习时间	必会知识	重点程度
设置CSS样式表	35分钟	认识"CSS样式"面板 设置样式表属性	★★★
创建CSS样式	35分钟	内部样式表 外部样式表	★★★
管理CSS样式	45分钟	编辑样式表 删除样式表	★★★★

本章范例文件	•Chapter 05\创建CSS样式　•Chapter 05\在网页中应用CSS样式
本章实训文件	•Chapter 05\实训1　•Chapter 05\实训2

 本章精彩案例预览

▲ 应用CSS样式

▲ 美化网页实例

▲ 外部CSS文件的应用

5.1 CSS入门

CSS（Cascading Style Sheet）通常又称为层叠样式表，它是以HTML语言为基础的一种格式化网页的标准方式，是对现有HTML的补充和扩展。CSS实现了样式信息与页面内容的分离，让HTML语言能够更好地适应页面的美工设计。

5.1.1 "CSS样式"面板

"CSS样式"面板提供了对样式表的设置和管理的功能。定义了样式后，"CSS样式"面板将显示已有的样式和选中对象的样式信息。选择"窗口>CSS样式"命令，即可打开"CSS样式"面板。

"CSS样式"面板提供了"全部"模式和"当前"模式两种模式。

1. 全部模式

全部模式显示当前文档中定义的样式和附加到当前文档中的样式，如图5-1所示。

打开"CSS样式"面板，单击"CSS样式"面板中的"全部"按钮，打开"全部"模式窗口。"全部"模式下的"CSS样式"面板由"所有规则"窗口和"属性"窗口两部分组成。

"所有规则"窗口显示当前文档中定义的所有CSS样式规则以及附加到当前文档样式表中所定义的所有规则。在"所有规则"窗口中选择某个样式时，该样式中定义的所有属性都将出现在"属性"窗口中。

在"属性"窗口中可以编辑"所有规则"窗口中所选的CSS属性。一般情况下，"属性"窗口仅显示已设置的属性，并按字母顺序进行排列。

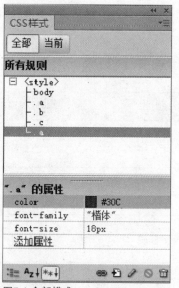

图5-1 全部模式

2. 当前模式

当前模式只显示当前文档的选定项目中的样式，如图5-2所示。打开"CSS样式"面板，单击"CSS样式"面板中的"当前"按钮，打开"当前"模式窗口。"当前"模式下的"CSS样式"面板由"所选内容的摘要"窗口、"规则"窗口和"属性"窗口3部分组成。

"所选内容的摘要"窗口显示文档中当前所选对象的CSS属性的摘要，该摘要直接应用于所选内容，它是按逐级细化的顺序排列属性的。

"规则"窗口根据所选内容的不同显示两个不同的视图，包括关于视图和规则视图。其中关于视图中显示了所选CSS属性的规则名称，以及使用了该规则的文件名称；规则视图中显示直接或间接应用于当前所选内容的所有规则的层次结构。

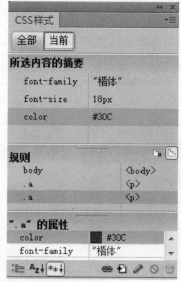

图5-2 当前模式

"属性"窗口中显示当前选中的样式定义的所有属性，与"全部"模式下"属性"窗口的显示内容相同。用户在"所选内容的摘要"部分中选择了某个属性后，所定义CSS样式的所有属性都将出现在"属性"部分中，可以使用"属性"部分快速修改所选的CSS样式。

> **TIP** "CSS样式"面板中的按钮介绍
>
> 在"CSS样式"面板底部，有一些按钮图标。若要在视图之间切换，可以单击位于"CSS样式"面板底部的"显示类别视图"按钮⧉、"显示列表视图"按钮⧉或"只显示设置属性"按钮⧉。此外，还有"附加样式表"按钮●、"新建CSS规则"按钮⧉、"编辑样式表"按钮✎、"禁用/启用CSS属性"按钮◎和"删除 CSS规则"按钮⧉。

5.1.2 定义CSS样式

打开"CSS样式"面板，单间右下角的"新建CSS规则"按钮，打开"新建CSS规则"对话框，在该对话框中可以定义CSS样式的类型。

"新建CSS规则"对话框中主要包括3个部分：选择器类型、选择器名称和规则定义，如图5-3所示。

1. 选择器类型

展开选择器类型下拉列表框，将出现如下4种类型方式。

1）类（可应用于任何HTML元素）

该类型是指创建可作为class属性应用于任何HTML元素的自定义样式。前面以"."为开头，

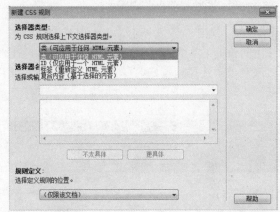

图5-3 "新建CSS规则"对话框

并且可以包含任何字母和数字组合。如果没有输入开头的句点，Dreamweaver CS6将自动输入。

2）ID（仅应用于一个HTML元素）

该类型是指定义包含特定ID属性的标签的格式，具有惟一性。前面以"#"为开头，可以包含任何字母和数字组合，如果没有输入开头的"#"号，Dreamweaver CS6将自动输入。

3）标签（重新定义HTML元素）

该类型是指重新定义特定HTML标签的默认格式设置，可选择重新定义标签。

4）复合内容（基于选择的内容）

该类型是指定义同时影响两个或多个标签、类或ID的复合规则。

2. 选择器名称

选择器的命名是很重要的，准确表达所定义内容的名称，可以很容易理解选择器所指示的对象内容。类名称必须以句点为开头，ID必须以"#"号为开头，可以包含任何字母和数字的组合；命名使用小写，如果是用多个单词命名的，后一个单词的首字母大写。

3. 规则定义

展开规则定义下拉列表框，将出现"（仅限该文档）"和"（新建样式表文件）"两个选项。选择"（仅限该文档）"选项，则定义的CSS规则只对当前文档起作用，不保存编辑的样式；选择"（新建样式表文件）"选项，则可定义外部链接的CSS样式。

5.1.3 在网页中应用CSS样式

创建CSS样式表之后，就可以利用该样式表设置页面中的样式了，从而使网站具有统一的风格。应用现有的CSS样式有以下几种方法。

01 将插入点定位在文档中，打开"属性"面板。在"属性"面板中单击CSS按钮，在"目标规则"下拉列表框中选择已经设置好的CSS样式，如图5-4所示。

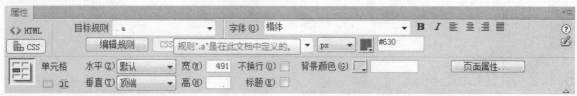

图5-4 通过"属性"面板应用CSS样式

02 将插入点定位在文档中，单击鼠标右键，在弹出的快捷菜单中选择"CSS样式"命令，再在级联菜单中选择编辑好的样式名称，如图5-5所示。

03 将插入点定位在要应用样式的文本中，打开"CSS样式"面板。在"CSS样式"面板中用鼠标右击样式名称，从弹出的快捷菜单中选择"应用"命令，如图5-6所示。

图5-5 通过右键菜单应用CSS样式

图5-6 通过"CSS样式面板应用CSS样式

5.2 设置CSS样式表属性

将CSS样式应用到网页中，可以使网页看起来更加美观、赏心悦目。CSS样式定义包括样式类型、背景、区块和方框等，下面将对其进行详细的介绍。

5.2.1 设置类型属性

打开"CSS规则定义"对话框，在"分类"列表框中选择"类型"选项后，可以定义样式的基本类型，如图5-7所示。

其中，各选项的功能介绍如下。

- Font-family：在下拉列表框中可以选择样式文本所应用的字体。
- Font-size：设置样式文本字号的大小，可以输入一个数值并选择一种度量单位来控制样式文字的大小，或者选择相对大小，即选择如小或大之类的选项。
- Font-weight：设置文本的粗细。可输入具体数值，也可选择 bold（粗体）、bolder（特粗）等选项设置文本的粗细程度。
- Font-style：设置字体的特殊格式，包括 normal（正常）、italic（斜体）和oblique（偏斜体）3种字体样式，默认设置为normal。

图5-7 "类型" 选项面板

- Font-variant：设置文本小型大写字母的变量。使用小型大写字体的字母与正文相比，其字体尺寸较小。
- Line-height：设置文本的行高，可选择normal选项，以自动计算行高，或输入一个值并选择一种度量单位。
- Text-transform：设置所选内容中的每个单词的首字母大写或将文本设置为全部大写或小写，包括none（无）、uppercase（大写）、lowercase（小写）和capitalize（首字母大写）4个选项。
- Text-decoration：设置向文本中添加下划线、上划线、删除线或闪烁效果。默认情况下，普通文本设置是无，链接的默认设置是下划线。
- Color：设置文本的颜色。

5.2.2 设置背景属性

切换到"CSS规则定义"对话框中的"背景"选项面板，可以定义CSS样式的背景设置，如图5-8所示。

其中，各选项的功能介绍如下。

- Background-color：用于设置元素背景颜色。
- Background-image：用于设置网页中元素的背景图像。
- Background-repeat：用于设置背景图像的显示方式。
- Background-attachment：用于设置背景图像是否随页面的滚动而滚动，包括fixed（固定）和scroll（滚动）两个选项。

图5-8 "背景" 选项面板

- "Background-position(X)" 和 "Background-position(Y)"：用于设置背景图像相对于元素的水平位置或垂直位置。如果Background-attachment设置为fixed，则其位置是相对于文档窗口而不是元素。

TIP Background-repeat选项的设置

该选项包括4种参数，分别介绍如下：no-repeat（不重复）选项，表示只显示一次图像；repeat（重复）选项，表示在元素的水平方向和垂直方向重复显示图像；repeat-x？（横向重复）或repeat-y（纵向重复）选项，表示将在水平方向或垂直方向进行图像的重复显示。

5.2.3 设置区块属性

在"区块"选项面板中可以对网页中的文本、图像等元素的间距、对齐方式和文字缩进等属性进行设置，如图5-9所示。

其中，各选项的功能介绍如下。

图5-9 "区块"选项面板

- Word-spacing：用于设置单词的间距。在下拉列表框中选择"（值）"选项，然后输入数值，可确定单词的间距。
- Letter-spacing：用于设置字母间的距离。可以输入负值来缩小字符间距。
- Vertical-align：用于设置页面元素的垂直对齐方式。
- Text-align：用于设置元素中的文本对齐方式，包括left（左对齐）、right（右对齐）、center（居中）和justify（绝对居中）。
- Text-indent：用于设置每段第一行文本的缩进距离，允许输入负值创建凸出效果。
- White-space：用于设置如何处理元素中的空白部分，包括3个选项：normal（正常）、pre（保留）和nowrap（不换行）。
- Display：用于设置是否显示元素，以及如何显示元素。

5.2.4 设置方框属性

在"方框"选项面板中，可以对元素在页面上的放置方式的标签和属性定义进行设置，如图5-10所示。

其中，各选项的功能介绍如下。

图5-10 "方框"选项面板

- Width和Height：设置元素的宽度和高度。
- Float：设置元素的浮动位置，包括left（居左）、right（居右）和none（无）。
- Clear：设置元素不允许分层，包括left（左对齐）、right（右对齐）、both（二者）和none（无）。例如某个元素的Clear属性设置为left，表示该元素右侧不允许分层。
- Padding：设置元素内容和元素边框之间的间距。
- Margin：设置元素的边框与另一个元素之间的间距。

5.2.5 设置边框属性

"边框"选项面板用于设置元素的边框样式，如图5-11所示。

其中，各选项的功能介绍如下。

- Style：设置元素边框的样式，包括dotted（点线）、double（双线）等。上、右、下和左4条边的样式可以单独设定，也可以将边框样式设为全部相同。
- Width：设置元素边框的宽度。可以选择thin（细）、thick（粗）等，也可以直接输入一个数值。
- Color：设置元素边框的颜色。

图5-11 "边框"选项面板

5.2.6 设置列表属性

"列表"选项面板用于设置列表的类型等，如图5-12所示。

其中，各选项功能介绍如下。

- List-style-type：设置列表中每个列表项使用的项目编号或符号的类型，包括circle（圆形）、square（正方形）等。
- List-style-image：用于设置为列表项的项目符号指定自定义图像。可以单击后面的"浏览"按钮选择图像，或者直接输入图像路径。

图5-12 "列表"选项面板

- List-style-Position：设置列表项目的项目符号在列表中的位置，包括inside（内部）和outside（外部）。

5.2.7 设置定位属性

"定位"选项面板用于对网页中的元素进行精确的定位，如图5-13所示。

其中，各选项的功能介绍如下。

- Position：设置浏览器如何来定位AP Div。absolute（绝对）是指使用绝对坐标放置AP Div，可以在定位框（Placement）中输入相对于页面左上角的绝对坐标值。fixed（固定）是指当用户滚动页面时，内容将在此位置保持固定。relative（相对）是指在定位框（Placement）中输入的坐标值，相对于对象在文档文本中的位置来放置AP Div。static（静态）是指将AP Div放置在文本中的位置。

图5-13 定位列表

- Visibility：设置AP Div的初始显示位置。inherit（继承）是指继承父级AP Div的可见性属性。

visible（可见）是指无论父级元素是否可见，都显示AP Div内容。hidden（隐藏）是指无论父级元素是否可见，都隐藏AP Div内容。

- Width和Height：设置元素的宽度和高度。
- Z-Index：设置AP Div的堆叠顺序。值可以为正数或负数，较高值所在的AP Div位于较低值所在的AP Div的上方。
- Overflow：设置当AP Div的内容超出它的大小时如何显示。visible（可见）是指当AP Div内容超过AP Div的大小时，AP Div会自动向右或向下扩展，以适应AP Div的内容。hidden（隐藏）是指当AP Div内容超过AP Div的大小时，则隐藏超出AP Div部分的内容。scroll（滚动）是指不论内容是否超出AP Div的大小，AP Div上都会添加滚动条。auto（自动）是指当AP Div的内容超过AP Div大小时显示AP Div的滚动条，否则不显示。
- Placement：用于设置AP Div的位置和大小。如果AP Div的内容超出指定的大小，那么大小值将被覆盖。
- Clip：设置元素可见部分的大小。

5.2.8 设置扩展属性

"扩展"选项面板主要包括"分页"和"视觉效果"两个部分。分页是指通过样式为网页添加分页符号。通过视觉效果可以设置鼠标指针效果，以及滤镜为页面添加的视觉效果，如图5-14所示。

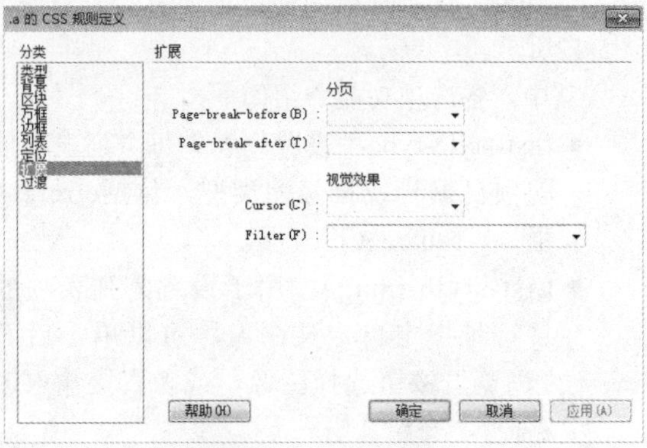

其中，各选项的功能介绍如下。

- Page-break-before和Page-break-after：用于打印期间在样式所控制的对象之前或之后强行分页。
- Filter：设置滤镜效果样式。
- Cursor：设置鼠标指针的形状。

图5-14 "扩展"选项面板

5.2.9 设置过渡属性

"过渡"选项能够通过在指定的时间段内逐步更改CSS样式表属性值来创建简单的动画，如悬停、单击和聚焦等。例如，让某个对象的大小和颜色值在一定的时间内发生变化。图5-15所示即为"过渡"选项面板。

这是Dreamweaver CS6新增的一个选项。

图5-15 "过渡"选项面板

5.3 创建CSS样式表

通过创建CSS样式表，可以统一定制网页文字的大小、字体、颜色、边框、链接状态等效果。在Dreamweaver CS6中CSS样式的设置方式有了很大的改进，变得更为方便、实用。

5.3.1 创建内部样式表

内部样式表必须出现在HTML文档的head部分，将样式表放在<style>和</style>内，直接包含在HTML文档中，具体的创建方法如下。

01 打开网页文档，在文档编辑窗口中单击鼠标右键，在弹出的快捷菜单中选择"CSS样式>新建"命令，如图5-16所示。

图5-16 新建CSS样式

02 弹出"新建CSS规则"对话框，输入选择器名称，单击"确定"按钮，如图5-17所示。

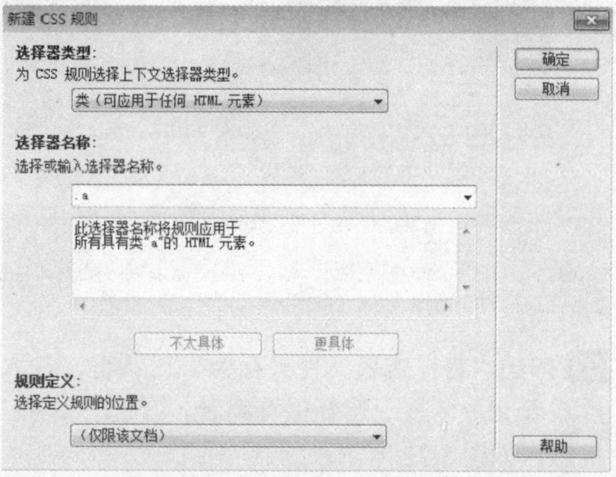

图5-17 "新建CSS规则"对话框

03 弹出"CSS规则定义"对话框，设置字体样式，单击"确定"按钮，如图5-18所示。

图5-18 设置参数

04 将插入点定位在正文中，在"属性"面板的"目标规则"下拉列表框中选择刚刚定义的CSS样式，随后网页中即会应用该CSS样式，如图5-19所示。

图5-19 应用CSS样式

5.3.2 创建外部样式表

CSS外部样式表是包含样式和格式规范的外部文本文件。在Dreamweaver CS6中可以导出文档中包含的CSS样式，然后附加或链接到外部样式表中。

01 打开网页文档，单击"CSS样式"面板中的"新建CSS规则"按钮，如图5-20所示。

02 弹出"新建CSS规则"对话框，输入选择器名称".a"，在规则定义下拉列表框中选择"（新建样式表文件）"选项，单击"确定"按钮，如图5-21所示。

图5-20 新建CSS样式

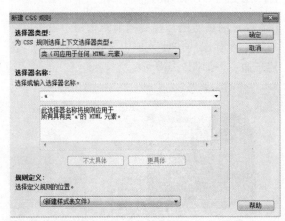

图5-21 新建样式表文件

03 弹出"将样式表文件另存为"对话框，输入样式表文件名称，选择保存路径，单击"保存"按钮，如图5-22所示。

04 弹出"CSS规则定义"对话框，从中设置相应的参数，单击"确定"按钮，如图5-23所示。

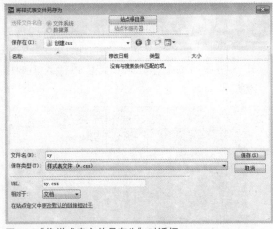

图5-22 "将样式表文件另存为"对话框

图5-23 设置参数

05 一个简单的外部样式表就创建好了，在"CSS样式"面板中可以看到新建的样式，如图5-24所示。

06 选中文本，在"属性"面板的"目标规则"下拉列表框中选择".a"样式，此时网页中已经应用了CSS样式，如图5-25所示。

图5-24 新建的样式

图5-25 应用CSS样式效果

Chapter 01
Chapter 02
Chapter 03
Chapter 04
Chapter 05 使用CSS美化网页
Chapter 06
Chapter 07
Chapter 08

5.4 管理CSS样式表

创建好CSS样式表之后，可以对CSS样式表进行操作管理。管理CSS样式表主要包括对CSS样式的编辑、删除等。

5.4.1 编辑CSS样式表

定义好CSS样式后，还可以通过以下方法对CSS样式进行编辑，具体的操作步骤如下。

01 打开"CSS样式"面板，选中要编辑的CSS样式，然后单击"编辑样式"按钮 ✎（或者双击需要修改的样式名称），如图5-26所示。

02 弹出"CSS规则定义"对话框，对相关参数进行修改，设置完成后单击"确定"按钮即可，如图 5-27 所示。

图5-26 单击"编辑样式"按钮

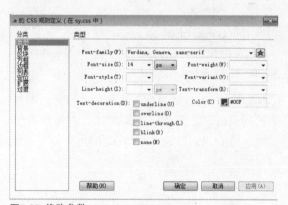

图5-27 修改参数

除此之外，还可以在"CSS样式"面板下方的"属性"窗口中直接修改属性值，单击"添加属性"字样，则可以添加新的属性。

5.4.2 链接外部CSS样式表文件

链接外部 CSS 样式表文件就是把已经存在的外部样式文件表应用到选定文档中，具体操作步骤如下。

01 打开网页文档,单击"CSS 样式"面板中的"附加样式表"按钮 ,如图 5-28 所示。

图5-28 单击"附加样式表"按钮

03 返回"链接外部样式表"对话框,单击"确定"按钮,如图5-30所示。

图5-30 "链接外部样式表"对话

05 选中文本,在"属性"面板的"目标规则"下拉列表框中选择".a"CSS样式,此时网页中已经应用了CSS样式,如图5-32所示。

02 弹出"链接外部样式表"对话框,单击"浏览"按钮,弹出"选择样式表文件"对话框,选择一个CSS样式表文件,单击"确定"按钮,如图5-29所示。

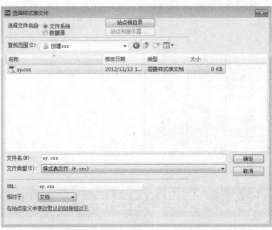

图5-29 选择样式表文件

04 此时在"CSS样式"面板中将显示链接到文档中的CSS样式,如图5-31所示。

图5-31 显示链接到文档中的CSS样式

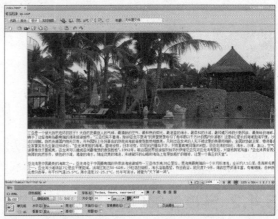

图5-32 应用CSS样式效果

5.4.3 删除CSS样式表

对于多余的CSS样式可以通过以下几种方法进行删除，以便于管理。

1）选中要删除的样式，按键盘上的Delete键，或者单击"删除CSS规则"按钮 🗑。

2）选中"CSS样式"面板中要删除的样式文件并右击，在弹出的快捷菜单中选择"删除"命令，如图5-33所示。

图5-33 删除CSS样式表

5.5 CSS滤镜的应用

滤镜主要用来实现图像的各种特殊效果，在Photoshop中具有非常神奇的作用。在Dreamweaver中，滤镜是对CSS的扩展，与Photoshop中的滤镜相似，可以很轻松地对页面中的元素进行特效处理。

5.5.1 CSS 滤镜概述

滤镜是CSS中相对独立的组成部分，它能够将特定的效果应用于文本容器、图片和网页上的其他对象。滤镜通常是用filter关键字在属性中定义的，即只要进行滤镜操作就必须先定义filter，与其他的属性定义的方法类似。

在"CSS规则定义"对话框的"分类"列表中选择"扩展"选项，在右侧Filter（滤镜）下拉列表中选择所需要的滤镜，将参数中"？"设置为相应的参数即可，如图5-34所示。

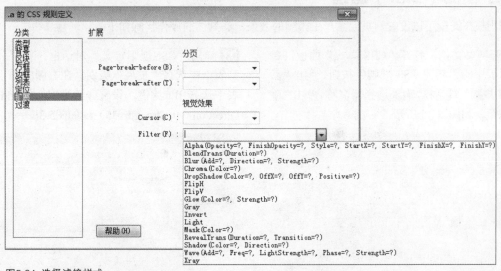

图5-34 选择滤镜样式

其中，常见的滤镜属性如下表所示。

表5-1 常见的滤镜属性

滤镜名称	描述
Alpha	设置透明度
BlendTrans	设置淡入淡出的转换效果
Blur	设置模糊效果
Chroma	设置指定的颜色为透明
Dropshadow	设置投射阴影
FlipH	水平翻转
FlipV	垂直翻转
Glow	为对象的外边界增加光效
Gray	降低图片的彩色度
Invert	设置底片效果
Light	设置灯光投影
Mask	设置透明膜
RevealTrans	设置切换效果
Shadow	设置阴影效果
Wave	利用正弦波纹打乱图片
Xray	设置X射线照片效果

5.5.2 模糊（Blur）滤镜

利用模糊滤镜可以设置网页元素产生模糊的效果。其具体的操作步骤如下。

01 打开网页文档，打开"CSS 样式"面板，单击该面板中的"新建 CSS 规则"按钮，弹出"新建 CSS 规则"对话框，输入选择器名称，单击"确定"按钮，如图 5-35 所示。

02 弹出"CSS规则定义"对话框，在"分类"列表框中选择"扩展"类别，在右侧Filter下拉列表中选择Blur滤镜，设置参数为Blur（Add=true, Direction=90, Strength=35），如图5-36所示。

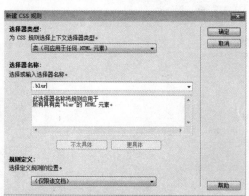

图5-35 "新建CSS规则" 对话框

图5-36 选择滤镜样式

03 为图像应用.blur样式后保存文件，然后预览网页，效果如图5-37所示。

图5-37 预览效果

TIP Blur滤镜属性值介绍

Add：设置滤镜是否激活，取值包括 true 和 false。

Direction：设置模糊的方向。模糊效果是按照顺时针方向进行的。

Strength：只能使用整数来指定，表示有多少像素的宽度将受到模糊影响。

5.5.3 光晕（Glow）滤镜

利用光晕滤镜可以为对象外边界增加发光的效果。其具体的操作步骤如下。

01 打开"CSS规则定义"对话框，在"分类"列表框中选择"扩展"类别，在右侧的Filter下拉列表中选择Glow滤镜，设置参数为Glow(Color=#ff0000, Strength=5)，如图5-38所示。

02 为文本应用.glow样式后保存文件，然后预览网页，效果如图5-39所示。

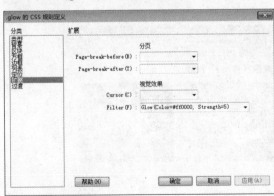

图5-38 选择滤镜样式

图5-39 预览效果

TIP Glow滤镜属性值介绍

Color：用于设置发光的颜色。Strength：用于设置反光的强度，可以是 1~255 之间的任何整数，数字越大，发光的范围就越大。

5.5.4 透明色（Chroma）滤镜

透明色（Chroma）滤镜可以设置一个对象中指定的颜色为透明色，该滤镜属性值只有一个，即Color（是指要设置为透明的颜色）。透明色滤镜的应用方法如下。

01 打开"CSS规则定义"对话框，在"分类"列表框中选择"扩展"类别，在右侧的Filter下拉列表中选择滤镜Chroma，设置参数为Chroma(Color=#e8f1ba)，如图5-40所示。

02 为图像应用.chroma样式后保存文件，最后预览网页，效果如图5-41所示。

图5-40 选择透明色滤镜

图5-41 预览效果

5.5.5 波浪（Wave）滤镜

波浪（Wave）滤镜可以为对象内容建立波浪效果，其具体的应用方法如下。

01 打开"CSS规则定义"对话框，在"分类"列表框中选择"扩展"类别，在右侧的Filter下拉列表中选择滤镜Wave，设置参数为Wave(Add=0, Freq=20, LightStrength=6, Phase=5, Strength=5)，如图5-42所示。

02 为图像应用.wave样式后保存文件，预览网页，效果如图5-43所示。

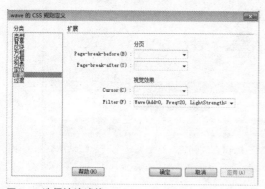

图5-42 选择波浪滤镜

图5-43 预览效果

Chapter 01

Chapter 02

Chapter 03

Chapter 04

Chapter 05 | 使用CSS 美化网页

Chapter 06

Chapter 07

Chapter 08

5.5.6 阴影（DropShadow）滤镜

利用阴影（DropShadow）滤镜可以为对象设置投射阴影效果，其具体的应用方法如下。

01 打开"CSS 规则定义"对话框，在"分类"列表框中选择"扩展"类别，在右侧的 Filter 下拉列表中选择滤镜 DropShadow，设置参数为 DropShadow(Color=#ff0000, OffX=2, OffY=0, Positive=1)，如图 5-44 所示。

02 为文本应用".dropshadow"样式后保存文件，然后预览网页，效果如图5-45所示。

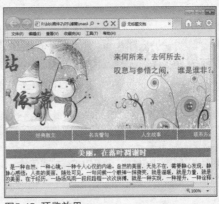

图5-44 选择阴影滤镜

图5-45 预览效果

5.5.7 遮罩（Mask）滤镜

遮罩（Mask）滤镜可以为对象建立透明膜，实现一种颜色框架的效果。其具体的应用方法如下。

01 打开"CSS规则定义"对话框，在"分类"列表框中选择"扩展"类别，在右侧的Filter下拉列表中选择滤镜Mask，设置参数为Mask (Color=#509eed)，如图5-46所示。

02 为文本应用".mask"样式后保存文件，然后预览网页，效果如图5-47所示。

Dreamweaver CS6 / Flash CS6 /
Photoshop CS6 网页设计三合一 中文版

图5-46 选择遮罩滤镜

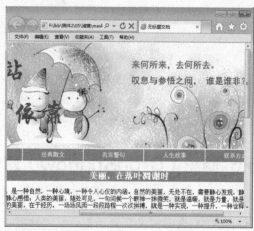

图5-47 预览效果

TIP 遮罩滤镜属性值介绍

遮罩滤镜的属性值也只有一个，即 Color。它用于设置底色，让对象遮住底色的部分透明。

5.6 上机实训

在学习完本章内容之后，再来练习以下实训案例，以完全掌握前面所介绍的知识。

实训 1 | 利用CSS自定义导航栏 实训目的：通过制作如图所示的网页，以掌握CSS样式的应用方法。

◎ **实训要点：** 创建CSS样式、设置CSS样式表属性

图5-48 最终效果

01 启动 Dreamweaver CS6，打开网页文档素材，如图 5-49 所示。在"CSS 样式"面板中单击"新建 CSS 规则"按钮。

02 弹出"新建CSS规则"对话框，设置选择器类型为"复合内容"、选择器名称为ul.nav，单击"确定"按钮，如图5-50所示。

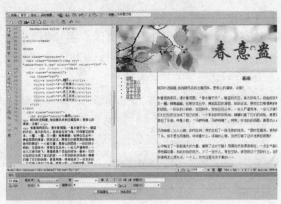

图5-49 打开文档

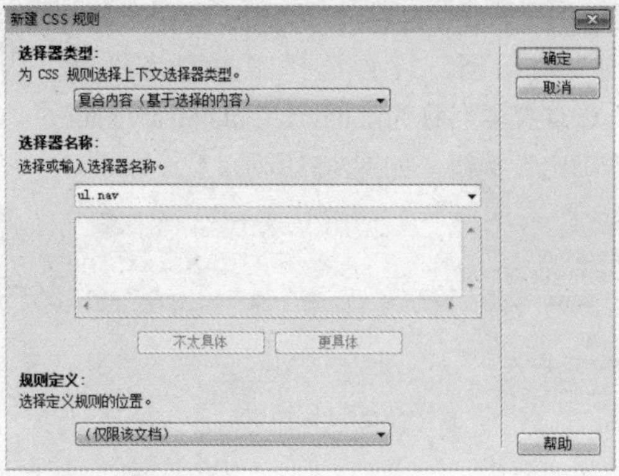

图5-50 新建CSS规则

03 弹出"CSS规则定义"对话框，选择"分类"列表框中的"列表"选项，设置列表类型为none，如图5-51所示。

04 切换到"方框"选项面板，设置Padding和Margin的属性值均为0，单击"确定"按钮，如图5-52所示。

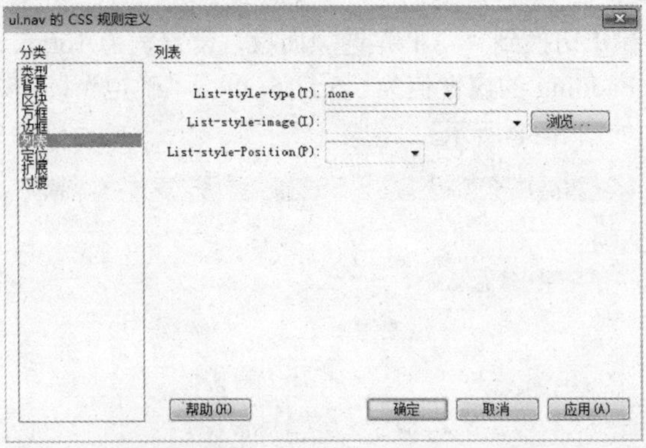

图5-51 列表选项设置

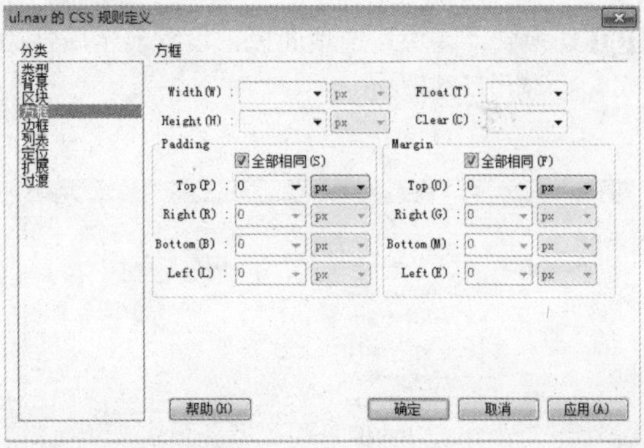

图5-52 方框选项设置

05 单击"新建CSS规则"按钮，弹出"新建CSS规则"对话框，设置选择器类型为"复合内容"、选择器名称为ul.nav li，单击"确定"按钮，如图5-53所示。

06 弹出"CSS规则定义"对话框，选择"边框"选项，设置下边框样式为dotted、宽度为1px、颜色为#390，单击"确定"按钮，如图5-54所示。

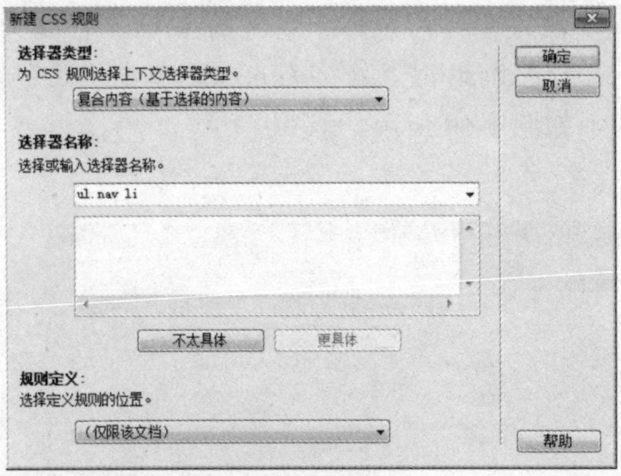

图5-53 新建CSS规则

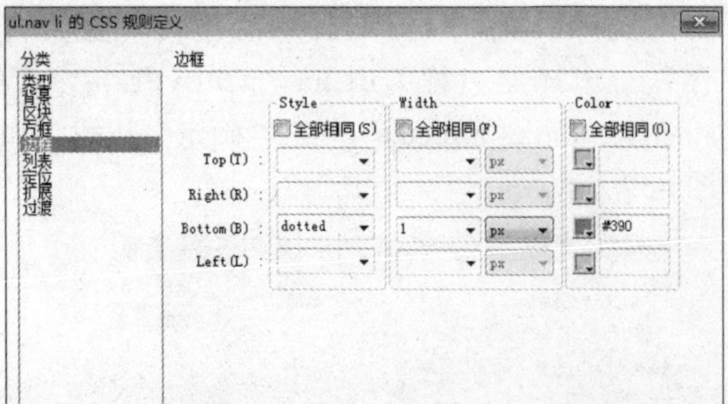

图5-54 边框选项设置

07 单击"新建CSS规则"按钮，弹出"新建CSS规则"对话框，设置选择器类型为"复合内容"、选择器名称为ul.nav a，ul.nav a:visited，单击"确定"按钮，如图5-55所示。

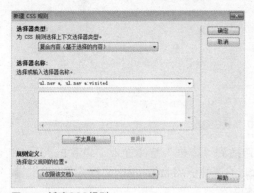

图5-55 新建CSS规则

09 切换到"区块"选项面板，设置显示属性为block，如图5-57所示。

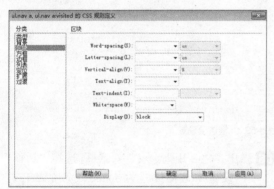

图5-57 区块选项设置

11 单击"新建CSS规则"按钮，弹出"新建CSS规则"对话框，设置选择器类型为"复合内容"、选择器名称为ul.nav a:hover, ul.nav a:active, ul.nav a:focus，单击"确定"按钮，如图5-59所示。

图5-59 新建CSS规则

08 弹出"CSS 规则定义"对话框，在其中选择"类型"选项，设置字体为黑体、字号为16px、行高为32px、颜色为 #060、修饰为none，如图5-56 所示。

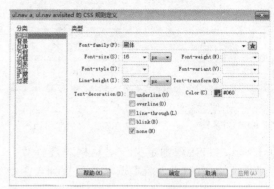

图5-56 类型选项设置

10 切换到"方框"选项面板，设置宽为160px、Padding 的属性值为5,5,5,15，单击"确定"按钮，如图 5-58 所示。

图5-58 方框选项设置

12 弹出"CSS 规则定义"对话框，选择"类型"选项，设置字体为黑体、字号为16px、行高为32px、颜色为 #FFF、修饰为none，单击"确定"按钮，如图 5-60 所示。

图5-60 类型选项设置

Chapter 01
Chapter 02
Chapter 03
Chapter 04
Chapter 05 使用CSS美化网页
Chapter 06
Chapter 07
Chapter 08

13 切换到"背景"选项面板，设置背景颜色为 #3C0，单击"确定"按钮，如图5-61所示。

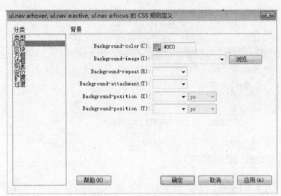

图5-61 背景选项设置

14 保存文件，然后按F12键预览网页，效果如图5-62所示。

图5-62 预览网页

实训2｜外部CSS文件的创建和应用 　实训目的：掌握创建和应用外部CSS文件的操作，并通过外部CSS文件制作一个如图5-63所示的网页。

◎ **实训要点**：创建、链接外部CSS样式表文件，插入DIV标签、创建CSS规则、设置CSS样式表属性

图5-63 最终效果

01 新建网页文档，并另存为index.html。接着新建两个CSS文件，分别保存为css.css和div.css，如图5-64所示。随后选择"窗口>CSS样式"命令，打开"CSS样式"面板。

02 单击面板底部的"附加样式表"按钮，弹出"链接外部样式表"对话框，将新建的外部样式表文件css.css和div.css链接到页面中，如图5-65所示。

图5-64 新建网页

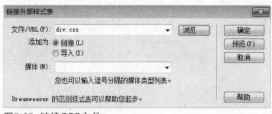

图5-65 链接CSS文件

03 切换到css.css文件，创建一个名为*和body的标签CSS规则，详细代码如下。

```css
*{
margin:0px;
border:0px;
padding:0px;
}
body{
font-family:" 宋体 ";
font-size:12px;
color:#000;
line-height:20px;
background-image:url(1.jpg);
background-repeat:repeat-x;
}
```

04 切换到设计视图，将插入点置于页面视图中，单击"插入"面板下"布局"选项面板中的插入Div标签"按钮，弹出"插入Div标签"对话框，在ID文本框中输入box，单击"确定"按钮，如图5-66所示。

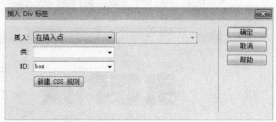

图5-66 插入Div标签

05 此时就在页面中插入了名为box的Div，切换到div.css文件，创建一个名为#box的CSS规则，具体代码如下。

```css
#box{
width:1000px;
height:1000px;
margin:auto;
}
```

06 在名为box的Div中，将多余的文本内容删除，然后单击"插入"面板下"布局"选项面板中的"插入Div标签"按钮，弹出"插入Div标签"对话框，在"插入"下拉列表框中选择"在开始标签之后"，在"标签选择器"中选择"<div id="box">"，在ID文本框中输入top，然后单击"确定"按钮，如图5-67所示。

图5-67 插入名为top的Div

07 使用同样的方法在名为top的Div中，插入名为top1的Div，如图5-68所示。

图5-68 插入名为top1的Div

08 将页面切换到div.css文件，创建一个名为#top1的CSS规则，具体代码如下。

```
#top1{
width:350px;
height:70px;
float: left;
padding-top: 20px;
padding-left: 10px;
margin-left: 10px;
}
```

09 将插入点移至名为top1的Div中，选择"插入>图像"命令，插入图像素材1.png，如图5-69所示。

图5-69 插入图像

10 使用同样的方法在名为top的Div中，插入一个名为top2的Div，如图5-70所示。

图5-70 插入名为top2的Div

11 将页面切换到div.css文件，创建一个名为#top2的CSS规则，具体代码如下。

```
#top2{
width:1000px;
height:34px;
background-image:url(1.gif);
font-family:" 黑体 ";
color:#FFF;
font-size:18px;
float:left;
}
```

12 切换到index.html文件，在代码部分的<div id="top2"> 和</div> 之间添加如下列表代码。

```
<ul>
<li> 首页 </li>
<li> 公司简介 </li>
<li> 新闻动态 </li>
<li> 产品展示 </li>
<li> 售后服务 </li>
<li> 联系方式 </li>
</ul>
```

Chapter 01
Chapter 02
Chapter 03
Chapter 04
Chapter 05 | 使用CSS 美化网页
Chapter 06
Chapter 07
Chapter 08

13 切换到div.css文件，创建名为#top2 ul li 的CSS规则，具体代码如下。

```
#top2 ul li{
text-align: center;
float: left;
list-style-type: none;
height: 30px;
width: 160px;
margin-top:5px;
}
```

14 在名为top2的Div标签后插入名为top3的Div，切换到div.css文件，创建名为#top3的CSS规则，具体代码如下。然后切换回index.html文件，选择"插入>图像"命令，插入素材图像2.jpg，如图5-71所示。

```
#top3{
height:313px;
width:1000px;
float:left;
}
```

图5-71 插入图像

15 单击"插入Div标签"按钮，弹出"插入Div标签"对话框，在"插入"下拉列表框中选择"在开始标签之后"，在"标签选择器"中选择"<div id="top">"，在ID文本框中输入main，然后单击"确定"按钮，如图5-72所示。

图5-72 插入名为main的Div

16 切换到div.css文件，创建名为#main的CSS规则，具体代码如下。

```
#main{
width:1000px;
height:450px;
margin:auto;
float:left;
}
```

17 使用同样的方法在名为main的Div中，插入一个名为main1的Div。切换到div.css文件，创建名为#main1的CSS规则，如图5-73所示。

18 在名为 main1 的 Div 中，删除多余的文本，选择"插入 > 图像"命令，插入图像素材 3.gif，如图 5-74 所示。

图5-73 创建名为 main l的CSS规则

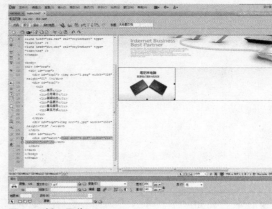

图5-74 插入图像

19 使用相同的方法，插入其他图像，效果如图5-75所示。

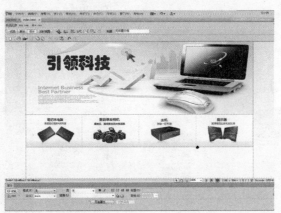

图5-75 插入其他图像

20 在名为main1的Div后依次插入名为main-left、main-main和main-right的Div，并切换到div.css 文件，创建名为#main-left、#main-main和#main-right 的CSS 规则，具体代码如下。

```
#main-left{
width:302px;
height:260px;
font-family:" 宋体 ";
font-size:12px;
color:#000;
line-height:20px;
float:left;
margin-top:20px;
margin-left:25px;
}
#main-main{
width:302px;
height:260px;
font-family:" 宋体 ";
font-size:12px;
color:#000;
```

```
line-height:20px;
float:left;
margin-top:20px;
margin-left:25px;
}
#main-right{
width:302px;
height:260px;
font-family:" 宋体 ";
font-size:12px;
color:#000;
line-height:20px;
float:left;
margin-top:20px;
margin-left:25px;
}
```

21 在名为 main-left 的 Div 中，删除多余的文本，选择"插入 > 图像"命令，插入图像素材 3.jpg，如图5-76所示。

22 将插入点移至名为main-main的Div中，插入图像7.gif，并输入文本，如图5-77所示。

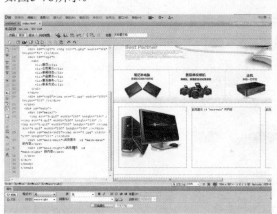

图5-76 插入图像

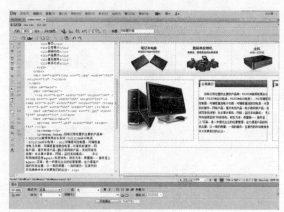

图5-77 插入图像并输入文本

23 将插入点移至名为main-right的Div中，插入图像8.gif。接着在源代码部分的<p>和</p>标签之间添加代码，如图5-78所示。

图5-78 插入图像并添加代码

▼ **Part 01** Dreamweaver CS6篇

Chapter 01
Chapter 02
Chapter 03
Chapter 04
Chapter 05 | 使用CSS美化网页
Chapter 06
Chapter 07
Chapter 08

24 切换到div.css文件，创建名为#main-right ul li的CSS规则，具体代码如下。

```
#main-right ul li{
list-style-type: square;
list-style-position: inside;
}
```

25 打开"插入Div标签"对话框，在"插入"下拉列表框中选择"在开始标签之后"，在"标签选择器"中选择"<div id="main">"，在ID文本框中输入footer，单击"确定"按钮，如图5-79所示。

图5-79 插入名为footer的Div

26 切换到div.css文件，创建名为#footer的CSS规则，具体代码如下。

```
#footer {
width:1000px;
height:50px;
background-color: #CCC;
color:#000;
text-align:center;
line-height:20px;
font-family:" 黑体 ";
font-size:18px;
padding-top:30px;
float:left;
}
```

27 在名为footer的Div中删除多余的文本内容，输入文本"版权所有：苏叶科技公司"，如图5-80所示。

图5-80 输入文本

28 保存文件，按F12键预览网页，效果如图5-81所示。

图5-81 预览网页

5.7 习题

1. 选择题

（1）类名称必须以（　）为开头，并且可以包含任何字母和数字组合。

A. .　　　　　　　　　　　　　　　B. #

C. *　　　　　　　　　　　　　　　D. _

（2）可以对网页中的文本、图像等元素的间距、对齐方式和文字缩进等属性进行设置的选项是（　）。

A. 类型　　　　　　　　　　　　　B. 区块

C. 列表　　　　　　　　　　　　　D. 定位

（3）内部样式表通常放在（　）内，直接包含在 HTML 文档中。

A. <head></head>　　　　　　　　B. <body></body>

C. <style></style>　　　　　　　D. <title></title>

（4）设置 CSS 样式表定位属性时，要想实现当 AP Div 内容超过 AP Div 的大小时，隐藏超出 AP Div 部分的内容，应该选择（　）。

A. visible　　　　　　　　　　　　B. hidden

C. scroll　　　　　　　　　　　　D. auto

2. 填空题

（1）"CSS 样式"面板提供了两种模式，分别是　＿＿＿＿　和"当前"模式。

（2）"新建 CSS 规则"对话框中主要包括 3 个部分，分别为　＿＿＿＿　、　＿＿＿＿　和规则定义。

（3）在"方框"选项面板中可以对元素在页面上的放置方式的　＿＿＿＿　和属性定义进行设置。

3. 上机操作

通过对本章知识的学习，制作一个如图 5-82 所示的网页。

制作要点：（1）插入 Div 标签；（2）创建 CSS 样式表文件；（3）设置 CSS 样式表属性。

图5-82 网页效果示例

应用交互特效

在制作网页的过程中，不用编程仅仅使用行为，即可实现一些程序动作，例如验证表单、打开浏览器窗口等。本章将通过一些具体的实例分析网页行为的应用。同时，用户还可以自定义行为，以便实现更加丰富的网页动态效果。

 本章重点知识预览

本章重点内容	学习时间	必会知识	重点程度
网页中各种行为的应用	45分钟	文本交互行为 窗口交互行为 图像交互行为	★★★★★
Spry框架的应用	35分钟	Spry效果 Spry控件	★★★★
JavaScript语言的应用	30分钟	JavaScript基础 JavaScript对象	★★★

本章范例文件	• Chapter 06\网页行为　　• Chapter 06\Spry菜单栏　　• Chapter 06\Spry选项卡式面板
本章实训文件	• Chapter 06\实训1　　• Chapter 06\实训2

本章精彩案例预览

▲ 设置容器文本

▲ 设置Spry菜单栏

▲ 为网页添加行为

6.1 网页行为

行为是由对象、事件和动作构成的。对象是产生行为的主体，很多网页元素都可以成为对象；事件是触发动态效果的原因，可以被附加到各个页面元素上，也可以被附加到 HTML 标签中；动作是指最终需要完成的动态效果；将事件和动作组合起来就构成了行为。

6.1.1 "标签检查器"面板

在Dreamweaver CS6中，对行为的添加和控制主要是通过"行为"面板来实现的。选择"窗口>标签检查器"命令，打开"标签检查器"面板，其中包括"属性"窗口和"行为"窗口，如图6-1所示。"标签检查器"面板的作用是显示当前用户选择的网页对象的各种属性，以及在该网页对象上应用的所有行为。

单击"行为"按钮，切换到"行为"窗口，在"行为"窗口中，包含以下选项。

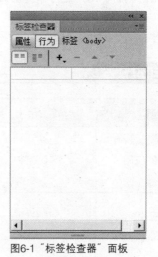

- "显示设置事件"按钮 ≡≡：用于显示已经设置的事件。
- "显示所有事件"按钮 ≡≡：查看浏览器所有设置事件的范围。
- "添加行为"按钮 +.：设置添加行为。
- "删除事件"按钮 −：设置从列表中删除所选的事件和动作。
- "增加事件值"按钮 ▲ 和"降低事件值"按钮 ▼：可将动作项向前移或向后移，从而改变动作执行的顺序。在列表中不能上下移动的动作，箭头按钮处于禁用状态。

图6-1 "标签检查器"面板

为对象添加行为后，可利用行为的事件列表选择触发该行为的事件。

6.1.2 查看标签属性

单击"标签检查器"面板中的"属性"按钮，切换到"属性"窗口，用户在此可以很方便地查看网页标签的各种属性。"属性"窗口有"显示类别视图"（如图6-2所示）和"显示列表视图"（如图6-3所示）两种显示方式。一般情况下，默认显示类别视图。

图6-2 显示类别视图

图6-3 显示列表视图

在"显示类别视图"属性窗口中，包含以下选项。

● 常规：显示网页标签中各种描述性的属性，例如图像属性、链接地址等。

● 动态：网页标签中各种动态的属性，例如controls等。

● CSS/辅助功能：与CSS样式相关的属性，例如class、id等。

● 语言：定义网页标签字符集和显示语言的lang等属性。

● GlobalAttributes：定义语言（XSD）结构描述的所有全局属性。

● jQueryMobile：设置定义在手机上或者平板设备上的属性。

● Spry：Spry框架属性。

● Accessibility：数据库属性。

● ICE：Dreamweaver模板的重复区域标签属性。

● 未分类：其他一些属性。

在"显示列表视图"属性窗口中，可以看到按照字母顺序显示标签的属性。

6.1.3 编辑行为

单击"标签检查器"面板中的"行为"按钮，切换到"行为"窗口，可以编辑或添加行为。下面以"打开浏览器窗口"行为为例，对其具体操作步骤进行介绍。

01 打开"标签检查器"面板，单击"行为"按钮，选择需要编辑的行为并右击，在弹出的快捷菜单中选择"编辑行为"命令，如图6-4所示。

02 弹出"打开浏览器窗口"对话框，从中修改属性参数，最后单击"确定"按钮即可，如图6-5所示。

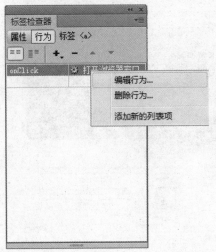

图6-4 选择"编辑行为"命令

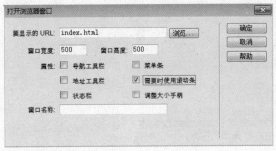

图6-5 修改参数

6.2 文本交互行为

系统内置了许多类型的交互行为，其中与文本有关的包括设置容器文本、设置状态栏文本、设置文本域文本和设置框架文本等。使用这些行为可以方便为各种网页容器标签、文本域或浏览器状态栏添加文本内容。

6.2.1 设置容器文本

使用"设置容器文本"行为可以用指定内容替换网页上现有AP元素中的内容和格式设置，但是AP

Div的属性将保留。下面将对其具体操作进行介绍。

01 打开网页文档，选中AP Div，单击"行为"面板中的"添加行为"按钮 ，从弹出的菜单中选择"设置文本>设置容器的文本"命令，如图6-6所示。

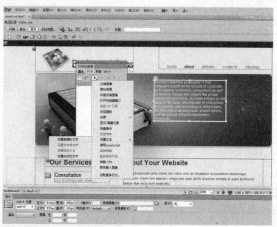

图6-6 选择"设置容器的文本"命令

02 弹出"设置容器的文本"对话框，选择"容器"，在"新建 HTML"文本框中输入文本内容，然后单击"确定"按钮，如图 6-7 所示。

图6-7 "设置容器的文本"对话框

03 在"行为"面板中，可以看到添加的事件为onFocus的行为，如图6-8所示。

图6-8 添加的行为

04 保存文件，并按F12键预览网页，效果如图6-9所示。

图6-9 预览效果

6.2.2 设置状态栏文本

状态栏是包含文本输出窗格或"指示器"的控制条，状态栏通常和框架窗口的底部对齐。使用"设置状态栏文本"行为，可以在浏览器窗口底部左侧的状态栏中显示消息。其具体的操作步骤如下。

01 选中要添加行为的对象，单击"行为"面板中的"添加行为"按钮 ，从弹出的菜单中选择"设置文本>设置状态栏文本"命令，如图6-10所示。

02 弹出"设置状态栏文本"对话框，在"消息"文本框中输入要在状态栏中显示的内容，然后单击"确定"按钮，如图6-11所示。

图6-10 选择"设置状态栏文本"命令

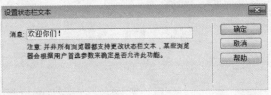

图6-11 输入要显示的文本

03 在"行为"面板中，可以看到添加了一个事件为onMouseOver的行为，如图6-12所示。

04 保存文件并预览网页，用户可以在状态栏中看到刚才设置的文本，如图6-13所示。

图6-12 添加的行为

图6-13 预览网页

6.3 窗口交互行为

　　窗口交互行为也是一种重要的网页交互行为，是与浏览器窗口、浏览器对话框相关的各种网页交互行为。窗口交互行为主要包括弹出信息和打开浏览器窗口等。

6.3.1 弹出信息

　　弹出信息行为的作用是显示一个包含指定文本消息的JavaScript警告对话框。其具体的操作步骤如下。

01 打开网页文档，选择要添加行为的对象。打开"行为"面板，单击"行为"面板中的"添加行为"按钮，从弹出的菜单中选择"弹出信息"命令，如图6-14所示。

02 弹出"弹出信息"对话框，在"消息"文本框中输入要显示的内容，然后单击"确定"按钮，如图6-15所示。

图6-14 选择"弹出信息"命令

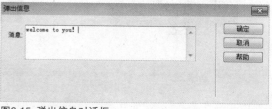

图6-15 弹出信息对话框

03 在"行为"面板中即可看到添加的事件行为，如图 6-16 所示。

图6-16 添加的行为

04 保存文件，按 F12 键预览网页效果，如图 6-17 所示。

图6-17 预览效果

6.3.2 打开浏览器窗口

　　打开浏览器窗口行为与弹出信息行为类似，可以在行为触发时为当前网页打开一个新的网页窗口，并在窗口中显示其他网页文档的内容，同时还可以指定新窗口的属性和特性等。如果不指定浏览器窗口的任何属性，那么打开时，图形的大小与打开它的窗口相同。下面将对其具体操作步骤进行介绍。

01 打开网页文档素材，打开"行为"面板，选择要添加行为的对象，然后单击"行为"面板中的"添加行为"按钮 +，从弹出的菜单中选择"打开浏览器窗口"命令，如图6-18所示。

02 弹出"打开浏览器窗口"对话框，在"要显示的URL"文本框中输入文件路径，并设置窗口的宽度、高度以及其他属性，然后单击"确定"按钮，如图6-19所示。

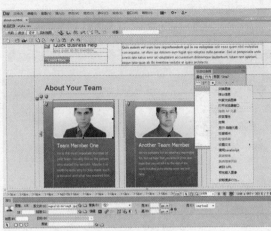

图6-18 选择"打开浏览器窗口"命令

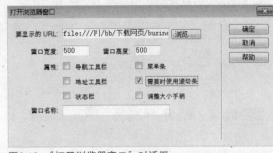

图6-19 "打开浏览器窗口"对话框

03 在"行为"面板中可以看到添加的事件行为，如图 6-20 所示。

04 保存文件，并按 F12 预览网页，效果如图 6-21 所示。

图6-20 添加的行为

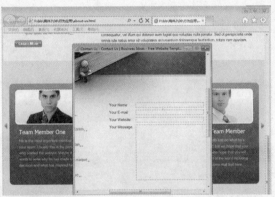

图6-21 预览效果

6.4 图像交互行为

图像是网页中最明显的内容，在Dreamweaver CS6中，提供了一些使图像更具有动感的行为，即图像交互行为。

交换图像即指将一个图像转换成其他图像的行为功能。使用交换图像行为可以创建鼠标经过图像的效果。下面将对其具体操作步骤进行介绍。

01 选择网页文档中的一幅图片，打开"行为"面板，单击"行为"面板中的"添加行为"按钮 ，从弹出的菜单中选择"交换图像"命令，如图 6-22 所示。

02 弹出"交换图像"对话框，单击"设定原始档为"文本框后的"浏览"按钮，弹出"选择图像源文件"对话框，选择图像素材，单击"确定"按钮，如图 6-23 所示。

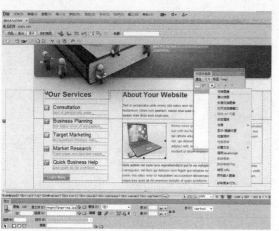

图6-22 交换图像命令

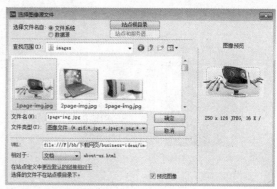

图6-23 选择图像源文件

03 返回"交换图像"对话框,单击"确定"按钮,如图6-24所示。

04 在"行为"面板中可以看到添加的两个事件行为,如图6-25所示。

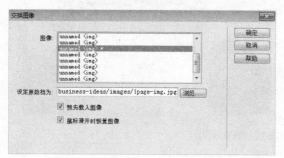

图6-24 交换图像对话框

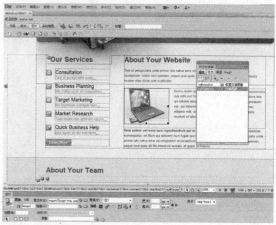

图6-25 添加的行为

05 保存文件并预览网页。将鼠标光标移至图像上时,将变成另一幅图像,光标移出图像时,则恢复原图像,如图6-26和6-27所示。

图6-26 鼠标经过之前

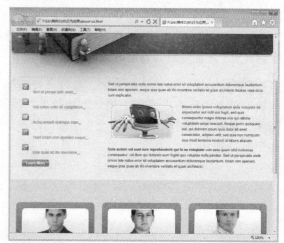

图6-27 鼠标经过之后

6.5 Spry框架

Spry框架是一个JavaScript库，使用它可以构建更丰富体验的Web页。在设计上，Spry框架的标记非常简单且便于那些具有HTML、CSS和JavaScript基础知识的用户使用。Spry框架支持用标准HTML、CSS和JavaScript将XML数据合并到HTML文档中，创建构件，向各种页面元素中添加不同种类的效果。

6.5.1 Spry菜单栏

菜单栏构件是一组可导航的菜单按钮，当站点访问者将鼠标悬停在其中的某个按钮上时，将显示相应的子菜单。Dreamweaver CS6提供两种菜单栏构件：垂直构件和水平构件。

下面将通过一个案例具体介绍如何插入、设置Spry菜单栏。

01 打开网页文档，将插入点定位在需要插入Spry菜单栏的位置，如图6-28所示。

02 打开"插入"面板，在"Spry"选项面板中单击"Spry菜单栏"按钮，如图6-29所示。

图6-28 打开文档并确定插入点

图6-29 单击"Spry菜单栏"按钮

03 弹出"Spry菜单栏"对话框，在该对话框中选择"垂直"单选按钮，然后单击"确定"按钮，如图6-30所示。

04 此时，在插入点位置就插入了一个Spry菜单栏控件，如图6-31所示。

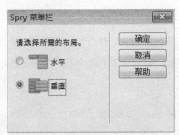

图6-30 "Spry菜单栏"对话框

图6-31 插入的Spry菜单栏

05 选中该控件，在"属性"面板中选择"项目1"，设置文本和标题，然后选择一级菜单栏目中的"项目1.1"选项，设置文本和标题，如图6-32所示。

06 使用相同的方法，设置其他选项的文本和标题。最后保存文件，并按F12键浏览网页，如图6-33所示。

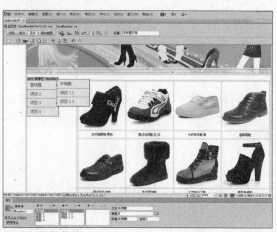

图6-32 添加菜单

图6-33 预览网页

在Spry菜单栏控件属性面板中（如图6-34所示），各选项含义介绍如下。

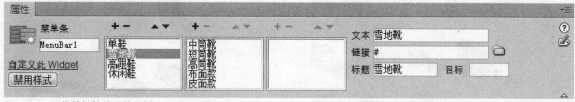

图6-34 Spry菜单栏控件属性面板

- 菜单条：默认菜单栏名称为MenuBar1，该名称不能以汉字命名，可以使用字母或者数字。
- 禁用样式：单击该按钮，菜单栏将变成项目列表，并且按钮名称更改为"启用样式"。
- 菜单栏目：包括主菜单栏目、一级菜单栏目和二级菜单栏目。
- 文本：设置栏目的名称。
- 链接：为菜单栏目添加链接文件。默认情况下为空链接，单击文本框后的"浏览"按钮可以选择链接文件。
- 标题：设置将鼠标光标停留在菜单栏目上时显示的提示文本。
- 目标：指定打开所链接的文件的位置。

6.5.2 Spry选项卡式面板

Spry选项卡式面板可以将内容存储到紧凑空间中，通常用来制作选项面板。当用户选择不同的选项标签时，构件面板会相应地被打开，在一定的时间内，选项卡式面板构件中只有一个内容面板处于打开状态。插入Spry选项卡式面板的具体操作步骤如下。

01 打开网页文档，将插入点定位在需要创建选项卡式面板的位置，如图6-35所示。

02 打开"插入"面板，切换到"Spry"选项面板，单击"Spry选项卡式面板"按钮，如图6-36所示。

Chapter 01
Chapter 02
Chapter 03
Chapter 04
Chapter 05
Chapter 06 特效应用交互
Chapter 07
Chapter 08

图6-35 打开文档并确定插入点

图6-36 "Spry选项卡式面板"按钮

03 在插入点所在位置就插入了一个Spry选项卡式面板控件，如图6-37所示。

04 删除"标签1"的内容，输入"高跟鞋"文本，如图6-38所示。

图6-37 插入的Spry选项卡式面板控件

图6-38 修改标签文本

05 将插入点定位在"高跟鞋"面板的"内容1"中，删除文本。随后添加新的文本内容，如图6-39所示。

06 使用相同的方法制作其他面板中的内容，单击"属性"面板中的"添加面板"按钮，可以添加新的面板，如图6-40所示。

图6-39 添加文本

图6-40 设置其他面板

07 打开"CSS样式"面板，在该面板中选择名为 .TabbedPanelsTab 的 CSS 规则，如图6-41 所示。

图6-41 选择CSS规则

09 在"CSS样式"面板中选择名为 .Tabbed PanelsContent的CSS规则，双击打开其规则定义对话框，选择"背景"选项，设置面板内容背景颜色为#F9F，如图6-43所示。

图6-43 设置面板内容背景颜色

08 双击打开"CSS规则定义"对话框，选择"背景"选项，设置面板标签的背景颜色为 #F6F，单击"确定"按钮，如图6-42 所示。

图6-42 设置面板标签背景颜色

10 设置完成后单击"确定"按钮。保存该文件，并按F12键预览网页，效果如图6-44所示。

图6-44 预览网页效果

TIP **Spry折叠式面板简介**

与 Spry 选项卡式面板效果类似的控件是 Spry 折叠式面板。Spry 折叠式面板是一组可以折叠的面板，也可以将大量的内容存储到一个紧凑的空间中，当访问者选择不同的选项卡时，折叠面板的控件会相应地展开或收缩，并且每次只能有一个面板内容处于打开可见状态。

6.5.3 Spry效果

在Dreamweaver CS6中提供了Spry效果库，用户可以轻松地向页面中添加多种视觉效果。选择"窗口>标签检查器"命令，打开"标签检查器"面板，切换到"行为"视图，在该视图中单击"添加行为"按钮，从弹出的菜单中可以看到Spry效果，如图6-45所示。

Spry 效果可以修改元素的不透明度、缩放比例、位置和样式属性等，也可以组合两个或多个属性来创建该视觉效果。由于这些效果都基于Spry，因此在单击应用效果的元素时，仅会动态更新该元素，而不会刷新整个HTML页面。

Spry 效果主要包括增大 / 收缩、挤压、显示 / 渐隐、晃动、滑动、遮帘和高亮颜色。下面将具体介绍这些效果。

图6-45 Spry效果

1．增大/收缩

"增大/收缩"效果可以使元素变大或变小。此效果可用于address、dd、div、dl、dt、form、p、ol、ul、pre、menu、applet、dir和center等HTML元素。图6-46所示是"增大/收缩"效果参数设置对话框。

图6-46 "增大/收缩" 对话框

2．挤压

"挤压"效果可以使元素从页面的左上角消失。此效果仅可用于address、p、dd、div、dir、dl、dt、form、center、img、ol、ul、applet、menu和pre元素。图6-47所示是"挤压"效果参数设置对话框。

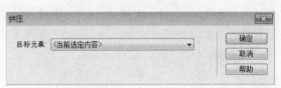

图6-47 "挤压" 对话框

3．显示/渐隐

"显示/渐隐"效果可以使元素显示或渐隐。此效果可用于除applet、body、iframe、tr、tbody、object和th以外的所有HTML元素。图6-48所示为"显示/渐隐"效果参数设置对话框。

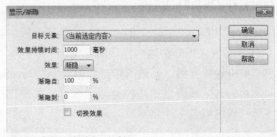

图6-48 "显示/渐隐" 对话框

4．晃动

"晃动"效果可以使元素左右晃动。此效果可应用于address、dd、div、dl、dt、from、h1、img、object、p、ul、blockquote、dir、pre和table等元素。图6-49所示为"晃动"效果参数设置对话框。

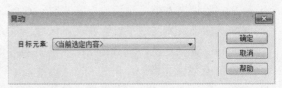

图6-49 "晃动" 对话框

5．滑动

"滑动"效果可以使元素上下移动。应用"滑动"效果必须将目标元素封装在具有惟一ID的容器标签中。容器标签必须是dd、form、div、blockquote和center。目标元素标签必须是dd、form、div、blockquote、center、table、span、image、select、input和textarea。图6-50所示为"滑动"效果参数设置对话框。

图6-50 "滑动"对话框

6．遮帘

"遮帘"效果可以模拟百叶窗向上或向下滚动来隐藏或显示元素。此效果仅可用于address、dd、dl、dt、div、form、h1、p、ol、ul、pre、applet、center、dir和menu元素。图6-51所示为"遮帘"效果参数设置对话框。

图6-51 "遮帘"对话框

7．高亮颜色

"高亮颜色"效果可以更改元素的背景颜色，并且可以设置以何种颜色开始高亮显示，以何种颜色结束高亮显示。此效果可应用于除applet、frame、body、frameset和noframes以外的所有HTML元素。图6-52所示为"高亮颜色"效果参数设置对话框。

图6-52 "高亮颜色"对话框

6.5.4 Spry控件

打开"插入"面板，切换到Spry选项面板，可以看到所有Spry控件，如图6-53所示。
下面将具体介绍这些控件的含义。

- Spry数据集：容纳所指定数据集合的JavaScript对象，由行和列组成的标准表格形式生成数组。
- Spry区域：包括两种类型区域，一种是围绕数据对象的Spry区域；另一种是Spry详细区域，当该区域与主表格对象一起使用时，可允许对Dreamweaver页面上的数据进行动态更新。
- Spry重复项：一个数据结构，可以设置其格式显示数据。
- Spry重复列表：设置数据显示的排列顺序，包括项目列表、编号列表、定义列表和下拉列表。
- Spry验证文本域：设置输入文本时，显示文本的状态（有效或者无效）。
- Spry验证文本区域：设置在文本区域内输入文本时显示文本的状态（有效或者无效）。
- Spry验证复选框：设置HTML表单中的一个或多个复选框启用（或没有启用）时显示验证的状态（有效或无效）。
- Spry验证选择：设置在选择下拉菜单时显示的构件状态（有效或无效）。

- Spry验证密码：强制执行密码规则，可根据输入的信息提供警告或错误消息。
- Spry验证确认：当用户在文本域或密码域中输入的值与同一表单中类似域的值不匹配时，该构件将显示有效或无效状态。
- Spry验证单选按钮组：设置HTML表单中的一组单选按钮启用（或没有启用）时显示验证的状态（有效或者无效）。
- Spry菜单栏：用于导航的菜单按钮，一般用来制作级联菜单。
- Spry选项卡式面板：一组用来将内容存储到紧凑空间中的面板，一般用来制作选项面板。
- Spry折叠式：一组可以将大量内容存储到紧凑空间中的面板，一般用来制作可折叠面板。

图6-53　所有Spry控件

- Spry可折叠面板：同样是节省页面空间的一组面板。
- Spry工具提示：当鼠标指针悬停在网页中的特定元素上时，该构件会显示信息；当移开鼠标指针时，信息会消失。

6.6　应用JavaScript

　　JavaScript可以用来丰富页面的动态效果，例如状态栏中滚动的文字、页面上走动的时钟以及飘动的图片等，这些通常是由嵌入到HTML中的脚本来完成的。JavaScript是众多脚本语言中较为优秀的一种，是许多网页设计者首选的脚本语言。

6.6.1　JavaScript基础知识

　　在使用JavaScript编程之前，首先要了解一些JavaScript的基础知识，包括它的概念以及特点等。

1．JavaScript的概念

　　JavaScript是Netscape公司开发的一种基于对象和事件驱动，并具有相对安全性的客户端脚本语言。其主要目的是为了解决服务器端语言，例如Perl遗留的速度问题，为客户提供更流畅的浏览效果。同时它也是一种广泛应用于客户端Web开发的脚本语言，常用来给HTML网页添加动态功能。它最初由网景公司的Brendan Eich设计，是一种动态、弱类型、基于原型的语言，内置支持类。JavaScript也可以用于其他场合，例如服务器端编程。完整的JavaScript实现包含ECMAScript、文档对象模型和字节顺序记号这3个部分。

2．JavaScript的基本特点

　　JavaScript可以使网页增加互动性。在HTML基础上，使用JavaScript可以开发交互式Web网页。JavaScript的出现使得网页和用户之间实现了一种实时性的、动态的、交互性的关系，使网页包

含更多活跃的元素和更加精彩的内容；JavaScript使有规律重复的HTML文段简化，减少了下载时间；JavaScript能及时响应用户的操作，对提交表单做即时的检查，无需浪费时间交由CGI验证。JavaScript短小精悍，又是在客户机上执行的，大大提高了网页的浏览速度和交互能力。

JavaScript的安全性较高。JavaScript只能通过浏览器实现信息的浏览或者动态交互，不能访问本地硬盘，不允许对网络文档进行修改和删除，这样可以有效防止数据丢失，因此具有较强的安全性。

3．JavaScript的嵌入

如果想要在HTML页面中嵌入JavaScript，只需将代码放置在HTML网页中的<script lan-guage="JavaScript">和</script>之间，然后放在网页的中任何一个位置（head或者body中），但是最好将所有的一般目标脚本代码放在head部分，以便使所有的脚本代码集中放置，同时应确保在body部分调用代码之前，所有的代码都已被读取并解码。

6.6.2 JavaScript语句

JavaScript程序是由若干语句组成的，语句是编写程序的指令。JavaScript提供了完整的基本编程语句，主要包括：赋值语句、switch选择语句、while循环语句、for循环语句、for each循环语句、do…while循环语句、break循环中止语句、continue循环中断语句、with语句、try…catch语句、if语句（if…else，if…else if…）等。

1．if条件选择语句

语句结构如下：

```
if(表达式1)
{
语句块1;}
[else if（表达式2）
{
语句2;}else{
语句块3;}]
```

语句含义：若表达式1为true，则执行语句块1，否则判断表达式2，若为true，则执行语句块2，否则执行语句块3。

if语句是可以嵌套使用的。

2．switch语句

如果希望选择执行若干代码块中的一个，可以使用switch语句。

语句结构如下：

```
switch(表达式){
case 常量表达式1：语句块1：[break;]
case 常量表达式2：语句块2：[break;]
…
Case 常量表达式n：语句块n：[break;]
default:n+1;
}
```

语句含义：根据表达式的值依次进行判断，哪个符合条件（case）就执行相应的语句，如果都不符合，就执行default后面的语句。

3．while循环语句

while循环语句用于在指定条件为 true 时循环执行代码。

语句结构如下：

Chapter 01
Chapter 02
Chapter 03
Chapter 04
Chapter 05
Chapter 06 特效 应用交互
Chapter 07
Chapter 08

```
while(条件)
{
语句块；
}
```

　　语句含义：当条件为真时重复循环，否则退出循环。

4．do… while语句

　　do…while循环语句是while循环语句的变种。该循环语句在初次运行时会首先执行一遍其中的代码，当指定的条件为true时，会继续这个循环。可以这么说，do…while循环语句至少会执行一遍其中的代码，因为其中的代码在执行一遍后才会进行条件验证。

　　语句结构如下：

```
do
{
语句块；
}
while(条件)
```

5．for循环语句

　　在脚本的运行次数已确定的情况下使用for循环语句。

　　语句结构如下：

```
for(初始条件；结束条件；增量；)
{
语句块；
}
```

　　语句含义：当循环条件成立时执行语句块，否则跳出循环体。

6．break语句

　　break语句可以中止循环的运行，然后继续执行循环之后的代码（如果循环之后有代码的话）。

　　下面通过示例说明break语句的用法：

```
<script type="text/javascript">
for(var i=1;i<=10;i++){
if(i==6) break;
document.write(i);
}
// 输出结果：12345
</script>
```

7．continue语句

　　continue语句会中断当前的循环，然后从下一个值继续运行。continue语句只用在for、while、do…while等循环语句中，并且常与if条件语句一起使用，用来加速循环。

　　下面通过示例说明continue语句的用法：

```
<script type="text/javascript">
for(var i=1;i<=10;i++){
if(i==6) continue;
document.write(i);
}
// 输出结果：1234578910
</script>
```

6.6.3 JavaScript函数

函数是命名的语句段，这个语句段可以被当作一个整体来引用和执行。在进行程序设计时，往往需要将程序划分为一些相对独立的部分，这时可将每一部分编写成为一个函数，从而使各部分相对独立。

JavaScript函数的基本结构如下：

```
Function 函数名（参数列表）{
函数体；
}
```

使用JavaScript函数要注意以下几点。

- 函数由关键字function定义（也可由Function构造函数构造）。
- 使用function关键字定义的函数在一个作用域内可以在任意处调用(包括在定义函数的语句前)。
- 函数名是调用函数时引用的名称，它对大小写是敏感的，调用函数时不可写错函数名。
- 参数表示传递给函数使用或操作的值，它可以是常量，也可以是变量，甚至可以是函数。在函数内部可以通过arguments对象（arguments对象是一个伪数组，其属性callee用于引用被调用的函数）访问所有参数。
- 函数体是指代码的集合。

6.7 JavaScript对象与DOM

JavaScript的许多操作都是基于具体对象而言的，例如改变页面对象的背景色和设置浏览器窗口对象的大小等。JavaScript中的对象大致可分为JavaScript的内部对象、文档对象模型（DOM）和用户自定义的对象。每一种对象都有两个最重要的组成部分，即属性和方法。

6.7.1 JavaScript内置对象

JavaScript的一个重要功能就是面向对象的功能，通过基于对象的程序设计，可以用更直观、模块化和可重复使用的方式进行程序开发。

一组包含数据的属性和对属性中包含数据进行操作的方法，称为对象。比如要设定网页的背景颜色，所针对的对象就是document，所用的属性名是bgcolor，如document.bgcolor="blue"，就是表示使背景的颜色为蓝色。每一种对象都有其独特的属性和方法。

1．对象属性的引用

对象属性的引用可以通过以下两种方法来实现。

（1）使用点（.）运算符来引用

这是最简单、最常用的一种引用方法，其基本语法结构如下：

对象名.属性名；

例如，<input type=button value="red"onclick="document.bgcolor='red';">

（2）通过字符串形式实现引用

该种引用方式实际上就是采用数组方式

例如，car[" vender"]="宝马"；

2．对象方法的引用

对象方法的引用也是通过一个".."来实现的。其基本语法结构如下：

对象名.方法()；

例如，document.write（parameter）；

方法实质上是一个函数，往往带有参数列表。

3．常用的JavaScript内置对象

（1）JavaScript String（字符串）对象

字符串是JavaScript的一种基本的数据类型，JavaScript的字符串是不可变的（immutable）。String类定义的方法都不能改变字符串的内容。例如String.toUpperCase()，返回的是全新的字符串，而不是修改原始字符串。

String对象的length属性声明了该字符串中的字符数。

String类定义了大量操作字符串的方法，一般分为：查找子字符串、截取，分割和拼接字符串、匹配正则表达式、改变字符串样式等。

（2）JavaScript Date（日期）对象

Date对象用于处理日期和时间，Date对象会自动把当前日期和时间保存为其初始值。

Date对象的方法包括以下几类。

Get(year,month,date,hours,minutes,seconds)：获取（年、月、日、时、分、秒）等。

Set(year,month,date,hours,minutes,seconds)：设置（年、月、日、时、分、秒）等。

To…String：转成一定格式的字符串。

（3）JavaScript Array（数组）对象

数组对象的作用是使用单独的变量名来存储一系列的值。

数组的常用属性是length，它代表了这个数组中元素的个数。

数组的常见用途：排序、添加和删除元素、拼接另一个数组、转成字符串。其中添加元素和移除元素还可以模拟堆栈或队列这些数据结构的作用。

（4）JavaScript Boolean（逻辑）对象

Boolean（逻辑）对象用于将非逻辑值转换为逻辑值（true 或者 false）。

在JavaScript中，布尔值是一种基本的数据类型。Boolean对象是一个将布尔值打包的布尔对象。Boolean对象主要用于提供将布尔值转换成字符串的toString()方法。当调用toString()方法将布尔值转换成字符串时（通常是由JavaScript隐式地调用），JavaScript会内在地将这个布尔值转换成一个临时的Boolean对象，然后调用这个对象的toString()方法。

（5）JavaScript Math（算数）对象

Math（算数）对象的作用是执行常见的算数任务。

Math对象并不像Date和String那样是对象的类，因此没有构造函数Math()。例如Math.sin()只是函数，而不是某个对象的方法。通过把Math作为对象使用就可以调用其所有的属性和方法。

Math对象的常用属性都是与数学相关的常量属性，例如圆周率 π、2的平方根，算数常量e（自然对数的底数，约等于2.718）。

Math对象中最常用的方法包括：向上（向下）取整、四舍五入取整、随机数、返回两个数中的大数或小数。

（6）JavaScript RegExp对象

RegExp是正则表达式的缩写。当检索某个文本时，可以使用一种模式来描述要检索的内容，RegExp就是这种模式。简单的模式可以是一个单独的字符，更复杂的模式包括了更多的字符，并可用于解析、格式检查、替换等。用户可以规定字符串中的检索位置，以及要检索的字符类型等。

（7）JavaScript Global对象

这是一个固有对象，目的是把所有全局方法集中在一个对象中。Global对象不能用new运算符创建。它在Scripting引擎被初始化时创建，并立即使其方法和属性可用。

TIP JavaScript的来历

Netscape公司最初将其脚本语言命名为LiveScript，后来在与Sun合作之后将其改名为JavaScript。JavaScript最初是受Java启发而开始设计的，目的之一就是要"看上去像Java"，因此它与Java语言在语法上有类似之处，一些名称和命名规范也借鉴自Java。为了取得技术优势，微软推出了JScript来迎战JavaScript脚本语言。虽然JavaScript与Java类似，但是与Java相比，JavaScript更简单，更容易学习和理解。

6.7.2 DOM技术

DOM（Document Object Model）即文档对象模型，DOM可以以一种独立于平台和语言的方式访问和修改一个文档的内容和结构。DOM的设计是以对象管理组织（OMG）的规约为基础的，因此可以用于任何编程语言。最初人们把它认为是一种让JavaScript在浏览器间可移植的方法，不过DOM的应用已经远远超出这个范围。DOM技术使得用户页面可以动态地变化，例如可以动态地显示或隐藏一个元素、改变它们的属性和增加一个元素等，DOM技术使得页面的交互性大大增强。

DOM实际上是以面向对象方式描述的文档模型。DOM定义了表示和修改文档所需的对象，这些对象的行为和属性以及这些对象之间的关系。可以把DOM认为是页面上数据和结构的一个树形表示，不过页面可能并不是以这种树的方式具体实现。通过JavaScript，用户可以重构整个HTML文档，可以添加、移除、改变或重排页面上的项目。要改变页面的某个元素，JavaScript就需要获得对HTML文档中所有元素进行访问的入口。连同对HTML元素进行添加、移动、改变或移除的方法和属性，都是通过文档对象模型（DOM）来获得的。

根据W3C DOM规范，DOM是HTML与XML的应用编程接口（API），DOM将整个页面映射为一个由层次节点组成的文件，被分为1级、2级和3级这3个级别。

（1）1级DOM

1级DOM在1998年10月份成为W3C的提议，由DOM核心与DOM HTML两个模块组成。DOM核心能映射以XML为基础的文档结构，允许获取和操作文档的任意部分。DOM HTML通过添加HTML专用的对象与函数对DOM核心进行了扩展。

（2）2级DOM

鉴于1级DOM仅以映射文档结构为目标，2级DOM面向更为宽广。通过对原有DOM的扩展，2级DOM通过对象接口增加了对鼠标和用户界面事件、范围、遍历（重复执行DOM文档）和层叠样式表（CSS）的支持。同时也对1级DOM的核心进行了扩展，从而可支持XML命名空间。

2级DOM引进了几个新DOM模块来处理新的接口类型，分别介绍如下。

● DOM视图：描述跟踪一个文档的各种视图（使用CSS样式设计文档前后）的接口。

● DOM事件：描述事件接口。

● DOM样式：描述处理基于CSS样式的接口。

● DOM遍历与范围：描述遍历和操作文档树的接口。

（3）3级DOM

3级DOM通过引入统一方式载入和保存文档，文档验证方法对DOM进行进一步扩展，3级DOM包含一个名为"DOM载入与保存"的新模块，DOM核心扩展后可支持XML1.0的所有内容，包括XML Infoset、 XPath和XML Base。

6.8 上机实训

在学习完本章内容之后，接下来通过几个实训题目来温习巩固本章所讲解的内容。

实训1 | 制作选项卡式网页 实训目的：通过练习制作如图6-54所示的网页，以掌握Spry选项卡式面板控件的应用。

◎ **实训要点**：插入Spry选项卡式面板、添加面板内容、设置Spry选项卡式面板属性、添加新面板

图6-54 最终效果

01 打开网页文档素材，将插入点定位在编辑窗口中，如图6-55所示。

图6-55 打开网页文档并确定插入点

02 打开"插入"面板，在Spry选项界面中单击"Spry选项卡式面板"按钮，如图6-56所示。

图6-56 单击"Spry选项卡式面板"按钮

03 此时，在网页中创建了一个 Spry 选项卡式面板，如图 6-57 所示。

图6-57 插入的Spry选项卡式面板

04 将选项卡名称"标签 1"删除，输入文本"九寨沟"，如图 6-59 所示。

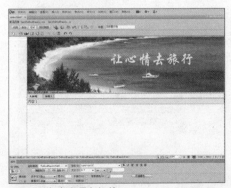

图6-58 修改选项卡标签

05 删除内容面板中的"内容1",选择"插入>表格"命令,插入一个1行2列的表格,设置表格宽为100%,调整列宽和行高,如图6-59所示。

图6-59 插入表格

06 将插入点定位在左侧单元格中,插入图像素材,如图6-60所示。

图6-60 插入图像

07 将插入点定位在右侧单元格中,输入文本,设置文本样式,如图6-61所示。

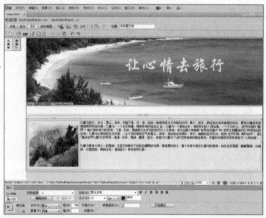

图6-61 输入文本

08 使用同样的方法,添加"标签2"的内容,如图6-62所示。

图6-62 添加内容

09 在"属性"面板中单击"添加面板"按钮,再添加一个面板,如图6-63所示。

图6-63 添加面板

10 使用相同的方法,修改标签名称并添加内容,如图6-64所示。最后保存并预览网页效果。

图6-64 修改标签并添加内容

🖥 **实训 2 | 为网页添加行为**　**实训目的：**利用本章所学的网页行为的知识，制作一个如图6-65所示，具有交互效果的网页。

◎ **实训要点：**添加交换图像行为、添加弹出信息行为、添加打开浏览器窗口行为、编辑行为

图6-65　最终效果

01 打开网页文档，打开"标签检查器"面板。选择网页文档中的一幅图像，单击"行为"窗口中的"添加行为"按钮，在弹出的菜单中选择"交换图像"命令，如图 6-66 所示。

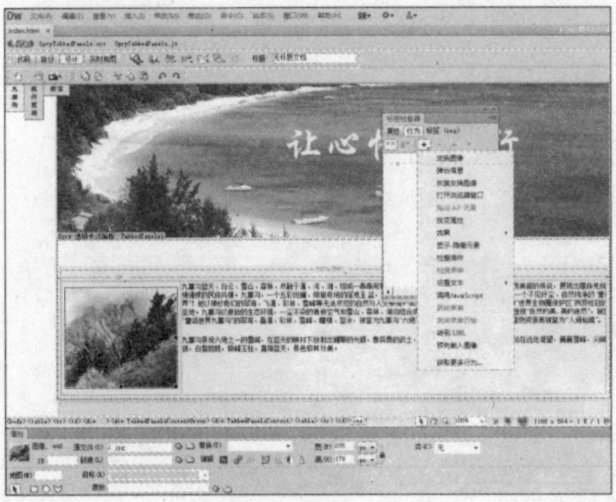

02 弹出"交换图像"对话框，在其中单击"设定原始档为"文本框后的"浏览"按钮，如图6-67所示。

图6-66　添加"交换图像"行为

03 在"选择图像源文件"对话框中选择另一幅素材，单击"确定"按钮，如图6-68所示。

04 返回"交换图像"对话框，单击"确定"按钮，如图6-69所示。

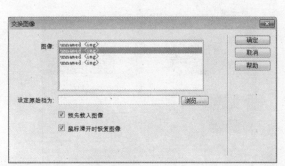

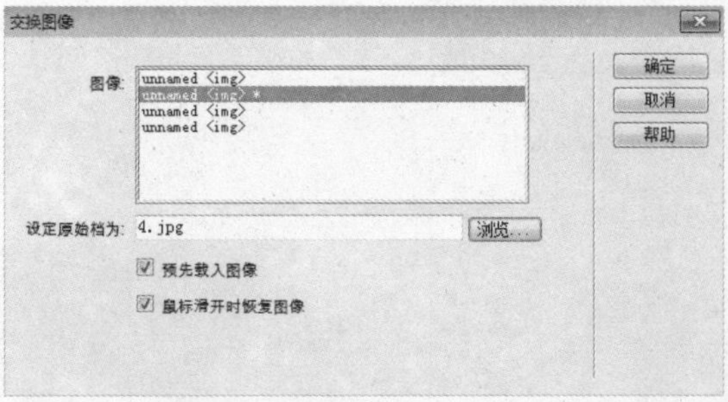

图6-67　单击"浏览"按钮

图6-68　选择图像

图6-69　"交换图象"对话框

05 此时在"行为"窗口中可看到添加的两个事件行为，一是为onMouseOut的恢复交换图像行为，另一个是事件为onMouseOver的交换图像行为，如图6-70所示。

图6-70 添加行为

07 切换到"杭州西湖"面板，选择网页文档中的图像，单击"行为"窗口中的"添加行为"按钮，在弹出的菜单中选择"弹出信息"命令，如图6-72所示。

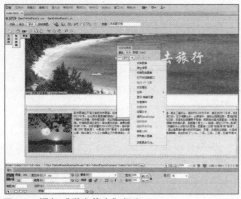

图6-72 添加"弹出信息"行为

09 在"行为"窗口中可以看到添加的行为事件，如图6-74所示。

图6-74 添加的行为

06 保存文件并预览网页。可以看到，当鼠标指针移至图像上时，图像变成另一幅图像，如图6-71所示。

图6-71 预览网页效果

08 弹出"弹出信息"对话框，在"消息"文本框中输入文本信息，单击"确定"按钮，如图6-73所示。

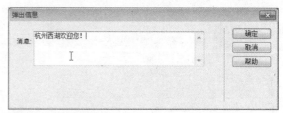

图6-73 设置弹出信息

10 保存文件，预览网页。可以看到，当单击图片后，将弹出网页消息，如图6-75所示。

图6-75 预览效果

11 切换到"故宫"面板，选中文本，单击"行为"窗口中的"添加行为"按钮，在弹出的菜单中选择"打开浏览器窗口"命令，如图6-76所示。

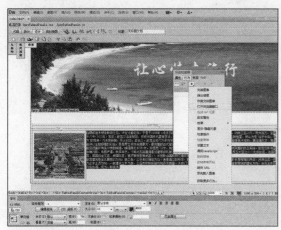

图6-76 添加"打开浏览器窗口"行为

13 在"行为"窗口中可以看到添加的行为事件，如图6-78所示。

图6-78 添加的行为

12 弹出"打开浏览器窗口"对话框，在"要显示的 URL"文本框中输入路径，设置其他参数，单击"确定"按钮，如图 6-77 所示。

图6-77 设置参数

14 保存并预览网页，可以看到，若单击网页文本，则会弹出新的浏览器窗口，如图6-79所示。

图6-79 预览效果

6.9 习题

1. 选择题

（1）如果想在打开一个页面的同时弹出另一个新窗口，应该进行的设置是（ ）。

A. 在"行为"窗口中添加"弹出信息"行为

B. 在"行为"窗口中添加"打开浏览器窗口"行为

C. 在"行为"窗口中添加"转到 URL"行为

D. 在"行为"窗口中添加"显示弹出式菜单"行为

（2）\<img src="name" align="left"\> 的意思是（ ）。

A. 图像向左对齐   B. 图像向右对齐

C. 图像与底部对齐   D. 图像与顶部对齐

（3）在 Dreamweaver CS6 中，行为是由（ ）构成。

A. 动作   B. 事件和动作

C. 初级行为   D. 最终动作

2. 填空题

（1）"标签检查器"面板的作用是显示当前用户选择的网页对象的各种 _____，以及在该网页对象上应用的 _____。

（2）菜单栏构件是一组可导航的 _____，当站点访问者将鼠标光标悬停在其中的某个按钮上时，将显示相应的子菜单。

（3）JavaScript 是 Netscape 公司开发的一种基于 _____ 和 _____ 驱动，并具有相对安全性的客户端脚本语言。

3. 上机操作

通过本章学习，为如图 6-80 所示的网页添加交换图像行为、弹出信息行为、文本交互行为。制作要点：（1）添加相应的网页行为；（2）编辑行为。

图6-80 网页效果示例

创建动态网页

Chapter
07

动态网页称为Web应用程序，主要用于网站与访问者之间的交互，例如用户注册表和问卷调查等。动态网页通常都会与数据库结合起来，所以说动态网页就是动态网页技术与数据库技术的结合体。本章将讲述表单对象的应用、表单网页的常见技巧和数据库的应用。

本章重点知识预览

本章重点内容	学习时间	必会知识	重点程度
表单的应用	35分钟	添加表单 添加表单对象	★★★
Spry表单元素的应用	40分钟	使用Spry表单元素	★★★★
数据库的创建	45分钟	创建Access数据库 应用数据源	★★★★★

本章范例文件	· Chapter 07\使用表单　· Chapter 07\创建数据库
本章习题文件	· Chapter 07\实训1　· Chapter 07\实训2

本章精彩案例预览

▲ 创建网页表单

▲ 创建Access数据库

▲ 制作注册页面

7.1 使用表单

表单是实现网页上数据传输的基础，其作用是实现访问者与网站之间的交互功能。利用表单可以根据访问者输入的信息，自动生成相应的页面信息并反馈给访问者，同时还可以为网站收集访问者输入的信息。

7.1.1 初识网页表单

表单是Internet用户与服务器进行交流的重要工具之一。表单用于将来自用户的信息提交给服务器，是网站管理者与浏览者之间进行沟通的桥梁。利用表单处理程序，可以收集、分析用户的反馈意见，以作出合理、科学的决策。一个表单往往包含用户填写信息的输入框、提交按钮等，这些输入框和按钮称为控件，表单就像一个容器，能够容纳各种各样的控件。

简单来说，表单通常由两部分组成：一是描述表单的HTML源代码；二是客户端的脚本，或者服务器端用来处理用户所填信息的程序。表单可以包含允许进行交互的各种对象，如义本域、列表框、复选框、单选按钮以及其他表单对象。

7.1.2 添加表单

在制作表单之前，要先添加表单，表单对象必须添加到表单内才能正常运行。添加表单的具体操作步骤如下。

01 新建网页文档，将插入点定位在要插入表单的位置，在菜单栏中选择"插入>表单>表单"命令，如图7-1所示。

02 此时，页面中出现的红色虚线框即表单，如图7-2所示。

图7-1 选择"表单"命令

图7-2 插入的表单

在表单属性面板中，可以设置以下属性，如图7-3所示。

图7-3 表单属性面板

- 表单ID：输入惟一名称以标识表单。
- 动作：设置处理表单服务器端脚本的路径。
- 方法：设置将表单数据发送到服务器的方法，下拉列表中有"默认"、"POST"和"GET"这3个选项，一般情况下应选择"POST"。
- 编码类型：设置对提交后给服务器进行处理的数据使用MIME编码类型，包括两个选项：application/x-www-form-urlencoded和multipart/form-data。
- 目标：设置反馈网页显示的位置。_blank指在新的窗口中打开页面，同时保持当前窗口不变；_new指在新的窗口中打开文件；_parent指在父窗口中打开页面；_self指在原窗口中打开页面；_top指在顶层窗口中打开页面。

TIP　快速插入表单

打开"插入"面板，从中选择"表单"选项，再单击"表单"按钮即可快速插入表单，如图7-4所示。

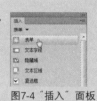

图7-4 "插入"面板

7.2　添加表单对象

在制作网页时，可以将表单看作是一组网页容器，里面包含各种表单对象，例如文本域、按钮、列表/菜单和其他表单对象。

7.2.1　插入文本域

文本域可分为单行文本域、多行文本域和密码域这3种，它们的创建方法类似。

1. 单行文本域

单行文本域通常提供单字或短语，常见的表单域就是单行文本域。插入单行文本域的具体操作步骤如下。

01 打开网页文档，在单元格中输入"用户名："，设置字体样式，如图7-5所示。

02 将插入点定位在"用户名："后面的单元格中，选择"插入>表单>文本域"命令，如图7-6所示。

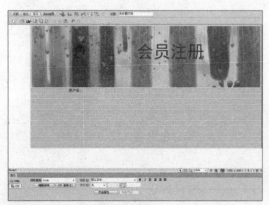

图7-5 输入文本并设置字体样式

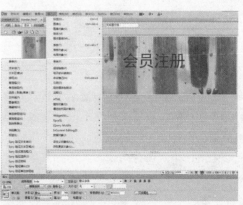

图7-6 插入文本域

03 弹出"输入标签辅助功能属性"对话框，这里保持默认设置，然后单击"确定"按钮，如图7-7所示。

04 系统弹出是否添加表单标签提示对话框，单击"是"按钮即可在单元格中插入文本域，如图7-8所示。

图7-7 "输入标签辅助功能属性"对话框

图7-8 提示对话框

05 选中文本域，在"属性"面板中设置字符宽度为10、最多字符数为10、类型为"单行"，如图7-9所示。

06 保存文件，然后按 F12 键预览，效果如图 7-10 所示。

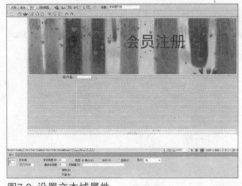

图7-9 设置文本域属性

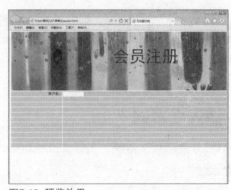

图7-10 预览效果

在如图7-11所示的文本域属性面板中，用户可以设置以下参数。

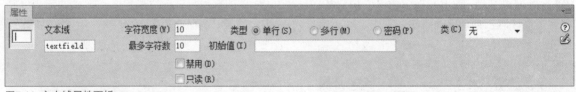

图7-11 文本域属性面板

- 文本域：设置文本域的名称。
- 字符宽度：设置文本域中最多可显示的字符数。
- 最多字符数：设置单行文本域中最多可输入的字符数。
- 类型：设置文本域的类型，包括"单行"、"多行"和"密码"3个选项。
- 初始值：指定在首次载入表单时文本域中显示的值。
- 类：设置将CSS规则应用于对象。

2．多行文本域

多行文本域允许输入多行文本，可以设置行数以及对象的字符宽度。如果输入的文本超过这些设置，该域将按照换行属性中指定的设置进行滚动。

插入多行文本域与单行文本域的方法类似，选择"插入>表单>文本域"命令后，只要在"属性"面板中将类型选择为"多行"，即完成多行文本域的插入，如图7-12所示。

3.密码域

密码域继承于文本域，但是修改了其显示方式，即所有用户的输入并不能直接看到，而是用一些回显符号替代。典型的回显符号是"*"，用户可以根据需求自行设置，从而保护信息不被别人看到。

插入密码域与插入单行文本域的方法类似，选择"插入>表单>文本域"命令后，只要在"属性"面板中将类型选择为"密码"，即完成密码域的插入，如图7-13所示。

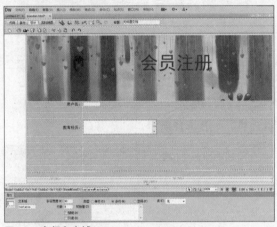

图7-12 多行文本域

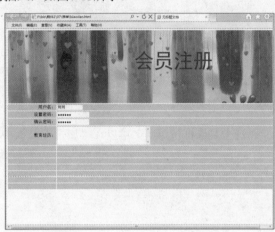

图7-13 密码域

7.2.2 插入复选框和单选按钮

若一组选项中可以任意选择多个项，这时需要插入复选框。然而对于单选按钮而言，选择一个项目就会取消对该组中其他所有选项的选择。

1.复选框

利用复选框可同时选择多项，插入复选框的具体操作步骤如下。

01 将插入点定位在单元格中，输入文本"您的爱好："，然后将插入点移至"您的爱好："后面的单元格中，选择"插入>表单>复选框"命令，如图7-14所示。

02 弹出"输入标签辅助功能属性"对话框，在"标签"文本框中输入"体育"，然后单击"确定"按钮，如图7-15所示。

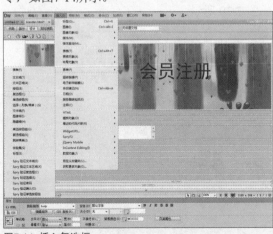

图7-14 插入复选框

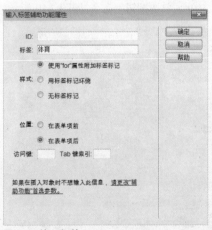

图7-15 输入标签

03 此时，在网页中已经插入一个复选框，如图 7-16所示。

图7-16 插入的复选框

04 使用同样的方法，依次插入其他几个复选框，并输入相应的文字标签，如图 7-17 所示。

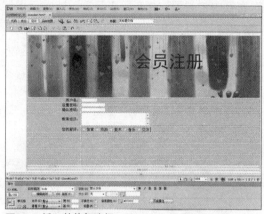

图7-17 插入其他复选框

选中复选框按钮□，可以在"属性"面板中设置其属性，如图7-18所示。

图7-18 复选框属性面板

- 复选框名称：设置复选框的名称。该名称不能包含空格或特殊字符。
- 选定值：设置在该复选框被选中时发送给服务器的值。
- 初始状态：设置在浏览器窗口中载入表单时该复选框是否被选中。
- 类：设置将CSS规则应用于对象。

2．单选按钮

若不允许用户选择多个选项，则可以使用表单元素中的单选按钮对象。在一组单选按钮选项中，只能选择其中一项，这和复选框是完全不同的。插入单选按钮的具体操作步骤如下。

01 将插入点定位在单元格中，输入文本"性别："，然后将插入点移至"性别："后面的单元格中，选择"插入 > 表单 > 单选按钮"命令，如图 7-19 所示。

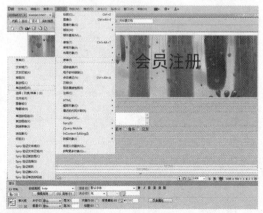

图7-19 插入单选按钮

02 弹出"输入标签辅助功能属性"对话框在"标签"文本框中输入"女"，单击"确定"按钮，如图 7-20 所示。

图7-20 输入标签

03 此时在网页中已插入单选按钮。选中该单选按钮，在"属性"面板的"初始状态"选项组中选择"已勾选"选项，如图7-21所示。

04 使用同样的方法，插入另一个单选按钮，如图7-22所示。

图7-21 设置单选按钮属性

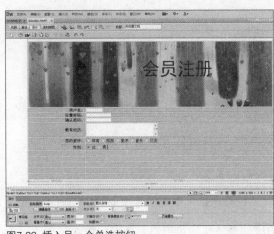

图7-22 插入另一个单选按钮

7.2.3 插入列表/菜单

列表可包含一个或多个项目。当需要显示多个项目时，则可以使用菜单。在表单中，我们可以根据需要插入下拉菜单和滚动列表。

1. 滚动列表

创建滚动列表的具体操作步骤如下。

01 将插入点定位在单元格中，输入文本"学历："，然后将插入点移至"学历："后面的单元格中，选择"插入>表单>选择（列表/菜单）"命令，如图7-23所示。

02 弹出"输入标签辅助功能属性"对话框，保持默认设置。选中插入的控件，在其"属性"面板中设置"类型"为列表、高度为3，单击"列表值"按钮，如图7-24所示。

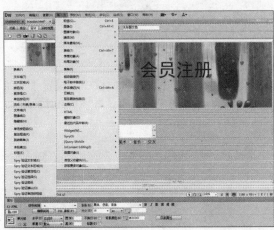

图7-23 插入列表

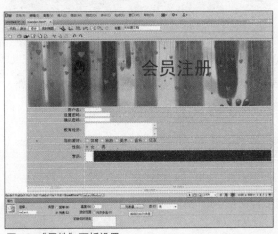

图7-24 "属性"面板设置

03 弹出"列表值"对话框，从中输入学历，单击"确定"按钮，如图7-25所示。

04 保存文件，按F12键预览网页，效果如图7-26所示。

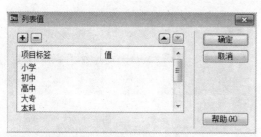

图7-25 "列表值"对话框

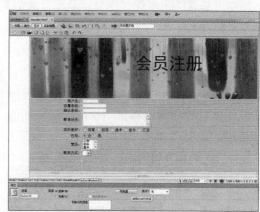

图7-26 预览效果

2．下拉菜单

创建下拉菜单和创建滚动列表的方法类似。创建下拉菜单的具体操作步骤如下。

01 将插入点定位在单元格中，输入文本"联系方式："，将插入点移至"联系方式："后面的单元格中，选择"插入>表单>选择（列表/菜单）"命令，如图7-27所示。

02 弹出"输入标签辅助功能属性"对话框，保持默认设置，单击"确定"按钮。选中列表，在其"属性"面板中设置"类型"为菜单，并单击"列表值"按钮，如图7-28所示。

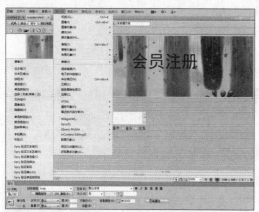

图7-27 插入菜单

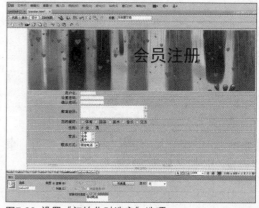

图7-28 设置"属性"面板

03 弹出"列表值"对话框，在该对话框中输入"固定电话"和"移动电话"，单击"确定"按钮，如图7-29所示。

04 选中菜单，在"属性"面板中，设置"初始化时选定"为"固定电话"，如图7-30所示。

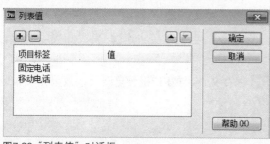

图7-29 "列表值"对话框

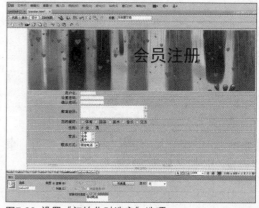

图7-30 设置"初始化时选定"选项

▼ Port 01 Dreamweaver CS6篇

Chapter 01
Chapter 02
Chapter 03
Chapter 04
Chapter 05
Chapter 06
Chapter 07 | 创建动态网页
Chapter 08

05 将插入点定位在下拉菜单后，插入一个单行文本域，如图7-31所示。

06 保存文件，按F12键预览网页，效果如图 7-32 所示。

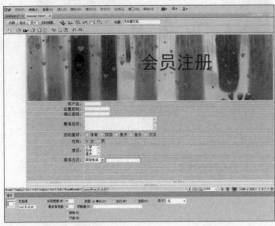

图7-31 插入文本域

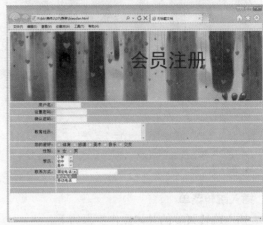

图7-32 预览网页效果

7.2.4 插入其他表单对象

除了前面几节内容介绍的表单对象外，还可以在表单中插入一些其他的表单对象，例如文件域、跳转菜单、按钮等。

1. 插入文件域

在表单中创建文件域的具体操作步骤如下。

01 将插入点定位在"上传文件："后面的单元格中，选择"插入>表单>文件域"命令，如图7-33所示。

02 弹出"输入标签辅助功能属性"对话框，这里保持默认设置，直接单击"确定"按钮，如图7-34所示。

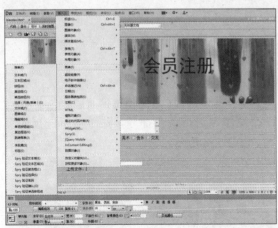

图7-33 插入文件域命令

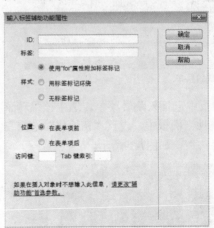

图7-34 "输入标签辅助功能属性"对话框

03 此时网页文档中便出现了文件域，如图7-35所示。

04 保存文件，按 F12 键预览网页。单击"浏览"按钮后，弹出"选择要加载的文件"对话框，从中选择文件即可，如图 7-36 所示。

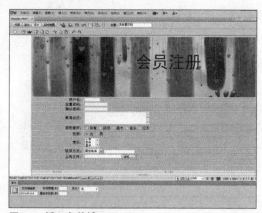

图7-35 插入文件域

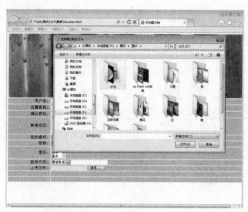

图7-36 预览网页效果

2．插入跳转菜单

插入跳转菜单的具体操作步骤如下。

01 将插入点定位在要插入跳转菜单的位置，在菜单栏中选择"插入>表单>跳转菜单"命令，如图7-37所示。

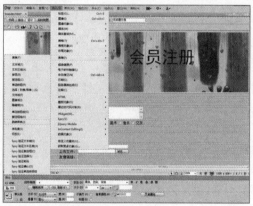

图7-37 插入跳转菜单

02 在"插入跳转菜单"对话框中单击"添加项"按钮，分别在"文本"和URL文本框中输入内容和链接路径后单击"确定"按钮，如图7-38所示。

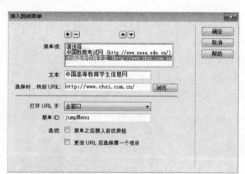

图7-38 设置对话框属性

03 此时网页中已插入跳转菜单。选中该跳转菜单，在"属性"面板中，设置"初始化时选定"为"请选择…"，如图7-39所示。

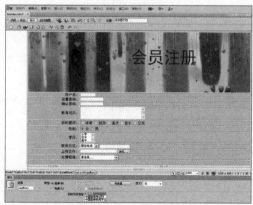

图7-39 插入跳转菜单属性

04 保存文件，按F12键预览网页。当选择任意一个菜单项时，就会打开该菜单项所链接的页面，如图7-40所示。

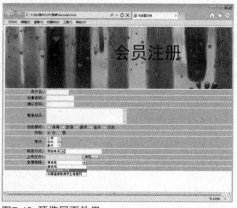

图7-40 预览网页效果

Chapter 01

Chapter 02

Chapter 03

Chapter 04

Chapter 05

Chapter 06

Chapter 07 创建动态网页

Chapter 08

3．插入按钮

插入按钮的具体操作步骤如下。

01 将插入点设置在要插入按钮的位置，选择"插入 > 表单 > 按钮"命令，如图 7-41 所示。

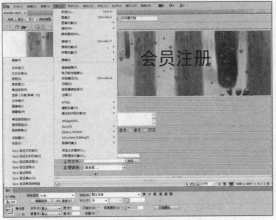

图7-41 插入按钮

02 弹出"输入标签辅助功能属性"对话框，保持默认设置，单击"确定"按钮，如图 7-42 所示。

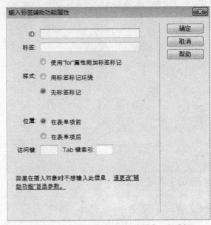

图7-42 "输入标签辅助功能属性"对话框

03 网页中插入一个按钮。选择该按钮后，在"属性"面板中设置"值"为"提交"、"动作"为"提交表单"，如图 7-43 所示。

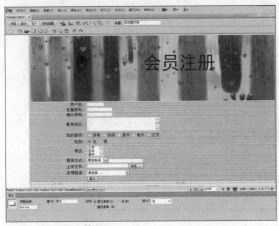

图7-43 插入提交按钮

04 用同样的方法再插入一个按钮，设置"值"为"重置"、"动作"为"重设表单"，如图 7-44所示。

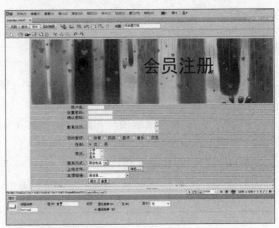

图7-44 插入重置按钮

7.3 使用Spry表单元素

Spry表单元素可以轻松实现表单验证功能，在以往版本的Dreamweaver中，如果要实现表单验证只有两种途径，一种是使用"行为"窗口中的"检查表单"行为；另一个是借助其他表单验证插件来实现。Spry框架内置表单验证的功能，对于网页设计者来说是非常方便的一项功能。

7.3.1 Spry验证文本域

Spry 验证文本域构件是一个文本域，该域用于在站点访问者输入文本时显示文本的状态（有效或无效）。例如，可以向访问者键入的用户名或电子邮件地址的表单中添加验证文本域构件。其具体的操作步骤如下。

01 选中文本域，选择"插入>表单>Spry验证文本域"命令，如图7-45所示。

02 此时网页中已经插入Spry验证文本域，如图7-46所示。

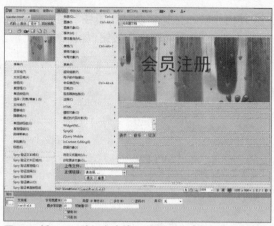

图7-45 插入Spry验证文本域

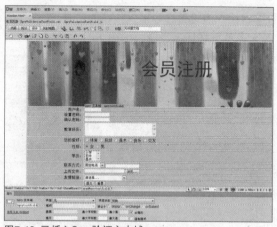

图7-46 已插入Spry验证文本域

单击Spry文本域，在Spry文本域属性面板中可以设置以下参数，如图7-47所示。

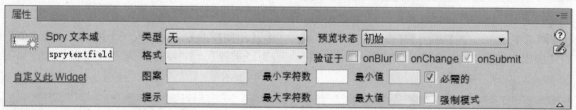

图7-47 Spry文本域属性面板

- 类型：包括无、整数、电子邮件地址、日期、时间、信用卡和邮政编码等。
- 预览状态：设置要查看的状态，选择不同状态，文本域外观会发生不同变化。其下拉列表中包括初始、有效和必填3个选项。
- 验证于：设置指示用户希望验证何时发生的选项，包括onBlur（光标失去焦点）、onChange（输入框光标发生改变）和onSubmit（提交）。
- 图案：设置自定义格式的具体模式。
- 提示：文本域有很多不同格式，提示用户需要输入哪种格式会比较有帮助。
- 最小字符数：设置文本域接受的最小字符个数。
- 最大字符数：设置文本域接受的最大字符个数。
- 最小值：设置文本域接受的最小数值。
- 最大值：设置文本域接受的最大数值。
- 必需的：设置文本域为必填项目。
- 强制模式：可以禁止用户在验证文本域中输入无效字符。

7.3.2 Spry验证复选框

Spry验证复选框构件是HTML表单中的一个或一组复选框，该复选框在用户选择（或没有选择）复选框时会显示构件的状态（有效或无效）。例如，向表单中添加一个验证复选框构件，并要求用户进行3项选择。如果用户没有进行3项选择，该构件会返回一条消息，声明不符合最小选择数要求。添加Spry验证复选框的具体操作步骤如下。

01 选中复选框，选择"插入>表单>Spry验证复选框"命令，如图7-48所示。

02 此时网页中已经插入Spry验证复选框，选中该复选框，在"属性"面板设置其属性，如图7-49所示。

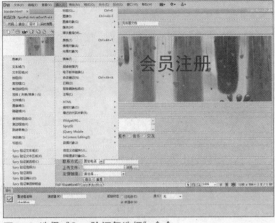

图7-48 选择"Spry验证复选框"命令

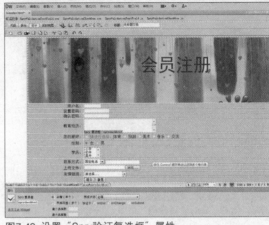

图7-49 设置"Spry验证复选框"属性

> **TIP** 验证复选框的使用技巧
>
> 通常，验证复选框预览状态设置为"必填"。若用户在页面上插入了许多复选框，则可以指定选择范围（即最小选择数和最大选择数）。

7.3.3 Spry验证选择

Spry 验证选择构件是一个下拉菜单，该菜单在用户进行选择时会显示构件的状态（有效或无效）。这些状态按不同的部分组合并用水平线分隔。如果意外选择了某条分界线（而不是某个状态），验证选择构件会向用户返回一条消息，声明其选择无效。添加 Spry 验证选择的具体操作步骤如下。

01 选中菜单列表，选择"插入>表单>Spry验证选择"命令，如图7-50所示。

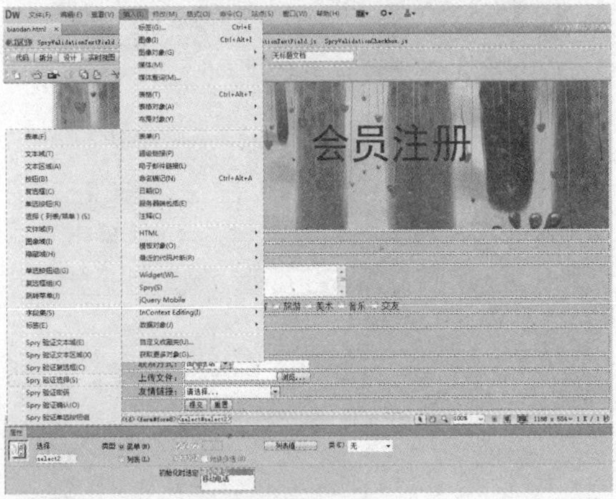

02 此时网页中已经插入Spry验证选择，选中菜单，在"属性"面板设置其属性，如图7-51所示。

图7-50 选择"Spry验证选择"命令

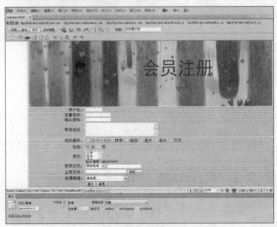

图7-51 设置"Spry验证选择"属性

7.3.4 Spry验证密码

Spry验证密码用于密码类型文本框。其添加的具体操作步骤如下。

01 选中密码文本框，选择"插入>表单>Spry验证密码"命令，如图7-52所示。

02 此时网页中已经插入 Spry 验证密码，选中该密码域，在"属性"面板中可以设置其属性，如图 7-53 所示。

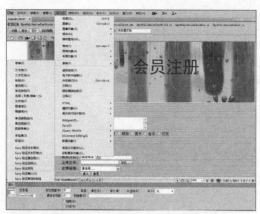

图7-52 选择"Spry验证密码"命令

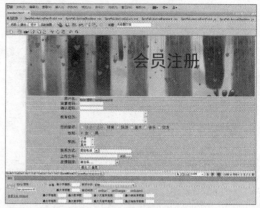

图7-53 设置"Spry验证密码"属性

TIP 密码强度的设置

在网页中输入密码时，系统会显示密码强度。密码强度是指某些字符的组合与密码文本域的要求匹配的程度。

7.3.5 Spry验证确认

添加Spry验证确认的具体操作步骤如下。

01 选中"确认密码"文本框，然后选择"插入>表单>Spry验证确认"命令，如图7-54所示。

02 此时网页中已经插入Spry验证确认，在"属性"面板中可以设置其属性，如图7-55所示。

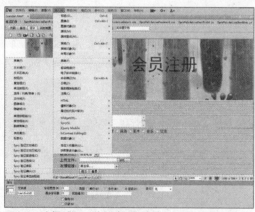

图7-54 选择"Spry验证确认"命令

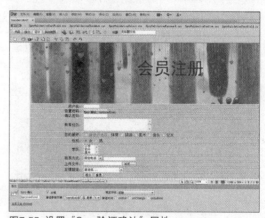

图7-55 设置"Spry验证确认"属性

7.3.6 Spry验证单选按钮组

添加Spry验证单选按钮组的具体操作步骤如下。

01 将插入点定位在要插入Spry验证单选按钮组的位置，选择"插入>表单>Spry验证单选按钮组"命令，弹出"Spry验证单选按钮组"对话框，如图7-56所示。

02 设置单选按钮组的值分别为"女"和"男"，单击"确定"按钮，此时网页中已经插入 Spry 验证单选按钮组，如图 7-57 所示。

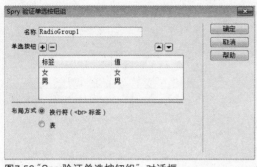

图7-56 "Spry验证单选按钮组" 对话框

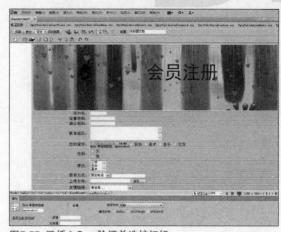

图7-57 已插入Spry验证单选按钮组

Chapter 01
Chapter 02
Chapter 03
Chapter 04
Chapter 05
Chapter 06
Chapter 07 创建动态网页
Chapter 08

7.4 创建Access

　　数据库可以看作是动态网页的载体，交互式的ASP动态页面离不开数据库的支持，对于中小型企业网站或者个人网站，采用Access数据库作为ASP页面后台数据库已经足够。Microsoft Office Access是微软把数据库引擎的图形用户界面和软件开发工具结合在一起的一个数据库管理系统。Access以它自己的格式将数据存储在基于Access Jet的数据库引擎里，可以直接导入或者链接数据。

7.4.1 创建数据库

　　Access数据库将数据按类别存储在不同的数据表中，以方便数据的管理和维护。要设计数据表，首先要创建一个数据库。创建数据库的方法有两种：一种是先创建一个空数据库，再建立相应的表和字段；另一种是通过模板来创建。

1．利用模板创建数据库

　　Access自带了很多数据库模板，下面将具体介绍如何使用模板来创建数据库。

01 打开Access应用程序，选择"文件>新建>样本模板"命令，然后选择"联系人Web数据库"选项，如图7-58所示。

02 在界面右侧的"文件名"文本框中输入数据库名称，单击"浏览"按钮，弹出"文件新建数据库"对话框，选择存储路径，单击"确定"按钮，如图 7-59 所示。

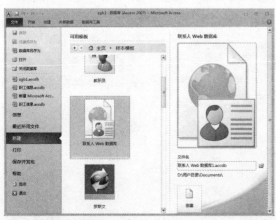

图7-58 选择样本模板

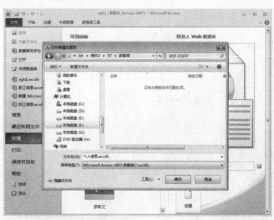

图7-59 选择存储路径

03 返回Access创建界面，单击"创建"按钮，如图7-60所示。

图7-60 单击"创建"按钮

04 此时数据库创建完成，弹出"联系人数据库"编辑界面，如图7-61所示。

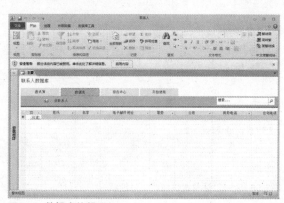

图7-61 数据库编辑页面

2. 建立空数据库

创建空数据库的具体操作步骤如下。

01 打开Access应用程序，选择"文件>新建>空数据库"命令，如图7-62所示。

图7-62 新建空数据库

02 在"文件名"文本框中输入数据库名称，单击"浏览"按钮，在"文件新建数据库"对话框中选择存储路径，如图 7-63 所示。

图7-63 选择存储路径

03 返回Access创建界面，单击"创建"按钮，如图7-64所示。

图7-64 单击"创建"按钮

04 此时数据库创建完成，弹出"职工信息："数据库窗口，如图7-65所示。

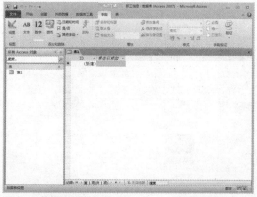

图7-65 数据库编辑界面

7.4.2 创建数据表

数据表是收集和存储数据信息的基本单元，数据库的管理工作都要以表为基础。创建数据表即创建数据表的结构。

创建数据表的具体操作步骤如下。

01 打开创建完成的数据库，弹出"表1"数据表，用鼠标右击"表1"选项，从弹出的快捷菜单中选择"设计视图"命令，如图7-66所示。

02 弹出"另存为"对话框，输入表名称，单击"确定"按钮，如图7-67所示。

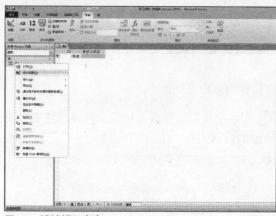

图7-66 设计视图命令

图7-67 另存为对话框

03 在"职工"表中输入字段名称，并设置数据类型，如图7-68所示。

04 在"字段属性"面板中设置文本属性，如图7-69所示。

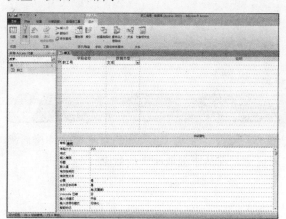

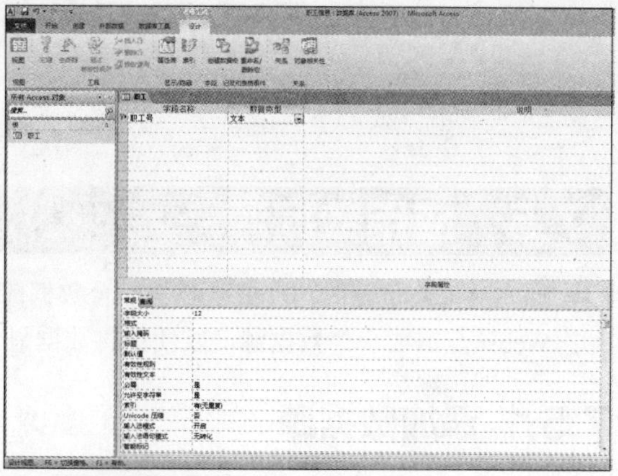

图7-68 输入字段名称

图7-69 设置字段属性

05 使用相同的方法，输入其他字段，效果如图7-70所示。

06 保存"职工"数据表后双击将其打开，即可看到职工信息的各个字段显示在数据表中，如图7-71所示。

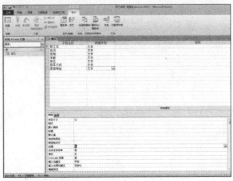

图7-70 输入其他字段

图7-71 职工数据表

7.4.3 输入数据

创建完数据表之后，就可以向数据表中输入数据，具体的操作方法如下。

01 双击"职工"表选项，打开数据表，如图 7-72所示。

02 在各字段中分别输入相应的内容，然后将表格中的内容保存，如图7-73所示。

图7-72 打开数据表

图7-73 输入数据并保存

7.5 应用数据源

动态网页最重要的功能就是结合后台数据库自动更新记录。在完成Web页面与数据库的连接后，动态Web站点需要一个数据源，以便在将数据显示在网页上之前从中提取相关的数据。

7.5.1 添加数据源

添加数据源的具体操作步骤如下。

01 选择"开始>控制面板>系统和安全>管理工具"命令，打开"管理工具"窗口，如图7-74所示。

图7-74 "管理工具"窗口

02 选择"数据源（ODBC）"选项，双击将其打开，弹出"ODBC 数据源管理器"对话框，在该对话框中切换到"系统 DSN"选项卡，如图 7-75 所示。

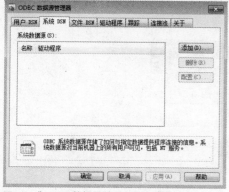

图7-75 "ODBC数据源管理器"对话框

04 单击"完成"按钮，弹出"ODBC Microsoft Access安装"对话框，在"数据源名"文本框中输入数据源名称"职工信息"，单击"选择"按钮，如图7-77所示。

图7-77 输入数据源名称后单击"选择"按钮

06 返回"ODBC Microsoft Access安装"对话框，单击"确定"按钮，如图7-79所示。

图7-79 完成数据源的添加

03 单击右侧"添加"按钮，弹出"创建新数据源"对话框，在名称列表框中选择Microsoft Access Driver（*.mdb,*.accdb）选项，如图7-76所示。

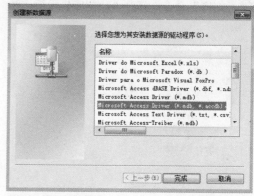

图7-76 添加新数据源

05 弹出"选择数据库"对话框，展开数据库目录，选择数据库，单击"确定"按钮，如图7-78所示。

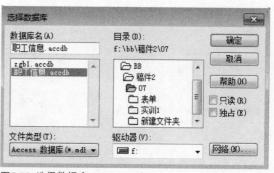

图7-78 选择数据库

07 返回"ODBC数据源管理器"对话框，可以看到新添加的数据源，单击"确定"按钮即可，如图7-80所示。

图7-80 新添加的数据源

Chapter 01
Chapter 02
Chapter 03
Chapter 04
Chapter 05
Chapter 06
Chapter 07 网页 创建动态
Chapter 08

7.5.2 连接数据源

数据源创建完成以后，就要定义网站使用的数据库连接。连接数据库的具体操作步骤如下。

01 打开创建的index.asp文档，在菜单栏中选择"窗口>数据库"命令，打开"数据库"面板，如图7-81所示。

02 单击 ⊞ 按钮，从弹出的菜单中选择"数据源名称（DNS）"选项，如图7-82所示。

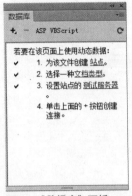

图7-81 "数据库" 面板

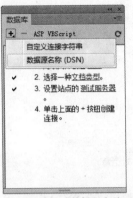

图7-82 选择"数据源名称（DNS）"命令

03 弹出"数据源名称（DNS）"对话框，输入连接名称，在"数据源名称（DNS）"下拉列表框中选择数据文件，然后单击"测试"按钮，如图7-83所示。

04 连接成功，弹出提示对话框，单击"确定"按钮，如图7-84所示。

图7-83 "数据源名称（DNS）"对话框

图7-84 提示信息

05 返回"数据源名称（DNS）"对话框，单击"确定"按钮，返回"数据库"面板，如图7-85所示。

图7-85 数据源连接成功

7.5.3 创建记录集

记录集是通过数据库查询得到的数据库中记录的子集，创建基于数据库的Web应用程序，最关键的环节就是创建记录集。创建记录集的具体操作步骤如下。

01 启动Dreamweaver CS6，选择"窗口>绑定"命令，打开"绑定"面板，如图7-86所示。

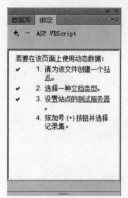

图7-86 "绑定"面板

02 单击面板中的 ➕ 按钮，在弹出的菜单中选择"记录集（查询）"命令，如图7-87所示。

图7-87 选择"记录集（查询）"命令

03 弹出"记录集"对话框，在"连接"下拉列表中选择conn，在"表格"下拉列表中选择"职工"，如图7-88所示。

图7-88 "记录集"对话框

04 单击"确定"按钮，在"绑定"面板中可以看到创建的记录集，如图7-89所示。

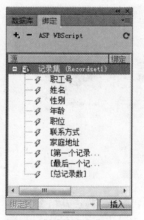

图7-89 创建的记录集

在"记录集"对话框中可以设置以下参数。

- 名称：设置记录集的名称。
- 连接：指定一个已经建立好的数据库连接。
- 表格：选取已选连接数据库中的数据表。
- 列：如果使用所有字段作为一条记录中的选项，单击"全部"选项，否则单击"选定的"选项。
- 筛选：设置记录集仅符合筛选条件的记录。
- 排序：设置记录集的显示顺序。

7.5.4 绑定动态数据

在 Dreamweaver 中通常把添加动态数据称为绑定动态数据。动态数据可以添加到网页上的任何位置，可以像普通文本一样添加到文档中，还可以绑定到 HTML 的属性中。

1. 绑定动态文本

绑定动态文本的具体操作步骤如下。

选择"窗口 > 绑定"命令，打开"绑定"面板，在面板中选择要显示的数据源。将插入点定位在适当的位置，单击"绑定"面板上的"插入"按钮即可绑定动态文本，如图 7-90 所示。

图7-90 绑定动态文本

TIP **快速绑定动态文本**
用户可以选中数据源项直接拖动到文档中来快速绑定动态文本。对于记录集类型的数据源，需要选择想要插入的字段，并指定记录集中需要的域。

2. 绑定动态图像

绑定动态图像实际上就是用记录集中的某字段中保存的URL地址作为图像的URL地址。绑定动态图像的具体操作步骤如下。

01 将插入点定位在需要插入图像的位置，选择"插入>图像"命令，弹出"选择图像源文件"对话框，如图7-91所示。

02 在该对话框的"选择文件名自"选项组中选择"数据源"选项，随后将切换成如图7-92所示的对话框。

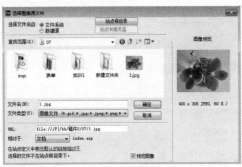

图7-91 "选择图像源文件"对话框

图7-92 选择"数据源"选项

03 在"域"列表框中选择数据源，在"格式"下拉列表框中设置格式，在URL文本框中显示图像标记属性的ASP代码，单击"确定"按钮即完成动态图像的绑定，如图7-93所示。

图7-93 选择数据源

TIP **绑定特殊动态图像**
若要将已经指定了具体 URL 地址的图像修改为动态图像，则需要在"绑定"面板中选择要作为动态图像 URL 的数据源，然后单击面板中的"绑定"按钮。

3．向表单对象绑定动态数据

除了可以在文档中添加动态数据，向表单对象绑定数据也是常用的应用。向表单对象绑定动态数据的具体操作步骤如下。

选中需要绑定动态数据的表单对象，从"绑定"面板中选择"数据源'，在"绑定到"下拉列表框中选择要绑定到的文本域对象的属性，然后单击"绑定"按钮（如图7-94所示），动态数据即绑定到了表单对象的属性上。

此外，用户也可以在"绑定"面板中选择数据源，直接拖动到表单对象上。

图7-94 向表单对象绑定数据

7.6 上机实训

为了更好地掌握本章所学的知识，下面来继续学习本节所安排的两个实例应用。

💻 **实训 1｜制作注册页面** 实训目的：熟练掌握表单对象的应用，并制作一个如图7-95所示的注册页面。

◎ **实训要点：**表格的应用、插入表单、设置表单属性

图7-95 最终效果

01 新建网页文档，另存为index.html，设置页面属性，如图7-96所示。

02 选择"插入>表格"命令，插入一个1行1列、对齐方式为居中对齐的表格，如图7-97所示。

图7-96 设置页面属性

图7-97 插入表格

03 将插入点定位在单元格中，插入图像素材，如图7-98所示。

图7-98 插入图像

04 选择"插入>表单>表单"命令，在文档中插入一个表单域，如图7-99所示。

图7-99 插入表单域

05 将插入点定位在表单域内，选择"插入＞表格"命令，插入一个9行2列的表格，设置"宽度"为1000像素、"间距"为2像素、"对齐方式"为居中对齐，再调整行高和列宽，如图7-100所示。

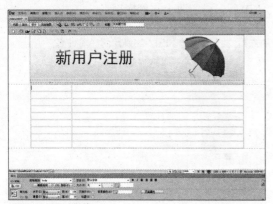

图7-100 插入表格

06 在网页文档中输入文本并设置字体样式，然后设置单元格水平对齐方式为右对齐，如图7-101所示。

图7-101 输入文本

07 将插入点定位在"用户名："后的单元格中，选择"插入＞表单＞文本域"命令，弹出"输入标签辅助功能属性"对话框，保持默认设置，单击"确定"按钮，如图7-102所示。

图7-102 "输入标签辅助功能属性"对话框

08 选中文本域，在其"属性"面板中设置"字符宽度"和"最多字符数"均为20，类型选择"单行"类型，如图7-103所示。

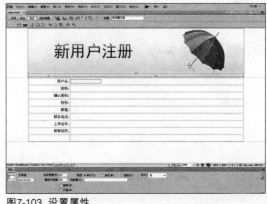

图7-103 设置属性

09 使用相同的方法，在"联系电话："后面的单元格中插入文本域，如图7-104所示。随后将插入点定位在"密码："后的单元格中。

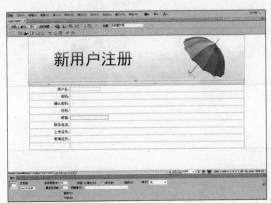

图7-104 插入文本域

11 使用的相同方法，在"确认密码："后的单元格中插入密码域，如图7-106所示。

图7-106 插入密码域

13 弹出"输入标签辅助功能属性"对话框，在"标签"文本框内输入"男"，单击"确定"按钮，如图7-108所示。

图7-108 设置标签属性

10 选择"插入>表单>文本域"命令，插入文本域，在其"属性"面板中设置"字符宽度"和"最多字符数"均为20，"类型"选择"密码"类型，如图7-105所示。

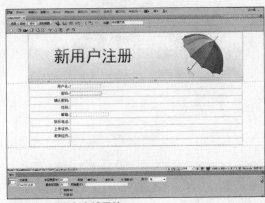

图7-105 设置文本域属性

12 将插入点定位在"性别："后的单元格中，选择"插入>表单>单选按钮"命令，如图7-107所示。

图7-107 插入单选按钮

14 此时页面中已插入单选按钮，在其"属性"面板中设置"初始状态"为"已勾选"，如图7-109所示。

图7-109 设置单选按钮属性

15 使用相同的方法插入一个"女"单选按钮，设置"初始状态"为"未选中"，如图7-110所示。随后将插入点定位在"联系电话："后面的单元格中。

图7-110 设置属性

17 弹出"列表值"对话框，在该对话框中输入"固定电话"和"移动电话"两个项目标签，单击"确定"按钮，如图7-112所示。

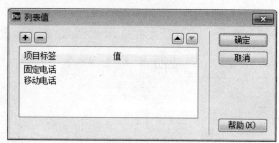

图7-112 "列表值"对话框参数设置

19 将插入点定位在列表后，插入一个单行文本域，如图7-114所示。

图7-114 插入单行文本域

16 选择"插入>表单>选择（列表/菜单）"命令，插入列表/菜单，在其"属性"面板中设置"类型"为"列表"，并单击"列表值"按钮，如图7-111所示。

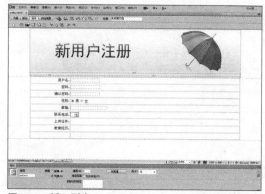

图7-111 插入列表

18 选中列表，在"属性"面板中设置"初始化时选定"为"移动电话"，如图7-113所示。

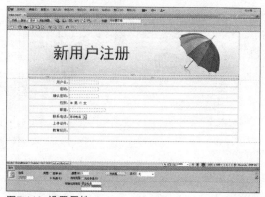

图7-113 设置属性

20 将插入点定位在"上传证件："后的单元格中，选择"插入>表单>文件域"命令，插入一个文件域，设置其属性，如图7-115所示。

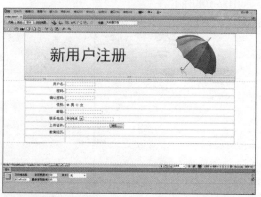

图7-115 插入文件域

21 将插入点定位在"教育经历："后面的单元格中，选择"插入>表单>文本域"命令，插入文本域。在其"属性"面板中设置"类型"为"多行"、"字符宽度"为50、"行数"为6、如图7-116所示。

图7-116 插入文本域并设置属性

22 将插入点定位在最后一行单元格中，选择"插入>表单>按钮"命令，插入一个按钮。在其"属性"面板中设置"值"为"注册"、"动作"为"提交表单"，如图7-117所示。

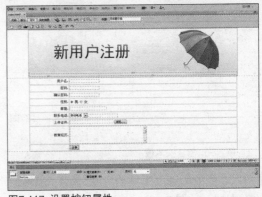

图7-117 设置按钮属性

23 再插入一个重置按钮，设置值"为"重置"、"动作"为"重设表单"，如图7-118 所示。

图7-118 插入按钮

24 保存文件，预览网页，最终效果如图7-119所示。

图7-119 预览网页效果

🖥 **实训2|验证注册信息** 实训目的：通过练习制作如图7-120所示的页面，掌握验证表单元素的应用。

◎ **实训要点：** 插入验证表单元素、设置验证表单元素的属性

图7-120 最终效果

01 选中文本域，选择"插入>表单>Spry验证文本域"命令，如图7-121所示。

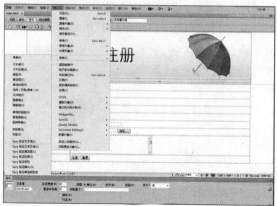

图7-121 插入Spry验证文本域

02 此时网页中已经插入Spry验证文本域，设置其属性，如图7-122所示。

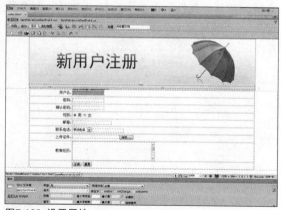

图7-122 设置属性

03 使用相同的验证文本域的方法，验证"邮箱："后的文本域，如图 7-123 所示。

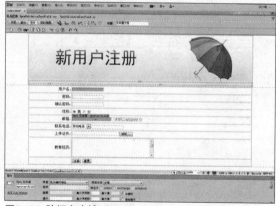

图7-123 验证文本域

04 选中"密码："后的文本框，选择"插入 > 表单 >Spry 验证密码"命令，此时网页中已经插入 Spry 验证密码，如图 7-124 所示。

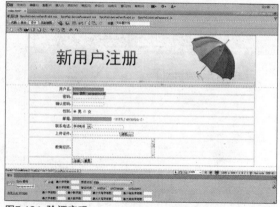

图7-124 验证密码

05 选中Spry验证密码构件，在"属性"面板中设置其属性，如图7-125所示。

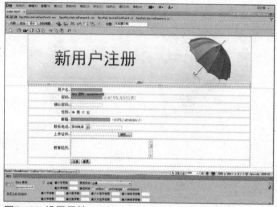

图7-125 设置属性

06 使用同样的方法验证"确认密码："后的文本域，如图7-126所示。

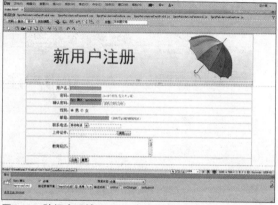

图7-126 验证密码域

07 将插入点定位在要插入Spry验证单选按钮组的位置，选择"插入>表单>Spry验证单选按钮组"命令，如图7-127所示。

图7-127 插入Spry验证单选按钮组

09 此时网页中已经插入Spry验证单选按钮组，如图7-129所示。

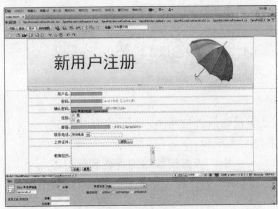

图7-129 已插入Spry验证单选按钮组

08 弹出"Spry验证单选按钮组"对话框，在该对话框中设置单选按钮的值分别为"男"和"女"，单击"确定"按钮，如图7-128所示。

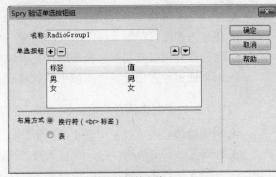

图7-128 设置单选按钮的标签和值

10 保存文件，预览网页，效果如图7-130所示。

图7-130 预览网页效果

Chapter 01
Chapter 02
Chapter 03
Chapter 04
Chapter 05
Chapter 06
Chapter 07 创建动态网页
Chapter 08

7.7 习题

1. 选择题

（1）下面关于设置文本域属性的说法错误的是（　　）。

A. 单行文本域只能输入单行的文本

B. 通过设置可以控制单行文本域的高度

C. 通过设置可以控制能够输入单行文本域的最长字符数

D. 可以通过设置使单行文本域中默认显示单字或短语

（2）下面关于制作跳转菜单的说法错误的是（　　）。

A. 利用跳转菜单可以使用很小的网页空间来做更多的链接

B. 在设置跳转菜单属性时，可以调整各链接的顺序

C. 在插入跳转菜单时，可以选择是否加上 Go 按钮

D. 默认是有 Go 按钮

（3）下面关于表单工作过程的说法错误的是（　　）。

A. 访问者在浏览有表单的网页时，填上必需的信息，然后单击某个按钮递交

B. 这些信息通过 Internet 传送到服务器上

C. 服务器上专门的程序对这些数据进行处理，如果有错误会自动修正错误

D. 当数据完整无误后，服务器会反馈一个输入完成信息

2. 填空题

（1）表单是实现网页上 _____ 的基础，作用就是实现访问者与网站之间的交互功能。

（2）文本域可分为 3 种，分别为单行文本域、多行文本域和 _____ 。

（3）Access 数据库将数据按类别存储在不同的 _____ 中，以方便数据的管理和维护。

（4）数据表是 _____ 和 _____ 信息的基本单元，数据库的管理工作都要以表为基础。

3. 上机操作

通过本章知识的学习，制作一个如图 7-131 所示的注册页面。

制作要点：（1）表格的应用；（2）插入表单元素；（3）插入验证表单元素；（4）设置表单属性。

图7-131 最终效果

网页模板与库

Chapter 08

一个完整的网站是由多个页面构成的，使用模板不仅可以统一整个网站的风格，还可以大大节省时间，提高工作效率。库是用来存放站点中经常重复使用的页面元素的场所，如图像、文本和表格等。使用库项目，不仅可以方便地插入一些常用对象，而且可以快速更新页面元素。本章将对模板与库的相关知识进行详细介绍。

本章重点知识预览

本章重点内容	学习时间	必会知识	重点程度
创建并编辑模板	45分钟	模板的创建方法 模板的编辑方法	★★★★
模板的应用	35分钟	利用模板创建网页	★★★★
管理模板	30分钟	重命名模板 删除模板	★★★
库项目	30分钟	创建库项目 编辑库项目	★★★

本章范例文件	• Chapter 08\模板
本章实训文件	• Chapter 08\实训1　• Chapter 08\实训2

本章精彩案例预览

▲ 编辑和更新库项目

▲ 修改模板后更新页面

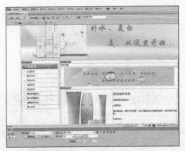

▲ 设计模板网页

8.1 创建模板

模板可以被理解为一种模型，利用这个模型可以对网站中的网页进行改动，并加入个性化的内容。创建模板时，可以基于新文档创建新模板，也可以基于现有文档将网页保存为模板，下面将分别对其进行介绍。

8.1.1 创建新模板

模板实际上也是文档，它的扩展名为.dwt，创建模板的具体方法介绍如下。

1. 利用"插入"面板创建模板

利用"插入"面板创建模板的操作步骤如下。

01 利用"插入"面板，单击"常用"类别中的"模板"按钮，在弹出的菜单中选择"创建模板"命令，如图8-1所示。

02 弹出"另存模板"对话框，在"另存为"文本框中输入模板名称，然后单击"保存"按钮，如图8-2所示。

图8-1 选择"创建模板"命令

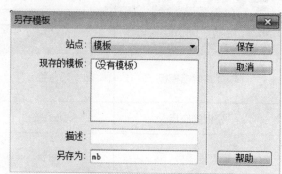

图8-2 输入模板名称

03 打开"文件"面板，可以看到系统自动在站点根目录下创建了一个名为"Templates"的模板文件夹，展开Templates文件，用户可以看到刚刚创建的名为"mb.dwt"的文件，如图8-3所示。

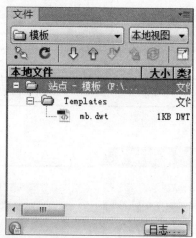

图8-3 新建的模板文件

2. 利用"资源"面板创建模板

01 利用"资源"面板创建模板的操作步骤如下。选择"窗口>资源"命令，打开"资源"面板，切换到"模板"选项面板，单击面板底部的"新建模板"按钮，如图8-4所示。

02 创建模板文件后，用户只需要为该模板文件进行重命名即可，如图8-5所示。

图8-4 单击"新建模板"按钮

图8-5 重命名创建的新模板

8.1.2　将普通网页保存为模板

在Dreamweaver CS6中，既可以创建新模板，也可将普通网页保存为模板，具体操作步骤如下。

01 打开网页文档素材，选择"文件>另存为模板"命令，弹出"另存模板"对话框，在"另存为"文本框中输入模板名称，如图8-6所示。

02 设置完成后单击"保存"按钮。此时打开"文件"面板，用户就可以看到保存的模板文件（网页模板.dwt），如图8-7所示。

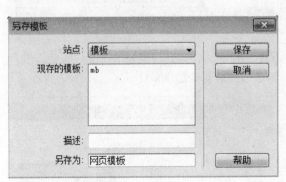

图8-6 输入模板名称

图8-7 保存的模板文件

8.2　编辑模板

创建模板后还需要对模板进行编辑，模板文件最显著的特征就是包括可编辑区域和不可编辑区域。在应用模板时，用户可以根据自己的需要对可编辑区域进行修改。

8.2.1　可编辑区域和不可编辑区域

在Dreamweaver CS6中，用户可以通过标记可编辑区域和不可编辑区域来设置页面的风格统一区域。创建模板时，可编辑区域和不可编辑区域都可以更改，但是在应用了模板的文档中，只能修改可编辑区域，不可以修改不可编辑区域。

所谓区域是指在整个网站中相对固定和独立的部分，包括网页背景和导航栏等。在模板中，可编辑区域是基于该模板的页面中可以修改的部分；不可编辑区域是在所有页面中保持不变的页面布局部分。在创建模板时，新模板中的所有区域都是锁定的，所以要使该模板有用，必须先定义一些可编辑区域（解锁）。这样一来，当需要修改通过模板创建的网页时，只需要修改模板所定义的可编辑区域即可。

8.2.2 创建可编辑区域

模板创建好之后，还需要创建可编辑区域，这样才能正常使用模板来创建网页。创建可编辑区域的具体操作步骤如下。

01 打开网页模板，选中需要创建可编辑区域的位置，如图8-8所示。

02 打开"插入"面板并切换到"常用"选项面板，单击"模板"按钮，在弹出的菜单中选择"可编辑区域"命令，如图 8-9 所示。

图8-8 选择区域

图8-9 选择"可编辑区域"命令

03 弹出"新建可编辑区域"对话框中，在此保持默认设置，直接单击"确定"按钮，如图8-10所示。

04 此时可以看到，新添加的可编辑区域有颜色标签以及名称，如图8-11所示。

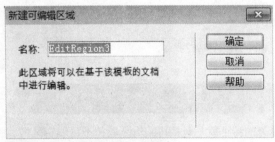

图8-10 "新建可编辑区域"对话框

图8-11 可编辑区域创建完成

TIP **创建可编辑区域的其他方法**
选择"插入>模板对象>可编辑区域"命令，可打开"新建可编辑区域"对话框来创建可编辑区域。

8.2.3 选择可编辑区域

在模板文档中，可以十分容易地标识和选择模板区域。其具体的操作方法有以下两种。

1）若要在文档窗口中选择一个可编辑区域，只需要单击可编辑区域左上角的标签即可。

2）若要在文档中查找可编辑区域并选择它，只需选择"修改>模板"命令，从弹出的级联菜单中选择区域的名称即可，如图8-12所示。

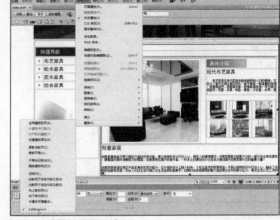

图8-12 选择可编辑区域

8.2.4 删除可编辑区域

对于不再需要的可编辑区域，用户可以将其删除。删除可编辑区域的具体操作步骤如下。

01 将插入点定位到要删除的可编辑区域之内，选择"修改>模板>删除模板标记"命令，如图8-13所示。

02 此时，可编辑区域的标签将会消失，即可编辑区域已被删除，如图8-14所示。

图8-13 选择"删除模板标记"命令

图8-14 已删除可编辑区域

8.3 利用模板制作网页

模板的功能主要是把网页布局和内容分离，将具有相同版面结构的页面制作成模板，然后通过模板来创建其他页面，这样可以在很大程度上提高工作效率。

8.3.1 从模板新建文档

从模板新建文档的具体操作步骤如下。

01 选择"文件 > 新建"命令,弹出"新建文档"对话框,切换到"空模板"选项面板,设置模板类型为"HTML 模板",然会选择一个布局选项,如图 8-15 所示。

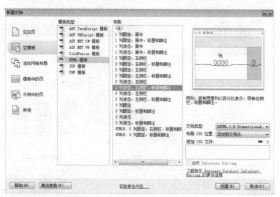

图8-15 新建模板文档

02 设置完成后单击"创建"按钮,随即在Dreamweaver文档窗口中便新建了一个模板文档,如图8-16所示。

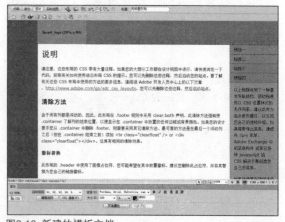

图8-16 新建的模板文档

03 单击"属性"面板中的"页面属性"按钮,设置背景颜色,删除模板原有的内容,添加新的内容,并创建可编辑区域,如图8-17所示。

图8-17 添加页面新内容并创建可编辑区域

04 选择"文件>另存为模板"命令,打开"另存模板"对话框,输入模板名称,单击"保存"按钮,如图8-18所示。

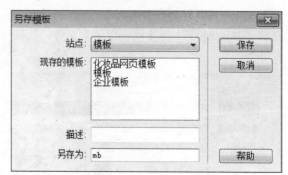

图8-18 保存模板

> **TIP** 模板布局选择时固定和液态的含义
> 在选择模板布局时,选项中的"固定"表示该网页中的表格、列等元素以像素为单位;"液态"表示该网页中的表格、列等元素以百分比为单位。

8.3.2 应用模板

创建好模板之后,就可以将模板应用于网页设计了,其具体的操作步骤如下。

01 打开网页模板,并创建可编辑区域,如图 8-19 所示。接着新建一个网页文档,然后选择"窗口 > 资源"命令。

02 打开"资源"面板,选择要使用的模板文件,然后单击面板底部的"应用"按钮,如图 8-20 所示。

图8-19 打开网页模板

图8-20 新建网页文档

03 当文档应用模板后，在可编辑区域中，用户可根据实际需要删除原有内容，并添加新的内容，如图8-21所示。

04 设计完成后保存文件，并按 F12 键预览网页，效果如图 8-22 所示。

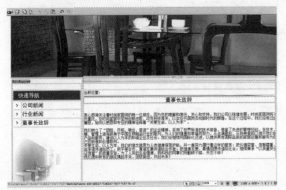

图8-21 修改内容

图8-22 预览网页效果

8.3.3 将页面从模板中分离

在应用模板网页时，会遇到需要对模板的不可编辑区域进行编辑的情况，这时只需要将该页面从模板中分离出来，就可以进行修改。其具体的操作步骤如下。

01 打开应用了模板的网页，选择"修改>模板>从模板中分离"命令，如图8-23所示。

02 此时，模板网页中刚才还不可编辑的区域已经变得可以编辑了，如图8-24所示。

图8-23 选择"从模板中分离"命令

图8-24 区域可编辑

8.3.4　更新页面

　　用户可以根据自己的需要随时修改模板，当模板被修改后，所有引用了该模板的页面也会被同时修改内容，这样就可以节省很多时间。其具体的操作步骤如下。

01 新建一个网页文档，应用网页模板，将网页另存为mbxg.html，如图8-25所示。

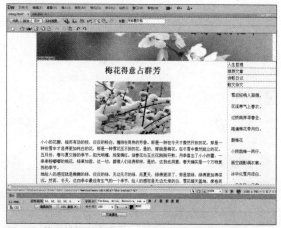

图8-25　使用模板创建网页

02 打开模板文件，设置正文文字的颜色为红色、字体为楷体，如图8-26所示。

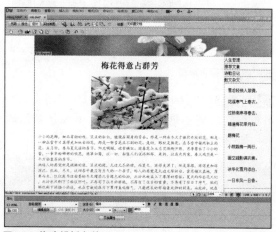

图8-26　修改模板文件

03 保存修改过的模板文件，此时将弹出"更新模板文件"对话框，单击"更新"按钮，如图8-27所示。

图8-27 "更新模板文件" 对话框

04 弹出"更新页面"对话框，更新完成后，单击"关闭"按钮即可，如图8-28所示。

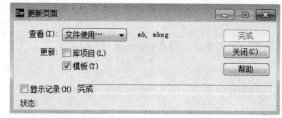

图8-28 "更新页面" 对话框

05 保存应用模板的网页文件，并对其进行预览，即可看到更新后的网页效果，如图8-29所示。

图8-29　更新完成

Chapter 01
Chapter 02
Chapter 03
Chapter 04
Chapter 05
Chapter 06
Chapter 07
Chapter 08 网页模板与库

8.4 管理模板

使用"资源"面板下的"模板"选项面板可以管理现有模板，包括重命名模板文件和删除模板文件等。

8.4.1 重命名模板

若要在"资源"面板中重命名模板，则可以按照如下步骤进行操作。

01 选择"窗口>资源"命令，打开"资源"面板。切换到"模板"选项面板，用鼠标右击需要重名的模板，在弹出的快捷菜单中选择"重命名"命令，如图8-30所示。

02 在此将"index"模板文件重命名为"企业模板"，如图8-31所示。

图8-30 重命名模板

图8-31 更改模板名称

8.4.2 删除模板

空模板或者不再使用的模板，用户可以将其删除，并且删除后的模板将不再存于Templates文件夹中。删除模板的具体操作步骤如下。

01 打开"资源"面板，单击"模板"按钮，右击需要删除的模板，在弹出的快捷菜单中选择"删除"命令，如图8-32所示。

02 随后系统会弹出相应的提示信息，在此单击"是"按钮即可删除，如图8-33所示。

图8-32 删除模板

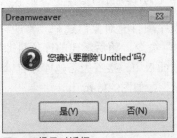

图8-33 提示对话框

8.5 库项目

Dreamweaver CS6允许把网站中需要重复使用或经常更新的页面元素存入库中，存入库中的元素称为库项目。库可以包含body中的任何元素，如文本、表格、表单、图像和插件等，但是库项目不能包含时间轴或样式表，因为这些元素的代码是head的一部分。

8.5.1 创建库项目

在制作网页时，使用库项目比使用模板具有更大的灵活性。要使用库项目，首先需要对其进行创建，用户不仅可以从头创建新的库项目，而且可以将网页中的现有内容转化为库项目。

1．新建库项目

新建库项目的具体操作步骤如下。

01 打开"资源"面板，单击"库"按钮切换到"库"选项面板。单击该面板底部的"新建库项目"按钮 ，如图8-34所示。

02 随后新建的库项目即会出现在"库"选项面板中，如图8-35所示。新建的库项目名称处于可编辑状态，用户可直接为其输入一个名称。

图8-34 单击"新建库项目"按钮

图8-35 创建的库项目

2．将网页内容转化为库项目

将网页内容转化为库项目的操作步骤如下。

01 选中要转化为库项目的对象，选择"修改>库>增加对象到库"命令，随后新建的库项目即出现在"库"选项面板中。接着为新建库项目输入一个名称"导航"，如图8-36所示。

02 切换到"文件"面板，打开根目录下的library文件夹，可以看到新建的库项目文件，如图8-37所示。

图8-36 增加对象到库

图8-37 新建的库项目文件

8.5.2 设置库属性

创建完成库项目后，可以对库项目的属性进行设置。在文档窗口中选定添加的库项目，即可打开其属性面板，如图8-38所示。

图8-38 库项目属性面板

库项目属性面板中各个选项的功能介绍如下。

● "打开"按钮：单击该按钮，可打开库项目的源文件进行编辑。

● "从源文件中分离"按钮：单击该按钮，可断开所选库项目与源文件之间的链接。分离项目后，可在文档中进行编辑，但是该项目已不再是库项目，在更改源文件时不会对其进行更新。

● "重新创建"按钮：单击该按钮，可用当前选定的内容覆盖原始库项目。

8.5.3 编辑库项目和更新站点

当编辑库项目时，Dreamweaver CS6会自动更新网站中使用该项目的所有文档。如果选择不更新，则文档将保持与库项目的关联，可以在以后进行更新。

1. 编辑和更新库项目

编辑库项目与更新库项目的具体操作步骤如下。

01 打开"资源"面板，切换到"库"选项面板。选中库项目文件，单击面板底部的"编辑"按钮■或者双击库项目，如图8-39所示。

02 Dreamweaver CS6将打开一个新窗口用于编辑该库项目，进行相应的更改，如图8-40所示。

图8-39 选择库项目进行编辑

图8-40 编辑库项目

03 修改完成后，保存库文件，此时会弹出"更新库项目"对话框，单击"更新"按钮，如图8-41所示。

04 弹出"更新页面"对话框，更新完成后单击"关闭"按钮，如图8-42所示。

图8-41 "更新库项目"对话框

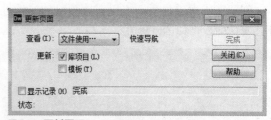

图8-42 更新页面

05 预览网页文件，可以看到更新后的效果，如图 8-43 所示。

2．删除库项目

对于不需要的库项目，可以直接删除。选择需要删除的库项目，单击面板底部的"删除"按钮 或者按下Delete键，然后确认该删除操作即可。

图8-43 预览效果

3．重命名库项目

重命名库项目的具体操作步骤如下。

01 打开"资源"面板，切换到"库"选项面板，选中库项目并右击，从弹出的快捷菜单中选择"重命名"命令，如图8-44所示。

02 当名称变为可编辑状态时，输入一个新名称即完成对库项目的重命名。

图8-44 重命名库项目

8.6 上机实训

为了更好地掌握本章所讲解的内容，下面给出了一些实训案例进行练习。

 实训1 | **设计一个模板网页** 实训目的：通过练习制作如图8-45所示的页面，掌握模板与库的应用。

◎ **实训要点**：表格的应用、保存模板、创建可编辑区域

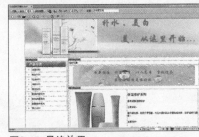

图8-45 最终效果

01 新建一个网页文档，并将其保存为index.html。打开"页面属性"对话框，设置页面属性，单击"确定"按钮，如图8-46所示。

02 选择"插入>表格"命令，在"表格"对话框中设置行数为3、列数为1、表格宽度为1000像素，单击"确定"按钮，如图8-47所示。

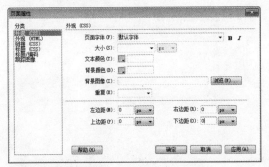

图8-46 设置页面属性

图8-47 插入表格

03 打开"属性"面板，设置表格对齐方式为"居中对齐"，如图8-48所示。

04 将插入点定位在第一行单元格中，选择"插入>图像"命令，插入图像素材，如图8-49所示。

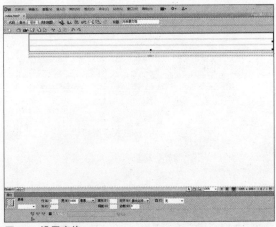

图8-48 设置表格

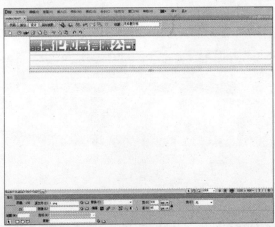

图8-49 插入图像

05 切换到"拆分"视图，在代码视图中为第二行单元格添加背景代码，如图8-50所示。

图8-50 添加代码

07 将插入点定位在第3行单元格中，插入图像素材，如图8-52所示。

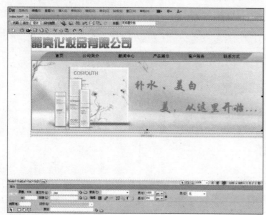

图8-52 插入图像

09 将插入点定位在左侧单元格中，插入一个10行2列的表格，设置表格宽度为98%，并将第一行的两个单元格合并，如图8-54所示。

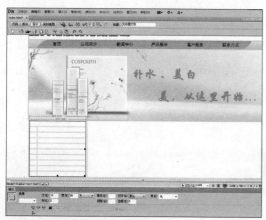

图8-54 设置表格

06 切换到"设计"视图，将插入点定位在第二行单元格中，设置水平对齐方式为居中对齐，输入文本并设置文本样式，如图8-51所示。

图8-51 输入文本

08 在图像下面插入一个1行2列的表格，如图8-53所示。

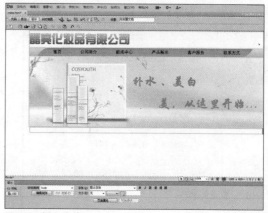

图8-53 插入表格

10 将插入点放置在第一行单元格中，插入图像素材，如图8-55所示。

图8-55 插入图像

11 将插入点放置在第二行左侧的单元格中，插入图像素材，并将其设置为居中对齐，如图8-56所示。

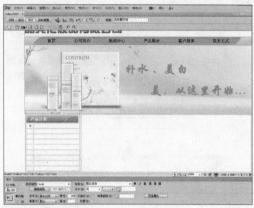

图8-56 插入图像

13 使用相同方法，设置其他单元格中的内容，如图8-58所示。

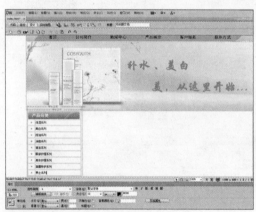

图8-58 设置其他单元格中内容

15 在第一行单元格中，设置单元格高为20像素，然后输入文本"当前位置："，设置文本样式，如图8-60所示。

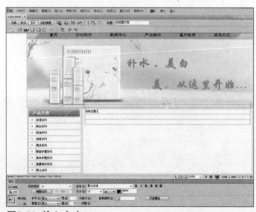

图8-60 输入文本

12 在右侧的单元格中输入文本，然后再设置其字体样式，如图8-57所示。

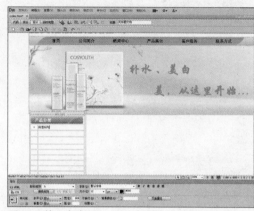

图8-57 输入文本

14 将插入点定位在右侧单元格中，插入一个3行1列的表格，设置表格宽度为98%、对齐方式为居中对齐，如图8-59所示。

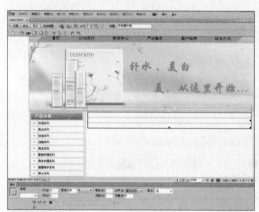

图8-59 插入表格

16 在第二行单元格中，插入一条水平线，如图8-61所示。

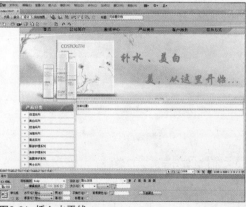

图8-61 插入水平线

17 设置第3行单元格为居中对齐，插入图像素材，如图8-62所示。

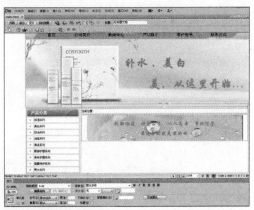

图8-62　插入图像

18 插入一个2行2列的表格，设置宽度为98%、对齐方式为居中对齐，如图8-63所示。

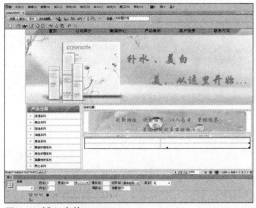

图8-63　插入表格

19 将插入点定位在第一行左侧单元格中，插入图像素材并执行居中对齐操作，如图8-64所示。

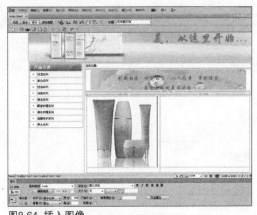

图8-64　插入图像

20 在右侧的单元格中输入文本，然后设置文本样式，如图8-65所示。

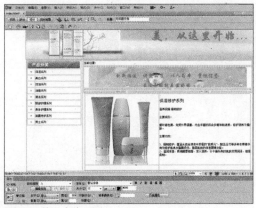

图8-65　输入文本

21 使用类似的方法，完成其他单元格的设置，如图8-66所示。

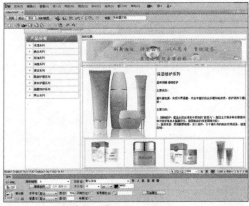

图8-66　完成其他单元格设置

22 在网页下面插入一个1行1列的表格，设置单元格水平对齐方式为"居中对齐"、高为70像素、背景颜色为#A3C902，如图8-67所示。

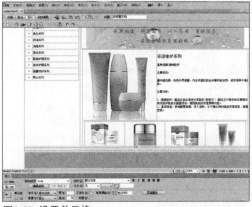

图8-67　设置单元格

23 根据需要输入合适的文本内容。此时，index.html页面制作完成，如图8-68所示。

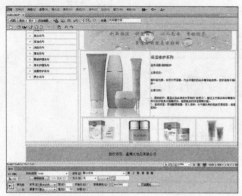

图8-68 输入文本

25 选中要创建可编辑区域的内容，选择"插入>模板对象>可编辑区域"命令，弹出"新建可编辑区域"对话框，单击"确定"按钮，如图8-70所示。

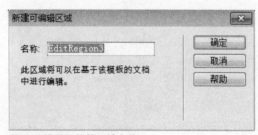

图8-70 设置可编辑区域名称

24 选择"文件>另存为模板"命令，弹出"另存模板"对话框，输入模板名称为"化妆品网页模板"，单击"保存"按钮，如图8-69所示。

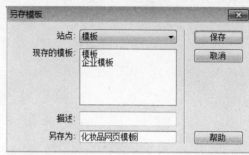

图8-69 "另存模板"对话框

26 随后编辑窗口中出现了新添加的可编辑区域（标签带有颜色），如图8-71所示。用同样的方法创建其他可编辑区域，最后保存并预览该模板网页。

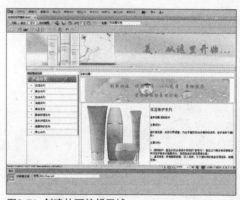

图8-71 创建的可编辑区域

实训 2 | 利用模板制作其他网页 实训目的： 通过练习制作如图8-72所示的页面，掌握应用模板制作网页的方法。

◎ **实训要点**：应用模板、选择可编辑区域、修改可编辑区域

图8-72 最终效果

新建一个网页文档，然后另存为about. html，如图8-73所示。

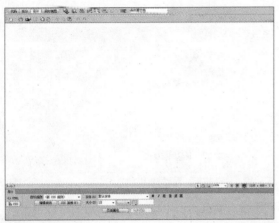

图8-73 新建文档

02 打开"资源"面板，切换到"模板"选项面板，选择"化妆品网页模板"，单击"应用"按钮，如图8-74所示。

图8-74 单击"应用"按钮

03 随后about.html页面便应用了页面模板效果，如图8-75所示。

图8-75 应用模板

04 删除导航内容，添加"公司简介"的导航信息，如图8-76所示。

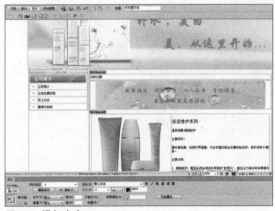

图8-76 添加内容

05 删除右侧编辑区域内产品信息的内容，添加"公司简介"的内容，如图8-77所示。

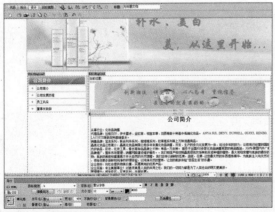

图8-77 添加内容

06 保存文件，并按F12键预览网页，效果如图8-78所示。

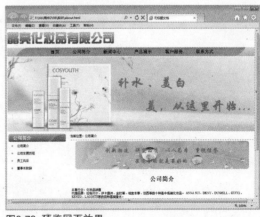

图8-78 预览网页效果

8.7 习题

1. 选择题

（1）下面哪个是 Dreamweaver CS6 模板文件的扩展名（ ）。

A..html   B..htm
C..dwt   D..txt

（2）在下列选项中，库项目不能包含的是（ ）。

A. 表格   B. 表单
C. 样式表   D. 图像

（3）在创建模板时，下面关于可编辑区域的说法正确的是（ ）。

A. 只有定义了可编辑区域，才能把它应用到网页上

B. 在编辑模板时，可编辑区域是可以编辑的，不可编辑区域是不可以编辑的

C. 一般把具有共同特征的标题和标签设置为可编辑区域

D. 以上说法都错

2. 填空题

（1）创建模板可以基于新文档创建 _____，也可以基于现有文档将网页保存为模板。

（2）模板文件最显著的特征就是包括 _____ 和 _____，在应用了模板的文档中，只能修改 _____。

（3）在应用模板网页时，有可能会遇到需要对模板的不可编辑区域进行编辑的情况，这时只需要将该页面从 _____，就可以进行修改。

（4）网站中的需要重复使用或经常更新的页面元素存入库中，存入库中的元素称为 _____。

3. 上机操作

通过对本章知识的学习，制作一个如图 8-79 所示的模板网页。

制作要点：（1）应用表格布局网页；（2）创建可编辑区域；（3）保存模板页面。

图8-79 网页效果示例

Part **02** Photoshop CS6篇

Photoshop CS6
基础操作

　　Photoshop是有名的图像处理软件之一，它是集图像扫描、编辑修改、图像制作、广告创意，图像输出于一体的图形图像处理软件，深受广大平面设计人员和电脑美术爱好者的喜爱。本章将主要介绍Photoshop CS6的基本操作知识，如新版本工作界面模式的设置、文件的基本操作、颜色的基本操作、标尺参考线的设置以及图像的相关概念等。

 本章重点知识预览

本章重点内容	学习时间	必会知识	重点程度
Photoshop CS6工作界面	20分钟	自定义工作界面	★
图像文件的基本操作	20分钟	文件的新建与保存 撤销与恢复操作 图像大小的调整 画布大小的调整	★★
辅助工具的使用	30分钟	辅助绘图工具的使用 矩形工具的使用 直线工具的使用	★★
图像颜色的填充	30分钟	前景色与背景色的设置 油漆桶工具的使用 渐变工具的使用	★★★

本章范例文件	无
本章实训文件	·Chapter 09\实训1　·Chapter 09\实训2

 本章精彩案例预览

▲ Photoshop CS6 启动界面

▲ 制作网页图像

▲ 绘制卡通蝴蝶

9.1 Photoshop CS6的工作界面

Photoshop作为一种流行的图像处理软件，在工具绘图和图形处理方面都有很出色的表现。用户要想得心应手地去绘制图形和编辑图像，首先需要熟悉Photoshop CS6的基本操作。

9.1.1 启动Photoshop CS6

待Photoshop CS6安装完成后，单击"开始"按钮，在"开始"菜单中选择Adobe Photoshop CS6命令，即可将其启动。在启动过程中首先会出现如图9-1所示的界面。

9.1.2 工作区布局和屏幕模式

打开Photoshop CS6，进入操作界面，用户即可进行图像的处理工作。Photoshop CS6的操作界面主要包括菜单栏、工具箱、工具选项栏、浮动面板、编辑窗口以及状态栏，如图9-2所示。

图9-1 Photoshop CS6启动界面

图9-2 操作界面

1. 菜单栏

菜单栏由文件、编辑、图像、图层、文字、选择、滤镜、视图、窗口等菜单组成，在这些菜单中几乎包含了操作时使用的所有命令，如图9-3所示。将鼠标指针指向菜单栏中的某项命令并单击，随后将显示相应的下拉菜单，在下拉菜单中选择所需的命令即可执行相应的操作。

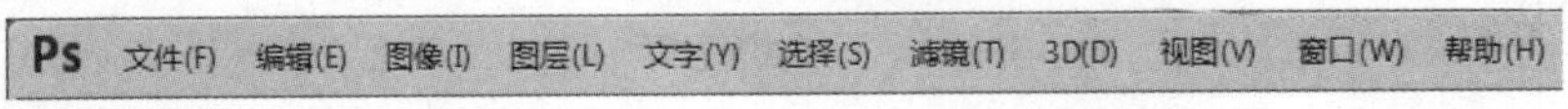

Ps　文件(F)　编辑(E)　图像(I)　图层(L)　文字(Y)　选择(S)　滤镜(T)　3D(D)　视图(V)　窗口(W)　帮助(H)

图9-3 菜单栏

2. 工具箱

默认情况下，工具箱位于工作界面的左侧，要选择工具箱中的工具，只需单击该工具图标即可。在有些工具图标的右下方包含一个三角形符号，这说明该工具包含隐藏工具组，用鼠标右击该工具，或者是单击该工具并按住不放即可将该工具组全部显示。下面通过表9-1对工具箱中的工具进行逐一介绍。

表9-1 工具箱工具介绍

工具组	工具名	功能描述
矩形选框工具 M 椭圆选框工具 M 单行选框工具 单列选框工具	矩形选框工具	选择一个矩形区域
	椭圆选框工具	选择一个椭圆形区域
	单行选框工具	选择单行，选区高度为1像素
	单列选框工具	选择单列，选区宽度为1像素
移动工具	移动工具	移动当前图层或所选区域到其他位置
套索工具 L 多边形套索工具 L 磁性套索工具 L	套索工具	徒手绘制选区
	多边形套索工具	创建一个多边形选区
	磁性套索工具	沿颜色边缘创建选区
快速选择工具 W 魔棒工具 W	快速选择工具	该工具是智能的，其使用方法是基于画笔模式，它比魔棒工具更加直观和准确
	魔棒工具	按指定的容差选择颜色相近的区域
裁剪工具 C 透视裁剪工具 C 切片工具 C 切片选择工具 C	裁剪工具	用于裁剪图像
	透视裁剪工具	此工具为新增功能，通过裁剪纠正图像透视效果
	切片工具	用于创建Web的切片
	切片选择工具	选择、编辑切片
吸管工具 I 颜色取样器工具 I 标尺工具 I 注释工具 I	吸管工具	从图像中拾取颜色作为前景或背景色
	颜色取样器工具	在图像上添加采样点，以查看该位置颜色信息
	标尺工具	测量距离或角度
	注释工具	为图像添加文本注释
污点修复画笔工具 J 修复画笔工具 J 修补工具 J 内容感知移动工具 J 红眼工具 J	污点修复画笔工具	快速去除图像中的瑕疵
	修复画笔工具	用采样或图案修复图像
	修补工具	用采样或图案修复选区内的图像
	内容感知移动工具	此工具为新增功能，用来移动图片中主体，并随意放置到合适的位置。或者选取想要复制的部分，移到其他需要的位置可以实现复制
	红眼工具	消除照片中人物或动物的红眼
画笔工具 B 铅笔工具 B 颜色替换工具 B 混合器画笔工具 B	画笔工具	使用各种笔刷绘制图像
	铅笔工具	使用各种硬边笔刷绘制图像
	颜色替换工具	用于替换图像的颜色
	混合器画笔工具	模拟真实绘画技术，绘制出更为细腻的效果图

（续表）

工具组	工具名	功能描述
仿制图章工具 S 图案图章工具 S	仿制图章工具	将图像的一部分复制到其他位置或其他图像
	图案图章工具	使用所选图案进行复制
历史记录画笔工具 Y 历史记录艺术画笔工具 Y	历史记录画笔工具	通过涂抹的方式将图像恢复到某一历史状态
	历史记录艺术画笔工具	以涂抹方式恢复图像到某历史状态，添加艺术效果
橡皮擦工具 E 背景橡皮擦工具 E 魔术橡皮擦工具 E	橡皮擦工具	擦除图像
	背景橡皮擦工具	将图像背景擦除成透明状
	魔术橡皮擦工具	擦除颜色相似的像素
渐变工具 G 油漆桶工具 G	渐变工具	填充渐变色
	油漆桶工具	用前景色或图案填充颜色相似的区域
模糊工具 锐化工具 涂抹工具	模糊工具	降低图像的颜色反差
	锐化工具	增大图像的颜色反差
	涂抹工具	在图像上以涂抹的方式揉合附近的像素
减淡工具 O 加深工具 O 海绵工具 O	减淡工具	提高图像的亮度
	加深工具	降低图像的亮度
	海绵工具	提高或降低图像的饱和度
钢笔工具 P 自由钢笔工具 P 添加锚点工具 删除锚点工具 转换点工具	钢笔工具	绘制直线或弯曲的路径
	自由钢笔工具	通过拖动鼠标手绘路径
	添加锚点工具	在路径上添加锚点
	删除锚点工具	删除路径上的锚点
	转换点工具	在曲线点和角点之间进行转换
横排文字工具 T 直排文字工具 T 横排文字蒙版工具 T 直排文字蒙版工具 T	横排文字工具	输入水平方向排列的文字
	直排文字工具	输入垂直方向排列的文字
	横排文字蒙版工具	建立水平方向排列的文字蒙版（选区）
	直排文字蒙版工具	建立垂直方向排列的文字蒙版（选区）
路径选择工具 A 直接选择工具 A	路径选择工具	用于选择整条路径
	直接选择工具	用于选择、移动路径上的锚点和线段
矩形工具 U 圆角矩形工具 U 椭圆工具 U 多边形工具 U 直线工具 U 自定形状工具 U	矩形工具	绘制矩形填充、形状或路径
	圆角矩形工具	绘制圆角矩形填充、形状或路径
	椭圆工具	绘制椭圆填充、形状或路径
	多边形工具	绘制多边形填充、形状或路径
	直线工具	绘制直线或箭头填充、形状或路径
	自定形状工具	绘制不规则的填充、形状或路径

（续表）

工具组	工具名	功能描述
■ 抓手工具 H 旋转视图工具 R	抓手工具	移动画面，以查看不同的图像区域
	旋转视图工具	可按需要的角度对画布进行旋转
缩放工具	缩放工具	放大或缩小图像的显示比例
蒙版模式切换工具	蒙版模式切换工具	以快速蒙版模式编辑
■ 标准屏幕模式 F 带有菜单栏的全屏模式 F 全屏模式 F	标准屏幕模式	编辑状态显示的效果
	带有菜单栏的全屏模式	隐藏顶部及底部的文件信息
	全屏模式	隐藏所有菜单

3．工具选项栏

工具选项栏位于菜单栏的下方，它是各种工具的参数控制中心。用户使用工具箱中的某个工具时，选项栏会显示当前工具的属性设置选项。图9-4所示为魔棒工具的选项栏。

图9-4 魔棒工具选项栏

> **TIP 工具选项栏的显示和隐藏**
>
> 在使用某种工具前，首先需要在工具选项栏中设置其参数。选择"窗口>选项"命令，可以将工具选项栏进行隐藏和显示。

4．浮动面板

浮动在窗口的上方的面板被统称为浮动面板，比如"图层"面板、"通道"面板、"路径"面板、"历史记录"面板和"颜色"面板等，用户可以随时切换以访问不同面板的内容。下面将对几个常见的浮动面板进行介绍。

（1）"图层"面板

"图层"面板主要用于控制图层的操作，几乎所有的操作都基于该面板，利用图层面板可以执行图层的新建、复制、合并等操作，如图9-5所示。

（2）"通道"面板

"通道"面板主要用于记录颜色数据，并切换图像的颜色通道，以便于进行各通道的编辑。另外可以将蒙版存储在通道中，如图9-6所示。

（3）"历史记录"面板

"历史记录"面板是Photoshop用来记录操作步骤并帮助恢复到操作过程中的任何一步的状态的工具面板，如图9-7所示。

图9-5 "图层"面板

图9-6 "通道"面板

图9-7 "历史记录"面板

（4）"路径"面板

"路径"面板用来存储路径，在面板中有路径的预视图。路径工具对于物体的选择非常有用，可以形成任意的选区。

（5）"颜色"面板

"颜色"面板主要用于调整前景色和背景色，并且还可以将常用的颜色存储"色板"面板内，如图9-8所示。

在"颜色"面板中调整前景色或背景色共有3种方法：

1）在"颜色"面板中移动R、G、B（对应于RGB模式的图像）等色棒下面的游标。

2）单击浮动面板底部的颜色条，以选取前景色或背景色。

3）在浮动面板中的文本框中输入前景色或背景色的数值。

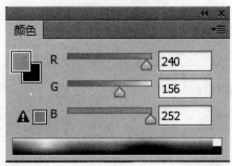

图9-8 "颜色"面板

5. 编辑窗口

图像编辑窗口是显示和编辑图像的区域，图像编辑窗口的顶部为标题栏，标题中可以显示各文件的名称、格式、大小、显示比例和颜色模式等。

6. 状态栏

状态栏位于图像窗口的底部，用于显示当前文件的一些基本信息。若需设置在状态栏中显示的信息，则只要单击状态栏右端的▶按钮，在弹出的菜单中选择信息即可。

7. 屏幕模式

屏幕模式是方便用户预览效果图的工具。在Photoshop CS6中包含3种屏幕模式，即标准屏幕模式、带有菜单栏的全屏模式、全屏模式。

- 标准模式：编辑状态显示的效果。
- 带有菜单栏的全屏模式：隐藏顶部及底部的文件信息。
- 全屏模式：只显示图像文件。

TIP **屏幕模式的切换**

多次按下键盘中的 F 键，可以在 3 种模式之间进行切换。此外，用户还可以按 Tab 键隐藏所有面板，以便更清楚地预览效果图。

9.2 编辑图像文件

下面将对图像的基本编辑操作进行介绍，比如新建文件、打开图像文件、撤销与恢复操作等。

9.2.1 新建与保存图像文件

在制作平面作品时，首先要新建文件，然后再对文件中绘制或导入的素材进行编辑。

1．新建文件

新建文件的具体操作步骤如下。

01 选择"文件>新建"命令，或者按快捷键Ctrl+N，弹出"新建"对话框，如图9-9所示。

02 在该对话框中设置新文件的名称、尺寸、分辨率、颜色模式及背景。设置完成后，单击"确定"按钮即可。

图9-9 "新建"对话框

2．保存文件

图像编辑完成后，需要对图像文件进行保存。其具体操作步骤如下。

选择"文件>存储为"命令，或者按快捷键Ctrl+Shift+S，弹出"存储为"对话框，选择存储路径，输入文件名，在格式下拉列表框中选择文件格式，最后单击"保存"按钮即可，如图9-10所示。

若用当前文件本身的格式保存，选择文件>存储命令或按快捷键Ctrl+S即可。

图9-10 "存储为"对话框

9.2.2 打开网页图像文件

打开图像文件有多种方法，常用的方法有以下几种：

（1）选择"文件>打开"命令，或按快捷键Ctrl+O即可弹出"打开"对话框，从中可以选择要打开的文件，单击"打开"按钮即可，如图9-11所示。

（2）双击Photoshop CS6的空白处，在弹出的"打开"对话框中选择要打开的文件，单击"打开"按钮。

（3）选择"文件>最近打开文件"命令，在弹出的子菜单中进行选择，可以打开最近操作过的文件。

图9-11 "打开"对话框

TIP 一次打开多张图像

在 Photoshop CS6 中可以一次打开多张图像。具体操作是按住 Ctrl 键，在"打开"对话框中选择多张图像，然后单击"打开"按钮。

9.2.3 撤销与恢复

在进行图像处理时，可能会经常执行撤销或重复操作，可以使用恢复和还原功能快速返回到以前的编辑状态。

1. 使用编辑菜单命令

在Photoshop CS6中，利用编辑菜单可以还原和重做最近的操作，选择"编辑>还原"命令（如图9-12所示），或者按快捷键Ctrl+Z，可以撤销最近一步的操作。还原之后，选择"编辑>重做"命令（如图9-13所示），可以重做已还原的操作。

如需还原和重做多步操作，可选择"编辑>前进一步"命令。还原之后，可以选择"编辑>后退一步"命令重做多步操作。

2. 使用"历史记录"面板

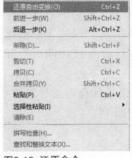

图9-12 还原命令　　　图9-13 重做命令

使用"历史记录"面板可以撤销前面所进行的操作，还可以在图像处理过程中为当前处理结果创建快照。

在Photoshop CS6中，从打开文件开始，所有的操作都将被记录在历史记录面板中。选择"窗口>历史记录"命令，可打开历史记录面板。选择该面板中的任何一条历史记录，图像将恢复到当前记录的操作状态，如图9-14和图9-15所示。当再次操作时，后面的操作步骤将被清除。

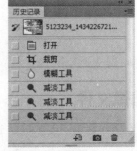

图9-14 历史记录　　　图9-15 撤销历史记录

TIP 历史记录面板的使用技巧

（1）单击面板底部的创建新快照 📷 按钮，可以将当前历史状态下的图像保存为快照效果，如图 9-16 所示。建立快照后，可在清除历史记录的情况下根据当时所建的快照进行恢复。

（2）单击从当前状态创建新文档 📄 按钮，可以将当前历史状态下的图像复制到一个新文件中，新文件具有当前图像文件的通道、图层和选区等信息，如图 9-17 所示。

（3）单击删除当前状态 🗑 按钮，可删除该状态。

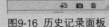

图9-16 历史记录面板　　图9-17 创建新文档

3. 历史记录的设置

在历史记录面板中的记录数可以修改，选择"编辑>首选项>性能"命令，弹出"首选项"对话框，在历史记录状态文本框中可以输入历史记录的记录数，如图9-18所示。

TIP 巧妙设置历史记录信息

存储历史记录非常消耗系统资源，应该根据系统配置和资源状况设置最大记录数。

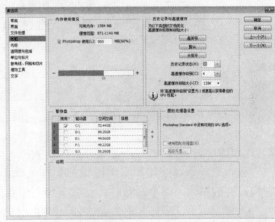

图9-18 "首选项"对话框

9.2.4 图像和画布的调整

在编辑与处理过程中，图像的大小未必都满足用户要求，可根据需要调整画布与图像尺寸。

1. 图像大小的调整

图像质量的好坏与图像的大小、分辨率有很大的关系，分辨率越高，图像就越清晰，而图像文件所占用的空间也就越大。用户可以通过"图像大小"对话框来改变图像的尺寸和分辨率。

选择"图像>图像大小"命令，将弹出"图像大小"对话框，从中更改图像大小后，单击"确定"按钮即可，如图9-19所示。

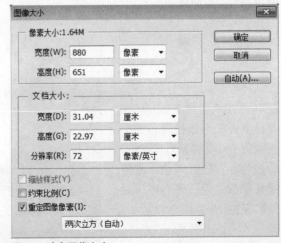

图9-19 改变图像大小

在图像大小对话框中，若勾选缩放样式复选框，在调整图像大小的同时，添加的图层样式也会相应的进行缩放；若勾选缩放比例对话框，在调整图像大小时，图像的宽度和高度会等比例缩放；若勾选重定图像像素复选框时，在改变图像尺寸或分辨率时，图像的像素大小也会发生变化。

此外，选择"编辑>自由变换"命令或者按快捷键Ctrl+T，也可改变图像大小，如图9-20所示。

图9-20 改变图像大小效果

TIP **降低图像分辨率的好处**
对于初始分辨率较大的图像，若将其设置为较小的分辨率，则会缩小图像的尺寸，而不会影响图像的质量，因此这种方法常用于优化 Web 图像。

2. 画布大小的调整

画布是显示、绘制和编辑图像的工作区域。放大画布时，会在图像四周增加空白区域，而不会影响原有的图像；缩小画布时，会裁剪掉不需要的图像边缘。

选择"图像>画布大小"命令，将弹出"画布大小"对话框，如图9-21所示。

1）"新建大小"选项区中的"宽度"和"高度"选项用于设置画布的尺寸。当设置的值大于原图尺寸时，系统将在原图的基础上增加画布区域；当设置的值小于原图尺寸时，系统会将该尺寸以外的部分裁掉。

2）在"定位"选项区中，单击定位按钮，可以设置图像相对于画布的位置。

图9-21 "画布大小"对话框

3）若对画布进行了扩展，则需要在"画布扩展颜色"下拉列表框中选择画布的扩展颜色，可以设置为背景色、前景色、白色、黑色、灰色或其他颜色等。将画布向四周扩展的效果如图9-22所示。

图9-22 扩展画布示意图

3．裁剪工具调整图像大小

　　裁剪工具主要用来匹配画布的尺寸与图像中对象的尺寸。选择工具箱中裁剪工具，在图像中拖曳得到矩形区域，这块区域的周围会被变暗，以显示出被裁剪的区域。矩形区域的内部代表裁剪后图像保留的部分，矩形区域外的部分是被裁剪的区域。裁剪框的周围有8个控制点，利用它可以把这个框移动、缩小、放大和旋转等调整。在裁剪过程中可以直接裁出指定大小的图片，利用裁剪工具选项栏中的宽度、高度等选项来实现。裁剪的效果如图9-23所示。

图9-23 裁剪图像示意图

9.3 使用页面布局工具

　　要想做出比较精确的设计作品，使用页面布局工具是必不可少的。例如参考线、标尺等。利用这些辅助工具可以大大提高图像处理效率，起到事半功倍的效果。

9.3.1 使用标尺

　　使用标尺可以显示当前鼠标指针所在位置的坐标值和图像尺寸，还可以让用户准确的对齐对象和选取范围。

　　选择"视图>标尺"命令，或直接按快捷键Ctrl+R，在图像编辑区的上边缘和左边缘即可出现标尺。在默认状态下，标尺的原点位于图像编辑区的左上角，其坐标值为（0，0）。当鼠标指针在编辑区域中移动时，水平标尺和垂直标尺上将会各出现一条虚线，该虚线所指的数值便是当前位置的坐标值，如图9-24所示。

图9-24 显示标尺

　　标尺的单位是可以设置的，常用的方法有以下几种：

　　1）选择"编辑>首选项>单位与标尺"命令，打开"首选项"对话框，在"单位"选项区的"标尺"下拉列表中选择所需要的单位即可，如图9-25所示。

　　2）选择"窗口>信息"命令，或直接按F8键，打开"信息"面板。单击该面板右上角的 按钮，从打开的菜单中进一步选择"面板选项"命令，打开"信息面板选项"对话框，从中也可以设置标尺的单位，如图9-26所示。

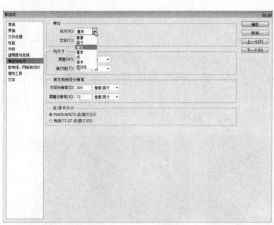

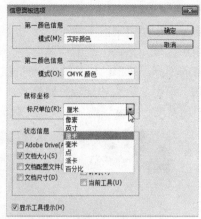

图9-25 "首选项"对话框 　　　　　　　　　图9-26 "信息面板选项"对话框

> **TIP 巧妙设置标尺的单位**
>
> 在"信息"面板的标尺区域中,单击"跟踪光标坐标"按钮,从弹出的菜单中选择合适的单位即可。

9.3.2 使用网格

网格主要用于对齐参考线,以便用户在编辑操作中对其物体。选择"视图>显示>网格"命令,即可在页面中显示网格,如图9-27所示。当再次执行该命令时,将取消网格的显示。

若选择"视图>对齐到>网格"命令,移动图像或选取范围时会自动贴齐网格。

> **TIP 设置网格的属性**
>
> 网格的颜色、样式等属性是可以设置的。选择"编辑>首选项>参考线、网格和切片"命令,在打开的"首选项"对话框中即可设置。

图9-27 显示网格

9.3.3 使用参考线

参考线也是用来对齐物体的。创建参考线的方法有两种:

(1)使用鼠标拖动

按快捷键Ctrl+R,显示标尺,使用鼠标分别在水平标尺和垂直标尺处按住鼠标左键并向内拖动,然后释放鼠标左键后即可出现参考线。

(2)使用菜单命令

选择"视图>新建参考线"命令,弹出"新建参考线"对话框,如图9-28所示。在"取向"选项组中设置参考线方向,再在"位置"文本框中输入参数,单击"确定"按钮即可创建参考线。

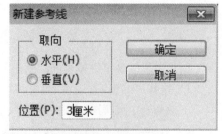

图9-28 "新建参考线"对话框

除此之外，用户还可以对参考线进行其他操作，包括移动、显示或隐藏、锁定等。

- 移动参考线：选择移动工具，将鼠标指针移到参考线上，然后按住左键的同时拖动即可。
- 显示/隐藏参考线：选择"视图>显示>参考线"命令，可显示/隐藏参考线。
- 锁定参考线：选择"视图>锁定参考线"命令即可。参考线锁定后不能被移动或删除。
- 清除参考线：选择"视图>清除参考线"命令可清除图像中所有的参考线。还可以用鼠标将参考线拖动到窗口之外的方法来删除参考线。
- 对齐参考线：选择"视图>对齐到>参考线"命令，在进行鼠标操作时将会自动贴近参考线。

9.3.4 使用矩形工具

选择"矩形工具"选项，随后将出现矩形工具选项栏，如图9-29所示。在选择工具模式 形状 ⬦ 按钮下包括形状、路径和像素3种模式；在使用矩形工具之前应先确定所需要绘制的是路径，还是填充区域。绘制矩形和绘制填充矩形的惟一区别，即是否使用前景色填充矩形。

图9-29 矩形工具选项栏

选中矩形工具，在图像窗口中按住鼠标并拖曳可创建矩形，若按住Shift键，则可以得到标准的正方形。如果按住Shift+Alt并拖动，可以创建以起点为中心的正方形。图9-30和图9-31所示的分别是填充矩形和路径矩形。

图9-30 填充矩形

图9-31 路径矩形

单击矩形工具选项栏上的 ⚙ 按钮，将打开"矩形选项"面板，如图9-22所示，在其中可以设置矩形的创建方法。

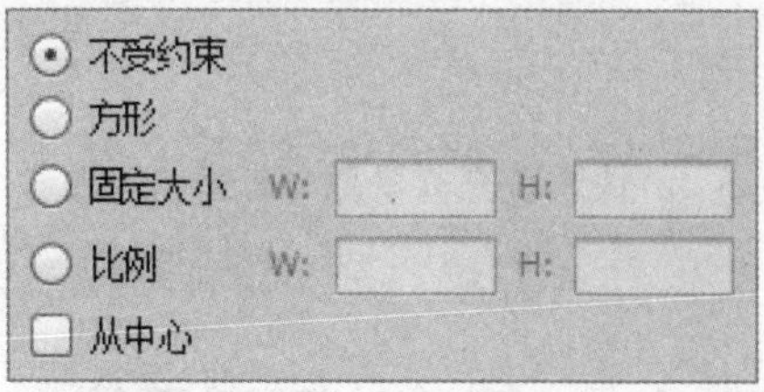

- 不受约束：绘制任意大小的矩形。
- 方形：绘制任意大小的正方形。
- 固定大小：选中该单选按钮，可以在其右侧的W和H文本框中输入宽度和高度，绘制固定大小的矩形。
- 比例：选中该单选按钮，可以在其右侧的W和H文本框中输入所绘制矩形的宽度和高度比例，这样就可以绘制出任意大小但宽度和高度保持一定比例的矩形。
- 从中心：选中该复选框，鼠标在画布中的单击点即为所绘制矩形的中心点，绘制矩形时由中心向外扩展。

图9-32 "矩形选项"面板

9.3.5 使用直线工具

使用直线工具可以绘制直线或有箭头的线段。鼠标拖动的起始点为线段起点，拖动的终点为线段的终点。按住Shift键，可以使直线的方向控制在0°、45°或90°。选择直线工具选项，工具选项栏上显示直线工具的选项栏，如图9-33所示。

图9-33 直线工具选项栏

该工具栏中的"粗细"选项用于设置所绘直线的宽度。单击工具选项栏上的 ⚙ 按钮，将打开"箭头"面板，如图9-34所示。

- 起点/终点：在所绘制直线的起点或终点添加箭头。
- 宽度/长度：设置箭头宽度或长度与直线宽度的百分比。
- 凹度：设置箭头的凹陷程度，范围是-50%～50%。

图9-34 箭头面板

9.4 设置网页图像颜色

Photoshop CS6中提供了多种绘图工具，使用这些工具绘制图像时，首先要选取一种绘图颜色，才能绘制出所需要的图像效果。

9.4.1 设置前景色和背景色

在Photoshop CS6中设置颜色，主要是通过前景色和背景色来完成的。默认情况下，前景色为黑色，背景色为白色；按D键可恢复默认状态，按X键可切换前景色与背景色。

前景色主要用于设置和显示当前所选绘图工具（画笔、铅笔、油漆桶等）使用的颜色；设置背景色后，并不会立刻改变图像的背景色，只有在使用了与背景色有关的工具，才会按背景色的设定来执行。

改变前景色或背景色的方法很简单，单击工具栏中前景色或背景色的图标，即可弹出"拾色器"对话框，如图9-35所示。设置完成后，单击"确定"按钮即可。

图9-35 拾色器对话框

> **TIP** 快速填充前景色与背景色的方法
> 用户可以按快捷键 Alt+Delete 填充前景色，按快捷键 Ctrl+Delete 填充背景色。

9.4.2 使用油漆桶工具

单击工具栏中的油漆桶工具，打开其相对应的工具选项栏，如图9-36所示。

图9-36 油漆桶工具选项栏

在该选项栏中，可以设置以下参数：

- 设置填充区域的源：包括前景和图案，指定填充内容为工具箱中的前景色或图案；
- 模式：用于指与下面图层的混合模式；
- 不透明度：用于控制填充颜色的透明度，100%表示完全不透明，0%表示完全透明即看不到填充的颜色；
- 容差：用于控制填充的范围大小；
- 消除锯齿：勾选该复选框，可平滑填充选区边缘；
- 连续的：勾选该复选框，可只填充与单击像素连续的像素，反之则填充所有相似像素；
- 所有图层：勾选该复选框，可填充所有可见图层的合并填充颜色。

9.4.3 使用渐变工具

渐变工具可以创建多种颜色之间的逐渐混合。使用渐变工具可以使图像颜色更加丰富多彩，增强视觉效果。

1. 渐变工具

单击工具箱中的渐变工具按钮，其选项栏如图9-27所示。执行渐变操作时，在图像或选区内按住鼠标左键单击起点，拖动鼠标指针确定终点，松开鼠标即可。若要限制方向（45°的倍数），在拖动鼠标时，按住Shift键即可。

图9-37 渐变工具选项栏

在该选项栏中提供了5种渐变填充的方式。

- 线性渐变■按钮：以直线从起点到终点的渐变，如图9-38所示。
- 径向渐变■按钮：以圆形图案从起点到终点的渐变，如图9-39所示。
- 角度渐变■按钮：以逆时针扫描的方式围绕起点渐变，如图9-40所示。
- 对称渐变■按钮：使用对称线性渐变在起点的两侧渐变，如图9-41所示。
- 菱形渐变■按钮：以菱形图案从起点向外渐变，如图9-42所示。

图9-38 线性渐变　　　图9-39 径向渐变　　　图9-40 角度渐变图　　　9-41 对称渐变　　　图9-42 菱形渐变

TIP 渐变工具的使用技巧

渐变工具不能用于索引颜色模式的图像，在选项栏中，勾选"反向"复选框，可反转渐变填充中的颜色顺序；勾选"仿色"复选框，可以用较小的宽带创建较平滑的混合效果；勾选"透明区域"复选框，可对渐变填充使用透明蒙版。

2. 编辑渐变

单击编辑渐变██████▼按钮，弹出"渐变编辑器"对话框，从中可定义新的渐变或修改现有渐变，如图9-43所示。

（1）改变渐变颜色

单击渐变编辑器色标下方的按钮 🖐，双击打开拾色器，可以修改渐变的颜色。

（2）改变透明度

单击渐变编辑器色标上方的按钮 🛡 可以更改不透明度。

（3）添加渐变色标

在起点与终点色标之间单击鼠标，可以添加一个或多个新的色标，可以对新色标定义颜色和不透明度。

（4）删除渐变色标

若要删除多余的色标，选中该色标，单击删除按钮，或者按鼠标左键并向渐变编辑器上方拖动。

（5）保存渐变

设置渐变后在"名称"文本框中输入渐变名称，单击"新建"按钮，新的渐变将显示在预设选项区中。

图9-43 渐变编辑器

9.5 网页图像基础知识

图像元素在网页中具有提供信息并展示直观形象的作用。图像适用于表现含有大量细节（明暗变化、场景复杂、轮廓色彩丰富）的对象，例如照片、绘图等，通过图像软件可进行复杂图像的处理以得到更清晰的图像或产生特殊效果。

9.5.1 矢量图和位图

计算机中的图像可以分为矢量图和位图。位图和矢量图没有好坏之分，只是根据不同的需要具有不同的用途而已。

1. 矢量图

矢量图是根据几何特性来绘制图形，矢量可以是一个点或一条线，矢量图只能靠软件生成，文件占用内在空间较小，因为这种类型的图像文件包含独立的分离图像，可以自由无限制的重新组合。它的特点是放大后图像不会失真，和分辨率无关，文件占用空间较小，适用于图形设计、文字设计和一些标志设计、版式设计等。

矢量文件中的图形元素称为对象，每个对象都是一个自成一体的实体，具有颜色、形状、轮廓、大小和屏幕位置等属性。矢量图形无论放大、缩小或旋转等不会失真，如图9-44和9-45所示。

图9-44 矢量图

图9-45 放大后的矢量图

矢量图最大的缺点就是难以表现色彩层次丰富的逼真图像效果。

2．位图

位图亦称为点阵图像或绘制图像，是由称作像素（图片元素）的单个点组成的。这些点可以进行不同的排列和染色以构成图样。位图在放大到一定限度时会发现它是由一个个小方格组成的，这些小方格被称为像素点，一个像素是图像中最小的图像元素。在处理位图图像时，所编辑的是像素而不是对象或形状，它的大小和质量取决于图像中的像素点的多少，每平方英寸中所含像素越多，图像越清晰，颜色之间的混和也越平滑。扩大位图尺寸的效果是增大单个像素，从而使线条和形状显得参差不齐。

位图图像与矢量图像相比更容易模仿照片似的真实效果。位图图像的主要优点在于表现力强、细腻、层次多、细节多，可以十分容易的模拟出像照片一样的真实效果。由于是对图像中的像素进行编辑，所以在对图像进行拉伸、放大或缩小等到处理时，其清晰度和光滑度会受到影响，如图9-46和9-47所示。

图9-46 位图

图9-47 放大后的位图

9.5.2 颜色模式

颜色模式，是将某种颜色表现为数字形式的模型，或者说是一种记录图像颜色的方式。常用的颜色模式主要包括RGB模式、CMYK模式、Lab颜色模式、HSB模式、位图模式、灰度模式、索引颜色模式、双色调模式和多通道模式。

1．RGB模式

RGB模式是基于自然界中3种基色光的混合原理，将红（R）、绿（G）和蓝（B）3种基色按照从0（黑）到255（白色）的亮度值在每个色阶中分配，从而指定其色彩。如图9-48所示。

当不同亮度的基色混合后，便会产生出256×256×256种颜色，大约为1670万种。电视机和计算机的监视器都是基于RGB颜色模式来创建其颜色的。

图9-48 RGB模式图像

新建的Photoshop图像的默认模式为RGB，计算机显示器使用RGB模型显示颜色。尽管RGB是标准颜色模型，但是所表示的实际颜色范围仍因应用程序或显示设备而不同。

2．CMYK模式

CMYK颜色模式是一种印刷模式。其中4个字母分别指青（Cyan）、洋红（Magenta）、黄（Yellow）、黑（Black），在印刷中代表4种颜色的油墨。CMYK模式在本质上与RGB模式没有什么区别，只是产生色彩的原理不同，在RGB模式中是由光源发出的色光混合生成颜色，而在CMYK模式中则由光线照到有不同比例C、M、Y、K油墨的纸上，部分光谱被吸收后，反射到人眼的光产生颜色。由于C、M、Y、K在混合成色时，随着C、M、Y、K4种成分的增多，反射到人眼的光会越来越少，光线的亮度会越来越低，所有CMYK模式产生颜色的方法又被称为色光减色法。CMYK其准确的颜色范围随印刷和打印条件而变化。

3．HSB模式

HSB模式是基于人眼对色彩的观察来定义的，在此模式中，所有的颜色都用色相或色调、饱和度、亮度3个特性来描述。

（1）色相（H）

色相是指人眼能看到的纯色，它是与颜色主波长有关的颜色物理和心理特性，不同波长的可见光具有不同的颜色。非彩色（黑、百、灰色）不存在色相属性；所有色彩（红、橙、黄、绿、青、蓝、紫等）都是表示颜色外貌的属性。有时色相也称为色调。

（2）饱和度（S）

饱和度指颜色的强度或纯度，表示色相中灰色成分所占的比例，用0%～100%（纯色）来表示。

（3）亮度（B）

亮度是颜色的相对明暗程度，通常用0%（黑）～100%（白）来度量。

4．灰度模式

灰度模式可以使用多达256级灰度来表现图像，使图像的过渡更平滑细腻。灰度模式图像的每个像素有一个0（黑色）到255（白色）之间的亮度值。灰度值也可以用黑色油墨覆盖的百分比来表示（0%等于白色，100%等于黑色），如图9-49所示。

图9-49　灰度模式图像

5．Lab模式

Lab模式的原型是由CIE协会在1931年制定的一个衡量颜色的标准，在1976年被重新定义并命名为CIELab。此模式解决了由于不同的显示器和打印设备所造成的颜色扶植的差异，也就是它不依赖于设备。Lab颜色是以一个亮度分量L及两个颜色分量a和b来表示颜色的，a代表由绿色到红色的光谱变化，b代表由蓝色到黄色的光谱变化。Lab模式所包含的颜色范围最广，能够包含所有的RGB和CMYK模式中的颜色。

6．位图模式

位图模式用两种颜色（黑和白）来表示图像中的像素。位图模式的图像也叫作黑白图像。由于位图模式只用黑白色来表示图像的像素，在将图像转换为位图模式时会丢失大量细节，因此

Photoshop提供了几种算法来模拟图像中丢失的细节。在宽度、高度和分辨率相同的情况下，位图模式的图像尺寸最小，约为灰度模式的1/7和RGB模式的1/22以下。

7．索引颜色模式

索引颜色模式是网上和动画中常用的图像模式，当彩色图像转换为索引颜色的图像后包含近256种颜色。索引颜色图像包含一个颜色表。如果原图像中颜色不能用256色表现，则Photoshop会从可使用的颜色中选出最相近颜色来模拟这些颜色，这样可以减小图像文件的尺寸。

8．双色调模式

双色调模式采用2～4种彩色油墨创建由双色调（2种颜色）、三色调（3种颜色）和四色调（4种颜色）混合其色阶来组成图像。在将灰度图像转换为双色调模式的过程中，可以对色调进行编辑，产生特殊的效果。而使用双色调模式最主要的用途是使用尽量少的颜色表现尽量多的颜色层次，这对于减少印刷成本是很重要的。

9．多通道模式

多通道模式对有特殊打印要求的图像非常有用。例如，如果图像中只使用了一两种或两三种颜色时，使用多通道模式可以减少印刷成本并保证图像颜色的正确输出。

9.5.3 图像的存储格式

制作完成后要将图像储存起来，而图像储存时有各种各样的文件格式可以选择。在网页中的常用图像格式是JPG、GIF、PNG，其中JPG也称为JPEG或者JPE。PSD文件格式或者AI文件格式是无法在网页上显示出来的。

1．PSD格式

PSD格式是Phtoshop软件的专用格式，能支持网络、通道、路径、剪贴路径和图层等所有Photoshop的功能，还支持Photoshop使用的任何颜色深度和图象模式。PSD格式是采用RLE的无损压缩，在Photoshop中存储和打开此格式也是较快速的。

PSD格式虽然可以保存图像中的所有信息，但用该格式存储的图像文件较大。因为该格式是Photoshop软件的专用格式，其他软件都无法直接支持，所以在图像编辑完成之后，应该将图像转换为兼容性好并且占用磁盘空间小的图像格式。当保存PSD文件时，Photoshop将弹出提示对话框，如图9-50所示。

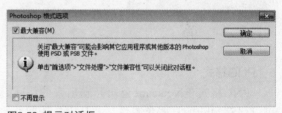

图9-50 提示对话框

2．BMP格式

这种格式也是PhotoShop最常用的点阵图格式，此种格式的文件几乎不压缩，占用磁盘空间较大，存储格式可以为1bit、4bit、8bit、24bit支持RGB、索引、灰度和位图色彩模式，但不支持Alpha通道。BMP文件存储数据时，图像的扫描方式是按从左到右、从下到上的顺序。由于BMP文件格式是Windows环境中交换与图有关的数据的一种标准，因此在Windows环境中运行的图形图像软件都支持BMP图像格式。在保存BMP格式时，会弹出"BMP选项"对话框，如图9-51所示。

图9-51 "BMP选项"对话框

3．GIF格式

GIF分为静态GIF和动画GIF两种，扩展名为.gif，是一种压缩位图格式，支持透明背景图像，适用于多种操作系统，"体型"很小，网上很多小动画都是GIF格式。其实GIF是将多幅图像保存为一个图像文件，从而形成动画，所以归根到底GIF仍然是图片文件格式，但GIF只能显示256色。和JPEG格式一样，这是一种在网络上非常流行的图形文件格式。在保存图像为GIF格式之前，需要将图像转换为位图、灰度或索引颜色等颜色模式。在保存GIF格式时会弹出"索引颜色"对话框，如图9-52所示。

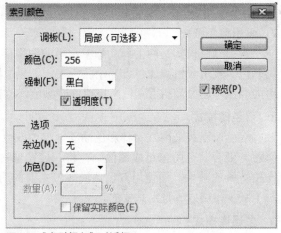

图9-52 "索引颜色"对话框

4．EPS格式

EPS格式为压缩的PostScript格式，是为在PostScript打印机上输出图像开发的格式。其最大优点在于可以在排版软件中以低分辨率预览，而在打印机时以高分辨率输出。EPS格式支持Photoshop所有颜色模式，可以用来存储位图图像和矢量图形，在存储位图图像时，还可以将图像的白色像素设置为透明的效果，它在位图模式下也支持透明。在保存EPS格式时，会弹出"EPS选项"对话框，如图9-53所示。

图9-53 "EPS选项"对话框

5．PNG格式

PNG格式是Netscape公司开发出来的格式，可以用于网络图像，不同于GIF格式图像的是，它可以保存24bit的真彩色图像，并且支持透明背影和消除锯齿边缘的功能，可以在不失真的情况下压缩保存图像。但由于并不是所有的浏览器都要支持PNG格式，所以该格式在网页中使用远比GIF和JPEG格式少。PNG格式文件在RGB和灰度模式下支持Alpha通道，但在索引颜色和位图模式下不支持Alpha通道。在保存PNG格式的图像时，图片将会以从模糊逐渐转为清晰的效果进行显示。

6．JPEG格式

JPEG格式是目前网络上最流行的图像格式，是可以把文件压缩到最小的格式。JPEG是一种很灵活的格式，具有调节图像质量的功能，允许用不同的压缩比例对文件进行压缩，支持多种压缩级别，压缩比率通常在10∶1到40∶1之间，压缩比越大，品质就越低；相反地，压缩比越小，品质就越好。

　　JPEG格式压缩的主要是高频信息，对色彩的信息保留较好，适合应用于互联网，可减少图像的传输时间，可以支持24bit真彩色，也普遍应用于需要连续色调的图像。

　　JPEG格式的应用非常广泛，目前各类浏览器均支持JPEG这种图像格式，因为JPEG格式的文件尺寸较小，下载速度快。在保存JPEG格式时，会弹出"JPEG选项"对话框，如图9-54所示。

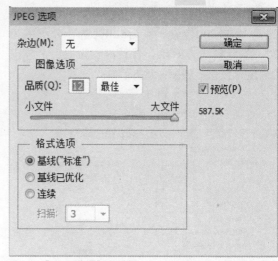

图9-54 "JPEG选项"对话框

7．TIFF

　　TIFF支持位图、灰度模式、索引模式、RGB、CMYK和Lab等图象模式。TIFF是跨平台的图象格式，既可在Windows，又可在Macintosh中打开和存储。它被页面布局程序广泛地接受，常用于出版和印刷业中。

9.6　上机实训

　　在学习了本章知识后，接下来通过以下实训案例巩固和温习所学的知识。

🖥 **实训1丨制作网页图像** 实训目的：通过制作如图9-55所示的图像，以熟练掌握渐变工具的应用。

◎ 实训要点：设置前景色；油漆桶工具应用；渐变工具应用；圆角矩形工具的应用

图9-55 图像界面示意图

01 打开Photoshop CS6，新建文件，设置文件的宽度为1000像素、高为500像素、分辨率为72、颜色模式为RGB、背景内容为白色，单击"确定"按钮，如图9-56所示。

02 选择横排文字工具，在编辑窗口中输入文本，单击面板底部的"添加图层样式"按钮*fx.*，选择"渐变叠加"选项，打开"图层样式"对话框，从中设置渐变颜色，如图9-57所示。

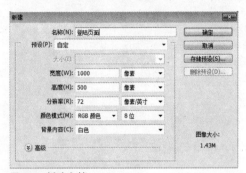

图9-56 新建文档

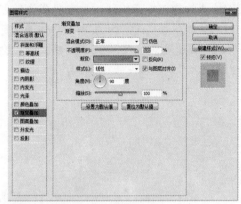

图9-57 "图层样式"对话框

03 切换到"描边"选项，设置颜色#00ffc0以及其他参数，如图9-58所示。

04 切换到"投影"选项，设置投影参数，如图9-59所示。

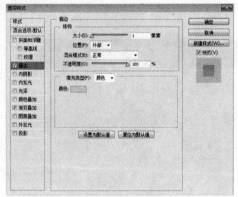

图9-58 设置描边选项

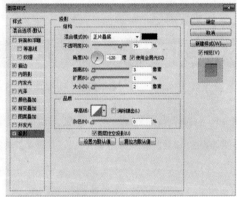

图9-59 设置投影选项

05 设置完成后，单击"确定"按钮，输入的文本将显示为如图9-60所示的效果。

06 打开素材图片，使用移动工具将图像拖到编辑窗口中，然后按快捷键Ctrl+T，调整图像大小，如图9-61所示。

图9-60 文本效果

图9-61 拖入素材图像

07 选择横排文字工具，在图像上输入文本"用户名："，调整文本大小，如图9-62所示。

图9-62 输入文字

09 使用相同的方法，制作文本"密码："，如图9-64所示。

图9-64 创建其他文字

11 新建一个图层并命名为"底"，选择"圆角矩形工具"选项，设置半径数值为25，绘制一个圆角矩形，如图9-66所示。

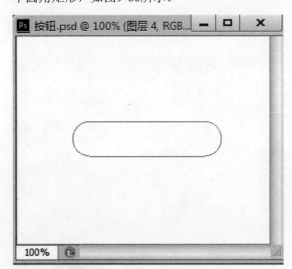

图9-66 绘制圆角矩形

08 选择矩形工具，设置前景色为白色，绘制一个白色矩形，如图9-63所示。

图9-63 绘制矩形

10 新建一个"按钮"文件，设置文件的宽度为10cm、高为8cm、分辨率为72、颜色模式为RGB、背景内容为白色，单击"确定"按钮，如图9-65所示。

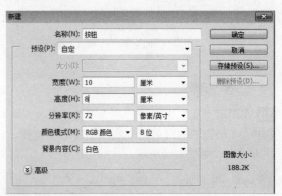

图9-65 新建"按钮"文件

12 打开"路径"面板，单击面板底部的"将路径作为选区载入"按钮，将路径转换为选区，如图9-67所示。

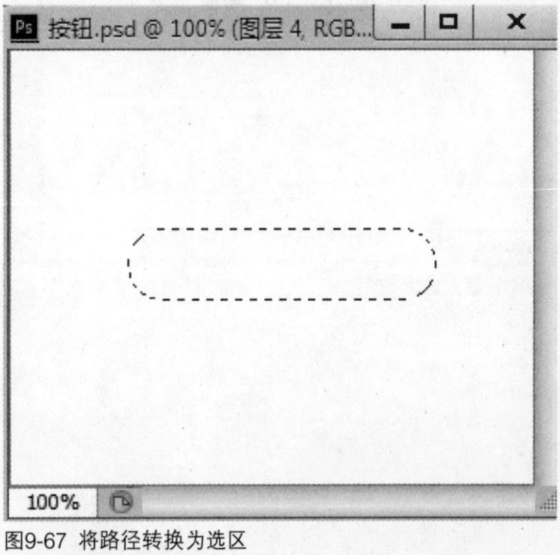

图9-67 将路径转换为选区

13 选择渐变工具，设置渐变样式为"线性渐变"，设置渐变颜色分别为RGB（255、255、255），RGB（242、254、230），RGB（26、111、82），如图9-68所示。

图9-68 设置渐变颜色

15 在图层"底"上新建一层命名为"高光"，在按住Ctrl键的同时单击"底"图层的缩览图，载入选区，如图9-70所示。

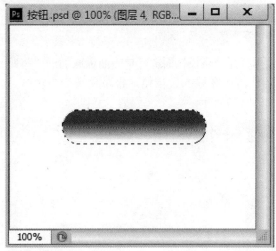

图9-70 载入选区

14 设置完成后单击"确定"按钮，在圆角矩形选区中绘制渐变颜色，如图9-69所示。

图9-69 绘制渐变

16 选择"选择 > 修改 > 收缩"命令，弹出"收缩选区"对话框，设置收缩量为3，单击"确定"按钮，如图9-71所示。

图9-71 "收缩选区"对话框

17 选择渐变工具，设置渐变颜色为白色到透明，在选区中绘制渐变颜色，按快捷键Ctrl+D取消选区，如图9-72所示。

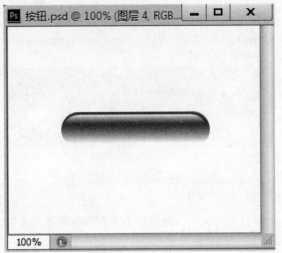

图9-72 绘制渐变

19 切换到"内阴影"选项，设置内阴影参数，如图9-74所示。

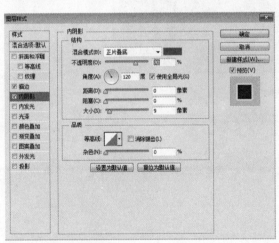

图9-74 添加内阴影样式

21 在图层"高光"上面新建一层命名为"文字"，选择横排文字工具，输入登录文本，字体颜色用白色，添加投影图层样式，此时按钮制作完成，如图9-76所示。

18 打开"图层"面板，选中"底"图层，单击面板底部的"添加图层样式"按钮，弹出"图层样式"对话框，设置描边参数，如图9-73所示。

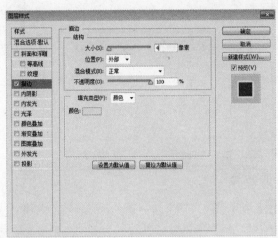

图9-73 添加描边样式

20 设置完成后，单击"确定"按钮，效果如图9-75所示。

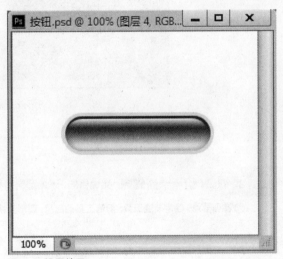

图9-75 设置效果

22 选中按钮文件所有图层（背景层除外），按快捷键Ctrl+E合并图层，选择移动工具，将按钮图像拖到登录页面文档中，并调整图像的大小，如图9-77所示。

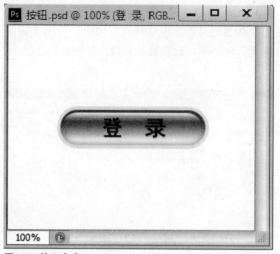

图9-76 输入文字

图9-77 调整按钮的大小

23 选择横排文字工具，在页面底部输入文本，调整文本位置与大小，此时整个页面制作完成，如图9-78所示。

图9-78 最终效果

实训 2 | 绘制卡通蝴蝶 实训目的：通过绘制如图所示的蝴蝶，掌握渐变工具、钢笔工具等的使用方法。

◎ 实训要点：使用渐变工具；钢笔工具的应用；图形变换

图9-79 最终效果

01 打开Photoshop CS6，新建文件，设置文件的宽度和高度均为400像素、分辨率为72、颜色模式为RGB、背景内容为白色，单击"确定"按钮，如图9-80所示。

图9-80 新建文件

03 新建一个图层1，用椭圆选框工具绘制一个正圆选区，如图9-82所示。接着选择渐变工具，设置渐变样式为"径向渐变"。

图9-82 绘制选区

05 取消选区后，按快捷键Ctrl+T将圆形拉扁，如图9-84所示。

02 打开一张背景图片，添加到"背景"图层上，如图9-81所示。

图9-81 背景图层

04 设置渐变颜色分别为RGB（128、206、248），RGB（0、121、139），设置完成后单击"确定"按钮，在圆形选区中填充渐变色，按快捷键Ctrl+D取消选区，如图9-83所示。

图9-83 绘制渐变

图9-84 变形图像

06 制作眼睛部分，新建一个图层，设置前景色为黄色，选择椭圆工具，绘制一个黄色圆形。再新建一个图层，设置前景色为红色，绘制一个稍微小一点的红色圆形；选中这两个图层，按快捷键Ctrl+E合并图层并命名为"眼睛"，另一只眼睛复制即可，如图9-85所示。

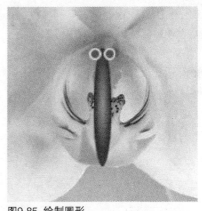

图9-85 绘制圆形

07 制作触角部分，新建一个图层，用钢笔工具勾出一个不规则路径，如图9-86所示。

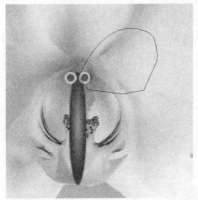

图9-86 绘制路径

08 将路径转化为选区，选择油漆桶工具填充颜色，如图9-87所示。

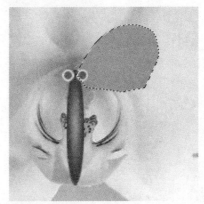

图9-87 填充颜色

09 将选区向下和向右各移动一个像素，按Delete键删除多余部分，如图9-88所示。

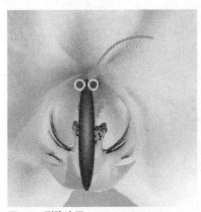

图9-88 删除选区

10 复制图层，选择"编辑>变换>水平翻转"命令，将另一只触角移动到合适位置，并在上面添加黄色圆形，如图9-89所示。

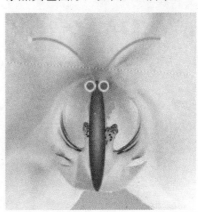

图9-89 水平翻转

11 制作翅膀部分，新建一个图层，选择钢笔工具，绘制一个翅膀路径，如图9-90所示。

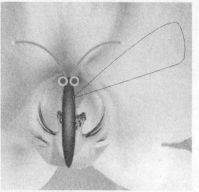

图9-90 绘制路径

12 将路径转换成选区，选择渐变工具，设置渐变样式为线性渐变，设置渐变颜色分别为RGB（128、206、248），RGB（0、121、139），设置完成后单击"确定"按钮，在圆形选区中绘制渐变颜色，如图9-91所示。

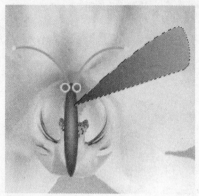

图9-91 填充颜色

13 取消选区，把刚才制作的图形复制一层，按快捷键Ctrl+T进行变形处理，移动编辑中心点至左下方，旋转角度，再缩小一点，如图9-92所示。

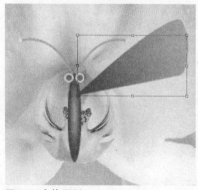

图9-92 变换图形

14 调整好之后，按Enter键确认，然后在按住Ctrl+Shift+Alt的同时不断按T键复制图层，效果如图9-93所示。

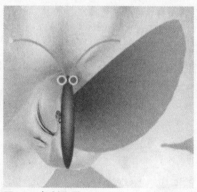

图9-93 复制图层

15 把构成翅膀的所有图层合并，复制图层，再水平翻转，移动到左边，如图9-94所示。

图9-94 复制图层

16 使用同样的方法制作其他翅膀，最终效果如图9-95所示。

图9-95 最终效果

9.7 习题

1. 选择题

（1）打开标尺的快捷键是（　）。

A. Ctrl+R　　　　　B. Shift+R　　　　　C. Ctrl+Shift+R　　　　　D. Alt+R

（2）下列选项中（　）是 Photoshop 中正确的的颜色模式。

A. 转换模式　　　　　　　　　　B. RGB 模式
C. 矢量模式　　　　　　　　　　D. 放大模式

（3）在 Photoshop 中将前景色和背景色恢复为默认颜色的快捷键是（　）。

A. D　　　　　　　　B. X　　　　　　　　C. Tab　　　　　　　　D. Alt

（4）图像大小与图像的（　）成正比。

A. 格式　　　　　　　　　　　　B. 图层
C. 通道　　　　　　　　　　　　D. 分辨率

2. 填空题

（1）Photoshop CS6 的操作界面主要包括菜单栏、_____、_____、浮动面板、编辑窗口以及状态栏。

（2）Photoshop CS6 有 3 种屏幕模式，分别为 _____、带有菜单栏的全屏模式和 _____。

（3）计算机中的图像可以分为 _____ 和位图。

（4）位图亦称为点阵图像或绘制图像，是由称为 _____ 的单个点组成的。

（5）常用的颜色模式主要包括 _____、_____、Lab 颜色模式、HSB 模式和灰度模式等。

（6）_____ 是一种印刷模式，其中 4 个字母分别指青（Cyan）、洋红（Magenta）、黄（Yellow）和黑（Black），在印刷中代表 4 种颜色的油墨。

3. 上机操作

通过对本章知识的学习，制作如图 9-96 所示的按钮。

制作要点：本按钮的构成主要分为两大部分，一部分是金属外框，另一部分是蓝色玻璃。制作的时候只要画好相应的图层，再加上图层样式效果就出来了。

图9-96 按钮示意图

网页图像的设计

Chapter 10

设计网页图像是Photoshop最为重要的操作之一，利用该软件中的相应处理工具可以制作出更加亮丽的平面作品，从而满足用户的需求。本章将对图像设计的相关操作进行介绍，其中包括创建与编辑选区、修改图像、图层与蒙版、调整网页图像以及运用滤镜增强网页图像的效果等。此外，还将介绍Photoshop CS6的新功能，如修复工具组中的"内容感知移动工具"、滤镜中的"场景模糊"、"光圈模糊"等。

 本章重点知识预览

本章重点内容	学习时间	必会知识	重点程度
选区的创建与编辑	30分钟	创建选区 编辑选区	★★★
图像修改工具的使用	45分钟	橡皮擦工具组 图章工具组 修复工具组	★★★★
图层与蒙版	45分钟	图层的基本操作 图层样式的应用 图层的混合模式 图层蒙版	★★★★★
图像色彩与色调的调整	30分钟	调整图像色调 调整图像色彩	★★★★

本章范例文件	·Chapter10\创建矩形选区.jpg ·Chapter10\可选颜色调整.jpg等
本章实训文件	·Chapter 10\实训1 ·Chapter 10\实训2

本章精彩案例预览

▲ 合成图像效果

▲ 描边效果

▲ 修饰图像效果

10.1 创建与编辑选区

选区就是在图像中选取的某个区域，而这个区域可以从整个图像中分离出来，通过对图像选区的编辑可以得到更多精美的图像效果。

10.1.1 创建选区

如果要对图像的某个区域进行编辑，一般需先为该区域创建选区。待选区建立后，选区的边界会出现不断闪烁的虚线，以代表选区的范围。当对选区内的图像进行编辑时（如移动、复制、更换颜色等），选区外的图像则不受影响。在Photoshop CS6中创建选区有多种方法，下面将对其进行分别介绍。

1．使用选框工具创建规则选区

选框工具主要用于创建一些比较规则的形状区域，如矩形、椭圆等。单击工具箱中的选框工具，将打开如图10-1所示的选框工具组，其中包括常见的4种选框工具。

（1）矩形选框工具

单击矩形选框工具按钮，在图像中单击并拖曳鼠标创建出一个矩形选区。若按住Shift键进行拖曳，将会创建一个正方形选区。若按住Shift键和Alt键拖曳，即可建立以起点为中心的正方形选区。如图10-2所示就是对选区中的花朵更换颜色的效果。

图10-1 选框工具组

图10-2 创建矩形选区并调整颜色

（2）椭圆选框工具

单击椭圆选框工具按钮，创建出一个椭圆选区。若按住Shift键进行拖曳，创建出来的就是正圆选区；若按住Shift键和Alt键拖曳，可以建立以起点为中心的正圆选区，如图10-3所示为创建椭圆选区并更改其颜色的效果。

图10-3 创建椭圆选区并调整颜色

TIP 椭圆工具选项栏的使用技巧
在椭圆选框工具选项栏中有一个"消除锯齿"选项，选中该选项可以消除选区的锯齿边缘，达到美观的效果。

（3）单行和单列选框工具

单行和单列选框工具可以创建宽度为1像素和高度为1像素的选区。在使用时可以将图像放大再进行选取，其参数设置和矩形选框工具相同，不同的是选择工具后只需在图像窗口中单击即可创建选区。

TIP 选区运算

在矩形选框工具、椭圆选框工具、单行选框工具和单列选框工具的选项栏中均有4个"设置选区形式"按钮，从左至右依次为："新选区" ▣、"添加到选区" ▣、"从选区减去" ▣、"与选区交叉" ▣。

新选区：在默认情况下，系统选中此按钮，只能创建一个选区。如果已经创建了一个选区，再创建一个选区时，则原选区会被取消。即在新选区状态下，新选区会替代原来的旧选区，相当于取消后重新选取。

添加到选区：如果已经有一个选区，再创建一个选区时，要一直按住Shift键，则新建选区与原选区相加得到一个新选区。在添加选区时，光标变为十，这时新选区和原选区都存在。如果新选区在原选区之外，则形成两个封闭流动虚线框。

从选区中减去：如果已经有一个选区，再创建一个选区时，按住Alt键（一直按住，直到减去选区结束）切换到"从选区减去"选项，单击拖曳出需要减去的区域，则从原选区上减去与新建选区重合的部分得到一个新选区。在减去选区时，光标变为十，这时新的选区会减去原选区。如果新选区在原选区之外，则没有任何影响。

与选区交叉：如果已有一个选区，再创建一个选区时，同时按住Shift键和Alt键，就会切换到"与选区交叉"选项，新绘制的选取范围与原选区相交的部分将会被保留得到一个新选区。交叉选区也称为选区交集，它的效果是保留新选区和原两个选区的相交部分。

---

2. 使用套索工具创建不规则选区

套索工具可以创建不规则图像的选区。选择套索工具后沿着要选择的区域进行拖曳，当绘制的线条完全在选择范围后释放鼠标即可得到选区。套索工具组把包含套索工具、多边形套索工具和磁性套索工具3种。

（1）套索工具

利用套索工具，在需要选择的图像边缘拖动鼠标，可以粗略地选取图像。操作方法是选择套索工具，光标变为套索状 ⌀，在窗口一直按住鼠标左键并拖动鼠标，可以创建一个不规则的选区，释放鼠标时，系统会自动连接鼠标的起点与终点，形成一个闭合的选区，如图10-4所示。使用套索工具创建选区时按住Alt键的同时单击鼠标左键，在绘制的过程中松开鼠标，在另外一处单击鼠标，使两点之间以直线相连，如图10-5所示。

图10-4 闭合选区

图10-5 两点直线相连

（2）多边形套索工具

多边形套索工具通过指定起点的方式创建任意形状的多边形选区，其使用方法是选择多边形套索工具，光标变为多边形套索状 ⌄，首先确定多边形选区的起点，然后移动鼠标，依次在所需多边形选区处单击鼠标，最后移动鼠标至起点处，当鼠标指针右下角出现一个小圆圈时单击，系统将自动连接起点和终点，形成一个闭合的多边形选区。如图10-6所示就是用多边形套索工具把花朵的轮廓形成闭合的选区。

图10-6 利用"多边形索套工具"创建选区

TIP　套索工具的使用技巧

在使用套索工具创建选区的过程中，按住 Alt 键拖动，可以切换为多边形套索工具。在使用多边形套索工具创建选区时，按住 Shift 键拖动，可以创建出水平、垂直或45°角方向的边线。

（3）磁性套索工具

磁性套索工具适用于细节丰富，比较复杂的图像，套索工具和多边形套索工具是很难精确定位选区边界。磁性套索工具的选项栏如图10-7所示，可以根据需要设置各选项的参数。

图10-7 磁性套索工具选项栏

下面将介绍主要选项的含义。

- 宽度：指定系统检测到边缘的宽度。利用磁性套索工具创建选区时，系统将在鼠标指针周围指定的宽度范围内选定反差最大的边缘作为选取边界，也就是自动检测边缘的宽度，查找分析色彩的区域。该数值取值范围为1～256像素，默认值为10。数值越小，检测范围就越精确。
- 对比度：用于设置检测选区边缘的灵敏度。该数值在1%～100%范围之间，数值越大，对比度就越大，系统能识别的选区边缘的对比度也就越高，边界定位就越精确。
- 频率：指定选区边缘关键点出现的频率。频率取值范围在0～100之间。数值越大，系统创建关键点的速度就越快，关键点出现的次数就越多，选区精确度就越高。
- 使用绘图板压力以更改钢笔宽度 ：单击该按钮可以使用绘图板压力以更改钢笔笔触的宽度。注意此选项只有使用绘图板绘图时才有效。

TIP　磁性套索工具的使用技巧

在使用"磁性套索工具"创建选区的过程中，如果产生的锚点不与图像对应，按 Delete 键可以删除上一个锚点，也可以手动（单击鼠标左键）增加锚点。

磁性套索工具能够自动识别图像的边界，可以按图像的不同颜色将图像中相似的部分选取出来，还可以设置选项栏中参数，精确创建选区。其使用方法是：移动光标选择图像的边缘单击鼠标，确定选区起点，然后沿所选图像的边缘移动鼠标指针，系统会自动在预先设定的像素宽度内分析图像，自动将选区边界吸附到交界上，最后移动鼠标至起点处，当光标右下角出现一个小圆圈时单击，即可形成一个封闭的选区。图10-8所示的是用磁性套索工具将花朵的轮廓进行封闭。

图10-8 利用 "磁性索套工具" 创建选区

3. 使用魔棒工具选取颜色相近的选区

魔棒工具可以一次选取与取样点相同颜色的像素。按住鼠标左键单击工具箱中的快速选择工具，将发现魔棒工具包括快速选择工具和魔棒工具两种。

（1）快速选择工具

快速选择工具适用于选择颜色差异比较大的图像。通过单击在图像需要的区域，将会迅速自动创建选区。如图10-9所示为快速选择图像的白色区域。

图10-9 利用 "快速选择工具" 创建选区

（2）魔棒工具

魔棒工具是根据颜色来确定选区的工具，可以选取图像中颜色相同或相近图像的区域。它的操作方法较为简单，只要单击图像的颜色区域中的任意点，即可选择所有与采样点相近的像素区域。如图10-10所示就是使用魔棒工具选择颜色相同或相近的区域。

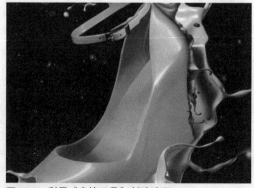

图10-10 利用 "魔棒工具" 创建选区

选择工具箱中的魔棒工具，打开魔棒工具的选项栏如图10-11所示，可以根据需要设置各选项的参数。

| 🔍 ▾ | ■ ◨ ◪ ◩ | 取样大小： | 取样点 ⇕ | 容差： 32 | ☑ 消除锯齿 | ☑ 连续 | ☐ 对所有图层取样 | 调整边缘 … |

图10-11 魔棒工具选项栏

其中，主要选项的含义如下。

- 容差：控制选取颜色的范围。容差值的选择范围在0～255之间，默认值为32。容差值越小，选取的颜色就越接近，选区的范围越小，但精确度较高；容差值越大，选择的颜色区域范围越广，但精确度会降低。
- 消除锯齿：用于消除选区边缘的锯齿。选中该选项，使选区边缘更平滑。
- 连续：默认状态下，该选项处于选中状态，表示系统只选取相邻的颜色区域；若不勾选该复选框，系统将对整个图像进行分析，将颜色相近的图像区域全部选中。
- 对所有图层取样：默认状态下，该选项处于非选中状态，表示系统仅对图像当前图层进行分析；若勾选复选框，系统将图像所有图层作为一个图层统一进行分析，即对图像中所有的图层起作用。

4．使用菜单命令创建选区

在Photoshop CS6中，可以选择菜单命令创建选区，如"全部"、"反向"、"色彩范围"等命令，下面将对其进行介绍。

（1）使用"全部"命令创建选区

如果要创建包含整幅图像的选区，则可以使用"选择>全部"命令，或者按快捷键Ctrl+A，在图像周围出现一圈闪烁的虚线，即整个图像区域被选中。如果要取消创建的选择区域，则可以使用"选择>取消选择"命令，或者按快捷键Ctrl＋D，取消刚才创建的选择区域。在"取消选择"命令执行后，还可以使用"重新选择"命令，或者按快捷键Ctrl+Shift+D，恢复前一次取消的选择区域，此时闪烁的虚线重新出现，恢复之前取消的选区。

（2）使用"反向"命令创建选区

"反向"命令用于将图像中的选择区域和非选择区域进行互换。在创建选区后，执行"选择>反选"命令，将选择范围变为与原选择相反的区域。如图10-12所示的是先选择花朵轮廓，最后反选的背景效果。

图10-12 利用"反向"命令创建选区

（3）使用"色彩范围"命令创建选区

若只想选择同一颜色的区域，"色彩范围"命令是最好的选择，它可以根据颜色进行创建选区。打开素材文件，执行"选择>色彩范围"命令，将会弹出"色彩范围"对话框。在该对话框的"选择"一栏中，打开右边的下拉列表中，根据需要进行选择，得到想要的效果。如图10-13所示的是选择白色区域的选区。

图10-13 利用"色彩范围"命令创建选区

10.1.2 编辑选区

创建选区后，如果对所创建的选区不满意，可以对其进行编辑处理，最终得到满意的区域。

1．选区形状的编辑

对创建后的选区进行形状编辑，使之与图像相符合，可以通过移动、复制、缩放、透视等编辑方法进行调整。下面将对这些操作进行详细介绍。

（1）移动选区

单击工具箱中的选框工具，在图像上绘制选区，然后将鼠标放在选区内，指针变为▷时，按住鼠标左键拖曳选区到新的位置后释放鼠标即可。如图10-14所示的是创建选区后，将选区移动到右边位置。

图10-14 移动选区

（2）扩大选取和选取相似

如果需要选取图像颜色相近的区域，可以先选取小部分，执行"选择>扩大选取"或"选取相似"命令，根据颜色快速地进行选取。

"扩大选取"命令可以将原选区扩大，扩大的范围（由魔棒工具的容差值决定）是和原选区相邻或颜色相近的区域。"选取相似"命令是将整个图形颜色相似的区域进行扩展。如图10-15所示的左边将原选区扩大选取，右边是选取颜色相似的区域。

图10-15 "扩大选取"和"选取相似"

（3）调整选区边缘

在已经创建的选区窗口中，执行"编辑>调整边缘"命令，弹出如图10-16所示的"调整边缘"对话框，从中可以对选区进行半径、对比度等调整。如图10-17所示的就是将带有棱角的图像边缘进行羽化后圆滑的效果。

图10-16 "调整边缘"对话框　　图10-17 调整选区边缘

（4）变换选区

有时需要对创建的选区进行变换操作，以调整图像最佳效果。执行"选择>变换选区"命令，可以对选区进行旋转、缩放、镜像等操作。

执行命令后，选区周围出现调整框，如图10-18所示。移动鼠标到调整框的4个角，当光标呈现，拖曳即可旋转选区；移动鼠标到调整框的4个角，当光标呈现，拖曳即可缩放选区。若在按住Ctrl键的同时，将鼠标移到调整框任意控制点，光标呈现，可拖曳不规则变形选区；若在按住Ctrl+Alt键的同时，将鼠标移到调整框任意控制点，光标呈现，可拖曳平行变形选区；若在按住Ctrl+Shift+Alt键的同时，将鼠标移到调整框任意控制点，光标呈现，可拖曳透视变形选区。

图10-18 调整框　　　　　　图10-19 斜切调整框

通过调整控制调整框的8个控制点以变换选区，如图10-19所示。在调整控制点时，按住Alt键可以对选区进行透视斜切变换；按住Shift键可以对选区进行等比例缩放。

TIP 变换选区与自由变换的区别

"选择 > 变换选区"命令，仅变换选区的外形；而"编辑 > 自由变换"命令，在变化选区外形的同时也变换选区内部的图像。

2. 选区的修改

选区的修改是编辑选区的一部分，包括扩展选区、收缩选区、边界选区、平滑选区以及羽化选区。下面将详细介绍这5种编辑方法的操作。

（1）收缩选区

收缩选区的作用是在原有选区上向内均匀收缩。执行"选择>修改>收缩"命令，弹出"收缩选区"对话框，如图10-20所示。

在该对话框中可以设置收缩量选项，其取值范围为1～100像素，数值越大，收缩的面积也就越大。如图10-21所示的是收缩量为10像素的收缩效果。

图10-20 "收缩选区"对话框

图10-21 收缩选区后的效果

（2）扩展选区

使原有选区向外均匀扩展，执行"选择>修改>扩展"命令，弹出"扩展选区"对话框，如图10-22所示。

在该对话框中可设置扩展量选项，其取值范围为1～100像素，数值越大，扩展的面积就越大。如图10-23所示的是扩展量为10像素的扩展效果。

图10-22 "扩展选区"对话框

图10-23 扩展选区后的效果

（3）边界选区

执行"选择>修改>边界"命令，弹出"边界选区"对话框，如图10-24所示。

图10-24 "边界选区"对话框

"边界选区"命令不同于"扩展选区"命令和"收缩选区"命令，选区不是在原有选区基础上放大或收缩，而是在该对话框中，通过设置边界的宽度，产生一个以原有选区边界为基础创建了一个新的特定宽度的选区。边界选区的宽度由设置的宽度值决定，数值越大边界宽度越大。如图10-25所示的是宽度为30像素的边界选区效果。

图10-25 边界选区后的效果

（4）平滑选区

"平滑"命令的作用使选区边缘变得较为连续和平滑。由于在使用不规则选区工具选取图像时，得到的选区往往会呈现很明显的锯齿状。因此，使用"平滑"命令可以使选区更光滑一些。执行"选择>修改>平滑"命令，将弹出"平滑选区"对话框，如图10-26所示。

图10-26 "平滑选区"对话框

"取样半径"值用于控制平滑程度。在"取样半径"文本框中输入1～100像素范围内的数值，数值越大就越光滑。设置完成后单击"确定"按钮即可。如图10-27所示的是取样半径为20像素的平滑效果。

图10-27 平滑选区后的效果

（5）羽化选区

羽化选区的操作，有以下两种方法。

一是在工具选项栏中设置羽化值，如选择矩形、椭圆形等选框工具，在创建选区前先设置工具选项栏羽化选项，羽化值取值0～250，不同羽化值产生不同的羽化效果。填充设置羽化值的选区，边缘产生柔和的渐变效；

二是执行"选择>修改>羽化"命令：对已有的选区设置羽化效果，弹出"羽化选区"对话框，如图10-28所示。

在"羽化半径"文本框中输入值，修改选区的羽化效果。如图10-29所示是没有进行羽化操作的效果，如图10-30所示是设置"羽化半径"为50像素的效果。

图10-28 "羽化选区"对话框

图10-29 羽化前

图10-30 羽化后填充效果

3．存储选区

选区的存储操作也是很关键的，若当前创建的选区在之后还会使用，则可以将其保存起来。执行"选择>存储选区"命令，弹出"存储选区"对话框，如图10-31所示。

图10-31 "存储选区"对话框

4．载入选区

载入选区的操作是将已经存储的选区载入其他文档的情况。执行"选择>载入选区"命令，弹出"载入选区"对话框，如图10-32所示。在该对话框中，各选项含义如下。

- "文档"选项：用于选择要载入选区的图像文档（默认为当前文档）。
- "通道"选项：用于选择保存选区的通道或要载入的图层。
- "操作"选项：在该选项区中可以用于设置载入

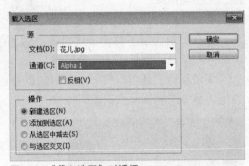

图10-32 "载入选区"对话框

选区与图像中当前选区的运算方式。如果在载入选区之前当前图像中没有任何选区，则只有"新建选区"方式有效。

5．选区的应用

（1）复制、剪切和粘贴选区

创建好图像中的选区后，执行"编辑>拷贝"命令（按快捷键Ctrl+C），将选区内的图像复制到剪贴板上，接着执行"编辑>粘贴"命令（按快捷键Ctrl+V），即可得到剪贴板上的图像。如图10-33所示的是将茶杯图像拷贝到地球仪图像的效果。

图10-33 复制并粘贴图像

执行"编辑>剪切"命令（按快捷键Ctrl+X），也可以将选区内的图像复制到剪贴板上，但是该选区将从原图像中删除。

执行"编辑>选择性粘贴>贴入"命令（按快捷键Ctrl+Shift+V）时，首先需要创建一个选区，命令执行后，粘贴的图像只会出现在选取范围内，使用"贴入"命令能得到特殊的效果。如图10-34所示的是替没有图像的选区贴入图像的效果。

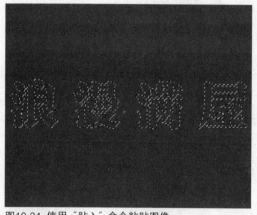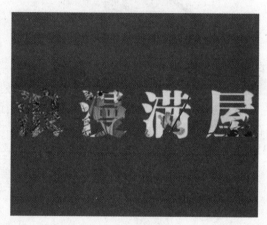

图10-34 使用"贴入"命令粘贴图像

（2）利用选区编辑图像

①移动图像

若移动的对象是图像的某个区域，首先要创建图像中的选区，接着使用移动工具将选区进行移动。当在背景图层中移动选区对象后会留下空白区域，此部分将用背景色填充；若在普通图层中移动选区对象时，会使选区部分透明。

使用移动工具可以将一个窗口内的图像移动到另一个窗口，从而得到新的图像。如图10-35所示的是将蝴蝶选区移动到花的图像中。

图10-35 移动并合成图像

使用移动工具的同时按住Alt键，按住左键在选区内拖曳，此时选区内的图像将会被复制并移动。如图10-36所示的是创建绿色鸡蛋的选区，按住Alt键将其进行复制并移动。

图10-36 移动并复制图像

②清除图像

在图像中创建选区之后，执行"编辑>清除"命令，可以删除选区中的图像。当在背景图层中移动选区对象后会留下空白区域，此部分将用背景色填充，如图10-37所示的空白区域；若在普通图层中移动选区对象时，如图10-38所示会使选区部分透明。

图10-37 背景层删除选区图像　　　　　图10-38 普通层删除选区图像

③填充选区

选区建立后，执行"编辑>填充"命令，弹出"填充"对话框，如图10-39所示。在该对话框中，可以根据需要设置填充内容、混合模式和不透明度，单击"确定"按钮即可完成。

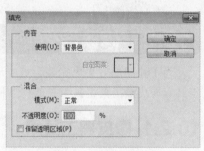

图10-39 "填充"对话框

"填充"命令可以填充色彩和图案，如图10-40和10-41所示的填充效果。按快捷键Shift+BackSpace可以直接调用"填充"对话框。按快捷键Alt+BackSpace或者Alt+Delete，可以填充前景色；按快捷键Ctrl+BackSpace或者Ctrl+Delete，可以填充背景色。

图10-40 色彩填充效果　　　　　图10-41 图案填充效果

（3）选区的描边

"描边"命令可以用指定颜色的线条，在选区边缘绘制边框。选区建立后，执行"编辑>描边"命令，弹出"描边"对话框，如图10-42所示。

图10-42 "描边"对话框

在该对话框中，各选项含义如下。

- 描边：在"宽度"选项的文本框中输入数值，代表描边的宽度，其数值范围1~250像素之间。"颜色"选项代表描边线条的颜色，单击"颜色"色块，可以更改颜色。
- 位置：主要是指描边线条的位置，有"内部"、"居中"和"居外"3种方式，如图10-43所示的是3种方式依次进行描边。

图10-43 3种方式的描边效果

- 混合：可以设置描边的色彩模式和不透明度。若勾选"保留透明区域"复选框，可以保护透明区域。

10.2 修改图像

为了让图形效果更完美、更生动，就需要利用工具进行修改。在Photoshop中，常见的修改图像工具有橡皮擦工具组、图章工具组和修复工具组等，下面就详细介绍各工具组的用途。

10.2.1 橡皮擦工具组

在Photoshop中，橡皮工具组包含橡皮擦工具、背景橡皮擦工具和魔术橡皮擦工具这3种，下面将分别对其进行详细介绍。

1. 橡皮擦工具

橡皮擦工具主要用于擦除当前图像中的颜色，相对应的工具选项栏如图10-44所示。

图10-44 橡皮擦工具选项栏

其中，部分选项的含义如下。

- 模式：在模式中可以选择画笔笔刷或铅笔笔刷进行擦除，两者的区别在于画笔笔刷的边缘柔和带有羽化效果，铅笔笔刷则没有。此外还可以选择以一个固定的方块形状来擦除。

- 不透明度、流量和喷枪样式 ：不透明度、流量以及喷枪样式都会影响擦除的"力度"，较小力度（不透明度与流量较低）的擦除会留下半透明的像素。
- 抹到历史记录：该选项的效果同历史纪录画笔工具一样，在擦除图像时，可以使图像恢复到任意一个历史状态。该方法常用于恢复图像的局部到前一个状态。

如果在背景层上使用橡皮擦，由于背景层的特殊性质（不允许透明），擦除后的区域将被背景色（可以更换背景颜色）所填充，效果如图10-45所示。因此如果要擦除背景层上的内容并使其透明的话，要先将其转为普通图层，效果如图10-46所示。

图10-45 在背景层使用效果

图10-46 在普通图层使用效果

TIP 橡皮擦工具的妙用

按住键盘上的 Shift 键可以强制橡皮擦工具以直线方式擦除。按住 Ctrl 键可以暂时将橡皮擦工具转换为移动工具。按住键盘上的 Alt 键系统将会以相反的状态进行擦除。

---

2. 背景橡皮擦工具

背景橡皮擦工具可以用于擦除指定颜色，相对应的工具选项栏如图10-47所示。

图10-47 背景橡皮擦工具选项栏

其中，各选项的含义如下。

- 取样：连续 ：指连续从笔刷中心所在区域取样，随着取样点的移动而不断地取样，这样可以擦除笔刷中心所在位置的相邻颜色区域，即可以将鼠标经过处的所有颜色擦除。
- 取样：一次 ：指以第一次单击鼠标左键时，笔刷中心点的颜色为取样颜色，取样颜色不随鼠标指针的移动而改变。鼠标在选区内单击处的颜色将会被作为背景色，只要不松手就可以一次擦除这种颜色。
- 取样：背景色板 ：指将背景色设置为取样颜色，只擦除与背景颜色相同或相近的颜色区域。
- 限制："不连续"即指擦除容差范围内所有与取样颜色相似的像素；"连续"即指擦除与取样点相接或邻近的颜色相似区域；"查找边缘"即指擦除与取样点相连的颜色相似区域，能较好地保留替换位置颜色反差较大的边缘轮廓。
- 容差：该选项用于控制擦除颜色区域的大小。数值越小，所擦除的颜色就越接近色样颜色，所擦除的颜色范围也就越小。
- 保护前景色：选中该复选框，可以在擦除颜色的同时保护前景色图像区域不被擦除。

如图10-48所示的是使用背景橡皮擦工具擦除花朵的图像效果。

图10-48 利用"背景橡皮擦工具"效果

3．魔术橡皮擦工具

魔术橡皮擦工具是魔术棒工具和背景橡皮擦工具的综合，它是一种根据像素颜色来擦除图像的工具，相对应的工具选项栏如图10-49所示。

图10-49 魔术橡皮擦工具选项栏

其中，部分选项的含义如下。

- "消除锯齿"选项：选中此复选框，将得到较平滑的图像边缘。
- "对所有图层取样"选项：选中此复选框，将利用所有可见图层中的组合数据来采集色样，否则只对当前图层的颜色信息进行取样。

使用魔术橡皮擦工具可以一次性擦除图像或选区中颜色相同或相近的区域，从而得到透明区域。若当前图层是背景图层，则背景图层将被转换为普通图层。如图10-50所示是将小女孩照片的背景擦除，而只保留头像的效果。

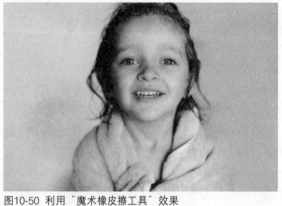

图10-50 利用"魔术橡皮擦工具"效果

> **TIP 魔术橡皮擦工具的使用技巧**
> 在选项栏中勾选"连续"复选框，魔术橡皮擦工具只可以对连续、符合颜色容差要求的像素进行擦除；反之，则擦除图像中所有符合容差的像素。

10.2.2 图章工具组

在Photoshop CS6中，图章工具组中包含仿制图章工具和图案图章工具，下面将分别对其使用方法进行具体的介绍。

1.仿制图章工具

仿制图章工具的功能就像复印机,能够按照指定的像素点为复制基准点,将该基点周围的图像样本应用到其它图像或同一图像的其它部分。其使用方法是:首先打开需要复制的图像,从中选择仿制图章工具并设置选项参数,然后在按住Alt键的同时单击要复制的区域定义参考点,选取参考点后,在图像中拖动鼠标即可复制图像。仿制图章工具的选项栏如图10-51所示。

图10-51 仿制图章工具选项栏

其中,部分选项的含义如下。

- "对齐"复选框:用于控制在复制时是否使用对齐功能。若未选中该复选框,在复制过程中松开鼠标后再次继续进行复制操作时,将会以新的单击点为对齐点,重新复制基准点周围的图像,如图10-52所示。若选中该复选框,则在定位复制基准点后,系统将一直以首次单击点为对齐点,即使分多次复制全部图像,最终也能够得到完整的图像,如图10-53所示。

图10-52 未选 ″对齐″ 效果

图10-53 选择 ″对齐″ 效果

- "样本"选项:用于选择复制样本的图层,在"样本"下拉菜单中有3个选项,分别为"当前图层"、"当前和下方图层"和"所有图层"。若选择"当前层选项",则只能对当前图层取样;若选择"所有图层"选项,可以在所有可见图层上取样;若选择"当前和下方图层"选项,可以在当前和下方所有图层中取样。系统默认为"当前图层"选项。

仿制图章工具一般用于图像的合成效果处理,它可以准确地复制图像的一部分或全部,达到想要的效果。仿制图章工具的使用是非常广泛的,还可以去除图像中多余的色彩或文字等。图10-54所示的是利用仿制图章工具,将建筑复制的效果。

图10-54 复制图像的一部分

2．图案图章工具

图案图章工具用于复制图案，并对图案进行排列，但需要注意的是，该图案是在复制操作之前定义好的，然后将自定义的图案复制到图像的其他区域或其他图像上。该工具对应的选项栏如图10-55所示。

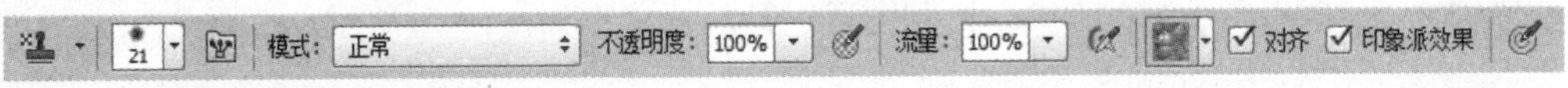

图10-55 图案图章工具选项栏

其中，部分选项的含义如下。

- 模式"图案"选项：在该下拉列表中可以选择进行复制的图案，其中，图案可以为系统预设的图案，也可以是自定义的图案。
- "对齐"复选框：用于控制在复制时是否使用对齐功能。它与仿制图章工具选项栏中的对齐选项功能相近。
- "印象派效果"复选框：选中该复选框，可以对图案应用印象派艺术效果，图案的笔触会变的扭曲、模糊等。

图案图章工具的使用方法比较简单。首先使用矩形选框工具选取要作为自定义图案的图像区域，然后执行"编辑>定义图案"命令，打开"图案名称"对话框，为选区命名并保存，最后选择图案图章工具，在其工具选项栏中选择所定义的图案，在图像中涂抹即可，如图10-56所示的是首先创建矩形选区，图10-57所示的是将选区内的图像进行复制。

图10-56 创建矩形选区

图10-57 复制图像

TIP 图案图章工具的使用原则
在定义图案操作的过程中需要注意两点，一是应使用矩形选框工具创建选区，二是矩形选框工具的羽化值必须为0。

10.2.3 修复工具组

修复工具组包括污点修复画笔工具、修复画笔工具、修补工具、内容感知移动工具和红眼工具，如图10-58所示，通常用于修复图像中的瑕疵或将物体还原成最好的状态，下面将对其进行详细的介绍。

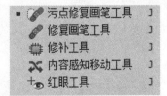

图10-58 修复工具组

1. 污点修复画笔工具

污点修复画笔工具的操作很简单，只需在图像需要修复的地方单击或者拖曳鼠标，此时系统会自动分析单击处及周围图像的颜色和不透明度，进行自动采样和修复，如图10-59所示的利用污点修复画笔工具去除图像右下角的日期。

图10-59 "污点修复画笔工具" 应用效果

2. 修复画笔工具

修复画笔工具用于修补瑕疵，可以从图像中取样或者用图案填充来修复图像，还可以将取样像素的纹理、光照和阴影与原像素进行混合匹配，从而使修复后的像素几乎不留痕迹的融入图像其它部分。如图10-60所示的是修复破损的旧照片。

图10-60 "修复画笔工具" 应用效果

3. 修补工具

修补工具与修复画笔工具相似，适用于修补图像的某个区域，将样本像素的纹理、光照和阴影与原像素进行匹配。修补工具的工具选项栏如图10-61所示。

图10-61 修补工具选项栏

其中，部分选项的含义如下。

- 源：若选中此选项，说明当前的选中的区域是被修补的区域。
- 目标：若选中该选项，说明当前选中区域是采样区域。

选择修补工具，在选项栏中单击"源"选项，拖曳需要修补的区域，释放鼠标就会在修补区域显示选区线，如图10-62所示。拖曳需要修补的区域到颜色、纹理等相似的采样区域，释放鼠标即可修补完成，如图10-63所示。

图10-62 选择修补区域　　　　　　　　　　　　　　图10-63 "修补工具"应用效果

4．红眼工具

红眼工具可以去除照片中人物的红眼。"红眼工具"的选项栏如图10-64所示。

＋⊙ ▼ 　瞳孔大小：50% ▼ 　变暗量：50% ▼

图10-64 红眼工具选项栏

使用此命令，只需要设置参数后，在图像人物中红眼位置单击，达到想要的效果即可。图10-65所示的是使用红眼工具将小女孩拍照时的红眼去除。

图10-65 "红眼工具"应用效果

5．内容感知移动工具

内容感知移动工具是Photoshop CS6在修复工具组中添加的一款全新工具，具有感知移动和快速复制功能。感知移动功能主要是移动图像中主体，随意放在合适的位置。移动后的空缺区域，Photoshop会自动智能修复。快速复制功能用于选取图像中想要复制的区域，将其移到其它位置即可复制完成。复制后的边缘系统会自动柔化处理，跟周围环境融合。

使用内容感知移动工具在处理照片过程中会更加简单，并且该工具使用方法也更加简单。内容感知移动工具的工具选项栏如图10-66所示。

✕ ▼ 　▣ ▣ ▣ ▣ 　模式：移动 ▼ 　适应：中 ▼ 　☑ 对所有图层取样

图10-66 内容感知移动工具选项栏

在该选项栏中，部分选项的含义如下。

● 模式："模式"有"移动"和"扩展"两个选项。若选择"移动"选项，就会实现感知移动功能；若选择"扩展"选项，就会实现快速复制功能。

● 适应：在"适应"选项的下拉列表中，有"非常严格"、"严格"、"中"、"松散"和"非常松散"5个调整方式选项。这是用来设定复制时要完全复制，还是允许"内容感知"感测环境后做些调整，一般来说，预设的"中度"就有不错的效果。

内容感知移动工具的使用方法具体介绍如下。

01 选择内容感知移动工具，这时鼠标上就有出现 ✖，在其工具选项栏中，将模式选为"移动"，适应为"中"。接着在需要选择的区域中拖曳鼠标创建选区，如图10-67所示。

02 在选区内按住鼠标左键不放，将其拖曳到图像合适的位置，如图10-68所示。

图10-67 创建选区区域

图10-68 内容感知移动处理中

03 松开鼠标，系统就会自动将选区内的图像与原图像进行融合，如图10-69所示。

04 图像移去选区的位置会产生瑕疵，再使用"图章工具"对图像进行简单的修饰，以掩盖产生的错误和瑕疵，如图10-70所示。

图10-69 选区图像移动

图10-70 修饰处理

在实际操作中，利用内容感知移动工具通过简单的选区进行移动便可以将图像中的区域位置随意更改，这一点是Photoshop CS6具备的优势。合理利用内容感知移动工具，可以快速提高图像编辑的效率。

10.3 图层与蒙版

图层在Photoshop中是非常重要的，是进行平面设计的创作平台。利用图层可以将不同的图像、文字等元素放在不同的图层上进行独立的操作，并有效的进行管理。为了能够创作出最佳的图像效果，应熟悉并掌握图层的基本操作、图层样式的应用、图层的混合模式以及图层蒙版的操作，本节将对其进行详细的介绍。

10.3.1 图层的基本操作

在Photoshop中，图层就像堆叠在一起各种各样的纸，通过合理的移动，排好顺序，才能发挥它的作用。图层的基本操作包括新建、删除、复制、合并、重命名以及调整图层叠放顺序等，下面将对这些操作进行详细介绍。

1. "图层"面板

执行"窗口>图层"命令（按F7键），就可以弹出"图层"面板，如图10-71所示。

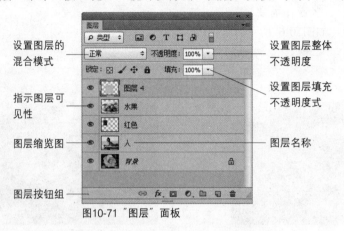

图10-71 "图层"面板

"图层"面板的各组成部分介绍如下。

● 图层的混合模式 正常：用于选择图层的混合模式。

● 图层整体不透明度 不透明度：100%：用于设置当前图层的不透明度。

● 图层内部不透明度 填充：100%：可以在当前图层中调整某个区域的不透明度。

● 指示图层可见性 ：用于控制图层显示或者隐藏，不能编辑在隐藏状态下的图层。

● 图层缩览图：指图层图像的缩小图，方便确定调整的图层。在缩小图上右击弹出列表，在列表中可以选择缩小图的大小、颜色、像素等。

● 图层名称：用于定义图层的名称，若想要更改图层名称，只需双击要重命名的图层，输入名称即可。

● 图层按钮组：在"图层"面板底端的7个按钮分别是链接图层、添加图层样式、添加图层蒙版、创建新的填充或调整图层、创建新组、创建新图层、删除图层，它们是图层操作中常用的命令。

2. 新建图层

若在当前图像中绘制新的对象时，通常需要创建新的图层，常见创建图层的方法有以下几种。

● 执行"图层>新建>图层"命令，弹出"新建图层"对话框，如图10-72所示。在该对话框中可以设置图层名称、图层颜色和混合模式等。

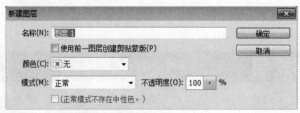

图10-72 "新建图层"对话框

● 在"图层"面板中单击"创建新图层"按钮 ，即可在当前图层上面新建一个图层，新建的图层会自动成为当前图层。

- 在其他文档中使用移动工具将图像拖曳到当前编辑的文档中，系统会自动创建一个新图层。
- 在图像中创建选区，执行"图层>新建>通过拷贝图层"命令，将当前选区内图像复制，即可创建一个新图层。或者执行"图层>新建>通过剪切图层"命令，将当前选区内图像剪切，也可创建一个新图层。

3．删除图层

在编辑图像时，为了减少图像文件占用的磁盘空间，通常会将不再使用的图层删除。选择以下方法即可删除图层。

- 在"图层"面板的图层名称位置，右击需要删除的当前图层，在弹出的列表中选择"删除图层"命令即可。
- 选中要删除的当前图层，单击"图层"面板底端"删除图层"按钮 可以快速删除图层。
- 将要删除的图层设为当前层，执行"图层>删除>图层"命令，在弹出的提示框中选择"是"按钮即可，如图10-73所示。

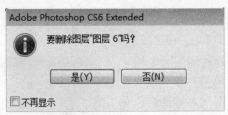

图10-73 提示框

- 若删除的不是当前图层，只需直接将要删除的图层拖曳到"图层"面板底端"删除图层"按钮 上。
- 若想删除多个图层，则将要删除的图层全部选中，单击"图层"面板底端"删除图层"按钮 。
- 如果要删除处在隐藏状态下的图层，执行"图层>删除>隐藏图层"命令。
- 所有创建的图层，可以直接按Delete键删除。

4．复制图层

如果在同一个图像中需要两个或两个以上的相同对象，或者在两个不同的图像之间有需要的图案时，可以通过复制图层来实现。具体操作方法有以下几种：

- 在"图层"面板中选择相应的图层，单击鼠标右键，从弹出的快捷菜单中选择"复制图层"命令。在弹出的"复制图层"对话框，如图10-74所示。在该对话框中，为复制的图层进行重命名，并在"文档"下拉列表框中选择复制图层的目标文档，单击"确定"按钮即可。

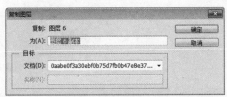

图10-74 "复制图层"对话框

- 两个不同图像之间复制图层。同时显示两个图像的窗口，在原图像的"图层"面板中拖曳图层至目标图像窗口即可完成。
- 在不同图像间复制多个图层，先选择需要复制的图层，使用移动工具在窗口中拖曳复制。

5．合并图层

合并图层是指将多个图层合并为一个图层。为了节省磁盘空间，提高操作速度，有时需要将一些图层合并或拼合起来。

（1）合并图层

在"图层"面板中选中要合并的图层，执行"图层>合并图层"命令或单击"图层"面板右上角的按钮，在弹出的列表中选择"合并图层"命令即可，如图10-75所示。

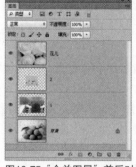

图10-75 "合并图层"前后对比

（2）向下合并图层

当需要将一个图层与其下面的图层合并时，选择该图层，执行"图层>向下合并图层"命令，合并后的图层系统自动以下方图层名称命名，如图10-76所示。

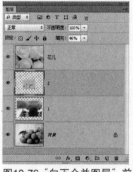

图10-76 "向下合并图层"前后对比

（3）合并可见图层

当需要将所有可见图层合并为一个图层时，执行"图层>合并可见图层"命令，合并后的图层以合并前选择的图层名称命名，如图10-77所示。

图10-77 "合并可见图层"前后对比

（4）拼合图像

执行"图层>拼合图像"命令，系统会将所有处于可见的图层合并到背景图层中。若有隐藏的图层，则会弹出提示对话框，选择是否要扔掉隐藏的图层，如图10-78所示。若单击"确定"按钮，则隐藏图层被删除。

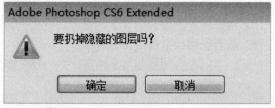

图10-78 提示框

6. 重命名图层

重命名图层的操作非常简单，既可以通过菜单命令实现，也可以通过"图层"面板实现。重命名图层的操作方法包含以下几种。

- 在"图层"面板中选择相应的图层，双击其名称便可以进行重命名操作。
- 选择相应的图层，鼠标右击图层，在弹出的列表中选择"图层属性"命令，打开"图层属性"对话框，从中也可以实现重命名操作。
- 执行"图层>重命名图层"命令，即可对图层重命名。

7. 锁定、解锁图层

- 锁定图层主要用于限制图层编辑的内容和范围，以避免错误操作。单击"图层"面板中的4个锁定按钮，可实现相应的图层锁定功能。其中，各按钮的功能介绍如下。
- 锁定透明像素⊠：锁定图层或图层组中的透明区域。当使用绘图工具绘图时，将只对图层的非透明区域（即有图像像素的部分）有效。
- 锁定图像像素✐：锁定图层或图层组中有像素的区域。单击此按钮，任何绘图、编辑工具和命令都不能在图层上进行操作。选择绘图工具后，鼠标指针将显示为禁止编辑形状⊘。
- 锁定位置✛：锁定像素的位置。单击此按钮，将不能对图层执行移动、旋转和自由变换等操作，但可以绘图和编辑。
- 锁定全部🔒：完全锁定图层，不能对图层进行任何操作。

锁定单个图层的操作是先选中需要锁定的图层，然后单击锁定按钮即可。若再次单击锁定按钮即可解锁图层。

8. 图层的链接

在"图层"面板中，同时选择两个或多个图层，单击面板左下角"链接图层"按钮🔗，选择的图层将会建立链接，其图层右侧就会显示"链接图标"，如图10-79所示。链接后的图层在进行自由变换、移动等操作时，会产生相同的变化。

图10-79 链接的图层

9. 图层的对齐与分布

在图像编辑过程中，需要将多个图层中的对象进行对齐或分布排列。执行"图层>对齐"和"图层>分布"命令，或者单击工具选项栏中的相应按钮进行操作，如图10-80所示。

图10-80 对齐和分布工具选项栏

（1）图层对齐

图层对齐需要有2个或2个以上的图层，在相应方向上对齐。在进行图层对齐操作中，会遇到以下3种情况。

- 如果选择的当前图层与其他图层有链接关系，执行"图层>对齐"命令，可以使链接图层与当前图层对齐。
- 如果当前选择多个图层，根据选择对齐的6种方式，将会同时进行移动。

- 如果当前图层存在选区，则系统就会自动将当前选择图层与选区对齐。执行"图层>将图层与选区对齐"命令，同样使当前图层和链接图层与选区对齐。如图10-81所示的是将不对齐的花朵与选区对齐。

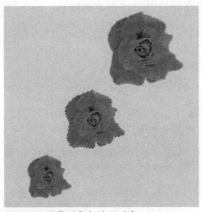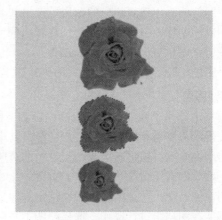

图10-81 图层对象与选区对齐

（2）图层分布

图层分布需要有3个或3个以上的图层，在相应方向上均匀分布。分布的6种方式，如图10-82所示。

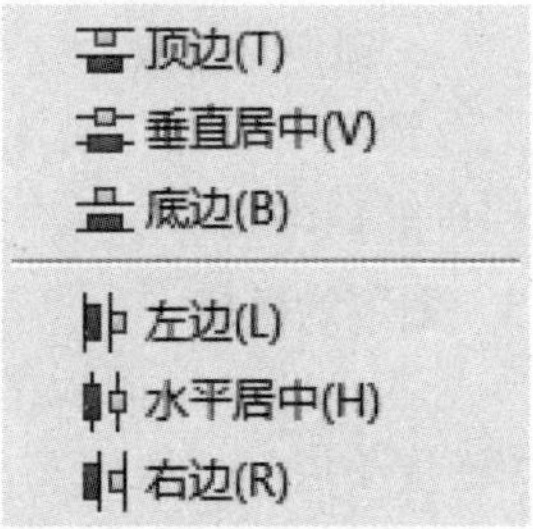

图10-82 图层分布方式

- 按顶分布：以链接图层中对象的顶端作为参考，在垂直方向上均匀分布。
- 垂直居中分布：以链接图层中对象的中心作为参考，在垂直方向上均匀分布。
- 按底分布：以链接图层中对象的底边作为参考，在垂直方向上均匀分布。
- 按左分布：以链接图层中对象的左边作为参考，在水平方向上均匀分布。
- 水平居中分布：以链接图层中对象的中心作为参考，在水平方向上均匀分布。
- 按右分布：以链接图层中对象的右边作为参考，在水平方向上均匀分布。

10．调整图层叠放顺序

图像的效果与图层叠放顺序密切相关，在处理上面图层中的图像时，必须考虑到其对下面图层中图像的影响。通过调整图层的上下位置，使其放在合适的位置，图像的效果也会发生相应的变化。如图10-83所示的效果是将杯子图层调整到书所在图层的上方。

图10-83 调整图层叠放顺序

11．创建与编辑图层组

创建图层组的主要目的在于对该组中的图层进行统一操作，如变形、移动等。创建图层组的操作方法是：在"图层"面板中选择需要编组的多个图层，执行"图层>图层编组"命令或按快捷键Ctrl+G即可完成。

10.3.2 图层样式的运用

使用图层样式可以为图层添加投影、内阴影、内发光、外发光、斜面和浮雕、光泽、颜色叠加、渐变叠加等效果，有以下3种方法可以打开如图10-84所示的"图层样式"对话框。

- 执行"图层>图层样式"下拉列表中的样式命令，打开"图层样式"对话框，进入到相应效果的设置面板。
- 双击需要添加图层样式的图层，打开"图层样式"对话框。
- 单击"图层"面板底部的"添加图层样式"按钮，从弹出的下拉列表中任意选择一种样式，打开"图层样式"对话框，单击左侧样式列表中的选项，进入参数设置面板。

1. "投影"和"内阴影"

在图层中应用投影效果，可使图像看起来具有立体感。在"图层样式"对话框中选中"投影"复选框，并单击该选项即可打开"投影"选项面板，如图10-85所示。

该面板中各选项的含义如表10-1所示。

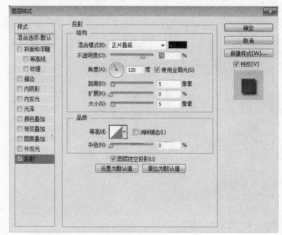

图10-84 "图层样式"对话框

表10-1 "投影"图层样式选项介绍

序号	选项	含义
01	混合模式(B): 正片叠底	在该下拉列表中选择投影的混合模式。单击其右端的颜色块，可以设置投影的颜色
02	不透明度(O): 75 %	设置阴影的不透明度，取值范围为0%～100%。其中0%为全透明，100%为完全不透明
03	角度(A): 120 度 使用全局光(G)	设置投影的角度，默认值为120°。若选中"使用全局光"复选框，可以指定图像所应用的所有图层样式使用相同的角度值
04	距离(D): 5 像素	输入数值或拖动滑块，是投影效果与当前图层的相对位置
05	扩展(R): 0 %	输入数值或拖动滑块，设置阴影的模糊程度，其值越大越模糊
06	大小(S): 5 像素	输入数值或者拖动滑块，设置投影效果的影响范围，值越大，投影的范围也越大
07	等高线: 消除锯齿(L)	单击该图标右侧的下拉按钮，在弹出的下拉面板中选择投影的轮廓。如果要通过混合颜色来消除边缘锯齿效果，可选中"消除锯齿"复选框
08	杂色(N): 0 %	拖动滑块或者输入数值，可以在阴影中添加一些杂色，其值越大，效果就越明显

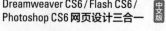

TIP 内阴影样式介绍

在图层中应用"内阴影"样式，可为图层的边缘添加阴影，从而使图层呈现内陷的效果。"内阴影"样式面板中的选项与"投影"样式基本相同，其中，"投影"是在图层内容的背后添加阴影；"内阴影"是在图层边缘内添加阴影，使图层呈现内陷的效果。此外，"内阴影"样式面板中的"阻塞"选项，若该值越大，则阴影的边缘就越明显。

2．外发光和内发光

Photoshop有"外发光"和"内发光"两种发光效果，发光样式的设置可以使图像的边缘产生光晕效果。"外发光"和"内发光"面板分别如图10-86和图10-87所示。

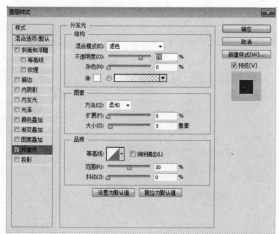

图10-85 外发光面板　　　　　　　　　　　　图10-86 内发光面板

由于上述两个面板的选项大致相同，下面将对外发光面板中的各选项进行介绍，如表10-2所示。

表10-2 "外发光"图层样式介绍

序号	选项	含义
01		用于设置发光的颜色。选中颜色块对应的单选按钮，可以设置发光颜色为某种单色；选中渐变颜色条对应的单选按钮，可设置发光颜色为渐变色
02	方法(Q): 柔和	用于设置发光效果的柔和度，其中提供了"柔和"和"精确"两个选项。"柔和"使用基于模糊技术创建发光，适用于所有类型的蒙版；"精确"使用距离测量技术创建发光，主要用于消除锯齿形状的硬边蒙版
03	大小(S): 5 像素	用于设置发光效果范围的大小，其值越大，发光效果的范围就越大，效果也越明显
04	范围(R): 50 %	用于设置发光范围
05	抖动(J): 0 %	用于设置发光效果的随机值，即渐变颜色和不透明度随机化
06	阻塞(C): 0 %	用于设置模糊之前收缩发光的边界
07	源: 居中(E) ● 边缘(G)	用于设置发光的位置，若选中"居中"单选按钮，则从图像中心发光；若选中"边缘"单选按钮，则从图像的边缘发光

3．斜面和浮雕

在图层中使用"斜面和浮雕"样式，可以添加不同组合方式的浮雕效果，从而增加图像的立体感。"斜面和浮雕"样式的面板设置如图10-87所示。

其中，各选项的设置含义如表10-3所示。

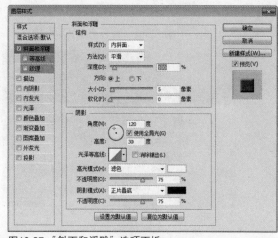

图10-87 "斜面和浮雕"选项面板

表10-3 "斜面和浮雕"图层样式介绍

序号	选项	含义
01	样式(T)：内斜面	用于设置斜面及浮雕的样式，共有内斜面、外斜面、浮雕效果、枕状浮雕和描边浮雕这5种样式。其中，内斜面在图像内边缘创建斜面，外斜面在图像外边缘创建斜面，浮雕使图像相对于下层图像呈现出浮雕效果，枕状浮雕创建出将图像边缘压入下层图像中的效果，描边浮雕应用于描边图像的边界
02	方法(Q)：平滑	用于设置浮雕的平滑效果，共有平滑、雕刻清晰和雕刻柔和这3种方法。平滑使用一种基于模糊的平滑技术，适用于所有类型的边缘；雕刻清晰使用距离测量技术，主要用于消除锯齿的几何图形的硬边；雕刻柔和使用修改的距离测量技术，适用于较大范围边缘的图像，其效果要优于平滑
03	深度(D)：100%	用于设置浮雕效果的深度，其值越大，浮雕效果越明显
04	方向：⊙上 ○下	用于设置斜面和浮雕的方向，提供了"上"和"下"两个单选按钮
05	大小(Z)：5 像素	用于设置斜面和浮雕范围的大小
06	软化(F)：0 像素	用于设置斜面和浮雕效果的柔和度
07	角度(N)：120 度 ☑使用全局光(G) 高度：30 度	角度用于设置斜面和浮雕的角度，即亮部和暗部的方向。选中"使用全局光"复选框，表示同一图像中的所有图层应用相同的光照角度。高度用于设置亮部和暗部的高度
08	光泽等高线：□消除锯齿(L)	为图像添加类似金属光泽的效果
09	高光模式(H)：滤色	用于设置斜面和浮雕高亮部分的模式。其右侧的颜色块，可以用于设置高光区域的颜色
10	不透明度(O)：75%	用于设置高亮部分的不透明度
11	阴影模式(A)：正片叠底	用于设置斜面和浮雕的暗部模式。该下拉列表框右侧的颜色框用于设置下面的"不透明度"选项，用于设置暗部的不透明度

4．光泽

　　在图层中应用"光泽"图层样式，主要用于模拟物体的内反射效果。如图10-88所示图像是选择"光泽"中的"溶解"混合模式产生的效果。

图10-88 "光泽"图层样式效果

TIP	**光泽样式的应用技巧**
	由于"光泽"样式面板中的选项设置与上述样式中选项的意义和功能相类似，可以参考上述样式的意义。

5．颜色叠加、渐变叠加和图案叠加

　　颜色叠加、渐变叠加和图案叠加都是为当前图层上的图像添加叠加效果。其中颜色叠加即指在图层图像上添加颜色叠加效果；渐变叠加即指在图层图像上添加渐变颜色叠加效果；图案叠加即是在图层图像上添加图案叠加效果，如图10-89所示的颜色叠加、渐变叠加、图案叠加效果。

图10-89 "颜色叠加"、"渐变叠加"、"图案叠加"图层样式效果

6．描边

　　"描边"图层样式是在当前图层对象的边界处描绘一定宽度边缘的颜色，应用描边效果。如图10-90所示的是对文字"韵律"进行描边，选择的是紫色边缘的效果。

图10-90 "描边"图层样式效果

10.3.3 图层的混合模式

在Photoshop CS6中，除了对图层执行一些基本操作外，还可以对其进行更详细的设置操作，比如设置图层的混合模式。常见的图层混合操作包括混合模式的设置和不透明度的设置，下面将详细介绍图层的混合模式操作。

1. 混合模式的设置

混合模式的应用非常广泛，在"图层"面板中，可以很方便的设置各图层的混合模式，选择不同的混合模式会得到不同的效果。

混合模式的设置主要用于控制图层与图层之间像素颜色的相互作用，进而得到另外一种图像效果。图10-91所示的是将狗进行溶解操作，并且"不透明度"为75%时的效果。

正常模式　　　　　　　　　　　　　　溶解，"不透明度"为75%

图10-91 图层混合模式效果

2. "不透明度"的设置

图层的"不透明度"默认状态下为100%，不能修改背景图层的不透明度。如果降低图层的不透明度后，就可以透过该图层看到其下面图层上的图像，使图像产生虚实结合的透明感。图10-92所示的是将花朵图层的整体不透明度降低的效果。

图10-92 不透明度效果

TIP　不透明度与填充的区别

在"图层"面板中，"不透明度"和"填充"两个选项都可用于设置图层的不透明度，但其作用范围是有区别的。"填充"只用于设置图层的内部填充颜色，对添加到图层的外部效果（如投影）不起作用。

10.3.4 图层蒙版的操作

图层蒙版可以在不破坏图像的情况下反复修改图层的效果，并不是直接编辑图层中的图像，是控制图层区域的显示或隐藏，并且常用于制作图像合成。

蒙版只能在黑白两色之间的256级灰度使用来绘制图像，是在图层对象上添加一个遮罩进行操作。若使用黑色绘制图像将会隐藏相对应的图像区域，只显示下面图层的图像；若使用白色绘制图像，则可以恢复对应的图像区域；使用灰色绘制图像，将会使上下图层中的图像更为真实的效果。图10-93所示的是在少女图层上新建图层蒙版，然后利用橡皮擦工具擦除多余的背景，而只保留人物部分，让画面更有真实感。

应用蒙版前的图像

应用蒙版后的图像

图10-93 图层蒙版效果

（1）图层蒙版的添加和编辑

选择添加蒙版的图层为当前图层，然后单击"图层"面板底端的"添加图层蒙版"按钮 ▣，此时当前图层右侧显示图层缩览图。最后使用"画笔工具"在图层蒙版上进行绘制即可。

图10-94所示的是在草莓图层上新建图层蒙版，然后利用橡皮擦工具擦除多余的背景，而只保留草莓部分的效果。

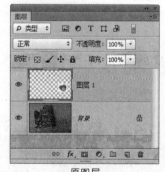
原图层

添加并绘制蒙版

添加蒙版后的效果

图10-94 编辑图层蒙版

添加蒙版还有另一种方法就是在图像中存在选区的时候，单击"添加图层蒙版"按钮，将会显示选区内的图像，选区外的图像被隐藏。

TIP **图层蒙版的操作技巧**

图层蒙版可以在不同的图层进行复制或者移动。在复制操作过程中，按住 Alt 键并拖曳蒙版到其他图层即可；若将蒙版移动，只需将蒙版拖曳到其他图层。

（2）图层蒙版的停用和启用

若想暂时取消图层蒙版的应用，可以右击图层蒙版缩览图，在弹出的菜单中选择"停用图层蒙版"命令；再次右击图层蒙版缩览图，在弹出的菜单中选择"启用图层蒙版"命令，即可恢复蒙版效果。

（3）图层蒙版的应用和删除

应用蒙版就是将蒙版后的图像效果集成到图层中，再将蒙版进行删除。执行"图层>图层蒙版>应用"命令即可实现图层蒙版的应用。

10.4 调整网页图像

在日常生活的美术活动和平面设计过程中，都会遇到调整图像的问题。通常情况下的素材图像和照片都不是那么完美，这时就需要对图像进行调色。颜色可以产生对比效果使图像显得更加绚丽，同时激发人的感情和想象力。合理地设置颜色能够使黯淡的图像光彩照人，使毫无生气的图像充满活力。对于设计者、画家而言，完美颜色的正确运用至关重要。下面将详细的介绍一下调整图像的方法。

10.4.1 调整图像基本属性

自然界的色彩虽然各不相同，任何色彩都具有色相、明度、饱和度这3个基本属性。

（1）色相

即指色彩的相貌，颜色范围在 0 ～ 360 之间，是指各种颜色之间的区别。色相的特征决定于光源的光谱组成以及物体表面反射的各波长，当人眼看一种或多种波长的光时所产生的彩色感觉，它反映颜色的种类，决定颜色的基本特性。光谱中有红、橙、黄、绿、蓝和紫6种基本色光，人的眼睛可以分辨出约 180 种不同色相的颜色。在从红到紫的光谱中，可以选择 5 种颜色，即红（R）、黄（Y）、绿（G）、蓝（B）、紫（P）。相邻的两个色相相互混合又得到：橙（YR）、黄绿（GY）、蓝绿（BG）、蓝紫（PB）、紫红（RP），从而构成一个首尾相交的环，被称为蒙赛尔色相环。

（2）明度

又称亮度，指色彩的深浅、明暗程度，它取决于反射光的强度，任何色彩都存在深浅、明暗的变化，通常用0%～100%表示。光作用于人眼所引起的明亮程度的感觉，它与被观察物体的发光强度有关。明度可用黑白来表示，越接近白色明度越高，越接近黑明度越低。

（3）饱和度

即指色彩的鲜艳程度，也称色彩的纯度。饱和度取决于该颜色中含色成分和消色成分（灰色）的比例。含色成分越大，饱和度越大；消色成分越大，饱和度越小。通常用0%～100%表示，0%表示灰色，100%完全饱和。黑、白和其他灰色色彩是没有饱和度的。

10.4.2 调整图像的色调

在Photoshop CS6中，调整图像色调的方法有很多种，利用它们可以精细的调整图像的色调，制作一些特殊的效果。

1.色阶调整

色阶表示的是图像的高光、暗调和中间调的分布情况，并能对其进行调整。当图像因为某种原因缺少了暗部或亮部，丢失了图像的细节，使用"色阶"命令可以对图像的亮部、暗部和灰度进行调节，加深或减弱其对比度。

执行"图像>调整>色阶"命令，也可以按快捷键Ctrl+L，弹出"色阶"对话框，如图10-95所示。在该对话框中，可以设置通道、输入色阶和输出色阶的参数，调整图像的效果。

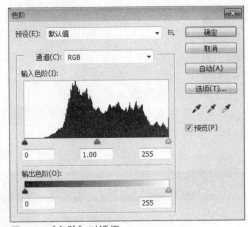

图10-95 "色阶"对话框

2．自动颜色调整

执行"图像>自动颜色"命令，将图像中的暗调、中间调和亮度像素分布进行对比度和色相的调节，将中间调均化并修整白色和黑色的像素，并且执行该命令时不用进行参数设置。如图10-96所示效果是选择颜色暗淡的图像，利用自动颜色调整命令，使暗淡的图像变得颜色亮丽。

图10-96 "自动颜色"命令调整效果

3．曲线调整

使用"曲线"可以对图像的色彩、亮度和对比度进行综合调整，使画面色彩更加协调，也可以调整图像中的单色，常用于改变物体的质感。执行"图像>调整>曲线"命令，打开"曲线"对话框，如图10-97所示。

该对话框中的X轴代表图像的输入色阶，从左至右分别代表图像从最暗区域到最亮区域的各个部分（0～255），Y轴代表图像的输出色阶，从下到上分别代表调整后图像从最暗区域到最亮区域的各个部分（0～255）。中间的方框为调节曲线，它表示的是输入与输出之间的关系，在没进行调节前，调节曲线呈45°的直线，这样曲线上各点的输入值与输出值相同，图像仍保持原来的效果。而当调节之后，曲线形状发生改变，图像的输入与输出不再相同。如图10-98所示的是适当的调整曲线，使图像更富有Lomo的感觉。

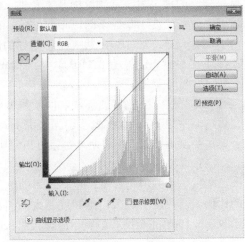

图10-97 "曲线"对话框

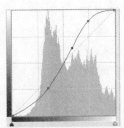

图10-98 "曲线"命令调整效果

4. 色彩平衡调整

执行"图像>调整>色彩平衡"命令或者按快捷键Ctrl+B，弹出如图10-99所示的"色彩平衡"对话框，在该对话框中设置参数或者拖动滑块，就可以控制图像色彩的平衡。

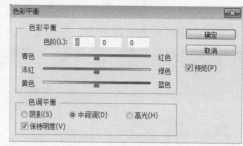

图10-99 "色彩平衡"对话框

"色彩平衡"命令可以轻松地改变图像颜色的混合效果，调整图像整体色彩平衡，只作用于复合颜色通道，在彩色图象中改变颜色的混合，若图像有明显的偏色可用此命令纠正。如图10-100所示的是将颜色不统一的色彩图像进行色彩平衡操作后的效果。

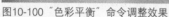

图10-100 "色彩平衡"命令调整效果

5. 亮度/对比度调整

执行"图像>调整>亮度/对比度"命令，弹出"亮度/对比度"对话框，如图10-101所示。在该对话框中可以对亮度和对比度的参数进行调整，改变图像效果。

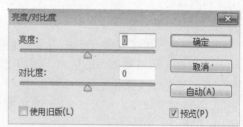

图10-101 "亮度/对比度"对话框

"亮度/对比度"命令可以对图像的色调范围进行简单的调整，它与"曲线"命令和"色阶"命令不同，"亮度/对比度"命令可以一次性地调整图像中所有的像素，如高光、暗调和中间调。如图10-102所示的是将樱桃图像提高亮度和对比度的效果。

图10-102 "亮度/对比度"命令调整效果

TIP 亮度和对比度的技巧

亮度和对比度的值为负值时，图像亮度和对比度下降；值为正值时，图像亮度和对比度增加；当值为0时，图像不发生变化。调整图像之前，选中"预览"复选框，可以预览图像的调整效果。

6．黑白

执行"图像>调整>黑白"命令，弹出"黑白"对话框，如图10-103所示。"黑白"命令也可以将彩色图像转换为灰度图像，但该命令提供了选项，可以同时保持对各颜色转换方式的完全控制，此外，也可以灰度着色，将彩色图像转换为单色图像。如图10-104所示的是将带有色彩的图像变成黑白的效果。

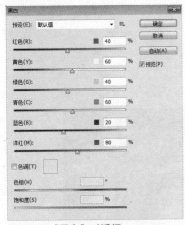

图10-103 "黑白"对话框　　　　图10-104 "黑白"命令调整效果

10.4.3 调整图像的色彩

色彩对于图像来说非常重要，可以说是图像的生命，失去了它等于失去一切。在Photoshop CS6中可以通过色相/饱和度、替换颜色、可选颜色和变化等命令去调整图像色彩。

1．色相/饱和度调整

"色相/饱和度"命令主要用于调整图像像素的色相及饱和度，通过对图像的色相、饱和度和亮度进行调整，从而达到改变图像色彩的目的。执行"图像>调整>色相/饱和度"命令，打开"色相/饱和度"对话框，如图10-105所示。

在"编辑"列表框中选择调整的颜色范围。选择"全图"选项可一次调整整幅图像中的所有颜色，其他范围则针对单个颜色进行调整。若选中"全图"选项之外的选项，则色彩变化只对当前选中的颜色起作用。如图10-106所示的是将花朵的色相进行调整，依次为黄、紫、绿、红、蓝的效果。

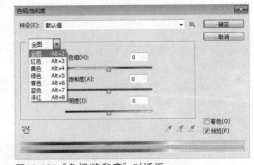

图10-105 "色相/饱和度"对话框

原图　　　　　　　偏黄　　　　　　　偏紫

偏绿　　　　　　　偏红　　　　　　　偏蓝

图10-106 "色相/饱和度"命令调整效果

2．替换颜色调整

"替换颜色"作用是用其它颜色替换图像中的某个区域的颜色，来调整色相、饱和度和明度值。"替换颜色"命令实际上是综合了"色彩范围"和"色相/饱和度"命令的功能。

执行"图像>调整>替换颜色"命令，打开"替换颜色"对话框，移动鼠标在图像中需要替换的颜色上单击，如图10-107所示，在对话框的预览窗口即可看到蒙版所表现的选区，蒙版区域（非选区）为黑色，非蒙版区域为（选区）白色，灰色区域为不同程度的选区。

设定好需要替换的颜色区域后，在"替换"选项区域中移动三角形滑块对"色相"、"饱和度"和"明度"进行调整替换，同时可以移动"颜色容差"下的滑块进行控制，数值越大，模糊度越高，替换颜色的区域越大。具体"色相"、"饱和度"和"明度"的调整方法与"色相/饱和度"命令一样。如图10-108所示是将向日葵的黄色替换为橙色的效果。

图10-107 "替换颜色"对话框　　　图10-108 "替换颜色"命令调整效果

3．可选颜色

"可选颜色"命令可以校正颜色的平衡，选择某种颜色范围进行针对性的修改，在不影响其他原色的情况下修改图像中的某种原色的数量。它主要针对RGB、CMYK和黑、白、灰等主要颜色的组成进行调节。

执行"图像>调整>可选颜色"命令，打开如图10-109所示的对话框。首先在对话框的"颜色"下拉列表框中选择需要调整的颜色，然后在对话框底部选择一种调整方法。

图10-109 "可选颜色"对话框

与"色彩平衡"命令类似，"可选颜色"命令的作用在于校正颜色的不平衡问题和调整颜色。不过，"可选颜色"命令重点对于印刷图像进行调整。实际上"可选颜色"是通过控制原色中的各种印刷油墨的数量来实现效果的，所以可以在不影响其他原色的情况下调整图像中某种印刷色的数量。如图10-110所示，就是利用"可选颜色"命令将图像中颜色进行更改。

图10-110 "可选颜色"命令调整效果

4．变化

"变化"命令可以让用户直观地调整图像或选取范围内图像的色彩平衡、对比度、亮度和饱和度等。执行"图像>调整>变化"命令，打开"变化"对话框，如图10-111所示。

在该对话框中，可以看到每种效果的缩览图。每单击一个缩览图，其他缩览图会发生相对应的变化。

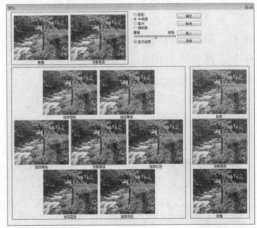

图10-111 "变化"命令调整效果

10.4.4　特殊色调调整

在Photoshop CS6中，利用"渐变映射"、"阈值"、"去色"、"反相"等命令可以快速使图像产生特殊的颜色效果。

1．反相

"反相"命令可以对图像进行色彩反相，即将每个通道中的像素亮度值转换为256种颜色的相反值。执行"图像>调整>反相"命令，可以将一张图片转换成负片或者将一张扫描的黑白负片转换成正片。如图10-112所示的是将糖果图像进行反相的效果。

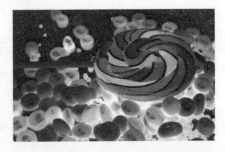

图10-112 "反相"命令调整效果

2. 阈值

"阈值"命令可以将一幅彩色图像或灰度图像转换成只有黑白两种色调的图像。执行"图像>调整>阈值"命令，打开"阈值"对话框，如图10-113所示。

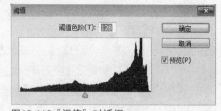

图10-113 "阈值"对话框

根据"阈值"对话框中的"阈值色阶"将图像像素的亮度值一分为二，比指定阈值亮的像素会转换为白色，比指定阈值暗的像素会转换为黑色。在"阈值色阶"文本框中输入或者拖动对话框底部的三角滑块调整，其变化范围在1~255之间。如图10-114所示的是"阈值色阶"为107的效果。

图10-114 "阈值"命令调整效果

3. 去色

"去色"命令主要用于将图像中所有颜色的饱和度变为0，给RGB图像中每个像素指定相等的红色、绿色和蓝色值，使图像显示为灰度，每个像素的亮度值不会改变。执行"图像>调整>去色"命令或按快捷键Shift+Ctrl+U可去除图像的色彩。如图10-115所示是将图像进行去色的效果。

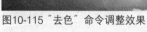

图10-115 "去色"命令调整效果

4. 渐变映射

"渐变映射"命令可以将相等的图像灰度范围映射到指定的渐变填充色，如指定双色渐变填充，图像中的阴影映射到渐变填充的一个端点颜色，高光映射到另一个端点颜色，而中间色调映射到两个端点颜色之间的渐变。这里说的灰度范围映射，就是指按不同的明度进行映射。

执行"图像>调整>渐变映射"命令，将弹出"渐变映射"对话框，如图10-116所示。单击"渐变色条"按钮，打开"渐变编辑器"窗口，在该窗口中，用户可以选择系统预设的渐变样式，还可以创建自己想要的渐变样式。

图10-116 "渐变映射" 对话框

"渐变映射"功能不能应用于完全透明图层。因为完全透明图层中没有任何像素，而"渐变映射"功能首先对所处理的图像进行分析，然后根据图像中各个像素的亮度，用所选渐变模式中的颜色进行替代。如图10-117所示的是应用渐变映射的效果。

图10-117 "渐变映射" 命令调整效果

5．照片滤镜

"照片滤镜"命令用于模拟传统光学滤镜特效，使照片呈现暖色调、冷色调及其他颜色的色调。执行"图像>调整>照片滤镜"命令，打开"照片滤镜"对话框，如图10-118所示。在该对话框中，浓度指用于控制着色的强度（加入滤镜的浓度）；颜色是为自定义颜色滤镜指定颜色。

图10-118 "照片滤镜" 对话框

传统相机的滤色镜通常是由有色光学或有色化学胶膜制成的。使用时将它装置在镜头前或镜头后，用来调节景物的色调与反差，使镜头所拍摄的景物的色调与人的眼睛所感受的程度相近似，也可以通过滤色镜来获得某种特定的艺术效果。滤色镜在摄影创作、印刷制版、彩色摄影及放大和各种科技摄影中被广泛利用。如图10-119所示的将利用照片滤镜调整的效果。

图10-119 "照片滤镜" 命令调整效果

10.5 运用滤镜增强网页图像的效果

滤镜可以对图像产生不一样的效果，有些滤镜是分析图像和选区中的每个像素，将其转换成随机或预定的状态；还有些滤镜可以改变区域中的像素值。下面将具体的介绍一下滤镜的操作。

10.5.1 使用滤镜库

通过滤镜库，可以在同一个图层应用多个滤镜，并可以看到滤镜效果。执行"滤镜>滤镜库"命令，打开如图10-120所示的对话框。在该对话框中，可以根据需要设置图像的效果。若要同时使用多个滤镜，可以在对话框右下角单击"新建图层"按钮，即可新建一个效果图层，从而实现多滤镜的叠加使用。

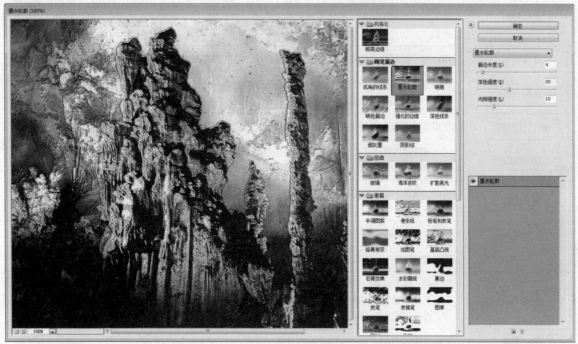

图10-120 "滤镜库"对话框

在滤镜库中有风格化、画笔的描边、扭曲、素描、纹理和艺术效果等选项，每个选项中有包含多种滤镜效果，用户可以根据需要自行选择想要的图像效果。

10.5.2 模糊滤镜和扭曲滤镜

模糊滤镜用于去除图像上的杂色，平滑对比度过于强烈图像的边缘，通常用于模糊图像。

在Photoshop CS6中，模糊滤镜组新增加了3个滤镜效果，即场景模糊、光圈模糊和倾斜偏移，总共包含14种滤镜，它们可以消弱相邻像素的对比度并柔化图像，使图像产生模糊效果，下面将对其进行详细介绍，如表10-4所示。

表10-4 模糊滤镜组介绍

滤镜名称	含义
场景模糊	可以对图片进行焦距调整，跟拍摄照片的原理一样，选择好相应的主体后，主体之前及之后的物体就会相应的模糊。选择的镜头不同，模糊的方法也略有差别。不过场景模糊可以对一幅图片全局或多个局部进行模糊处理
光圈模糊	用类似相机的镜头来对焦，焦点周围的图像会相应的模糊
倾斜偏移	用来模仿微距图片拍摄的效果，比较适合俯拍或者镜头有点倾斜的图片使用
表面模糊	能够在保留边缘的同时模糊图像，可用来创建特殊效果并消除杂色或颗粒，用它为人像照片进行磨皮，效果非常好
动感模糊	可以根据制作效果的需要沿指定方向（−360°~+360°）以指定强度（1~999）模糊图像，产生的效果类似于以固定的曝光时间给一个移动的图像拍照。在表现对象的速度感时会经常用到该滤镜
方框模糊	可以基于相邻像素的平均颜色值来模糊图像，生成类似于方块的特殊模糊效果
高斯模糊	可以按可调的数量快速地模糊选区。高斯指的是当Adobe PhotoShop对像素进行加权平均时所产生的菱状曲线。该滤镜可以添加低频的细节并产生朦胧效果
进一步模糊	可以消除图像中有明显颜色变化处的杂点，所产生的效果比模糊滤镜强3到4倍
径向模糊	可以模拟前后移动相机或旋转相机产生的模糊，以制作柔和的效果。选取"Spin"可以沿同心弧线模糊，然后指定旋转角度；选取"Zoom"可以沿半径线模糊，就像是放大或缩小图像
镜头模糊	可以向图像中添加模糊以产生更窄的景深效果，使图像中的一些对象在焦点内，另一些区域变模糊。用它来处理照片，可创建景深效果。但需用Alpha通道或图层蒙版的深度值来映射图像中像素的位置
模糊	对于边缘过于清晰，对比度过于强烈的区域进行光滑处理，生成极轻微的模糊效果
平均	可以查找图像的平均颜色，然后以该颜色填充图像，创建平滑的外观
特殊模糊	可以对一幅图像进行精细模糊。指定半径可以确定滤镜可以搜索不同像素进行模糊的范围；指定域值可以确定像素被消除像素有多大差别。在对话框中也可以指定模糊品质，还可以设置整个选取的模式，或颜色过度边缘的模式
形状模糊	可以使用指定的形状创建特殊的模糊效果

其中，部分模糊滤镜的图像效果，如图10-121所示。

原图　　　　　　　　　　光圈模糊　　　　　　　　　　倾斜偏移

动感模糊

径向模糊

镜头模糊

图10-121 模糊滤镜效果

　　扭曲滤镜可以将图像进行几何扭曲，创建3D或其他变换效果。扭曲滤镜组包含12种滤镜，如表10-5所示。

表10-5　扭曲滤镜组介绍

滤镜名称	含义
波浪	可以在图像上创建波状起伏的图案，生成波浪效果。该滤镜包括正弦、三角形和方形等
波纹	波纹与波浪的工作方式相同，但提供的选项较少，只能控制波纹的数量和波纹大小
极坐标	可以将图像从平面坐标转换为极坐标，或者从极坐标转换为平面坐标。使用该滤镜可以创建18世纪流行的曲面扭曲效果
挤压	可以将整个图像或选区内的图像向内或外挤压
切变	是比较灵活的滤镜。可以按照自己设定的曲线来扭曲图像。打开"切变"对话框以后，在曲线上单击可以添加控制点，通过拖动控制点改变曲线的形状即可扭曲图像。如果要删除某个控制点，将它拖至对话框外即可。单击"默认"按钮，则可将曲线恢复到初始值的直线状态
球面化	通过选中的曲线将选区折成球形、扭曲图像以及伸展图像，使图像产生3D效果
水波	模拟水池中的波纹，在图像中产生类似于向水池中投入小石子后产生径向扩散的圈状波纹
旋转扭曲	可以使图像产生旋转的风轮效果，旋转会围绕图像中心进行，中心旋转的程度比边缘大
置换	可以选定图像的亮度值使现有图像的像素重新排列并产生位移。在使用该滤镜前需要准备好用于置换的PSD格式的图像
玻璃	可以制作细小的纹理，使图像看起来像是透过不同类型的玻璃观察的
海洋波纹	可以将随机分隔的波纹添加到图像表面，它产生的波纹细小，边缘有较多抖动，图像看起来就像是在水下面
扩散亮光	可以在图像中添加白色杂色，并从图像中心向外渐隐亮光，使其产生一种光芒漫射的效果。使用该滤镜可以将照片处理为柔光照，亮光的颜色由背景色决定，选择不同的背景颜色，可以产生不同的视觉效果

其中，部分扭曲滤镜的图像效果，如图10-122所示。

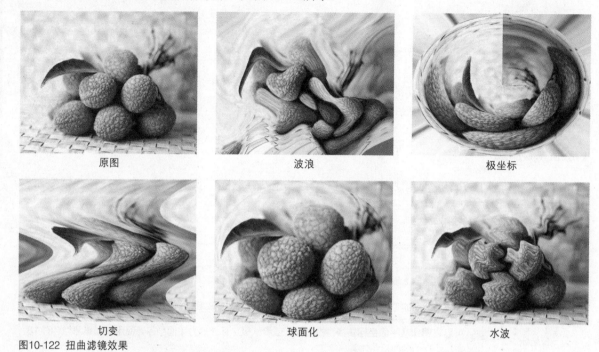

图10-122 扭曲滤镜效果

10.5.3 艺术效果滤镜和素描滤镜

艺术效果滤镜可以模拟多种现实世界的艺术手法，使图像看起来更贴近绘画或艺术效果，可以用来制作用于商业的特殊效果图像。艺术效果滤镜组包含15种滤镜，如表10-6所示。

表10-6 艺术滤镜组介绍

滤镜名称	含义
壁画	使用短而圆的、粗略涂抹的小块颜料，以一种粗糙的风格绘制图像，使图像呈现一种顾碧华般的效果
彩色铅笔	用彩色铅笔在纯色背景上绘制图像，可保留重要边缘，外观呈粗糙阴影线，纯色背景色会透过平滑的区域显示出来
粗糙蜡笔	可以在带纹理的背景上应用粉笔描边，在亮色区域，粉笔看上去很厚，几乎看不见纹理，在深色区域，粉笔似乎被擦去了，纹理会显露出来
底纹效果	可以在带纹理的背景上绘制图像，然后将最终效果绘制在该图像上
干画笔	使用干画笔技术（介于油彩和水彩之间）绘制图像边缘，并通过将图像的颜色降到普通颜色范围来简化图像
海报边缘	可以按照设置的选项自动跟踪图像中颜色变化剧烈的区域，在边界上填入黑色的阴影，大而宽的区域有简单的阴影，而细小的深色细节遍布图像，使图像产生海报效果
海绵	用颜色对比强烈、纹理较重的区域创建图像，模拟海绵绘画效果
绘画涂抹	可以使用简单、未处理光照、暗光、宽锐化、款模糊和火花等不同类型的画笔创建绘画效果

（续表）

滤镜名称	含义
胶片颗粒	将平滑的图案应用于阴影和中间色调，将一种更平滑、饱和度更高的图案添加到亮区。在消除混合的条纹和将各种来源的图像在视觉上进行统一时，该滤镜非常有用
木刻	可以使图像看上去像是由从彩纸上剪下的边缘粗糙的剪纸片组成的，高对比度的图像看起来呈剪影状，而彩色图像看上去是由基层彩纸组成的
霓虹灯光	可以在柔化图像外观时给图像着色，在图像中产生彩色氖光灯照射的效果
水彩	能够以水彩的风格绘制图像，它使用蘸了水和颜料的中号画笔绘制以简化细节，当边缘有显著的色调变化时，该滤镜会使颜色饱满
塑料包装	可以给图像涂上一层光亮的塑料，以强调表面细节
调色刀	可以减少图像的细节生成描绘得很淡的画布效果，并显示出下面的纹理
涂抹棒	使用较短的对角线涂抹图像中的暗部区域，从而柔化图像，亮部区域会变亮而丢失细节，整个图像显示出涂抹扩散的效果

其中，部分模糊滤镜的图像效果，如图10-123所示。

原图	壁画	彩色铅笔	粗糙蜡笔
底纹效果	干画笔	海报边缘	海绵

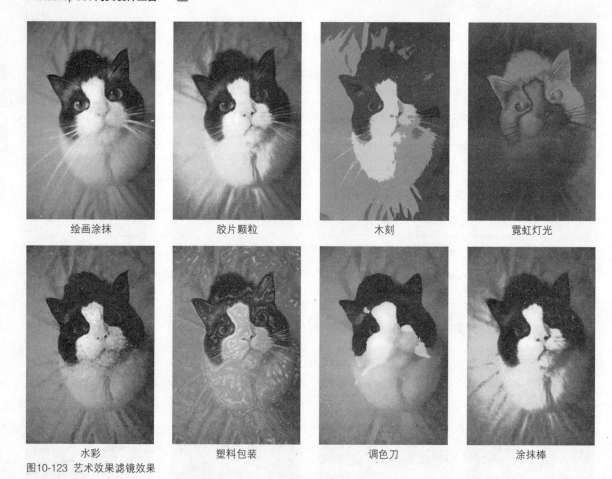

图10-123 艺术效果滤镜效果

　　素描滤镜可以将纹理添加到图像，常用来模拟素描和速写等艺术效果或手绘外观。其中大部分滤镜在重新绘制图像时都要使用前景色和背景色，因此，设置不同的前景色和背景色时，可以获得不同的效果。素描滤镜组包含14种滤镜，如表10-7所示。

表10-7　素描滤镜组介绍

滤镜名称	含义
半调图案	可以在保持连续色调的范围的同时，模拟半调网屏效果
便条纸	可以简化图像，创建像是手工制作的纸张构建的图像，图像的暗区显示为纸张上层中的洞，使背景色显示出来
粉笔和炭笔	可以重绘高光和中间调，并使用粗糙粉笔绘制纯中间调的灰色背景。阴影区域用黑色对角炭笔线条替换，炭笔用前景色绘制，粉笔用背景色绘制
铬黄渐变	可以渲染图像，创建如擦亮的铬黄表面般地金属效果，高光在反射表面上是高点，阴影是低点。应用该滤镜后，可以使用"色戒"命令增加图像的对比度，使金属效果更佳强烈
绘画笔	使用细的、线状的油墨描边来捕捉原图像中的细节，前景色作为油墨，背景色作为纸张，以替换原图像中的颜色

（续表）

滤镜名称	含义
基底凸现	可以变换图像，使之呈现浮雕的雕刻状和突出光照下变化各异的表面。图像的暗区将呈现前景色，而浅色使用背景色
石膏效果	可以按3D效果塑造图像，然后使用前景色与背景色为结果图像找色，图像中的暗区凸起，亮区凹陷
水彩画纸	可以用有污点的、像画在潮湿的纤维纸上的涂抹，使颜色流动并混合。水彩画纸是素描滤镜组中惟一能够保留原图像素颜色的滤镜
撕边	可以重建图像，使之像是由粗糙、撕破的纸片组成的，然后使用前景色与背景色作为图像的着色
炭笔	可以产生色调分离的涂抹效果。图像的主要边缘以粗线条绘制，而中间色调对角描边进行素描，炭笔是前景色，背景是纸张颜色
炭精笔	可以在图像上模拟浓黑和纯白的炭精笔纹理，暗区使用前景色，亮区使用背景色。为了获得更逼真的效果，可以在应用滤镜之前将前景色改为冲用的炭精笔颜色，如黑色、深褐色和血红色。要获得减弱的效果，可以将背景色改为白色，在白色背景中添加一些前景色，然后再应用来滤镜
图章	可以简化图像，使之看起来就像是用橡皮或木制图章创建的一样。 网状：可以模拟胶片乳胶的可控收缩和扭曲来创建图像，使之在阴影出结块，在高光处呈现轻微的颗粒化
网状	可以模拟胶片感光乳剂的受控收缩和扭曲，使图像的暗调区域结块，高光区域轻微颗粒花
影印	可以模拟影印图像的效果，大的暗区趋向于只复制边缘四周，而中间色调要么纯黑色，要么纯白色

应用素描滤镜的14种图像效果，如图10-124所示。

原图   半调图案   便条纸   粉笔和炭笔   铬黄渐变

绘图笔   基底凸现   石膏效果   水彩画纸   撕边

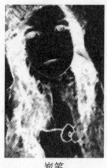    

炭笔　　　　　　　　炭精笔　　　　　　　　图章　　　　　　　　网状　　　　　　　　影印

图10-124　素描滤镜效果

10.6　上机实训

为了更好地掌握本章内容，在此安排两个实训项目进行练习。

实训1 | 修饰图像效果　　实训目的：通过本案例，熟练使用图层样式和滤镜修饰图像，在编辑过程中，注意背景色的模糊效果，效果如图10-125所示。

◎ 实训要点：魔棒工具的应用；自由变换的应用；滤镜工具应用；选框工具的应用；图层样式的应用

图10-125　实训效果

01 执行"文件>打开"命令，打开素材文件"植物"，图像效果如图10-126所示。接着打开"蜻蜓"素材文件。

02 选择魔棒工具，选择"蜻蜓"图像，并使用移动工具拖至"植物"文档中，图层名称为"蜻蜓"，如图10-127所示。

图10-126　打开素材

图10-127　添加新图像

03 执行"自由变换"命令，将"蜻蜓"图像进行方向和大小的调整，并将其放在合适的位置，如图10-128所示。

04 双击"背景"图层，在打开的"新建图层"面板中输入名称为"植物"，在按住Ctrl键同时选中"植物"和"蜻蜓"图层，之后右击并选择"合并图层"命令，如图10-129所示。

图10-128 调整图像大小和方向

图10-129 合并图层

05 选择工具箱中的矩形选框工具，在图像适当的位置绘制矩形选区，如图10-128所示。

06 执行"图层>新建>通过拷贝的图层"命令，系统自动新建一个图层为"图层1"，并且将选区内的图像复制到"图层1"中，如图10-129所示。

图10-130 绘制选

图10-131 通过拷贝的图层

07 将"图层1"设置当前层，按快捷键Ctrl+T调出变换框，适当地进行旋转和调整大小，如图10-132所示。

08 双击变换框，确定图像变换操作。执行"图层>图层样式>描边"命令，打开"描边"对话框，从中设置相关参数，如图10-133所示。

图10-132 变换图像

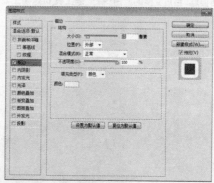

图10-133 设置"描边"样式

09 执行"图层>图层样式>投影"命令，打开"投影"对话框，在该对话框中设置相关参数，如图10-134所示。

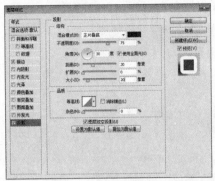

图10-134 设置"投影"样式

10 单击"确定"按钮，完成图层样式的设置，图像效果如图10-135所示。

图10-135 图像效果

11 在"图层"面板中选择"植物"图层，执行"滤镜>模糊>径向模糊"命令，弹出"径向模糊"对话框，从中设置数量为50，模糊方法为旋转，如图10-136所示。

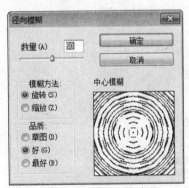

图10-136 设置"径向模糊"参数

12 设置完成后单击"确定"按钮，关闭该对话框，完成径向模糊的操作，如图10-137所示。至此，蜻蜓图像修饰完成。

图10-137 最终效果

🖥 **实训 2｜制作杂志插画**　实训目的：通过本案例，熟练掌握使用多个颜色调整命令修饰图像，在编辑过程中，注意背景色与人物色调的统一与协调。效果如图10-138所示。

◎ 实训要点：自由变换的应用；橡皮擦工具和滤镜工具的应用；图层整体透明度的应用；模糊工具的应用

图10-138 实训效果

01 执行"文件>新建"命令，打开"新建"对话框，在该对话框中设置参数，创建新文件，如图10-139所示。

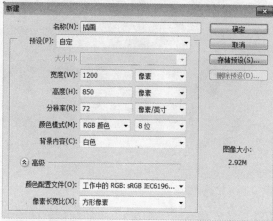

图10-139 创建新文件

02 在拾取器中设置前景色为黄色（R235、G140、B3），选择油漆桶工具，对背景进行填充，如图10-140所示。

图10-140 设置前景色

03 打开素材文件"花1"，使用移动工具将其拖曳至新建的文档，按快捷键Ctrl+T执行"自由变换"命令调整图像大小，如图10-141所示。

图10-141 调整"花1"图像

04 执行"滤镜>模糊>高斯模糊"命令，打开"高斯模糊"对话框，设置半径参数为3，对图像进行高斯模糊操作，如图10-142所示。

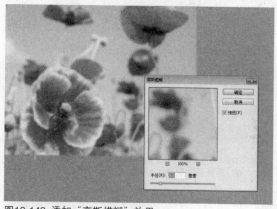

图10-142 添加"高斯模糊"效果

05 在"图层"面板中选择"图层1"为当前图层，设置"图层1"的图像不透明度为50%，如图10-143所示。

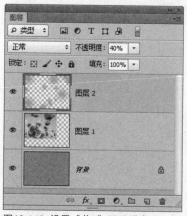

图10-143 设置"花1"不透明度

06 设置完成后，视图区中的图像透明度降低，呈半透明状态，如图10-144所示。

图10-144 降低图像透明度效果

08 在"图层"面板中设置"图层2"的绿色装饰图像不透明度为40%，如图10-146所示。

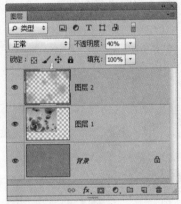

图10-146 调整不透明度

10 新建一个图层，选择画笔工具，设置前景色为红色，在视图中绘制红色装饰图像，并在"图层"面板中设置不透明度为40%，如图10-148所示。

07 新建图层，选择画笔工具，设置前景色为绿色，绘制绿色装饰图像，如图10-145所示。

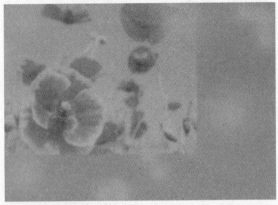

图10-145 绘制绿色装饰

09 设置完成后，"图层2"中的绿色装饰图像在视图区中的图像透明度降低，呈模糊状态，如图10-147所示。

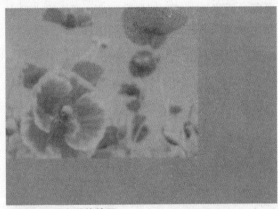

图10-147 绿色装饰效果

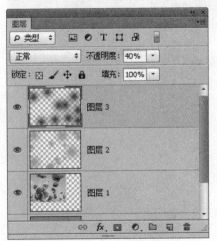

图10-148 绘制红色装饰并降低透明度

11 设置完成后，"图层3"中的红色装饰图像在视图区中的图像透明度呈模糊状态，如图10-149所示。

图10-149 降低红色装饰效果

13 将新建图层设为当前层，选择橡皮擦工具，将素材文件"花2"图像的边缘擦除，如图10-151所示。

图10-151 擦除图像边缘

15 打开素材文件"人物"，在"图层"面板中单击"添加图层蒙版"按钮，并使用橡皮擦工具将人物轮廓绘制出来，如图10-153所示。

12 打开素材文件"花2"，使用移动工具将其拖曳至新建的文档，按快捷键Ctrl+T执行"自由变换"命令调整图像大小，如图10-150所示。

图10-150 调整"花2"大小

14 选择模糊工具，在选项栏中设置"强度"参数为100%，并在素材文件"花2"图像上进行涂抹，效果如图10-152所示。

图10-152 添加模糊效果

图10-153 添加图层蒙版

16 人物轮廓绘制后，在图层蒙版位置右击并选择"调整蒙版"命令，打开"调整蒙版"对话框，设置"羽化"为8像素，如图10-154所示。

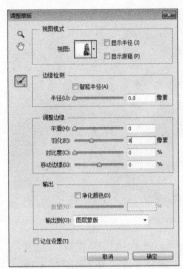

图10-154 设置羽化值

18 执行"图像>调整>色彩平衡"命令，打开"色彩平衡"对话框，设置"阴影"相关参数，如图10-156所示。

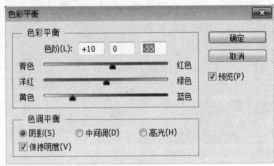

图10-156 设置"阴影"色彩平衡

20 "阴影"和"高光"参数设置完成，单击"确定"按钮，关闭该对话框，视图中"人物"图像发生了明显的变化，如图10-158所示。

17 使用移动工具，将羽化好的人物图像拖曳至视图中，并执行"自由变换"命令，对其调整大小，如图10-155所示。

图10-155 添加并调整"人物"素材

19 在该对话框中继续设置"高光"色彩平衡的参数，色阶为+15、-10、0，如图10-157所示。

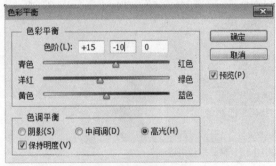

图10-157 设置"高光"色彩平衡

图10-158 色彩平衡效果

21 执行"图层>拼合图像"命令,将所有的图层合并在一起,执行"图像>调整>曲线"命令,打开"曲线"对话框,如图10-156所示。

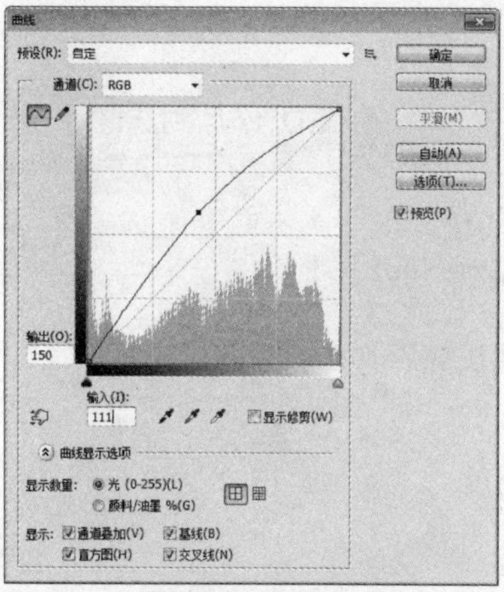

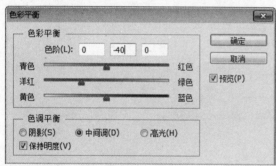

图10-159 拼合图像并调整色调

23 执行"图像>调整>色彩平衡"命令,打开"色彩平衡"对话框,设置"中间调"参数色阶,调整图像颜色,如图10-161所示。

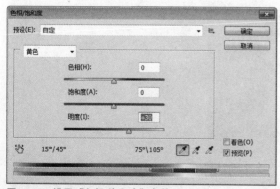

图10-161 设置"中间调"参数

25 执行"图像>调整>色相/饱和度"命令,打开"色相/饱和度"对话框,在左侧的下拉列表中选择"黄色"选项,设置明度为30,如图10-163所示。

图10-163 设置"色相/饱和度"参数

22 在该对话框中,设置输入值为111,输出值为150,调整图像的色调明亮度,效果如图10-157所示。

图10-160 提亮图像效果

24 设置完成后,单击"确定"按钮,视图中整体的图像颜色变得和谐,如图10-162所示。

图10-162 图像颜色效果

26 设置完成后关闭该对话框,图像的所有黄色被提亮,如图10-164所示。至此,完成了整个插画的调整。

图10-164 提亮黄色明度

10.7 习题

1. 选择题

（1）下列有关选区运算的说法错误的是（　　）。

A. 从选区减去　　　　　B. 从选区复制　　　　　　C. 与选区交叉　　　　　　D. 添加到选区

（2）想要创建以起点为中心的正方形时，需按住（　　）进行拖动。

A. Shift　　　　　B. Alt　　　　　　C. Shift +Alt　　　　　　D. Ctrl+Shift

（3）在"图层"面板中单击"锁定透明像素"按钮后，使用橡皮擦工具在擦除图层时将（　　）。

A. 用前景色描绘　　　　　　　　　　　B. 用背景色描绘

C. 用黑色描绘　　　　　　　　　　　　D. 改变图像的透明度

（4）下面不属于图层样式的是（　　）。

A. 内阴影　　　　　B. 外阴影　　　　　　C. 内发光　　　　　　D. 外发光

（5）按住（　　）组合键单击图层蒙版缩览图，可以载入图层蒙版作为选区。

A. Alt　　　　　B. Ctrl　　　　　　C. Shift　　　　　　D. Ctrl+Shift +Alt

2. 填空题

（1）修复工具包括 _____ 、 _____ 、 _____ 、 _____ 和 _____ 。

（2）在"图层样式 > 斜面和浮雕"选项中有两个子项目： _____ 和 _____ 。

（3）常见的图层混合模式操作包括 _____ 和 _____ 的设置。

（4）调整图像的基本属性有 _____ 、 _____ 和 _____ 。

（5）在 Photoshop CS6 中，模糊滤镜新增加了 3 个滤镜效果，分别是 _____ 、 _____ 和 _____ 。

3. 上机题

通过对本章知识的学习，制作如图10-165所示的画面效果。该画面主要分为 4 大部分，分别是绿色背景、雾气、星光、水和人物。制作的时候只要画好相应的图层，然后加上图层样式效果就出来了。

制作要点：（1）油漆桶工具的应用；（2）选区工具的应用；（3）图层混合模式的应用；（4）图层样式的添加；（5）图层蒙版的应用。

图10-165 最终效果预览

网页元素的设计

Chapter 11

　　本章主要介绍如何使用Photoshop CS6设计网页元素，例如制作精美文字、按钮和一些特殊效果等。通过本章的学习，用户可以利用Photoshop CS6提供的各种工具来创建自己需要的效果，请读者注意体会各种工具配合使用时产生的奇妙效果。

 本章重点知识预览

本章重点内容	学习时间	必会知识	重点程度
网页文字的设计	30分钟	文字的输入与编辑 文字的转换	★★★
网站图标的设计	25分钟	设计网站图标 设计网站Logo	★★★★
网页按钮的设计	25分钟	设计网页按钮 设计网页导航条	★★★★
网页广告的设计	30分钟	制作网页广告	★★★★

本章范例文件	·Chapter 11\绘制网站Logo.psd　·Chapter 11\绘制网页通栏广告.psd等
本章实训文件	·Chapter 11\实训1　·Chapter 11\实训2

本章精彩案例预览

▲ 制作网站Logo

▲ 制作网站按钮

▲ 设计网页

11.1　设计网页文字

在Photoshop CS6中，文字是一种特殊的图像结构，由像素组成，与当前图像具有相同的分辨率，字符放大时会有锯齿；文字同时又具有基于矢量边缘的轮廓，因此具有点阵图像、图层与矢量文字等多种属性。

11.1.1　输入和编辑文字

在Photoshop CS6中，文字工具包括横排文字工具、直排文字工具、横排文字蒙版工具和直排文字蒙版工具。

横排文字工具是最基本的文字工具之一，用于书写横行文字，输入方式从左至右；垂直文字工具与横排文字工具使用方法相似，但是其排列方式为竖排式，输入方向为由上至下；横排文字蒙版工具可创建出横排的文字选区，使用该工具时图像上会出现一层红色蒙版；垂直文字蒙版工具与横排文字蒙版工具效果一样，只是方向为竖排文字选区。

1．输入文字

选择文字工具，在输入文字时，使用单击的方式创建的文字称为点文字，而使用拖动鼠标方式创建的文字称为段落文字。

（1）点文字

当要输入少量的文字时，可以使用点文字类型。选择文字工具，将文字工具移到图像窗口中，鼠标指针变成插入符号，在图像中直接单击鼠标左键，在单击处会出现光标，此时即可输入文字，如图11-1所示。这样输入的文字独立成行，不会自动换行，若要换行，则需按下Enter键。

（2）段落文字

在输入文字前选择文字工具，将光标移动到图像窗口中，当光标变成插入符号时，按住左键进行拖动，此时在图像窗口中创建文本框。在文本框中输入文字，当文字到达文本框的边界时会自动换行，这种文字称为段落文字。如果文字需要分段，则按下Enter键即可，如图11-2所示。

图11-1　输入文字　　　　　　　　　　　　　　　图11-2　段落文字

将鼠标指针移至文本框四周的控制点上拖动鼠标即可缩放文本框。在缩放文本框时，其中的文字会根据文本框的大小自动调整。如果文本框无法容纳输入的文本，其右下角的方形控制点中会显示"田"。当需要输入大量的文字时，使用段落文本较为方便。

2. 编辑文字

选择文字工具，工具选项栏中显示文字工具选项栏，如图11-3所示。利用文本工具输入文字内容后，用户可以对文本进行编辑，包括调整文本的排列方式、拼写检查、添加图层样式等。

| T · | ↓T | Arial | ▼ | Regular | ▼ | ⁻T | 30 点 | ▼ | ᵃa | 犀利 ◆ | | ≡ ≡ ≡ | ■ | ⟁ | | ⊟ |

图11-3 文字工具选项栏

（1）文本取向的调整

文本的排列方式包括横排文字和直排文字两种。选择文字工具，然后在图像中单击鼠标左键，定位输入文字的位置，输入文字即可。如果需要调整已经创建好的文本的排列方式，单击文本工具选项栏中的"切换文本取向"按钮 ↓T 或者选择"文字>取向"级联菜单中的命令即可，如图11-4和11-5所示。

图11-4 横排文字

图11-5 竖排文字

> **TIP 输入文字的技巧**
> 文字输入完成后，按快捷键 Ctrl+Enter 或者单击文字图层，即可完成文字的输入。若要取消文字的输入，可按下 Esc 键。在输入文字的过程中，不能进行其他编辑操作。

（2）设置字体

在字体选项中可以选择使用不同的字体，不同的字体有不同的风格。Photoshop CS6使用操作系统中安装的字体，因此对操作系统字库的增减会影响Photoshop CS6能够使用的字体。Windows系统默认附带的中文字体有宋体、黑体、楷体等。用户可以为文字层中的单个字符指定字体，如图11-6所示。

图11-6 设置字体

> **TIP 巧妙设置首选项**
> 如果在字体列表中找不到中文字体的名称，选择"编辑>首选项>文字"命令，打开"首选项"对话框，取消勾选"以英文显示字体名称"复选框。如果勾选复选框，所有的字体名称将以英文显示。如果选择英文字体，可能无法正确显示中文，因此输入中文时应使用中文字体。

（3）设置字体大小

字体大小也称为字号，在选栏中字号列表
包含常用的字体字号，也可通过手动自行设定
字号。字号的单位有"像素"、"点"、"毫
米"，选择"编辑>首选项>单位与标尺"命令，
打开"首选项"对话框，在文字下拉列表中修改
字号单位，如图11-7所示。

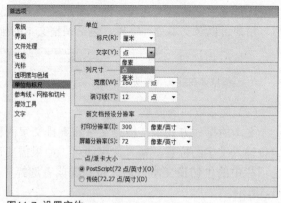

图11-7 设置字体

（4）设置消除锯齿

设置消除锯齿选项可以控制字体边缘是否带有羽化效果。一般如果字号较大的话应开启该选项以
得到光滑的边缘，这样文字看起来较为柔和。对于较小的字号来说，关闭消除锯齿选项反而有利于清
晰地显示文字。因为较小的字本身的笔画就较细，在较细的部位羽化容易丢失细节，所以开启消除锯
齿可能造成阅读困难。如图11-9和11-10所示为开启消除锯齿和关闭消除锯齿效果的对比。

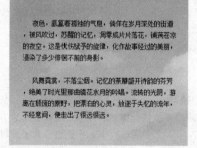

图11-8 开启消除锯齿　　　　　　　　　图11-9 关闭消除锯齿

（5）设置文本对齐方式

用户可以让文字左对齐、居中对齐或右对齐，这对于多行的文字内容尤为有用。如果文字方向
为竖排，对齐方式将变为顶对齐、居中对齐、底对齐。如图11-10、11-11和11-12所示为不同对齐方式
的效果。

图11-10 左对齐　　　　　　　　图11-11 居中对齐　　　　　　　　图11-12 右对齐

（6）设置文本颜色

设置文本颜色就是改变文字的颜色，可以针对单个字符进行设置。如果设置了单独字符的颜色，那么当选择文字图层时选项栏中的颜色缩览图将显示为"？"。字符处于被选中状态时，颜色将反相显示。

（7）变形文字

使用文字变形功能可以为文字添加变形效果，Photoshop CS6中提供了多种变形样式，使用这些样式可以创建多种艺术字体。

选择"文字>文字变形"命令或单击工具选项栏中的"创建文字变形"按钮，打开"变形文字"对话框（如图11-13所示）。在该对话框中，"水平"和"垂直"选项主要用于调整变形文字的方向；"弯曲"选项用于指定对图层应用的变形程度；"水平扭曲"和"垂直扭曲"选项用于对文字应用透视变形。

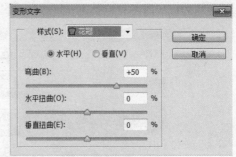

图11-13 "变形文字"对话框

变形文字工具只针对整个文字图层而不能单独针对某些文字。如果要制作多种文字变形混合的效果，可以将文字输入到不同的文字图层，然后分别设定变形效果。如图11-14和11-15所示为旗帜和拱形效果。

图11-14 旗帜效果

图11-15 拱形效果

（8）"字符"面板

单击"切换字符和段落面板"按钮，即可弹出"字符"面板，如图11-16所示。在该面板中可以为文字设置更多的选项，例如行间距、竖向缩放、横向缩放、比例间距和字符间距等。

图11-16 "字符"面板

（9）文本内容的拼写检查

文本内容的拼写检查操作很简单，选中文本内容，选择"编辑>拼写检查"命令，弹出如图11-17所示的"拼写检查"对话框，可对书写错误的文本进行修改。

（10）文本内容的查找和替换

在Photoshop CS6中也可以像Word文档一样，对文本内容进行查找和替换，选择文本图层，选择"编辑>查找和替换文本"命令，弹出"查找和替换文本"对话框，如图11-18所示。在查找的过程中，若单击"更改"按钮便可随时替换所查找到的文本内容。若单击"更改全部"按钮，将对当前查找内容以后的所有相关内容进行替换，并弹出提示替换操作完成的对话框。

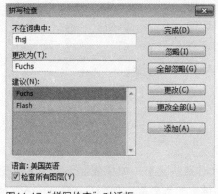

图11-17 "拼写检查"对话框

图11-18 "查找和替换文本"对话框

在"查找和替换文本"对话框中，还可以进行精确的设置，如设置"搜索所有图层"、"向前"、"区分大小写"以及"全字匹配"等选项，这样可确保所要查找和替换文本内容的准确度。如图11-19和11-20所示为将"秋天的雨"替换为"秋雨"的效果。

图11-19 替换前

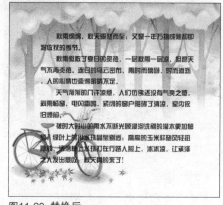

图11-20 替换后

11.1.2 转换文字

利用Photoshop CS6中的文字工具输入文字后，通过Photoshop的编辑功能，可以对文字进行丰富的特效制作和样式编辑。下面将具体介绍文字的转换操作。

1. 将文字图层转换成普通图层

如果要在文字图层上绘制或应用滤镜，则需要将文字图层转化为普通图层。文字的栅格化即是将文字图层转换成普通图层。转换后的图层可以应用各种滤镜效果，文字图层之前所应用的图层样式并不会因转换而受到影响。如图11-21和11-22所示为图层转换的效果对比。

通常，将文字图层转换成普通图层有以下两种方法。

- 选中文本图层，选择"图层>栅格化>文字"命令或者选择"图层>栅格化>图层"命令。
- 选中文本图层，单击鼠标右键，在弹出的快捷菜单中选择"栅格化文字"命令。

图11-21 图层转换前   图11-22 图层转换后

TIP 栅格化图层的注意事项
栅格化后的图层为图像图层，不可再进行文字编辑，并且不可再转换为文字图层。

2．将文本内容转换为选区

选择横排文字蒙版工具或直排文字蒙版工具可以创建文字选区，如图11-23和11-24所示。使用文字蒙版工具创建选区时，"图层"面板中不会生成文字图层，因此输入文字后，就不能再编辑该文字内容了。

图11-23 创建文字蒙版

图11-24 创建选区

除此之外，还可以将创建好的文字图层转化为选区，其方法比较简单，容易操作。首先将文字图层栅格化，转换成普通图层，将光标放在图层缩览图上，按住Ctrl键，当光标发生变化时，单击图层，即可将文字图层转换为选区，如图11-25和11-26所示。

图11-25 创建文本

图11-26 创建选区

3．将文本内容转换为形状

选择文字图层，单击鼠标右键，在弹出的快捷菜单中选择"转换为形状"命令或选择"文字>转换为形状"命令，可以将当前的文字图层转换为形状图层。转换后，无法在图层中将字符再作为文本进行编辑了，如图11-27和11-28所示。

图11-27 文字

图11-28 将文字转换成形状

4．将文本内容转换为路径

选择文字图层，单击鼠标右键，在弹出的快捷菜单中选择"创建工作路径"命令或选择"文字>创建工作路径"命令，可以根据当前选中图层中的文字创建一个工作路径。将文字转换为工作路径后，原文字图层保持不变并可继续进行编辑，如图11-29和11-30所示。

图11-29 文本

图11-30 创建工作路径

11.1.3 路径文字

路径文字是指沿路径形状（开放、闭合均可）排列的文字。选择钢笔工具或形状工具，选择工具选项栏中的"路径"选项，在图像中绘制路径，然后使用文本工具，将光标移至路径上方，当光标显示为工形状时，在路径上需要输入文字的位置单击鼠标左键，待输入文字后按下Ctrl+Enter键确认，最后隐藏路径即得到文字按照路径走向排列的效果，如图11-31和11-32所示为在封闭的路径内和开放路径上形成文本的效果。

图11-31 封闭路径内文字

图11-32 开放路径上文字

11.2 设计网站图标和Logo

现在大部分网站都有专门的图标和Logo，它们逐渐成为网站里重要的一部分，无论是导航、栏目内容，还是广告Banner及场景，很多时候图标和Logo都充当着重要角色。

11.2.1 绘制网站图标

当用户访问网站时，经常可以看到网站中有许多精美的小图标。图标是一个小的图片或对象，代表一个文件、程序或命令。图标有助于用户快速执行命令和打开程序文件。单击或双击图标可以执行一个命令。下面通过案例来了解图标的制作方法。

01 启动Photoshop CS6，创建一个"宽度"和"高度"均为550像素，背景为白色的文件，单击"确定"按钮，如图11-33所示。

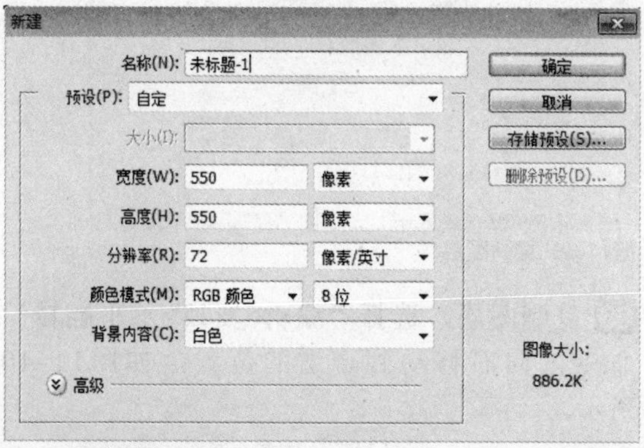

02 选择钢笔工具，在选项栏中选择形状选项，设置"填充"为黑色，绘制一个形状，如图11-34所示，将图层命名为"屋顶"。

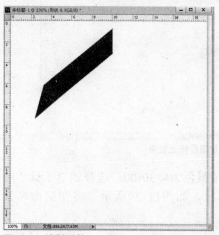

图11-33 新建文件

图11-34 绘制形状

03 单击"添加图层样式"按钮，选择"渐变叠加"选项，弹出"图层样式"对话框，设置颜色渐变选项，设置渐变颜色分别为#8a2907、#c24113，相应设置其他参数，如图11-35所示。

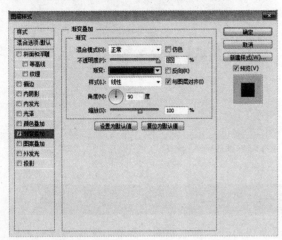

图11-35 设置渐变叠加

05 设置完成后，单击"确定"按钮，效果如图11-37所示。

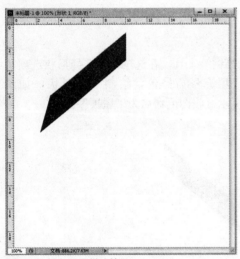

图11-37 添加图层样式效果

07 设置前景色为#830f00，选择钢笔工具，绘制一个形状，如图11-39所示。将图层命名为"屋檐"。

04 选择"内阴影"选项，对内阴影样式进行参数设置，如图11-36所示。

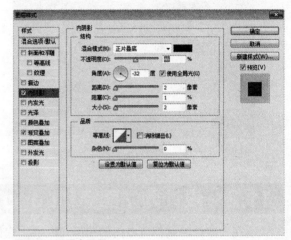

图11-36 设置内阴影

06 把做好的屋顶图层复制，选择"编辑>变换>水平翻转"命令，向右移动到合适位置，如图11-38所示。

图11-38 复制图层

08 复制图层，选择"编辑>变换>水平翻转"命令，向右移动到合适的位置，如图11-40所示。

图11-39 绘制形状

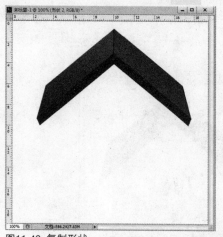

图11-40 复制形状

09 在背景图层上方新建一个图层，选择钢笔工具，设置"填充"为黑色，绘制一个形状，如图11-41所示。将该图层命名为"屋身"。

10 单击"图层"面板底部的"添加图层样式"按钮，选择"渐变叠加"选项，弹出"图层样式"对话框，设置颜色渐变选项，设置渐变颜色分别为#fce0ab、#fdfae2，相应设置其他参数，如图11-42所示。

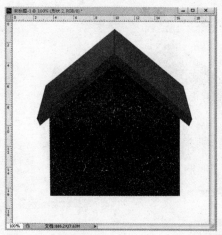

图11-41 绘制形状

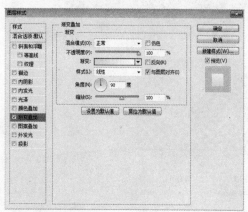

图11-42 设置渐变叠加

11 选择"内阴影"选项，设置相应的参数，如图11-43所示。

12 选择"内发光"选项，进行参数设置，如图11-44所示。

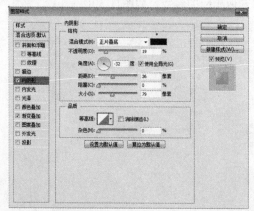

图11-43 设置内阴影

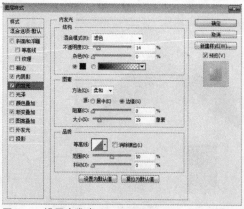

图11-44 设置内发光

13 设置完成后单击"确定"按钮，效果如图 11-45所示。

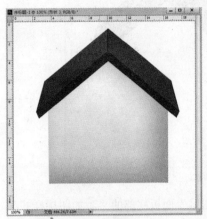

图11-45 添加图层样式效果

15 选择"滤镜>模糊>高斯模糊"命令，设置 "半径"为17像素，如图11-47所示。

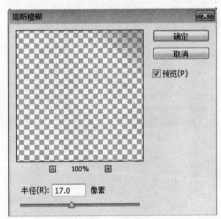

图11-47 "高斯模糊"对话框

17 选择矩形工具，设置"填充"为黑色，绘制 一个矩形，如图11-49所示。

图11-49 绘制形状

14 复制"屋檐"图层，将其命名为"阴影"图 层，并向下移动。然后重新填充颜色#5F5343， 如图11-46所示。

图11-46 填充颜色

16 将超出屋身部分的阴影删除，效果如图 11-48所示。

图11-48 删除阴影

18 打开"图层样式"对话框，选择"渐变叠 加"选项，设置渐变颜色为#c7904a、#e4b474， 设置其他相应的参数，如图11-50所示。

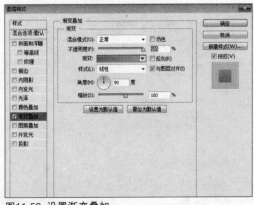

图11-50 设置渐变叠加

19 选择"内阴影"选项，设置阴影颜色为 #915928，调整其他参数，如图11-51所示。

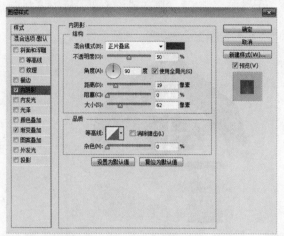

图11-51 设置内阴影

20 选择"内发光"选项，设置相应的参数，如图11-52所示。

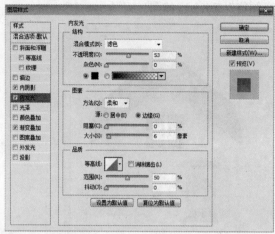

图11-52 设置内发光

21 设置完成后，单击"确定"按钮，效果如图11-53所示。

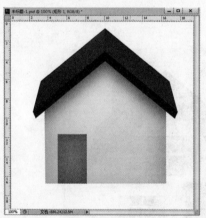

图11-53 添加图层样式效果

22 使用类似的方法，制作门上的图像，效果如图11-54所示。

图11-54 制作门图像

23 选择钢笔工具，绘制路径，载入选区，并填充渐变颜色#bc3e12、#792204，如图11-55所示。

图11-55 绘制路径

24 使用相同的方法制作其他图像，如图11-56所示。

图11-56 制作其他图像

25 选择矩形工具，设置"填充"为黑色，绘制一个矩形，然后在图层上方绘制两个矩形，填充颜色为f7d09c，如图11-57所示。

图11-57 绘制形状

27 复制一个窗户，然后调整其大小，并移动到下方，使用类似的方法，制作烟囱，如图11-59所示。

图11-59 复制图像

26 复制门图像，调整大小，将其移动到窗户的位置即可，如图11-58所示。

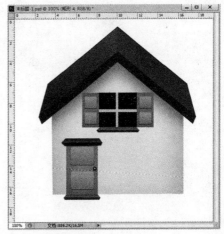

图11-58 复制图层

28 在屋子底部绘制一片阴影，最终效果如图11-60所示。

图11-60 制作阴影

11.2.2 绘制网站Logo

Logo是互联网上各网站用来与其他网站链接的图形标志，是一个网站的形象代言人。它以单纯、显著、易识别的物象、图形或文字符号作为直观语言，除表示具体信息之外，还具有表达意义、情感和指令行动等作用。一个好的Logo能让人轻松记住网站。

01 启动Photoshop CS6，新建一个宽为500像素，高为300像素，背景为白色的文件，单击"确定"按钮，如图11-61所示。

02 新建"图层1"，选择椭圆选区工具，按住Shift键，绘制一个圆形选区，如图11-62所示。

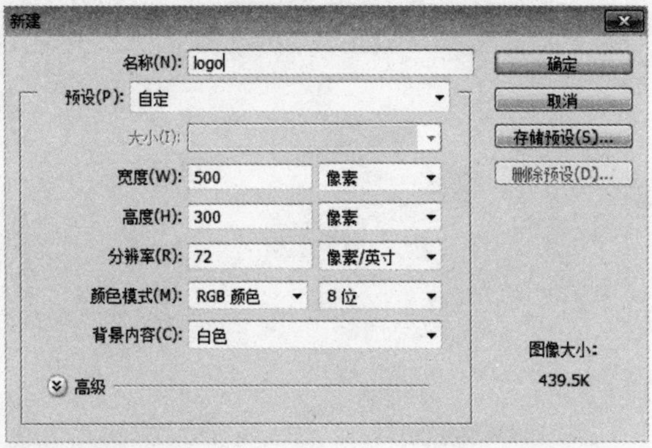

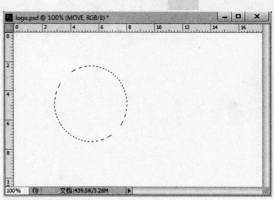

图11-61 新建文件

图11-62 绘制选区

03 设置前景色为黄色（#ffea00），选择油漆桶工具填充颜色，按下Ctrl+D键，取消选区，如图11-63所示。

04 新建"图层2"，选择椭圆形选区工具，绘制一个圆形选区，填充颜色为白色，并向右上方移动，如图11-64所示。

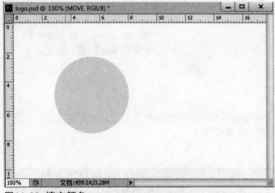

图11-63 填充颜色

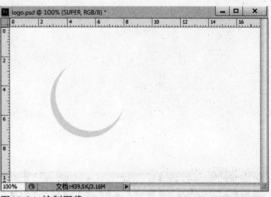

图11-64 绘制图像

05 复制图层1，将复制的图层移到"图层2"上方，调整图像大小并移动到合适的位置，如图11-65所示。

06 使用同样的方法，多复制几次，调整图像大小及位置，如图11-66所示。

图11-65 移动图层

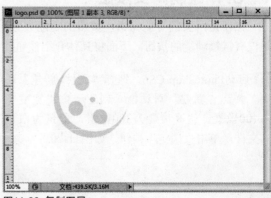

图11-66 复制图层

07 选择钢笔工具，在选项栏上选择"形状"选项，设置填充颜色为黄色，绘制图形，如图11-67所示。

08 栅格化形状图层，然后复制一层，调整图形位置，如图11-68所示。

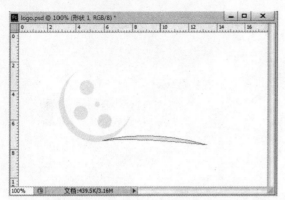

图11-67 绘制形状

图11-68 复制图形

09 选择横排文字工具，输入合适的文本内容，并设置字体样式，最终效果如图11-69所示。

图11-69 最终效果

11.3 设计网页按钮和导航条

在网页中，按钮和导航条是密不可分的，将按钮以一定的形状排列组合在一起就形成了导航条。按钮和导航条的主要作用的是快捷进入目标页面，是网页中不可缺少的元素。

11.3.1 绘制网页按钮

按钮是网页的导航元素，按钮的功能大致可以分为两种，一种是具有提交功能的按钮；另一种是仅有链接功能的按钮。下面将具体介绍按钮的制作过程。

01 启动Photoshop CS6，选择"文件>新建"命令，弹出"新建"对话框，创建一个"宽度"为400像素，"高度"为300像素，背景为白色的文件，单击"确定"按钮，如图11-70所示。

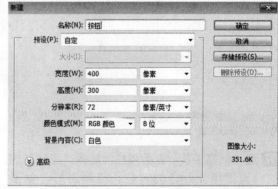

图11-70 新建文件

02 新建图层1，选择圆角矩形工具，在选项栏中选择"路径"选项，设置"半径"为15像素，按快捷键Ctrl+Enter，将路径转换为选区，如图11-71所示。

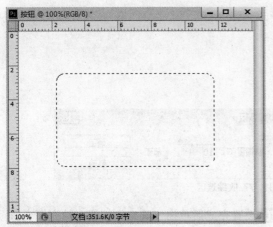

图11-71 绘制选区

04 设置完成后单击"确定"按钮，在圆角矩形选区中拖拽，绘制线性渐变，如图11-73所示。

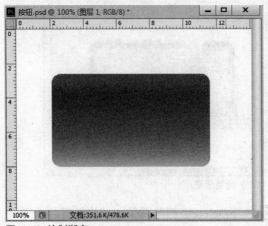

图11-73 绘制渐变

06 选择"内阴影"选项，设置内阴影颜色为#185687，并设置其他参数，如图11-75所示。

03 选择渐变工具，设置渐变颜色从左至右分别为#2c84c2、#1f76b9、#3892ca、#3892ca，如图11-72所示。

图11-72 设置渐变颜色

05 为图像添加"投影"图层样式，设置投影样式参数，如图11-74所示。

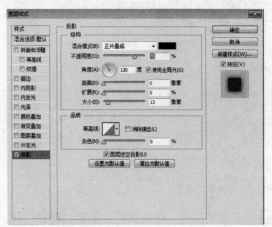

图11-74 设置投影

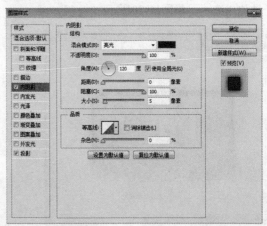

图11-75 设置内阴影

07 设置完成后，单击"确定"按钮，效果如图11-76所示。新建"图层2"，按住Ctrl键的同时单击图层1，创建图层1的选区。

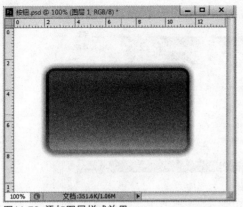

图11-76 添加图层样式效果

09 选择渐变工具，设置渐变颜色从左至右分别为白色（#ffffff）、白色（#ffffff），透明度为60%、10%，如图11-78所示。

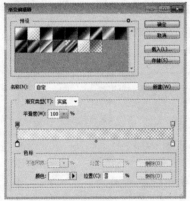

图11-78 设置渐变颜色

11 选择钢笔工具，在选项栏中选择"路径"选项，绘制一个路径，按快捷键Ctrl+Enter，将路径转化成选区，如图11-80所示。

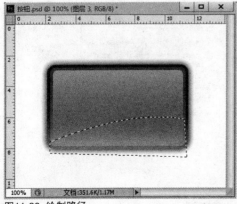

图11-80 绘制路径

08 选择"选择 > 修改 > 收缩"命令，弹出"收缩选区"对话框，设置"收缩量"为10像素，如图11-77所示。

图11-77 收缩选区

10 设置完成后单击"确定"按钮，填充渐变颜色，按快捷键Ctrl+D，取消选区，效果如图11-79所示。

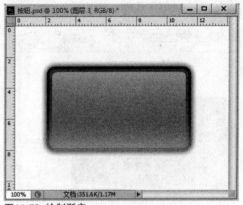

图11-79 绘制渐变

12 按下Delete键删除图像，按快捷键Ctrl+D，取消选区，效果如图11-81所示。

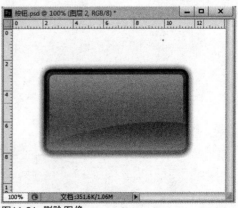

图11-81 删除图像

13 选择矩形工具，设置前景色为白色，在选项栏中选择"形状"选项，绘制一个白色矩形，按下Ctrl+T键旋转图形，调整位置，按下Enter键取消选择，效果如图11-82所示。

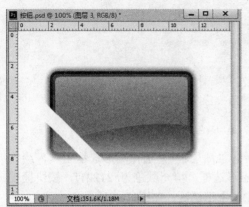

图11-82 绘制矩形

14 多复制几个形状图层，调整位置，选中形状图层，按快捷键Ctrl+E，合并图层，将图层命名为"图层3"，设置图层混合模式为"柔光"，不透明度为30%，效果如图11-83所示。

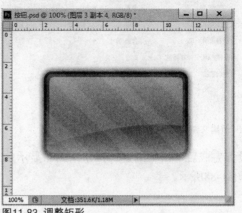

图11-83 调整矩形

15 按住Ctrl键同时单击"图层1"，调出图层1选区，选择"选择>修改>收缩"命令，弹出"收缩选区"对话框，设置"收缩量"为5像素，单击"确定"按钮，如图11-84所示。

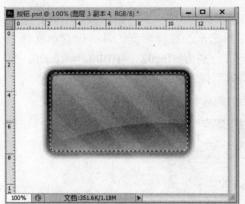

图11-84 收缩选区

16 选择"选择>反向"命令，按下Delete键删除选区中的图像，随后取消选区。选择文字工具，输入文本，设置文字样式，最终效果如图11-85所示。

图11-85 最终效果

11.3.2 绘制网页导航条

网页的导航条在网站中处于重要位置，浏览者通过导航条了解网站的内容，并可通过导航条上的链接浏览站点的相关信息。导航条一般放在网页最醒目的位置，方便浏览者使用。根据导航条放置的位置，可分为横排导航条、竖排导航条和自由排版的导航条。下面将具体介绍一款导航栏的制作方法。

01 启动Photoshop CS6，创建一个"宽度"为700像素，"高度"为150像素，背景为白色的文件，单击"确定"按钮，如图11-86所示。

02 设置前景色为#ffffdd，选择油漆桶工具，填充画布颜色，选择"滤镜>杂色>添加杂色"命令，弹出"添加杂色"对话框并进行相应的设置，如图11-87所示。

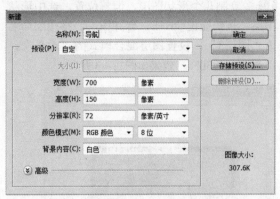

图11-86 新建文件

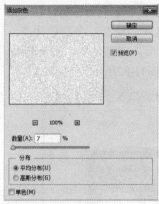

图11-87 添加杂色

03 设置完成后单击"确定"按钮，画布显示效果如图11-88所示。

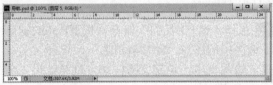

图11-88 填充背景

04 新建"图层1"，选择矩形选框工具，绘制一个矩形选框，填充颜色为#21221f，按快捷键Ctrl+D，取消选区，如图11-89所示。

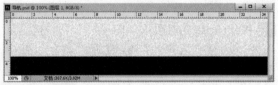

图11-89 绘制矩形

05 新建"图层2"，选择矩形选框工具，绘制一个矩形选框，填充颜色为# 009cff，按快捷键Ctrl+D，取消选区，如图11-90所示。

06 新建"图层3"，选择矩形选框工具，绘制一个矩形选框。选择渐变工具，设置渐变颜色从左至右分别为#ff6e02、#ffff00、#ff6d00，单击"确定"按钮，如图11-91所示。

图11-91 设置渐变颜色

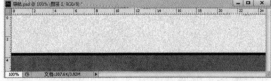

图11-90 绘制矩形

07 在矩形选框中绘制渐变颜色，效果如图11-92所示。

08 新建"图层4"，选择椭圆形选框工具，设置羽化值为10像素，选择油漆桶工具，设置前景色为黑色，填充颜色，如图11-93所示。

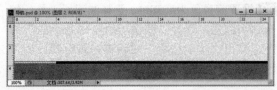

图11-92 绘制渐变颜色

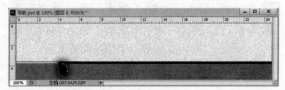

图11-93 绘制图像

09 取消选区，设置图层不透明度为45%，删除图像右半边多余部分，制作阴影分割效果，如图11-94所示。

10 复制椭圆阴影图层，调整位置，效果如图11-95所示。

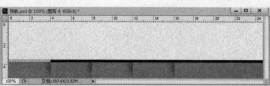

图11-94 删除图像　　　　　　　　　图11-95 复制图像

11 输入文本，导入其他素材文件，最终效果如图11-96所示。

图11-96 最终效果

11.4　设计网页广告

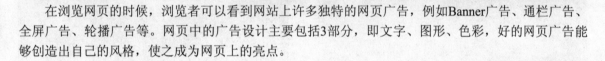

在浏览网页的时候，浏览者可以看到网站上许多独特的网页广告，例如Banner广告、通栏广告、全屏广告、轮播广告等。网页中的广告设计主要包括3部分，即文字、图形、色彩，好的网页广告能够创造出自己的风格，使之成为网页上的亮点。

11.4.1　制作网站Banner

网站中的Banner主要由文字和图片组合而成，能够很直接地反映出本网站的主题。Banner广告大多数都是为了宣传，或为了突出自己网站的风格、特色，给人一种视觉感官的冲击。

01 启动Photoshop CS6，创建一个"宽度"为900像素，"高度"为400像素，背景为白色的文件，单击"确定"按钮，如图11-97所示。

02 新建"图层1"，选择渐变工具，设置渐变颜色分别为#f6f1e3、#d9d2bf，在画布上填充背景颜色，如图11-98所示。

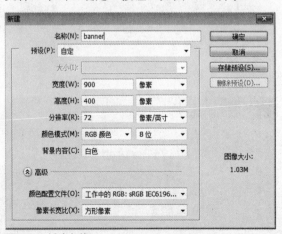

图11-97 新建文件

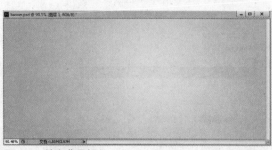

图11-98 填充背景颜色

03 新建"图层2",选择矩形选区工具,绘制一个矩形选区,如图11-99所示。

图11-99 绘制矩形选区

05 设置完成后单击"确定"按钮,在矩形选区内绘制线性渐变,按快捷键Ctrl+D,取消选区,如图11-101所示。

图11-101 填充渐变颜色

07 选择渐变工具,设置渐变颜色,从左至右分别为#000000、#8d8571、#3c3101,如图11-103所示。

图11-103 设置渐变颜色

04 选择渐变工具,设置颜色从左至右分别为#af9d9c、#e9eae3、#bbb2ac,如图11-100所示。

图11-100 设置渐变颜色

06 新建"图层3",选择钢笔工具,在选项栏中选择"路径"选项,绘制路径,按快捷键Ctrl+Enter,将路径转化成选区,如图11-102所示。

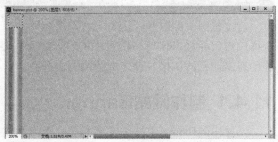

图11-102 绘制选区

08 单击"确定"按钮,在选区内拖拽,应用线性渐变填充,取消选区,如图11-104所示。

图11-104 填充渐变颜色

09 复制"图层3",选择"编辑>变换>垂直翻转"命令,向下移动图像,如图11-105所示。

图11-105 移动图像

11 新建"图层4",选择矩形选框工具,绘制矩形选区,如图11-107所示。

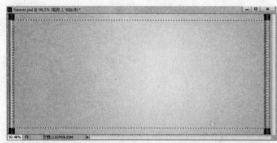

图11-107 绘制选区

13 双击"图层4",打开"图层样式"对话框,选择"投影"选项,设置投影图层样式参数,如图11-109所示。

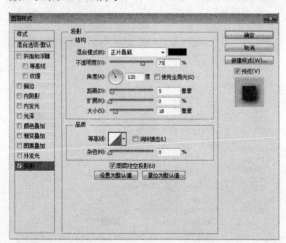

图11-109 设置投影

10 选择"图层2"、"图层3"和"图层3副本",按快捷键Ctrl+E合并图层,将图层命名为"轴",复制"轴"图层并向右移动,如图11-106所示。

图11-106 复制图像

12 选择渐变工具,设置渐变颜色为#e8e2e0、#cfc8c0,在矩形选区中拖拽,应用径向渐变,然后取消选区,将"图层4"放置在"图层2"下方,如图11-108所示。

图11-108 填充颜色

14 单击"确定"效果,效果如图11-110所示。

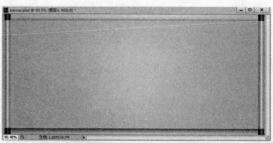

图11-110 投影显示效果

15 新建"图层5"，选择矩形选区工具，绘制矩形选区，选择渐变工具，设置渐变颜色为 #fefde0、#f7e27f，在矩形选区中应用线性渐变填充，如图11-111所示。

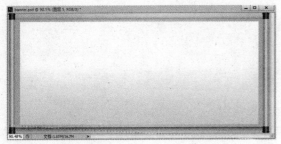

图11-111 填充渐变颜色

16 打开图像素材"云"，使用选择工具将素材拖到画布中，调整位置及大小，设置图层混合模式为"柔光"，如图11-112所示。

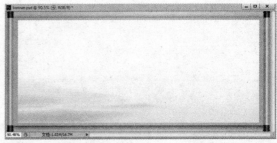

图11-112 设置图层混合模式

17 打开素材图像"茶"，使用移动工具拖到画布上，调整位置及大小，如图11-113所示。

图11-113 拖入素材图像

18 单击"图层"面板底部的"添加图层蒙版"按钮 ，设置前景色为#000000、背景色为 ffffff，使用渐变工具，应用渐变填充，效果如图11-114所示。

图11-114 添加图层蒙版

19 打开图像素材"兰花"，使用移动工具拖到画布上，设置图层不透明度为45%，调整图像大小及位置，如图11-115所示。

图11-115 调整图像不透明度

20 使用文字工具，输入文字"茶"，栅格化文字图层，双击文字图层，打开图层样式，选择"斜面和浮雕"选项，设置相应的参数，如图11-116所示。

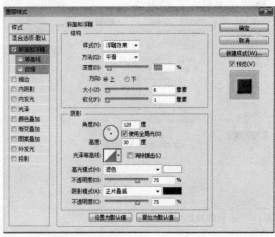

图11-116 设置斜面和浮雕

21 选择"投影"选项，设置投影相应的参数，如图11-117所示。

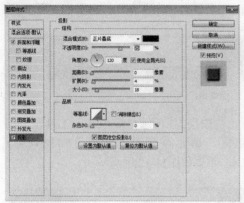

图11-117 设置投影

22 选择"描边"选项，设置描边颜色为#ffffff，设置其他相应的参数，如图11-118所示。

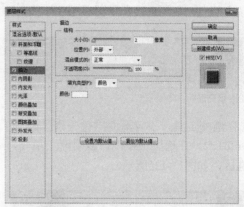

图11-118 设置描边

23 设置完成后，单击"确定"按钮。随后选择直排文字工具，输入合适的文字内容。显示效果如图11-119所示。

图11-119 输入文字

24 打开素材文件"树枝"，使用移动工具将其拖曳至画布上，调整图像大小及位置，最终效果如图11-120所示。

图11-120 最终效果

11.4.2 绘制网页通栏广告

在网络中，通栏广告是一种具有惟一性的多媒体推广方式，以横贯页面的形式出现，该广告尺寸较大，视觉冲击力强，能给网页浏览者留下深刻印象。

01 启动Photoshop CS6，创建一个"宽度"为900像素，"高度"为150像素，背景为白色的文件，单击"确定"按钮，如图11-121所示。

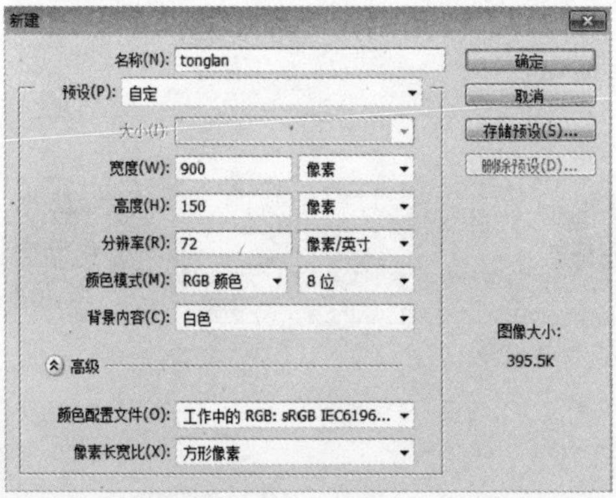

图11-121 新建文件

02 打开图像素材"红背景"，使用移动工具将其拖曳至画布上，调整大小，如图11-122所示。

图11-122 拖入素材文件

03 新建"图层1"，选择矩形选框工具，绘制矩形选框，设置前景色为#d5d8da，使用油漆桶工具填充颜色，取消选区，如图11-123所示。

图11-123 填充颜色

05 选择渐变工具，设置渐变颜色分别为#85898b、#cfd1d2，在选区中拖拽，应用渐变填充，取消选区，如图11-125所示。

图11-125 填充渐变颜色

07 新建"图层4"，选择钢笔工具，设置前景色为白色，绘制形状，栅格化图层，设置图层不透明度为45%，制作高光部分，如图11-127所示。

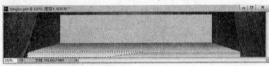

图11-127 绘制形状

09 绘制顶灯部分，选择椭圆工具，设置前景色为#ababae，绘制椭圆形状，栅格化图层。设置前景色为白色（#ffffff），绘制稍微小的椭圆形状。选择椭圆形状图层，按快捷键Ctrl+E，合并图层并命名为"顶灯"，效果如图11-129所示。

图11-129 绘制形状

11 单击"图层"面板底部的"添加图层蒙版"按钮，选择渐变工具，绘制图层蒙版，效果如图11-131所示。

图11-131 添加图层蒙版

04 新建"图层2"，选择钢笔工具，在选项栏中选择"路径"选项，绘制路径，按快捷键Ctrl+Enter，将路径转化成选区，如图11-124所示。

图11-124 绘制路径

06 新建"图层3"，选择矩形选区工具，绘制矩形选区，填充渐变颜色分别为#c3c4c6、#e7e7e8，效果如图11-126所示。

图11-126 绘制图像

08 新建"图层5"，使用相同的方法，制作顶部，设置不透明度为90%，如图11-128所示。

图11-128 制作图像

10 选择椭圆工具，设置前景色为白色（#ffffff），绘制椭圆形状，栅格化图层并命名为"灯光"，如图11-130所示。

图11-130 绘制椭圆形

12 使用相同的方法制作底部灯光投影，如图11-132所示。

图11-132 制作投影

13 单击"图层"面板底部的"创建新组"按钮，创建一个文件夹，命名为"灯"，将"灯顶"图层到"投影"图层拖至文件夹中，如图11-133所示。

图11-133 创建文件夹

14 多复制几个"灯"文件夹，向右依次移动图像，如图11-134所示。

图11-134 复制图像

15 打开图像素材"鞋"，使用移动工具将素材图像拖曳至画布中，调整位置及其大小，如图11-135所示。

图11-135 拖入图像素材

16 选择文字工具，输入文字，栅格化文字图层，并使用钢笔工具在文字上绘制如图11-136所示的形状。

图11-136 输入文字

17 参照前面的制作方法，输入文字，添加其他元素，最终效果如图11-137所示。

图11-137 最终效果

11.5 设计网页

　　随着互联网的飞速发展，网页设计已经成为一个具有相当深度的设计领域。Photoshop为实现网页的个性和视觉效果，提供了广阔的空间，是目前网页设计的重要软件之一。

11.5.1 绘制网页

　　平面广告和网站页面设计的宗旨就是吸引眼球，符合平面视觉特点。如何设计一款有特色、能吸引眼球的作品是摆在平面设计人员和Photoshop爱好者面前的难题。现在以一款网页平面设计为实例进行详细讲解。

01 启动Photoshop CS6，创建一个"宽度"为1000像素，"高度"为650像素，背景为白色的文件，单击"确定"按钮，如图11-138所示。

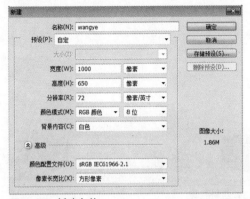

图11-138 新建文件

03 打开素材图像"云"、"海"，使用移动工具将图像素材拖至画布上，如图11-140所示。

图11-140 拖入图像素材

05 选择渐变工具，设置渐变颜色为#dcfafc、#b7e1e6，在选区内拖拽，应用渐变填充，如图11-142所示。

图11-142 填充渐变颜色

02 新建"图层1"，选择渐变工具，设置渐变颜色为#b7e1e6、#ffffff，应用渐变填充，如图11-139所示。

图11-139 填充背景颜色

04 新建"图层2"，选择钢笔工具，在选项栏中选择"路径"选项，绘制路径，按快捷键Ctrl+Enter，将路径转化成选区，如图11-141所示。

图11-141 绘制选区

06 取消选区，双击图层，选择"投影"选项，设置相应的参数，如图11-143所示。

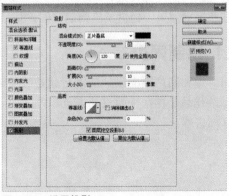

图11-143 设置投影

07 选择"斜面和浮雕"选项,设置参数,如图 11-144所示。

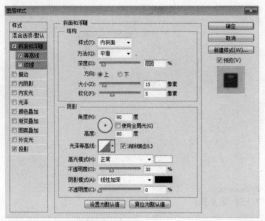

图11-144 设置斜面和浮雕

09 复制"图层2",使用移动工具,向右移动图像,选中"图层2"及其副本,按快捷键 Ctrl+E,合并图层,如图11-146所示。

图11-146 复制图像

11 新建"图层4",选择矩形选区工具,绘制矩形选区,填充颜色为#438044,并设置投影,如图11-148所示。

图11-148 绘制图像

08 设置完成后单击"确定"按钮,效果如图 11-145所示。

图11-145 图层样式效果

10 使用相同的方法,制作其他图像,效果如图 11-147所示。

图11-147 制作图像

12 复制图层,使用移动工具,依次向右移动图像,然后选择文字工具,输入文字,如图11-149所示。

图11-149 输入文字

13 新建"图层5",选择钢笔工具,绘制路径,并转换成选区,如图11-150所示。

图11-150 绘制选区

15 使用文字工具输入文字,如图11-152所示。

图11-152 输入文字

17 新建"图层6",设置前景色为白色,选择矩形工具,绘制矩形图像,栅格化图层,然后设置图层不透明度为60%,如图11-154所示。

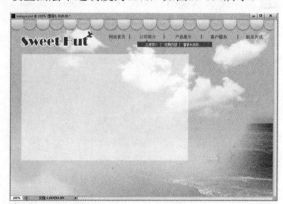

图11-154 绘制矩形

14 设置前景色为#60968a,使用油漆桶工具填充颜色,取消选区,如图11-151所示。

图11-151 填充颜色

16 打开图像素材"logo",使用移动工具拖曳至画布中,调整大小及位置,如图11-153所示。

图11-153 拖入图像素材

18 打开图像素材"草"、"人""美食",拖曳至画布上,调整图像位置及大小,如图11-155所示。

图11-155 拖入图像素材

19 选择自定形状工具，绘制会话形状图形，栅格化图层，将图层命名为"会话"，如图11-156所示。

图11-156 绘制形状

20 双击该图层，弹出"图层样式"对话框，选择"渐变叠加"选项，设置渐变颜色为#ca2222、#fc482e，设置其他参数，如图11-157所示。

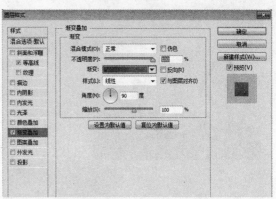

图11-157 设置渐变叠加

21 选择"斜面和浮雕"选项，设置相应的参数，如图11-158所示。

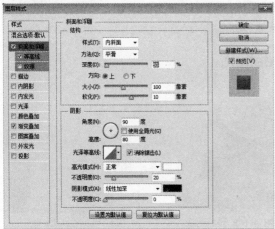

图11-158 设置斜面和浮雕

22 选择"投影"选项，设置投影参数，如图11-159所示。

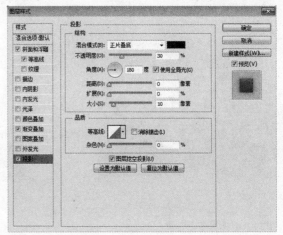

图11-159 设置投影

23 设置完成后单击"确定"按钮，效果如图11-160所示。

图11-160 图层样式效果

24 选择文字工具，输入文字，效果如图11-161所示。

图11-161 输入文字

25 新建"图层7"，选择矩形工具，设置前景色为白色，绘制矩形，然后栅格化图层，如图11-162所示。

图11-162 绘制矩形

27 单击"确定"按钮，效果如图11-164所示。

图11-164 图层样式效果

29 选择文字工具，输入文字，设置文字样式，如图11-166所示。

图11-166 输入文字

26 双击图层，弹出"图层样式"对话框，选择"投影"选项，设置投影相关参数，如图11-163所示。

图11-163 设置投影

28 选择直线工具，设置选项栏中的参数，绘制直线，栅格化图层，使用类似的方法绘制虚线及图标，如图11-165所示。

图11-165 绘制图像

30 使用类似的方法，制作其他网页内容，如图11-167所示。

图11-167 制作网页内容

31 新建图层，选择矩形选区工具，绘制选区，选择渐变工具，设置渐变颜色分别为#609589、#8eb7ae，应用渐变填充，如图11-168所示。

32 取消选区，选择文字工具，输入文本，最终效果如图11-169所示。

图11-168　填充渐变颜色

图11-169　最终效果

11.5.2　创建切片

　　网站页面编辑完成之后，可以输出到Web，用户可以使用切片工具，将页面版式划分为多个区域。切片是图像的一块矩形区域，可用于在产生的Web页中创建链接、翻转和动画等。

　　选择切片工具，在文档中创建切片，在切片上右击，在快捷菜单中选择"编辑切片选项"命令，弹出"切片选项"对话框，如图11-170所示。

　　该对话框中各选项含义如下。

- 切片类型：选择"图像"选项，切片输出时会生成图像，反之输出时为空。
- 名称：为切片定义名称。
- URL：为切片指定链接地址。
- 目标：指定在哪个窗口中打开。
- X、Y：表示切片左上角的坐标。
- W、H：表示切片的长度和宽度，可以自定义。

下面将具体介绍如何创建切片。

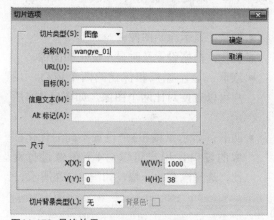

图11-170　最终效果

01 打开文档，选择"视图>标尺"命令，显示标尺，拖拽参考线，如图11-171所示。

02 选择切片工具，在选项栏中单击"基于参考线的切片"按钮，如图11-172所示。

图11-171　设置参考线

图11-172　单击"基于参考线的切片"按钮

03 使用切片工具划分切片，最终效果如图11-173所示。

图11-173 划分切片

11.5.3 优化切片并导出HTML文件

切片创建完成后，即可优化切片并导出
HTML 文件了。选择"文件 > 存储为 Web 所用
格式"命令，弹出"存储为 WEB 所用格式"对
话框，如图 11-174 所示。在图像窗口中有 4 个
选项卡，即"原稿"、"优化"、"双联"和"四联"。

其中，各选项卡功能如下。

- 原稿：显示原始图像。
- 优化：根据设置及时显示优化的图像。
- 双联：显示原稿和优化的两个窗口，用
  户可以方便对比两个图像，如图11-175所
  示。
- 四联：显示原稿和3个设置不同的优化图
  像的窗口，用户可以对4个图像进行对
  比，选择满意的一幅，如图11-176所示。

图11-174 "存储为WEB所用格式"对话框

图11-175 双联图像窗口

图11-176 四联图像窗口

（1）优化成GIF格式

针对图像中色彩数目较少的图像，选择双联模式，将图像设置为GIF格式，色彩数目设置为4色，文件大小将被优化压缩。设置完成后，单击"存储"按钮即可。

（2）优化成JPEG格式

针对图像色彩较丰富的图像，选择四联模式，将图像设置为JPEG格式，"品质"设置为2，"图像大小"缩小很多，在网上的传输时间也会缩短。

优化完成后，单击"存储"按钮，弹出"将优化结果存储为"对话框，选择存储路径，设置格式并单击"保存"按钮即可。保存完成后，在存储路径中包含了一个HTML文件和一个images文件夹，如图11-177所示。

图11-177 输出的文件

11.5.4 在Dreamweaver中编辑网页

编辑网页主要是编辑使用切片导出的网页使其规范易用，同时为了增加网页效果，进行简单的动画制作。

在Dreamweaver中编辑网页主要包括两种，一种是直接在切片效果图中进行编辑。利用Dreamweaver进行后期处理，这种主要用于艺术界面型网页，可以在网页中设置链接、添加动画效果，或者将多余的切片删除，添加需要的文字。另一种是以导出的网页为基础，利用Dreamweaver进行合理的布局与优化。

01 打开Dreamweaver CS6，建立站点，此时在"文件"面板中可以看到刚建立的站点，如图11-178所示。

02 新建网页文档，单击"页面属性"按钮，弹出"页面属性"对话框，设置边距均为0，背景颜色为#8CB5AC，如图11-179所示。

图11-178 新建站点

图11-179 "页面属性"对话框

03 选择"插入>表格"命令，插入一个1行1列的表格，设置居中对齐，如图11-180所示。

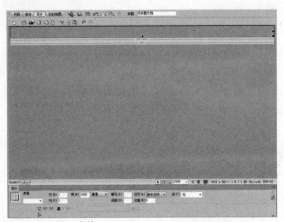

图11-180 插入表格

05 选择"插入>表格"命令，插入1行2列表格，在左侧单元格中插入素材，如图11-182所示。

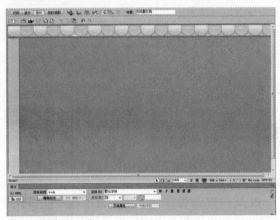

图11-182 插入图像

07 删除多余的图像部分，将光标定位在该位置，选择"插入>表格"命令，插入一个4行2列的表格，如图11-184所示。

图11-184 插入表格

04 选择"插入>图像"命令，插入图像素材，如图11-181所示。

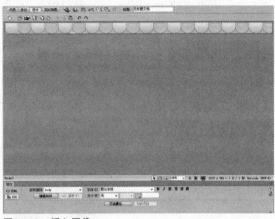

图11-181 插入图像

06 使用相同的方法，插入其他表格及素材图像，如图11-183所示。

图11-183 插入素材

08 设置单元格背景为白色，输入合适的文本内容，如图11-185所示。使用相同的方法添加或删除其他网页内容，最后保存并预览网页。

图11-185 输入文本

11.6 上机实训

为了更好掌握本章所学习的内容，接下来将练习如下实训案例，以做到知其然更知其所以然。

实训1 | 绘制网站Logo 实训目的：通过本案例，了解Logo 的制作过程。该实训的效果如图11-186所示。

◎ **实训要点：**（1）钢笔工具的应用；（2）渐变工具的应用

图11-186 实训效果

01 启动Photoshop CS6，选择"文件>新建"命令，弹出"新建"对话框，创建一个"宽度"为400像素，"高度"为400像素，背景为白色的文件，单击"确定"按钮，如图11-187所示。

02 新建"图层1"，选择钢笔工具，在选项栏中选择"路径"选项，绘制一个路径，按快捷键Ctrl+Enter，转换成选区，如图11-188所示。

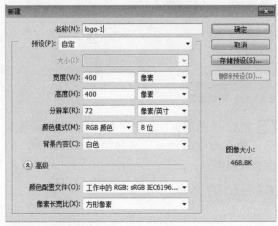

图11-187 新建文件

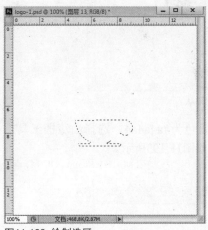

图11-188 绘制选区

03 选择渐变工具，设置渐变颜色从左至右分别为#e87400、#793604，在选区中拖拽，绘制线性渐变，效果如图11-189所示。

04 新建"图层2"，选择钢笔工具，在选项栏上选择"路径"选项，绘制路径，并转换成选区，填充白色（#ffffff），如图11-190所示。

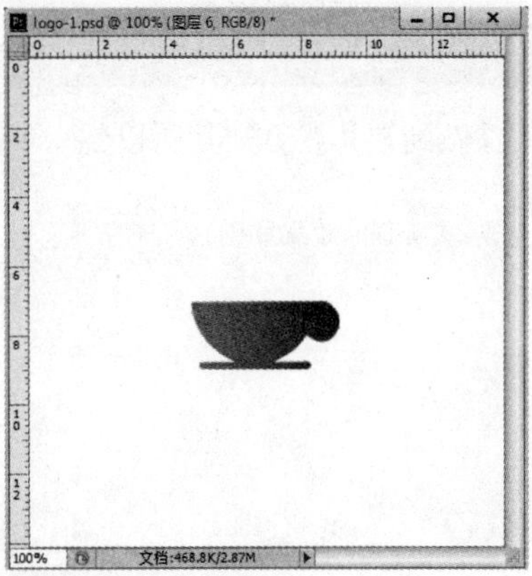

图11-189 填充渐变颜色

图11-190 绘制选区

05 新建"图层3",选择椭圆工具,设置前景色为白色(#ffffff),在选项栏中选择"形状"选项,按住Shift键,绘制形状,栅格化图层,如图11-191所示。

06 新建"图层4",选择钢笔工具,在选项栏中选择"路径"选项,绘制一个路径,按快捷键Ctrl+Enter,转换成选区,如图11-192所示。

图11-191 绘制形状

图11-192 绘制选区

07 设置前景色为#a4a4a4,选择油漆桶工具,填充颜色,如图11-193所示。

08 新建"图层5",使用相同的方法绘制路径,填充渐变颜色分别为e67300、894004,如图11-194所示。

图11-193 填充颜色

图11-194 填充渐变颜色

09 按快捷键Ctrl+D，取消选区，将图层5放置在图层4下方，如图11-195所示。

图11-195 调整图层位置

11 选择文字工具，输入文本C，为文字添加渐变叠加样式，渐变颜色分别为#893f04、#df6f04，如图11-197所示。

图11-197 输入文本

13 选择钢笔工具，绘制路径，按快捷键Ctrl+Enter将其转换成选区，按下Delete键删除选区中的图像，取消选区，如图11-199所示。

图11-199 删除图像

10 打开"咖啡豆"图像素材，将其拖曳到画布中，调整大小及位置，如图11-196所示。

图11-196 拖入素材文件

12 新建"图层6"，设置前景色为#3d1d05，选择椭圆选区工具，绘制选区，使用油漆桶工具填充颜色，如图11-198所示。

图11-198 填充颜色

14 选择文字工具，输入文字，复制文字C的图层样式，最终效果如图11-200所示。

图11-200 最终效果

图11-201 实训效果

01 启动Photoshop CS6，创建一个"宽度"为800像素，"高度"为130像素，背景为白色的文件，单击"确定"按钮，如图11-202所示。

02 新建"图层1"，设置前景色为#edfcd8，使用油漆桶工具填充背景颜色，如图11-203所示。

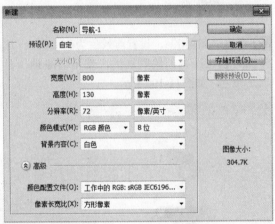

图11-202 新建文件

图11-203 填充颜色

03 打开素材图像"云彩"，移动到画布中，调整大小及位置，如图11-204所示。

04 复制多个云彩图层，调整图像大小及位置，如图11-205所示。然后选择所有云彩图层，按快捷键Ctrl+E合并图层，将图层命名为"云"。

图11-204 拖入图像素材

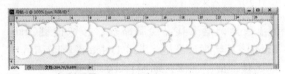

图11-205 复制图层

05 新建"图层2"，选择矩形选区工具，绘制一个矩形选区，选择渐变工具，设置渐变颜色分别为#d6f9a4、#9bcc5b，在矩形选区内绘制线性渐变，取消选区，如图11-206所示。

06 单击"图层"面板底部的"添加图层样式"按钮，选择"投影"选项，弹出"图层样式"对话框，设置投影参数，如图11-207所示。

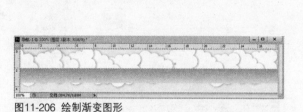

图11-206 绘制渐变图形

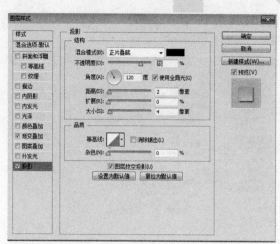

图11-207 设置投影

07 选择"内阴影"选项，设置内阴影颜色为 #1c7304，设置其他相应参数，如图11-208所示。

08 设置完成后，单击"确定"按钮，效果如图 11-209所示。

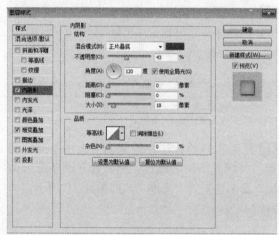

图11-208 设置内阴影

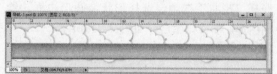

图11-209 添加图层样式效果

09 新建"图层3"，选择钢笔工具，设置前景 色为# 2d4b05，在选项栏中选择"形状"选项， 在画布左下方绘制图形，栅格化图层，如图11-210所示。

10 单击"添加图层样式"按钮，选择"投影" 选项，弹出"图层样式"对话框，设置投影参 数，如图11-211所示。

图11-210 绘制图形

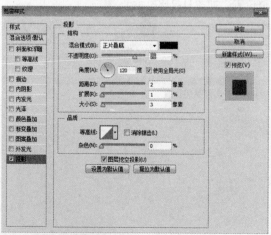

图11-211 设置投影

11 选择"内阴影"选项，设置内阴影相应的参数，如图11-212所示。

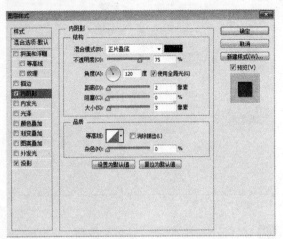

图11-212 设置内阴影

13 复制"图层3"，选择"编辑>变换>水平翻转"命令，并向右移动图像，如图11-214所示。

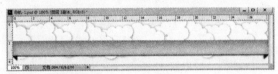

图11-214 复制图层

15 选择自定形状工具，设置前景色为#81d316，选择"形状"选项，选择形状为圆形边框，绘制图形，栅格化图层，如图11-216所示。

图11-216 绘制形状

17 将"光圈"图层放置在"图层2"下方，调整位置，如图11-218所示。

图11-218 调整图层位置

12 设置完成后，单击"确定"按钮，显示效果如图11-213所示。

图11-213 显示效果

14 打开图像素材"熊猫"，将其拖曳到画布中，调整大小及位置，如图11-215所示。

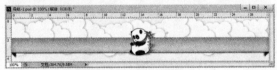

图11-215 拖入素材图像

16 使用相同的方法，绘制多个大小不同的圆形，并填充不同的颜色，然后合并这些圆形图层，命名图层为"光圈"，如图11-217所示。

图11-217 绘制多个形状

18 选择文字工具，输入文本，设置文字样式，最终效果如图11-219所示。

图11-219 最终效果

11.7 习题

1. 选择题

（1）Photoshop 中按住（　　）键可保证椭圆选框工具绘出的是正圆形。

A. Shift　B. Alt　C. Ctrl　D. Tab

（2）下面对渐变填充工具功能的描述哪项是不正确的（　　）。

A. 如果在不创建选区的情况下填充渐变色，渐变工具将作用于整个图像

B. 不能将设定好的渐变色存储为一个渐变色文件

C. 可以任意定义和编辑渐变色，不管是双色、三色还是多色

D. 在 Photoshop CS6 中共有 5 种渐变类型

（3）在文字变形样式中不包括（　　）

A. 贝壳　B. 鱼眼　C. 旗帜　D. 透视

（4）下列叙述中，哪个不会在操作过程中创建新图层（　　）。

A. 将一个图像中的图层拖到别的图像中

B. 为一个图层添加蒙版

C. 将一个图层的不透明部分剪切，然后再粘贴

D. 使用横排文字工具在图像中插入文本

2. 填空题

（1）在Photoshop CS6中，文字工具包括_____、直排文字工具、_____和直排文字蒙版工具。

（2）利用文本工具输入文字内容后，用户可以对文本进行编辑，包括调整文本的排列方式、拼写检查、_____ 等。

（3）使用文字蒙版工具将创建文字外形的选区，并且不产生 _____。

（4）_____ 是互联网上各个网站用来与其他网站链接的图形标志，是一个网站的形象代言人。

3. 上机题

通过本章的学习，制作如图 11-220 所示的网页。

制作要点：本案例主要由导航部分、Banner 部分以及正文部分组成，制作时需要注意网页的整体布局以及图层的位置摆放，添加适当的图层效果。

（1）图层样式的应用；（2）图层的应用；（3）文字工具、渐变工具的应用

图11-220 最终效果预览

Part **03** Flash CS6篇

Dw

Ps

Fl

Flash CS6 基础操作

用户在利用Flash进行工作前，首先需要掌握必备的基本操作技能，之后才能学习更多的动画技能。例如，若想制作出高质量的动画效果，就必须熟练掌握Flash软件中各种绘图工具的使用。本章将依次对Flash CS6的基本操作、绘图工具的使用等知识进行介绍，灵活运用这些功能，便可以绘制出理想的矢量图。

 本章重点知识预览

本章重点内容	学习时间	必会知识	重点程度
Flash CS6的工作环境	20分钟	自定义工作界面 调用常见面板	★★
Flash文档的基本操作	25分钟	设置文档属性 导入各类素材 发布动画文档	★★★
矢量图形的绘制方法	45分钟	使用常见绘图工具 图形的编辑操作 为所绘图形填充颜色	★★★★

本章范例文件	·无
本章实训文件	·Chapter 12\实训1　·Chapter 12\实训2

本章精彩案例预览

▲ Flash CS6初始界面

▲ 绘制卡通形象

▲ 绘制自然景物

12.1 Flash CS6的工作环境

启动中文版Flash CS6后，首先进入的是初始界面，用户通过初始界面才能进入Flash的工作界面。在工作界面中，用户可以任意改变工作区的布局方式，并调动工作区中的面板至自己想要的位置，以符合自身工作习惯。

12.1.1 启动Flash CS6

通常，启动中文版Flash CS6可采用以下3种方法。

（1）选择"开始>所有程序>Adobe Flash Professional CS6"命令。

（2）双击格式为FLA的Flash文件。

（3）双击桌面上的Adobe Flash CS6的快捷图标。

使用以上任意一种方法，均可启动Flash CS6，在这一过程中首先出现的是启动界面，如图12-1所示。

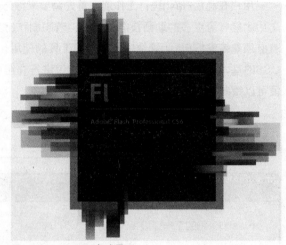

图12-1 Flash CS6启动界面

12.1.2 自定义操作窗口

在Flash CS6中，用户可以自定义操作窗口，使软件更符合自身的使用习惯，这是设计者必学的功课。

1. 使用默认布局方式

Flash CS6提供了多种工作区面板集的布局方式，如动画方式、传统方式、调试方式、设计人员方式、开发人员方式、基本功能方式、小屏幕方式等。选择这些方式便于满足不同用户的工作需要。

执行"窗口>工作区"命令，选择级联菜单中的相应命令，便可以在这7种布局方式间进行切换，如图12-2所示。

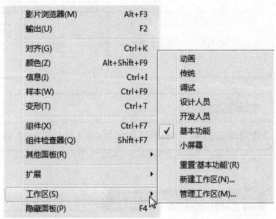

图12-2 默认布局方式

2. 自定义工作区布局

除了使用预设的布局方式以外，用户还可以对整个工作区进行自定义调整，使工作区更加符合个人的使用习惯。

通过"窗口"菜单中的命令可以显示与隐藏各类面板，当窗口中显示面板后，用户还可以自行拖动、组合或摆放，从而创建一个符合设计习惯的工作界面。

3．调整面板大小

当需要同时使用多个面板时，如果将这些面板全部打开，会占用大量的屏幕空间，此时可以双击面板顶端将其最小化，如图12-3和图12-4所示。

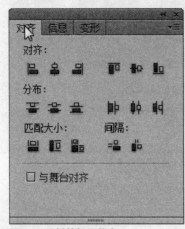

图12-3 面板的打开状态

图12-4 面板的最小化状态

12.2 Flash文档的基本操作

新建一个文档时，会弹出"文档设置"对话框，在其中可以设置文档的尺寸、背景颜色和帧频。对于已有的文档，可以在"属性"面板中修改其文档属性。

12.2.1 设置文档属性

设置文档属性是创作动画的第一步，下面将介绍具体操作方法。

01 若工作界面中未显示"属性"面板，则选择"窗口>属性"命令，或按快捷键Ctrl+F3键，弹出"属性"面板，如图12-5所示。

02 在"属性"面板中，单击"大小"选项右侧的"编辑文档属性"图标，将打开"文档设置"对话框，从中便可以对所有默认参数进行重新设置，如图12-6所示。

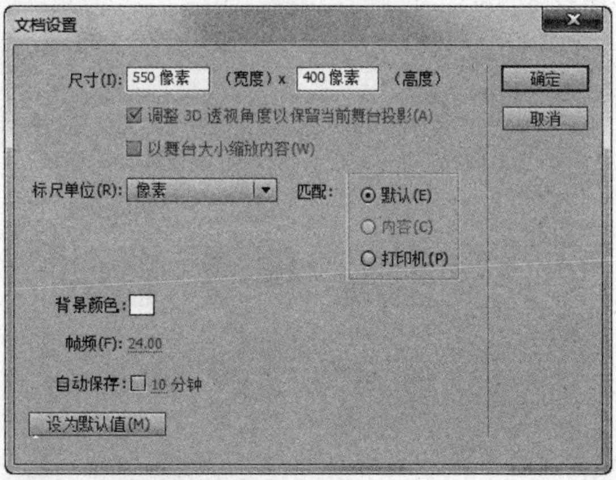

图12-5 "属性"面板

图12-6 "文档设置"对话框

03 在此，设置该文档的尺寸为500像素×450像素，背景颜色为蓝色，帧频为12。在Flash中帧频的数值越大，动画运动越快，对于网站来说，一般设置为12帧/秒。设置完成后单击"确定"按钮进入编辑界面，如图12-7所示。

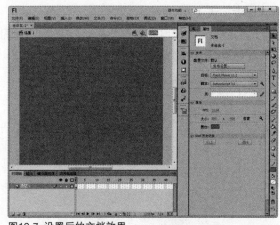

图12-7 设置后的文档效果

TIP 文档属性的设置技巧

通过以下两种方式也可以设置文档属性。

（1）在"属性"面板的"属性"展卷栏中可以快速设置文档的 FPS（帧频）、大小（尺寸）和舞台（背景颜色）。

（2）选择"修改 > 文档"命令，或按快捷键 Ctrl + J，在弹出的"文档设置"对话框中可直接设置文档的属性，改变舞台的大小和颜色。

12.2.2 导入素材文件

在Flash中可以导入图片、声音和视频等素材，有效地利用素材是制作优秀动画作品的前提。这样不仅可以节省时间，提高工作效率，还可以在一定程度上提高动画作品的质量，优化动画的设计过程。

1. 导入图片素材

导入图片素材的具体操作步骤如下。

01 新建一个Flash文档，选择"文件>导入>导入到库"命令，打开"导入到库"对话框，如图12-8所示。

02 在"导入到库"对话框中选择素材图片后，单击"打开"按钮即可将其导入到"库"面板中，如图12-9所示。

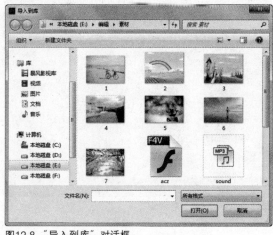

图12-8 "导入到库"对话框

图12-9 "库"面板中的图片

> **TIP 使用菜单命令导入素材**
>
> 选择"文件 > 导入 > 导入到舞台"命令，或按快捷键 Ctrl+R，在弹出的"导入"对话框中选择要导入的素材，便可以将其直接导入到舞台中，且"库"面板中也会出现所导入的素材。
>
> 若要导入多张图片素材，可以在"导入到舞台"或"导入到库"对话框中选择多张图片，随后单击"打开"按钮即可将多张图片同时导入到舞台或"库"面板中。

2．导入声音素材

导入声音素材的具体操作步骤如下。

01 选择"文件>导入>导入到库"命令，打开"导入到库"对话框。如图12-10所示。

02 在"导入到库"对话框中选择声音文件，然后单击"打开"按钮，导入声音到"库"面板中，如图12-11所示。

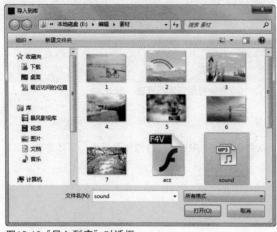

图12-10 "导入到库"对话框

图12-11 "库"面板中的图片

3．导入视频素材

视频导入向导简化了将视频导入到Flash文档中的操作步骤。选择"文件>导入>导入视频"命令，在打开的对话框中可选择导入的方式。

利用向导导入视频的具体操作如下。

01 选择"文件>导入>导入视频"命令，打开"导入视频"对话框，在该对话框中选择嵌入视频的方式，如图12-12所示。

02 单击"浏览"按钮，在"打开"对话框中选择视频文件，然后单击"打开"按钮，如图12-13所示。

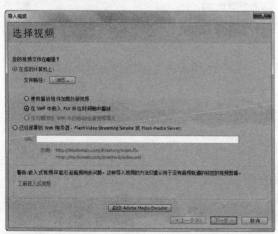

图12-12 "导入视频"对话框

图12-13 "打开"对话框

03 在打开的对话框中单击"下一步"按钮，进入"嵌入"界面。选择用于将视频嵌入到SWF文件的元件类型，如图12-14所示。

04 单击"下一步"按钮，进入"完成视频导入"界面。单击"完成"按钮即可，如图12-15所示。

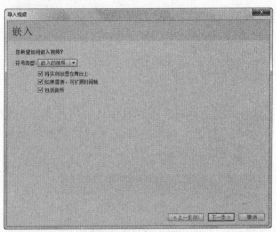

图12-14 "嵌入"界面

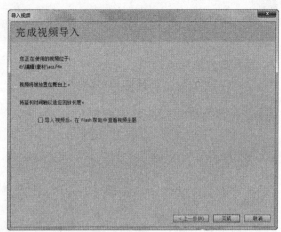

图12-15 "完成视频导入"界面

> **TIP 快速导入素材**
> 在Flash CS6中，若要导入素材文件，可以从文件夹中直接将素材文件拖曳至舞台或库面板中，其效果与"导入到舞台"或"导入到库"命令是一样的。

12.2.3 保存动画文档

编辑和制作完动画后，需要保存动画文档。选择"文件>保存"命令，如图12-16所示，弹出"另存为"对话框，输入文件名，并选择保存类型，最后单击"保存"按钮，即可将动画保存，如图12-17所示。

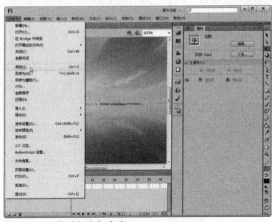

图12-16 选择"保存"命令

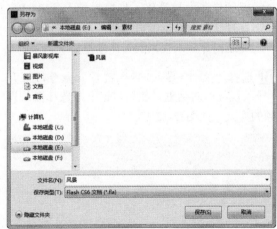

图12-17 "另存为"对话框

12.2.4 测试与发布影片

制作完毕的动画需要作为文件导出供其他应用程序使用，或作为作品发布出来供人们观看，但在导出和发布动画之前必须对其进行测试。下面介绍一下影片的测试与发布操作。

1．测试影片

测试影片主要分为两种环境，一种是在编辑模式中测试，另一种是在测试环境中测试。下面将分别对其进行介绍。

（1）在编辑模式中测试

由于测试项目任务繁重，Flash编辑环境可能不是用户的首选测试环境，但在编辑环境中，确实能进行一些简单的测试。

可测试的内容包括如下几种。

● 按钮状态。可以测试按钮在弹起、按下、触摸和单击状态下的外观。

● 主时间轴上的声音。播放时间轴时，可以试听放置在主时间轴上的声音（包括与舞台动画同步的声音）。

● 主时间轴的动画。包括形状和动画过渡，这里指的是主时间轴，不包括影片剪辑或按钮元件所对应的时间轴。

不可测试的内容包括如下几种。

● 影片剪辑。影片剪辑中的声音、动画和动作将不可见或不起作用。只有影片剪辑的第1帧会出现在编辑环境中。

● 动画速度。Flash编辑环境中的重放速度比最终优化和导出的动画慢。

● 动画动作。Goto、Play和Stop动作是惟一可以在编辑环境中操作的动作。也就是说，用户无法测试交互作用、鼠标事件或依赖其他动作的功能。

● 下载性能。无法在编辑环境中测试动画在Web上的流动或下载性能。

（2）在测试环境中测试

使用Flash CS6时，在编辑环境中的测试范围是有限的。要评估影片、动作脚本或其他重要的动画元素，必须在测试环境下进行测试。通过测试影片，可以将影片完整地播放一次，通过直观地观看影片效果，来检测动画是否达到了设计的要求。具体操作步骤如下。

01 在Flash编辑环境中选择"控制>测试影片>在Flash Professional中"命令，进入测试页面，如图12-18所示。

02 在测试页面中选择"视图"菜单，从中可以对带宽设置、下载设置等功能进行测试，如图12-19所示。

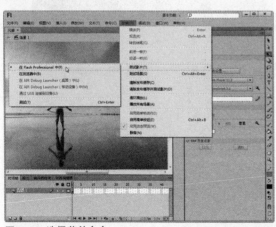

图12-18 选择菜单命令

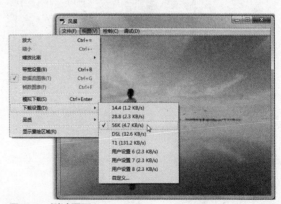

图12-19 测试页面

TIP **"测试"命令的快捷键**

在 Flash CS6 中，菜单命令"控制 > 测试影片 > 测试"所对应的快捷键为 Ctrl+Enter。

2．发布影片

Flash制作的动画源文件格式为FLA，所以在完成动画作品的制作后，需要把FLA格式的文件发布成便于网上发布或在电脑上播放的格式。

（1）发布设置

用户在完成动画的制作、测试、优化后，就可以利用发布命令将Flash动画文件发布出来，以便于动画的宣传和推广。

选择"文件>发布设置"命令，打开"发布设置"对话框，如图12-20所示，选择FLA可发布的格式类型即可。其中，常见格式包括swf、html、gif、jpg、png，以及Windows放映文件和Mac放映文件。

Flash和HTML格式默认为选中状态，要发布为其他格式的文件，可以直接选中该格式的复选框。默认情况下，影片的发布会使用与Flash文档相同的名称，如果要修改，可以在"输出文件"文本框中输入要修改的名称。完成发布设置后，单击"确定"按钮即可。

（2）发布预览

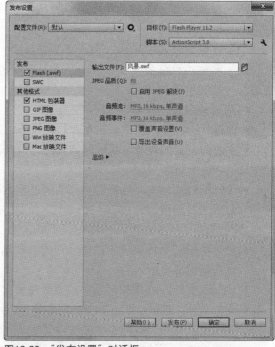

图12-20 "发布设置"对话框

设置好动画发布属性后需要对其进行预览，如果预览动画效果满意，则可以将影片发布，其操作方法如下。

选择"文件>发布预览"命令，在弹出的子菜单中选择一种要预览的文件格式，如图12-21所示，即可打开该格式的预览窗口，如图12-22所示。

图12-21 选择预览格式

图12-22 HTML格式的预览窗口

"发布预览"命令会自动导出文件，并在默认浏览器中打开预览。如果预览QuickTime视频，则会启动QuickTime VideoPlayer。如果预览放映文件，Flash会启动该放映文件。Flash使用当前的"发布设置"参数，在FLA文件所在处创建一个指定类型的文件。在覆盖或删除该文件之前，它会一直保留在此位置上。

（3）发布影片

选择"文件>发布"命令，或者选择"文件>发布设置"命令，在打开的"发布设置"对话框中进行参数设置后，单击"发布"按钮即可发布影片。

12.3 绘制矢量图形

Flash动画能够在网络和广告领域中被广泛应用，其中重要的原因是Flash自身的绘图功能。在学习制作Flash动画时，第一步就是使用绘图工具绘制矢量图形，这也是制作动画的基础。

12.3.1 绘制线条

Flash CS6为用户提供了强大的绘制线条的工具，利用工具箱中的线条工具、铅笔工具、钢笔工具和刷子工具均可绘制线条以及各种矢量图形。

1. 线条工具

线条工具 主要用于绘制各种不同样式的直线，用户可以在"属性"面板中对其属性选项进行详细设置。

（1）绘制一般线段

选择工具箱中的线条工具，将光标移动到舞台上，按住鼠标左键不放，拖动一段距离，即可绘制出直线，如图12-23所示。

（2）绘制特殊线段

选择工具箱中的线条工具，按住Shift键的同时，将鼠标向左或向右拖动，可以绘制出水平线段；向上或向下拖动，可以绘制出垂直线段；斜向拖动，可以绘制出45°的斜线，如图12-24所示。

（3）设置线条样式

选择工具箱中的线条工具，在"属性"面板的"样式"下拉列表中依次选择"极细线"、"虚线"、"点状线"、"锯齿线"、"点刻线"、"斑马线"，并分别在舞台上绘制线段，如图 12-25 所示。

（4）绘制对象

选择工具箱中的线条工具，在选项区域单击"对象绘制"按钮 ，然后在舞台上拖动绘制出线条对象，如图12-26所示。

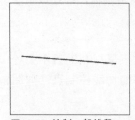

图12-23 绘制一般线段

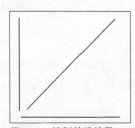

图12-24 绘制特殊线段

图12-25 设置线条样式

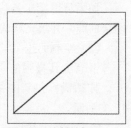

图12-26 绘制对象

2．铅笔工具

铅笔工具 ✏ 用于绘制形状和线条，绘画的方式与使用真实铅笔大致相同。它与线条工具一样，在"属性"面板中可以对参数选项进行设置，不同的是，铅笔工具有"伸直"、"平滑"和"墨水"3种绘制模式，选择不同的绘制模式，会表现出不同的效果。

（1）绘制图形

选择工具箱中的铅笔工具，将光标移动到舞台上，按住鼠标左键并在舞台上任意拖动，可以绘制线条图形。按住Shift键的同时拖动鼠标可以绘制出直线线段，如图12-27所示。

（2）伸直模式

选择工具箱中的铅笔工具，在选项区域选择伸直模式 ⬏，在此模式下，绘制完曲线后，Flash会自动计算，将曲线线条自动调整为直角线条，如图12-28所示。

（3）平滑模式

选择工具箱中的铅笔工具，在选项区域选择平滑模式 ⑤，在此模式下，即使绘制的线条不平滑，系统也会将其自动调整为平滑的曲线，如图12-29所示。

（4）墨水模式

选择工具箱中的铅笔工具，在选项区域选择墨水模式 ✐，在此模式下，绘制的线条完全保持绘制的形状不变，Flash不会做任何调整，如图12-30所示。

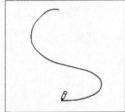   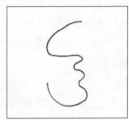

图12-27 绘制图形　　　图12-28 伸直模式　　　12-29 平滑模式　　　图12-30 墨水模式

3．钢笔工具

钢笔工具 ♦ 用于绘制精确的路径（如直线或平滑流畅的曲线）。使用钢笔工具绘画时，单击可以创建直线段上的点，拖动可以创建曲线段上的点，并且可以通过调整线条上的点来调整直线段和曲线段。

（1）绘制直线

选择钢笔工具后，每单击一下鼠标左键，就会产生一个锚点，并且自动以直线同前一个锚点连接，如图12-31所示。在绘制的同时，如果按住Shift键不放，则会将线段约束为45°的倍数方向，如图12-32所示。

如果将钢笔工具移至曲线起始点处，当指针变为钢笔右下方带小圆圈时单击鼠标，即连成一个闭合曲线，并填充默认的颜色。

（2）绘制曲线

钢笔工具最强的功能在于绘制曲线。在添加新的线段时，在某一位置按下鼠标左键后不要松开，拖动鼠标，新的锚点与前一锚点之间将用曲线相连，并且显示控制曲率的切线控制点，如图12-33所示。

（3）转换曲线点与转角点

若要将转角点转换为曲线点，使用部分选取工具选择该点，然后按住Alt键拖动该点来放置切线手柄；若要将曲线点转换为转角点，则可用钢笔工具单击该点，如图12-34所示。

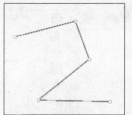

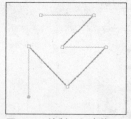

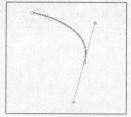

图12-31 绘制直线　　　　图12-32 绘制45°直线　　　图12-33 显示切线控制点　　图12-34 绘制曲线图形

（4）添加锚点

若要绘制更加复杂的曲线，则需要在曲线上添加一些锚点。选择钢笔工具卷展栏中的添加锚点工具，笔尖对准要添加锚点的位置，指针的右上方出现一个加号标志，单击鼠标左键，则可添加一个锚点。

（5）删除锚点

删除转角点时，钢笔的笔尖对准要删除的节点，指针的下面出现一个减号标志，表示可以删除该点，单击鼠标左键即删除该节点。

删除曲线点时，使用钢笔工具单击一次该曲线，将该曲线点转换为转角点，再单击一次，将该点删除。

（6）转换锚点

使用锚点转换工具 ，可以转换曲线上的锚点类型。在工具箱中选择转换锚点工具，当光标变为 形状时，移动光标至曲线上需操作的锚点位置单击，该锚点两边的曲线将转换为直线，调整直线即可转换锚点。转换锚点前后的效果如图12-35和图12-36所示。

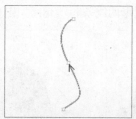

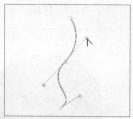

图12-35 转换锚点前的形状　　图12-36 转换锚点后的形状

TIP　钢笔工具的使用技巧

如果需要结束开放曲线的绘制，可以双击最后绘制的锚点或单击工具箱中的钢笔工具，也可以按住 Ctrl 键单击舞台中的任意位置。如果需要结束闭合曲线的绘制，可以移动光标至起始锚点位置，当光标显示为 形状时在该位置单击，即可闭合曲线并结束绘制操作。

4．刷子工具

刷子工具 用于在画面中绘制出具有一定笔触效果的特殊填充图形。它和橡皮擦工具类似，具有非常独特的编辑模式。

选择工具箱中的刷子工具或按下B键都可以调用刷子工具。在刷子工具的选项区域中，除了"对象绘制"按钮 和"锁定填充"按钮 以外，还包括"刷子模式"、"刷子大小"和"刷子形状"3个功能按钮。

单击"刷子模式"按钮，可以在弹出的下拉列表中选择一种涂色模式，如图12-37所示。单击"刷子大小"按钮，可以在弹出的下拉列表中选择刷子的大小，如图12-38所示。单击"刷子形状"按钮，可以在弹出的下拉列表中选择刷子的形状，如图12-39所示。

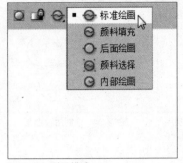

图12-37 刷子模式

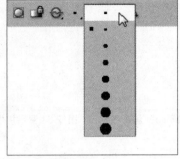

图12-38 刷子大小

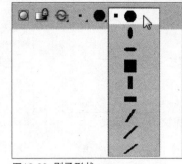

图12-39 刷子形状

下面将利用刷子模式下拉列表中的各功能选项进行实际操作，以区分5种绘制模式。

（1）标准绘画模式

选择刷子工具，在"标准绘画"模式下可对同一层的线条和填充涂色，如图12-40所示。

（2）颜料填充模式

选择刷子工具，在"颜料填充"模式下只对填充区域和空白区域涂色，笔触不受任何影响，如图12-41所示。

（3）后面绘画模式

选择刷子工具，在"后面绘画"模式下对同一层的空白区域涂色，绘制的图形始终位于已有图形的下方，不影响当前图形的线条和填充，如图12-42所示。

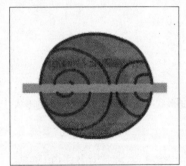

图12-40 标准绘画模式

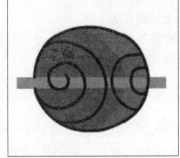

图12-41 颜料填充模式

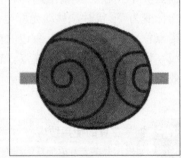

图12-42 后面绘画模式

（4）颜料选择模式

选择刷子工具，在"颜料选择"模式下，只对选中区域内的图形涂色，不会影响线条和选区之外的图形，如图12-43所示。

（5）内部绘画模式

选择刷子工具，在"内部绘画"模式下，将绘制的区域限制在落笔时所在位置的填充区域中，且不对线条涂色。如图12-44所示。

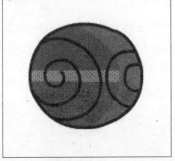

图12-43 颜料选择模式

图12-44 内部绘画模式

12.3.2 绘制简单图形

Flash CS6继承了以前版本的标准绘图工具，比如矩形工具、椭圆工具和多角星形工具，这些工具放置在一个工具组中，用鼠标按住矩形工具不放，在弹出的下拉列表中即可进行相应的选择。

1．矩形工具

矩形工具和基本矩形工具用于绘制矩形图形，矩形工具不但可以设置笔触大小和样式，还可以通过设置边角半径来修改矩形的形状。

（1）基本绘制

选择工具箱中的矩形工具，在舞台上拖动鼠标绘制矩形，按住Shift键拖动可绘制正方形，如图12-45所示。

（2）绘制圆角矩形

在矩形工具的"属性"面板中设置"矩形边角半径"为正值，可以绘制圆角矩形。如图 12-46 所示。

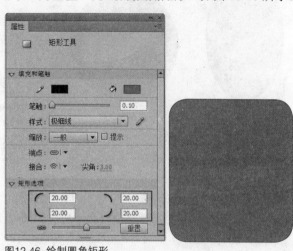

图12-45 绘制矩形

图12-46 绘制圆角矩形

（3）绘制半径值不同的圆角矩形

单击"属性"面板中的"将边角半径控件锁定为一个控件"按钮，将其他3个"矩形边角半径"文本框激活，即可分别设置4个边角半径的值，如图12-47所示。

（4）绘制矩形对象

在矩形工具组中选择基本矩形工具，在"属性"面板中可以设置矩形的大小和在舞台上的位置，如图12-48所示。

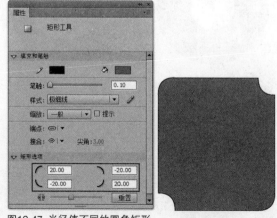

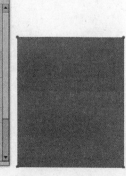

图12-47 半径值不同的圆角矩形

图12-48 绘制矩形对象

2．椭圆工具

椭圆工具和基本椭圆工具用于绘制椭圆图形。它们与矩形工具类似，不同的地方在于椭圆工具的选项包括角度和内径。

（1）基本绘制

选择工具箱中的椭圆工具，在舞台上拖动鼠标绘制出椭圆，按住Shift键拖动可以绘制正圆，如图12-49所示。

（2）角度选项

在椭圆工具的"属性"面板中可以设置"开始角度"和"结束角度"，使用这两个控件可以轻松地绘制出不同内角的扇形和半圆形，如图12-50所示。

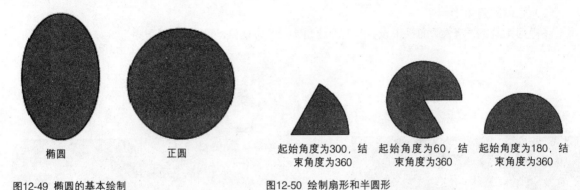

椭圆　　　　　　　正圆　　　　　　　起始角度为300，结　起始角度为60，结　起始角度为180，结
　　　　　　　　　　　　　　　　　　束角度为360　　　束角度为360　　　束角度为360

图12-49 椭圆的基本绘制　　　　　　　　　　图12-50 绘制扇形和半圆形

（3）"内径"选项

用基本椭圆工具或者基本矩形工具绘制对象，然后用选择工具选中对象，在"属性"面板中设置"内径"值，可将对象转换为空心图形，如图12-51所示。

（4）椭圆对象

利用基本椭圆工具可以绘制椭圆对象，椭圆对象有内径控制点和外径控制点。将光标定位到内径控制点上拖动可以调整内径大小，定位到外径控制点上拖动可以调整椭圆角度，如图12-52所示。

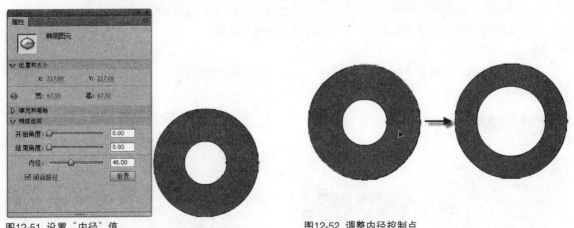

图12-51 设置"内径"值　　　　　　　　　　图12-52 调整内径控制点

3. 多角星形工具

多角星形工具用于绘制几何多边形和星形，并可以设置图形的边数以及星形顶点的大小。

（1）绘制五边形

选择工具箱中的多角星形工具 ⬡，按住鼠标左键在舞台中拖动可以绘制出任意角度的五边形，按住Shift键拖动可以绘制固定的五边形，如图12-53所示。

（2）绘制五角星

在多角星形工具的"属性"面板中单击"选项"按钮，打开"工具设置"对话框，在"样式"下拉列表中可以选择"多边形"或"星形"，然后进行绘制，如图12-54所示。

任意拖动鼠标绘
制的五边形

按住Shift键绘制
的五边形

图12-53 绘制五边形

图12-54 绘制五角星

（3）设置边数

在"工具设置"对话框的"边数"数值框中可以输入多边形或星形的边数，比如设置多边形的"边数"为7，则可在舞台上绘制出七边形，如图12-55所示。

（4）设置星形顶点大小

在"工具设置"对话框的"样式"下拉列表中选择"星形"时，可以在"星形顶点大小"数值框中输入0～1的数字以设置顶点大小，如图12-56所示。

任意拖动鼠标绘
制的五边形

按住Shift键绘
制的五边形

图12-55 绘制七边形

图12-56 设置星形顶点大小

12.3.3 绘制复杂图形

使用喷涂刷工具和Deco工具等装饰性绘画工具，可以将创建的图形转换成复杂的几何图案。

1. 喷涂刷工具

喷涂刷工具 🖌 位于刷子工具 🖌 的下拉列表中。选择喷涂刷工具，在其"属性"面板中设置参数，直接在舞台上单击即可喷出图案，如图12-57所示。使用喷涂刷工具在舞台中绘制图形后，双击这个图形会发现它是由组构成的。既然组可以作为喷涂刷工具的绘画元素，那么Flash软件中的图形元件和影片剪辑元件同样可以作为喷涂刷工具的元素而使用。打开元件列表，可以看到默认情况下喷涂刷工具的"属性"面板采用默认形状，如图12-58所示。

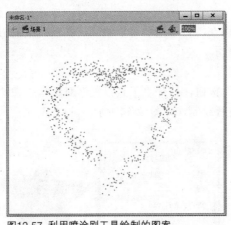

图12-57 利用喷涂刷工具绘制的图案

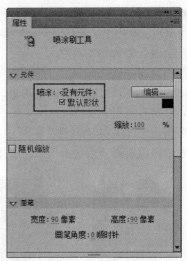

图12-58 "属性"面板

　　若要定义库中的某个元件作为喷涂的元素，则单击"属性"面板中的"编辑"按钮，弹出"选择元件"对话框，如图12-59所示。选择某个元件后，即可使用喷涂刷工具喷出用户所选择的元素，在"属性"面板中还可以进行"旋转元件"和"随机旋转"等操作，如图12-60所示。

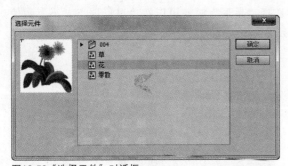

图12-59 "选择元件"对话框

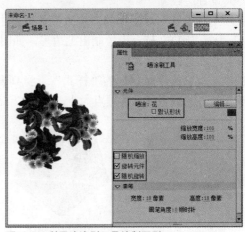

图12-60 利用喷涂刷工具绘制图形

2．Deco工具

　　Flash CS6继承了Flash CS5中的Deco工具，使用Deco工具可以绘制13种图案效果，每种效果都有其高级选项属性，可通过改变高级选项参数来改变效果。

　　（1）藤蔓式填充

　　选择Deco工具，在"属性"面板的"绘制效果"下拉列表中选择"藤蔓式填充"选项，可以用藤蔓式图案填充舞台、元件或封闭区域。在舞台上单击，图案将自动蔓延直到再次单击，如图12-61所示。

　　（2）网格填充

　　选择Deco工具，在"绘制效果"下拉列表中选择"网格填充"选项，可创建平铺图案、砖形图案、楼层模式或利用自定义图案填充区域。在"属性"面板的下方还可设置网格的填充颜色，如图12-62所示。

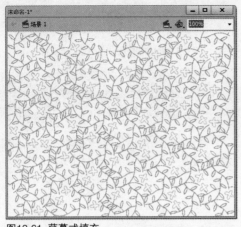

图12-61 藤蔓式填充

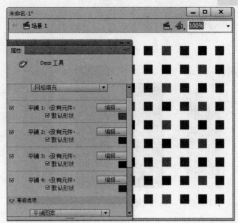

图12-62 网格填充

（3）对称刷子

使用Deco工具的"对称刷子"绘制效果可以创建圆形用户界面元素（比如模拟钟面或刻度盘仪表）和漩涡图案。在中心对称点周围单击，绘制出中心对称的矩形，选择其他工具，中心点消失，如图12-63所示。

（4）3D刷子

使用Deco工具的"3D刷子"绘制效果可以在舞台上对某个元件涂色，使其具有3D透视效果。在舞台上按住鼠标左键拖动绘制出的图案为无数个图形对象，且具有透视感，如图12-64所示。

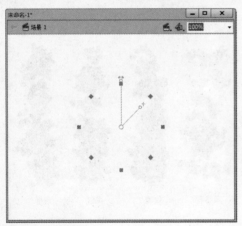

图12-63 对称刷子

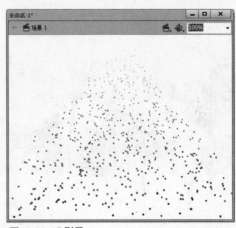

图12-64 3D刷子

（5）建筑物刷子

使用Deco工具的"建筑物刷子"绘制效果，可以在舞台上绘制建筑物。将光标移动到舞台上，按住左键不放，由下向上拖动到合适的位置绘制出建筑物，释放左键创建出建筑物顶部，如图12-65所示。

（6）装饰性刷子

使用Deco工具的"装饰性刷子"绘制效果，可以绘制装饰线，Flash CS6提供了20种线条样式。在舞台上拖动可以绘制出装饰性图案，如图12-66所示。

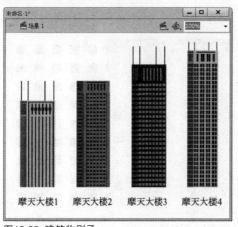

图12-65 建筑物刷子

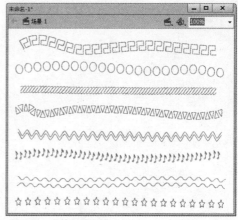

图12-66 装饰性刷子

（7）树刷子

使用Deco工具的"树刷子"绘制效果，可以创建树状插图。在舞台上按住鼠标左键由下向上快速拖动绘制出树干，然后减慢移动的速度，绘制出树枝和树叶，直到释放鼠标左键。在绘制树叶和树枝的过程中，鼠标移动得越慢，树叶越茂盛，如图12-67所示。

（8）花刷子

使用Deco工具的"花刷子"绘制效果，可以绘制程式化的花朵。在舞台中拖动可以绘制花图案，拖动得越慢，绘制的图案越密集，如图12-68所示。

图12-67 树刷子

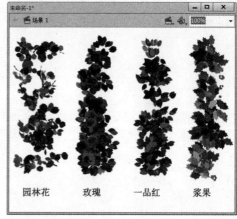

图12-68 花刷子

（9）火焰动画和烟动画

Deco工具提供了一些动画模式，可以创建程式化的逐帧火焰动画，包括火焰动画和烟动画。在舞台上单击或拖动，会在时间轴上自动生成关键帧，并绘制出每一帧的图形，制作出逐帧动画效果，如图12-69所示。

（10）粒子系统

Deco工具中的"粒子系统"与火焰动画和烟动画类似，可以创建逐帧动画。但不同的是粒子系统可应用元件，利用这一点可以创建火、烟、水、气泡及其他效果的粒子动画，如图12-70所示。

▼ Part 03 Flash CS6 篇

Chapter
12 Flash CS6
基础操作

Chapter
13

Chapter
14

Chapter
15

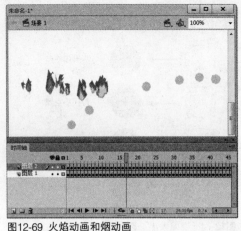

图12-69 火焰动画和烟动画

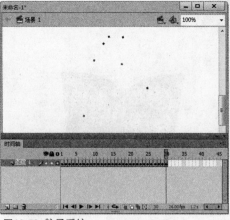

图12-70 粒子系统

（11）火焰刷子和闪电刷子

Deco工具中的"火焰刷子"不同于"火焰动画"，它只能在时间轴的当前帧中绘制火焰，如图12-71所示。使用Deco工具中的"闪电刷子"可以绘制闪电效果，如图12-72所示。

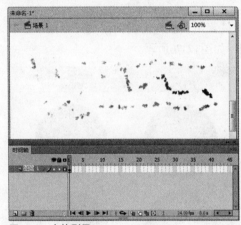

图12-71 火焰刷子

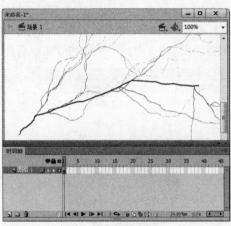

图12-72 闪电刷子

12.3.4 设计图形色彩

使用墨水瓶工具和颜料桶工具可以为绘制好的动画对象进行轮廓上色及填充颜色，使用滴管工具可以从舞台上指定的位置拾取填充、位图、笔触等的颜色属性，从而应用于其他对象上。

1.颜料桶工具

颜料桶工具用于为图形填充颜色，填充的图形区域通常是封闭区域，应用的颜色可以是无色、纯色、渐变色和位图颜色。

（1）填充颜色

选择工具箱中的颜料桶工具，在"颜色"或"样本"面板中选择颜色，然后将光标移动到图形区域单击，即可填充颜色，如图12-73所示。

（2）"空隙大小"选项

颜料桶工具中的"空隙大小"选项用于设置外围矢量线缺口的大小对填充颜色时的影响程度。其中包括4个选项，即"不封闭空隙"、"封闭小空隙"、"封闭中等空隙"和"封闭大空隙"，如图12-74所示。

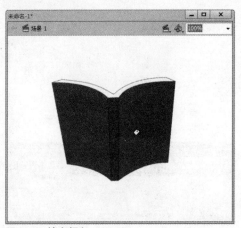

图12-73 填充颜色

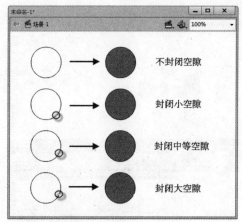

图12-74 "空隙大小"选项

（3）填充线性渐变

选择工具箱中的颜料桶工具，在"颜色"面板中设置填充颜色为线性渐变，在图形区域单击填充颜色，也可拖动鼠标填充渐变色，但其效果会有所不同，如图12-75所示。

（4）填充径向渐变

选择工具箱中的颜料桶工具，在"颜色"面板中设置填充颜色为径向渐变，在图形区域单击填充颜色，在不同的位置单击，填充的效果也有所不同，如图12-76所示。

图12-75 填充线性渐变

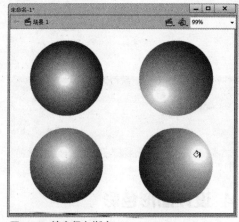

图12-76 填充径向渐变

（5）位图填充

选择工具箱中的颜料桶工具，在"颜色"面板中设置填充颜色为位图填充，可以选择库中现有的位图，也可以导入位图填充图形区域，如图12-77所示。

（6）锁定填充

单击"锁定填充"按钮，当使用渐变填充或者位图填充时，可以将填充区域的颜色变化规律锁定，作为这一填充区域周围的色彩变化规范，如图12-78所示。

图12-77 位图填充

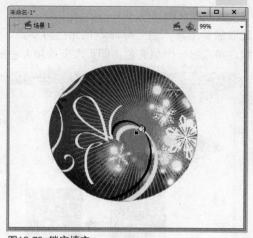

图12-78 锁定填充

2. 墨水瓶工具

墨水瓶工具 可以为矢量图形描边，也可以用于修改矢量线的颜色和属性，应用的颜色包括无色、纯色、渐变色和位图填充。其选取和填充方法与颜料桶工具类似。

（1）修改颜色

选择工具箱中的墨水瓶工具，在选项区域单击"笔触颜色"按钮，在弹出的颜色样本中设置颜色为红色（#FF0000），然后在图形内部或矢量线上单击，更改其颜色，如图12-79所示。

（2）修改属性

选择墨水瓶工具，在"属性"面板中设置笔触颜色为蓝色（#0000FF），大小为2，"样式"为"虚线"。在需要更改的矢量线区域处单击，更改矢量线的颜色和形状，如图12-80所示。

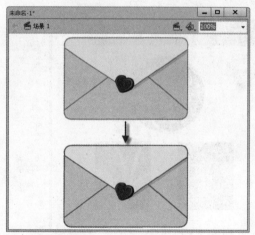

图12-79 更改颜色

图12-80 更改属性

3. 滴管工具

滴管工具 用于从现有矢量图形的笔触或填充上取得颜色和属性信息。滴管工具采用的样式一般包含"笔触颜色"、"笔触高度"、"填充颜色"和"填充样式"等。在将吸取的渐变色应用于其他图形时，必须先取消"锁定填充"按钮 的选中状态，否则填充的将是单色。

（1）提取线条属性

选取滴管工具，当光标靠近线条时单击，即可获得所选线条的属性，此时光标变成墨水瓶的形状，单击另一个线条，即可改变该线条的属性，如图12-81所示。

（2）提取填充色属性

选取滴管工具，当光标靠近填充色时单击，即可获得所选填充色的属性，此时光标变成墨水瓶的形状，单击另一个填充色，即可改变该填充色的属性，如图12-82所示。

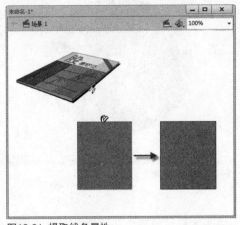

图12-81 提取线条属性

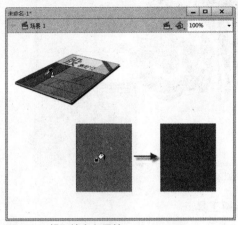

图12-82 提取填充色属性

（3）提取渐变色属性

选取滴管工具，在渐变填充色上单击，提取渐变填充色，此时在另一个区域中单击即可应用提取的渐变填充色，如图12-83所示。

（4）提取位图填充属性

滴管工具不但可以吸取位图中的某个颜色，而且可以将整幅图片作为元素，填充到图形中，但效果有所不同，如图12-84所示。用位图填充图形的方法有两种，即利用"颜色"面板填充，以及利用滴管工具填充。

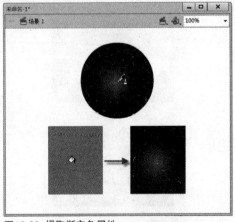

图12-83 提取渐变色属性

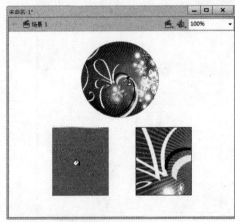

图12-84 提取位图填充属性

> **TIP** **填充渐变色的注意事项**
> 如果发现图形中只填充了一种颜色，则是因为"锁定填充"按钮为激活状态，所以渐变填充色会延续上一个填充色的效果，此时单击工具箱选项区域中的"锁定填充"按钮，取消激活，再次填充渐变色即可。

12.3.5 编辑所绘图形

对于绘制完成的矢量图形，有时需要进一步编辑，比如图形变形或渐变变形等。利用选择工具、部分选取工具和任意变形工具可以对图形进行变形处理，利用渐变变形工具可以对渐变色进行编辑。

1. 选择工具

利用选择工具 拖动矢量色块或矢量线，可以让图形或线条变形。不选择对象，直接将光标移到矢量色块边沿或矢量线上，光标变成 形状时按住左键拖动，可以使其变形，如图12-85所示。

2. 部分选取工具

部分选取工具 可以调整矢量图形上的锚点，通过锚点和控制点来调整图形。利用部分选取工具在矢量色块边沿或矢量线上单击，选中图形上的锚点并拖动，可改变图形形状，如图12-86所示。

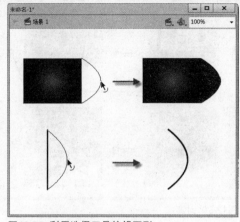

图12-85 利用选择工具编辑图形

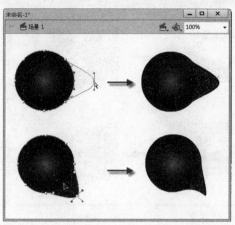

图12-86 利用部分选取工具编辑图形

3. 任意变形工具

任意变形工具 可以对选中的图形进行旋转、倾斜、缩放、扭曲和封套等操作。利用任意变形工具框选图形，即可激活选项区域，下面将对各选项进行详细介绍。

（1）旋转与倾斜

利用任意变形工具选择图形，单击下方的"旋转与倾斜"按钮。将光标移动到4个角的控制点上，光标变成 形状，按住左键拖动可旋转图形。将光标移动到四边的控制点上，光标变成 形状时，按住左键拖动可倾斜图形。按住Alt键拖动，可以以角点为中心旋转，如图12-87所示。

（2）缩放

单击"缩放"按钮，将光标移动到4个角的控制点上，光标变成 或 形状时拖动，将等比例缩放图形。将光标移动到四边的控制点上，光标变成双箭头形状时，按住左键拖动可水平或垂直缩放图形。按住Shift键拖动，可以任意缩放；按住Alt键拖动，可以以中心点为中心进行缩放，如图12-88所示。

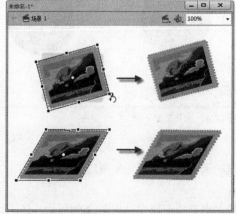

图12-87 旋转与倾斜

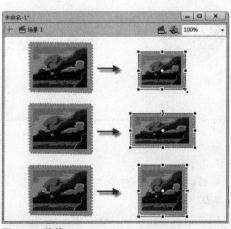

图12-88 缩放

（3）扭曲

单击"扭曲"按钮，将光标移动到4个角的控制点上，光标变成 形状时，按住左键拖动可扭曲图形。将光标移动到四边的控制点上拖动可倾斜图形，如图12-89所示。

（4）封套

单击"封套"按钮，将光标移动到方形或圆形控制点上，光标变成 形状时，按住左键拖动可封套图形，如图12-90所示。

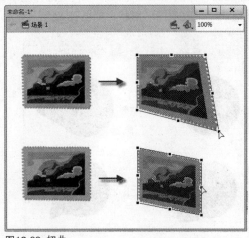
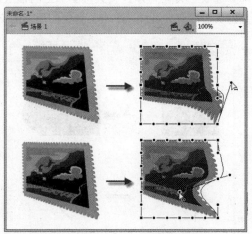

图12-89 扭曲　　　　　　　　　　　　　　图12-90 封套

4．渐变变形工具

渐变变形工具 用于调整渐变颜色的位置和形状。用渐变变形工具选择渐变色块，将出现渐变色调节框，调节框包含了一些控制手柄，下面将对这些手柄分别进行介绍。

（1）调整中心点手柄

将光标移动到中心点手柄 上，光标变成 形状时拖动调整中心点，如图12-91所示。

（2）宽度手柄

将光标移动到宽度手柄 上，光标变成 形状时拖动调整填充宽度，如图12-92所示。

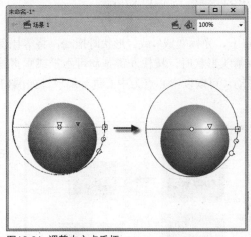
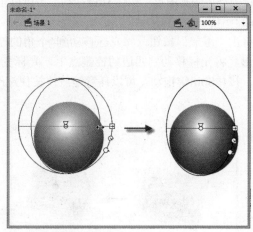

图12-91 调整中心点手柄　　　　　　　　　图12-92 调整宽度手柄

（3）大小手柄

将光标移动到大小手柄 上，光标变成形 状时拖动调整填充大小，如图12-93所示。

（4）旋转手柄

将光标移动到旋转手柄 上，光标变成 形状时拖动调整填充角度，如图12-94所示。

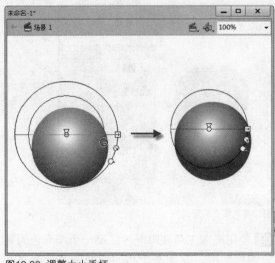

图12-93 调整大小手柄

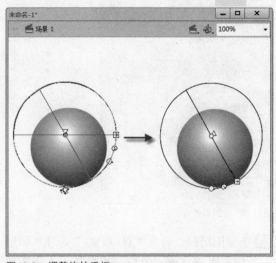

图12-94 调整旋转手柄

12.4 上机实训

　　在 Flash 中绘制矢量图是最基本也是最重要的技能，在绘制矢量图的过程中，用户要熟练掌握各种工具的综合应用。下面将通过两个实例来巩固本章所学的内容。

实训 1 | 绘制卡通插画　　**实训目的：** 熟练使用各绘图工具和颜色填充工具绘制一幅卡通插画，效果如图12-95所示。通过绘制该卡通插画，掌握绘制人物的方法与技巧。

◎ **实训要点：**（1）绘图工具的使用；（2）各种图形和形状的绘制；（3）各种模块的颜色填充

图12-95 实训效果

　　具体操作步骤如下。

01 新建一个Flash文档，将文档命名为"卡通插画"。将"图层1"重命名为"脸型"，选择椭圆工具，在"属性"面板的"填充和笔触"卷展栏中设置相关属性，如图12-96所示。

02 单击选项区域中的"对象绘制"按钮，在舞台的编辑区域绘制一个椭圆形轮廓。利用工具箱中的部分选取工具调整轮廓的形状，最后为其填充颜色#FDDBC4，如图12-97所示。

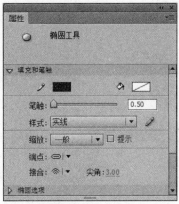

图12-96　设置属性

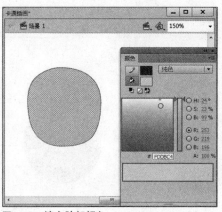

图12-97　填充脸部颜色

03 新建图层并命名为"眉和眼睛"，使用钢笔工具绘制眼眉轮廓，为眉毛和眼眶上下边缘填充黑色，为眼眶内部填充由浅灰（#B3B3B3）到白色的线性渐变，效果如图12-98所示。

04 使用椭圆工具在眼眶内绘制一个填充色为黑色的椭圆形，复制两个相同的椭圆并依次将其缩小，分别改变其填充色为由浅红到深红的渐变色和深红色（#31131A），如图12-99所示。

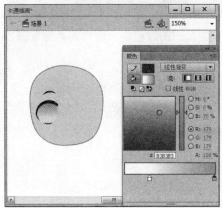

图12-98　绘制眉和眼眶

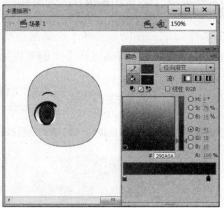

图12-99　绘制眼珠

05 选择刷子工具，设置笔触为"无"、填充色为紫色（#B170AB），在选项区域中选择合适大小，在眼眶下方绘制一个弧形。将填充色改为白色，在眼睛内绘制 3 个白点，如图 12-100 所示。

06 选择绘制好的眉毛和眼睛，按快捷键Ctrl+G将其编组，将其复制并向右移动，使两个眉眼在脸型内水平对称，执行"修改>变形>水平翻转"命令，如图12-101所示。

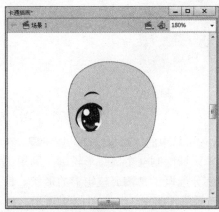

图12-100　绘制白眼珠和反光

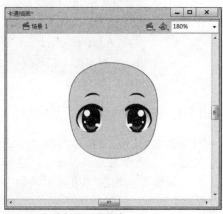

图12-101　绘制另一只眼睛

07 在"眉眼"下方新建图层"腮红",利用椭圆工具在左眼下方绘制椭圆,填充由Alpha值为41%的橘红色(#F70000)到Alpha值为0%的橘黄色(#EE7700)的径向渐变,使用刷子工具绘制两个白点,如图12-102所示。

图12-102 绘制腮红

08 选择绘制好的腮红,按快捷键Ctrl+G将其编组。新建图层并命名为"嘴",使用钢笔工具在下巴上方绘制向下弓起的弧线线条,如图12-103所示。

图12-103 绘制嘴

TIP 视图模式的切换

为了便于操作,用户在绘制过程中可以采用轮廓模式显示图像,单击"视图 > 预览模式 > 轮廓"命令即可。在本例中,绘制脸型时就采用了这种视图模式。

09 在图层"脸型"下新建图层并命名为"耳朵",使用钢笔工具绘制耳朵的形状,然后为其填充肤色(#FDDBC4),如图12-104所示。

图12-104 绘制耳朵

10 在图层的最底层新建图层并命名为"头发",使用钢笔工具绘制头发的轮廓,并为其填充棕色(#632E2F),如图12-105所示。

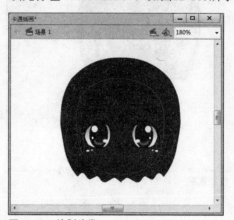

图12-105 绘制头发

11 在图层的最顶层新建图层并命名为"刘海"。使用钢笔工具依次绘制刘海轮廓,并为其填充棕色(#632E2F),如图12-106所示。在图层的最底层新建图层并命名为"上身"。

12 使用椭圆工具绘制人物的脖子,利用线条工具在椭圆中间绘制一条分割线,使用选择工具调整弧度,为上半部分填充较深的肤色(#FDD1A0),为下半部分填充肤色,如图12-107所示。

图12-106 绘制刘海

图12-107 绘制脖子

13 利用钢笔工具绘制人物的上衣和裙子轮廓，并在脖子处绘制衣服的领结，为衣服和裙子填充淡蓝色（#8AC9E3），为领结和上衣下摆填充白色，如图12-108所示。

14 在"上身"下新建图层并命名为"手臂"，使用线条工具和铅笔工具绘制手臂和手轮廓，并为其填充肤色。选中并复制绘制好的手臂，执行"修改>变形>水平翻转"命令，如图12-109所示。

图12-108 绘制衣服

图12-109 绘制手臂

15 在图层的最下方新建图层并命名为"腿脚"，分别使用线条工具和钢笔工具绘制人物的腿部和鞋子轮廓，如图12-110所示。

16 为腿部填充肤色，为鞋子填充蓝色（#002851）和白色。选中并复制绘制好的腿脚，执行"修改 > 变形 > 水平翻转"命令。如图 12-111 所示。

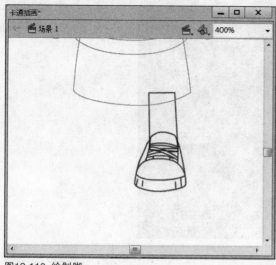

图12-110 绘制脚

图12-111 填充腿部和鞋子

17 在图层的最下方新建图层并命名为"阴影"，选择椭圆工具，在"属性"面板中设置笔触颜色为无，填充颜色为Alpha值为30%的黑色，然后在鞋子处绘制椭圆作为人物投影，如图12-112所示。

18 在图层的最下方新建图层并命名为"背景"，将库中的背景图片拖至舞台，并调整其大小和位置使其布满舞台。至此，完成卡通插画的绘制。最后按快捷键Ctrl+S保存动画即可，如图12-113所示。

图12-112 绘制人物投影

图12-113 添加背景图片

💻 **实训21｜绘制自然景物** 实训目的：熟练使用各绘图工具和颜色填充工具,绘制一个如图12-114所示的自然景物图像。

◎ **实训要点：**（1）绘图工具的使用；（2）各种图形和形状的绘制；（3）各种模块的颜色填充

图12-114 荷塘月色效果图

具体操作步骤如下。

01 新建文档并命名为"荷塘月色.fla"。将"图层1"重命名为"背景"。选择矩形工具，设置填充颜色为无，在舞台中绘制一个大于舞台的矩形。分别绘制山峰、池塘和倒影的轮廓曲线，如图12-115所示。

02 选择颜料桶工具，在"颜色"面板中选择"线性渐变"，设置色标为蓝色（#0012DE）和黄色（#FFE980），在舞台最上方的空白区域中按住左键从上向下拖动鼠标填充渐变色，如图12-116所示。

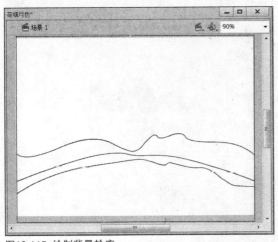

图12-115 绘制背景轮廓

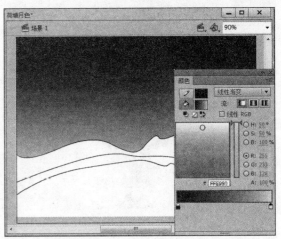

图12-116 填充天空颜色

03 更改色标为深绿色（#003300）和草绿色（#009900），在山峰区域拖动鼠标填充渐变色。更改色标为深蓝色（#000066）和淡蓝色（#007EDB），在上方和下方池塘区域拖动鼠标填充渐变色，如图12-117所示。

04 新建图层并命名为"月亮"，选择椭圆工具，在"属性"面板中设置笔触样式为"极细线"，填充色为黄色（#FFFF99），在舞台左上角绘制椭圆，并按快捷键Ctrl+G将其编组，如图12-118所示。

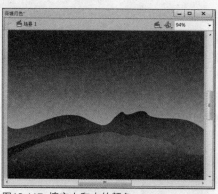

图12-117 填充山和水的颜色

图12-118 绘制纯色月亮

05 在"颜色"面板中选择"径向渐变"，设置色标为黄色（#FFFF99）和Alpha值为80%的淡绿色（#A8ECF3），设置笔触为"无"，在上一步绘制的椭圆上绘制比其大的同心圆，如图12-119所示。

06 新建图层并命名为"小荷叶"，使用铅笔工具绘制枝干，利用刷子工具在枝干上绘制多个小黑点。选择"线性渐变"，设置色标为中绿色（#00B63A）、深绿色（#008C2E）和淡绿色（#83EE8A），在枝干区域填充渐变色，将枝干编组，如图12-120所示。

图12-119 绘制渐变色月亮

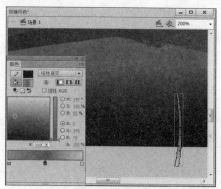

图12-120 绘制小荷叶的枝干

07 选择钢笔工具，设置笔触颜色为绿色（#009900），笔触大小为1，在枝干上方绘制小荷叶的轮廓，选择颜料桶工具，在"颜色"面板中选择"径向渐变"，设置色标为深绿色（#003300）和中绿色（#00B63A），在小荷叶内填充渐变色，并将其编组，如图12-121所示。

08 新建图层并命名为"荷花"，参照绘制"小荷叶"的枝干的方法，绘制一个相似的枝干，接着利用钢笔工具依次绘制出荷花的轮廓线，并用铅笔工具在图形轮廓中绘制曲线，分出花瓣的层次，如图12-122所示。

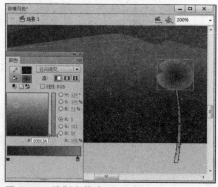

图12-121 绘制小荷叶

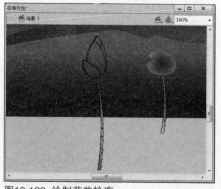

图12-122 绘制荷花轮廓

09 选择颜料桶工具,在"颜色"面板中选择"线性渐变",设置色标为淡粉色(#FFC6A8)和粉紫色(#CC728A),并移动色标的位置,然后依次在花瓣上填充渐变色,如图 12-123 所示。

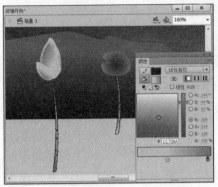

图12-123 填充荷花颜色

11 新建图层并命名为"小鱼",选择钢笔工具,设置笔触颜色为黑色,样式为"极细线",在舞台上绘制小鱼身体的轮廓线,接着绘制鱼鳃处的曲线,用椭圆工具绘制几个椭圆作为小鱼的嘴、鼻和背部鱼鳍轮廓,并用刷子工具在头部绘制两只眼睛,如图12-125所示。

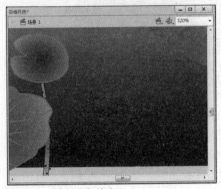

图12-125 绘制小鱼轮廓

13 按住Alt键并拖动小鱼,复制一个小鱼。更改色标为红色(#FF3117)、橙色(#FFB83A)和黄色(#FFF33A),在身体、鳃部和背部鱼鳍区域填充渐变色。更改色标为白色和青色(#00FFFF),为鱼尾填充渐变色,如图12-127所示。

10 新建图层并命名为"大荷叶",利用钢笔工具绘制大荷叶的外轮廓,并填充与"小荷叶"相同的颜色样式,接着用椭圆工具在大荷叶的中心位置绘制一个小圆,然后在荷叶中间绘制曲线作为荷叶的茎脉,如图12-124所示。

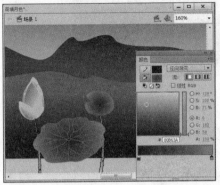

图12-124 绘制大荷叶

12 在"颜色"面板中选择"线性渐变",设置色标为红色(#FF3300)、橙色(#FFCC66)和淡青色(#A1ECBF),在小鱼身体、鱼鳃、鱼尾和背部鱼鳍区域填充渐变色。利用选择工具选择绘制好的小鱼,按快捷键Ctrl+G将其编组,如图12-126所示。

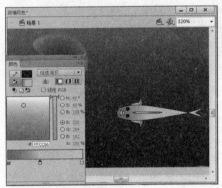

图12-126 填充小鱼颜色

14 新建图层并命名为"星空",选择"插入>新建元件"命令,新建一个图形元件并命名为"星星",利用刷子工具绘制两个小白点,选择多角星形工具,设置"边数"为4,"星形顶点"大小为0.2,绘制一个星形,如图12-128所示。

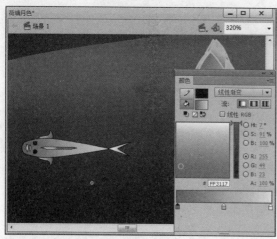

图12-127 复制小鱼并更改颜色

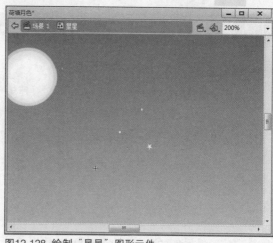

图12-128 绘制"星星"图形元件

15 返回主场景，选择喷涂刷工具，在"属性"面板中单击"编辑"按钮，在打开的对话框中选择刚才创建的元件，然后在舞台上方单击，喷刷出星空，如图12-129所示。

16 新建图层并命名为"声音"，将库中的声音文件"水晶心灵"拖至舞台。至此，完成荷塘月色的绘制。最后按快捷键Ctrl+S保存动画，按Ctrl+Enter测试该动画，如图12-130所示。

图12-129 喷刷星星

图12-130 最终效果

12.5　习题

1. 选择题

（1）测试影片主要分为两种环境，一种是在（　）中测试，另一种是在（　）中测试。

A. 编辑模式；场景环境　　　　　　　　B. 测试环境；优化环境

C. 编辑模式；测试环境　　　　　　　　D. 场景环境；优化环境

（2）在颜料桶工具的选项区域中，"空隙大小"按钮下的（　）模式可填充具有小缺口的区域。

A. 不封闭空隙　　　　　　　　　　　　B. 封闭小空隙

C. 封闭中等空隙　　　　　　　　　　　D. 封闭大空隙

（3）在 Flash CS6 中，使用 Deco 工具不可以绘制以下何种图案效果（　）。

A. 3D 刷子效果　　　　　　　　　　　　B. 装饰性刷子效果

C. 粒子系统　　　　　　　　　　　　　D. 雨动画效果

2. 填空题

（1）按下快捷键 _____ 可以导出影片。

（2）在中文版 Flash CS6 中，铅笔工具的 3 种绘图模式为 _____、_____ 和 _____。

（3）_____ 工具主要用于改变当前的线条的颜色（不包括渐变和位图）、尺寸和线型等，或者为无线的填充增加线条。

3. 上机操作

（1）将本章实训 2 中的"荷塘月色"文档发布为 HTML 格式，如图 12-131 所示。

（2）利用选择工具、钢笔工具和颜料桶工具等基本绘图工具绘制"飞天小猪"插画效果，如图 12-132 所示。

图12-131 将动画发布为HTML格式　　　　　　　　图12-132 飞天小猪效果图

网页动画的制作

Chapter 13

绚丽的网站离不开动态元素，这些动态元素的设计与制作是离不开Flash的。本章将主要介绍如何使用Flash CS6制作网站动画元素，其中包括软件的基本操作、动画广告的设计、网站片头制作等。通过对本章内容的学习，用户将可以制作出效果绚丽、幽默动人的动画作品。

 本章重点知识预览

本章重点内容	学习时间	必会知识	重点程度
时间轴与图层	30分钟	认识"时间轴"面板 图层的基本操作 帧的基本操作	★★★
元件与库	30分钟	了解各类型元件 各类元件的创建方法 库的使用	★★★★
基本动画的实现	45分钟	逐帧动画的创建 补间动画的制作 引导动画的制作 遮罩动画的实现	★★★★★

本章范例文件	·无
本章习题文件	·Chapter 13\实训1　·Chapter 13\实训2

本章精彩案例预览

▲ 库面板

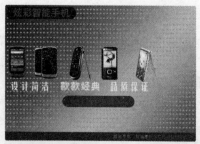

▲ 手机网站动画效果

▲ 汽车网站片头

13.1 时间轴与图层

时间轴与图层是Flash动画制作中的重要组成部分。时间轴主要由图层、帧和播放头组成，用于组织和控制一定时间内的图层和帧中的文档内容。使用图层有助于内容的分类和整理。

13.1.1 "时间轴"面板简介

"时间轴"面板是创建动画的基础面板，如图13-1所示。选择"窗口>时间轴"命令，或按快捷键Ctrl+Alt+T，即可打开或隐藏"时间轴"面板。

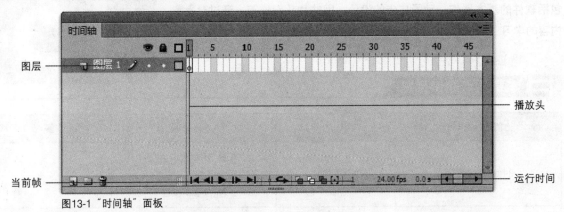

图13-1 "时间轴"面板

在"时间轴"面板中，各组成部分的功能如下。
- 图层：在不同的图层中放置相应的对象，从而产生层次丰富、变化多样的动画效果。
- 播放头：用于表示动画当前所在帧的位置。
- 关键帧：指时间轴中用于放置对象的帧，黑色的实心圆表示已经有内容的关键帧，空心圆表示没有内容的关键帧，也称为空白关键帧。
- 当前帧：指播放头当前所在的帧位置。
- 帧频率：指当前动画每秒钟播放的帧数。
- 运行时间：指播放到当前位置所需要的时间。
- 帧标尺：指显示时间轴中的帧所使用时间长度标尺，每一格表示一帧。

13.1.2 图层的基本操作

使用图层可以很好地对舞台中的各个对象进行分类组织，并且可以将动画中的静态元素和动态元素分割开来，减少整个动画文件的大小。下面将逐一介绍图层的创建、命名、选择、删除、复制、排序等操作方法。

1．创建图层

新建Flash文档时，系统会自动创建一个图层，并命名为"图层1"。此后，如果需要添加新的图层，可以使用以下3种方法。

1）选择"插入>时间轴>图层"命令。

2）在"图层"编辑区选择已有的图层，单击鼠标右键，在弹出的快捷菜单中选择"插入图层"命令。

3）单击"图层"编辑区中的"新建图层"按钮 。

2．命名图层

Flash默认的图层名为"图层1"、"图层2"等，为了便于区分各图层放置的内容，可为各图层取一个直观好记的名称，这就需要对图层进行重命名。重命名图层有以下3种方法。

1）在图层名称上双击，进入编辑状态，如图13-2所示。在文本框中输入新名称，按下Enter键，如图13-3所示。

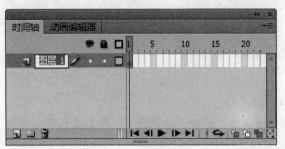

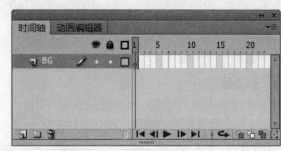

图13-2 编辑图层名称　　　　　　　　　　　图13-3 重命名图层

2）选择要重命名的图层，单击鼠标右键，在弹出的快捷菜单中选择"属性"命令，打开"图层属性"对话框。在"名称"文本框中输入名称，然后单击"确定"按钮即可为图层重命名，如图13-4所示。

3）选择要重命名的图层，执行"修改>时间轴>图层属性"命令，也可以打开"图层属性"对话框，以实现图层的重命名操作。

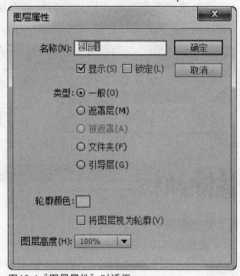

图13-4 "图层属性"对话框

3．选择图层

选择图层包括选择单个图层、相邻的多个图层、不相邻的多个图层3种方式。在Flash CS6中，选择单个图层有以下3种方法。

1）在时间轴的图层区域中单击某个图层，即可将其选中，如图13-5所示。

2）在时间轴的帧区域的帧格上单击，即可选择该帧所对应的图层，如图13-6所示。

3）在舞台上单击要选择图层中所含的对象，即可选择该图层。

选择多个图层的方法为：在按住Ctrl键的同时选择多个不连续的图层，在按住Shift键的同时选择多个连续的图层。

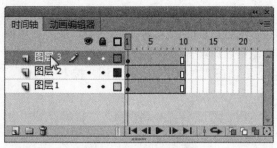

图13-5 选择"图层3"

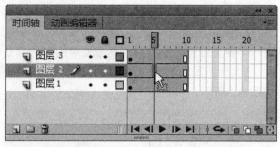

图13-6 选择"图层2"

4．删除图层

对于不需要的图层，可以将其删除，删除方法包括以下3种。

1）选择要删除的图层，按住鼠标左键不放，将其拖曳至"删除"按钮 🗑 上，释放鼠标即可删除所选图层，如图13-7所示。

2）选择要删除的图层，然后单击"删除"按钮 🗑，即可将选中的图层删除。

3）选择要删除的图层，单击鼠标右键，在弹出的快捷菜单中选择"删除图层"命令，如图13-8所示。

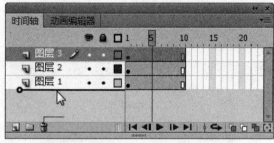

图13-7 利用按钮删除图层

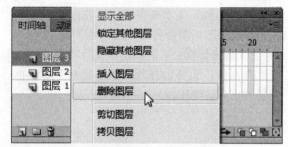

图13-8 选择菜单命令删除图层

5．复制图层

在Flash中，要想复制某图层中的内容，可先选择要复制的图层，执行"编辑>时间轴>复制帧"命令，或在要复制的帧上右击，在弹出的快捷菜单中选择"复制帧"命令，如图13-9所示。然后选择要粘贴的新图层，执行"编辑>时间轴>粘贴帧"命令，或在要粘贴的帧上右击，在弹出的快捷菜单中选择"粘贴帧"命令，即可复制图层中的内容，如图13-10所示。

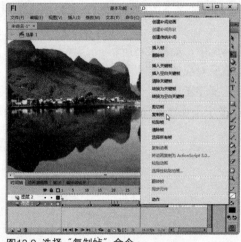

图13-9 选择"复制帧"命令

图13-10 选择"粘贴帧"命令

6. 排列图层顺序

在Flash中，用户可以通过移动图层来重新排列图层的顺序。选择要移动的图层，按住鼠标左键并拖动，拖动图层到其他图层的上方或下方，释放鼠标，即可将图层拖动到新的位置。比如将图13-11中的"图层1"移到"图层2"的上方，效果如图13-12所示，"图层2"中的船被"图层1"的背景遮盖住了。

图13-11 移动"图层1"到"图层2"上

图13-12 移动图层后的效果

13.1.3 帧的基本操作

帧的基本操作包括选择帧、插入帧、删除帧、移动帧、复制帧、清除帧、转换帧、翻转帧等，通过这些操作可以确定每一帧中显示的内容、动画的播放状态和播放时间等。下面将对这些操作进行详细介绍。

1. 选择帧

若要选择时间轴中的一个或多个帧，可执行以下操作。

● 若要选择一个帧，则只需单击该帧即可，如图13-13所示。
● 若要选择多个连续的帧，则在按住Shift键的同时，分别选中连续帧中的第一帧和最后一帧即可，如图13-14所示。
● 若要选择多个不连续的帧，则可按住Ctrl键的同时，逐一单击要选择的帧，如图13-15所示。
● 若要选择时间轴中的所有帧，则可执行"编辑>时间轴>选择所有帧"命令。如图13-16所示。

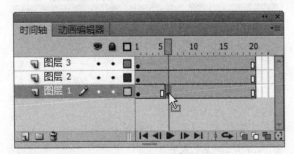

图13-13 选择一个帧

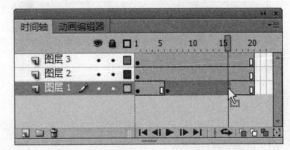

图13-14 选择多个连续的帧

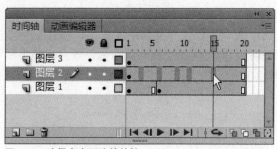 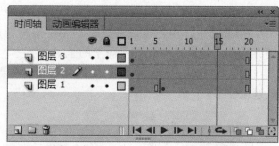

图13-15 选择多个不连续的帧　　　　　　　　　图13-16 选择所有帧

2．插入帧

在时间轴中插入帧，用户可以执行以下操作之一。

- 插入新的帧，选择"插入>帧"命令。
- 创建新的关键帧，选择"插入>关键帧"命令，或在要插入关键帧处右击，在弹出的快捷菜单中选择"插入关键帧"命令。
- 创建新的空白关键帧，选择"插入>空白关键帧"命令，或在要插入空白关键帧处右击，在弹出的快捷菜单中选择"插入空白关键帧"命令。

3．删除帧

删除帧即指去掉当前所选择的帧，这样动画的长度就会减少一帧，选中要删除的帧，单击鼠标右键，在弹出的快捷菜单中选择"删除帧"命令即可。用户还可以在选中帧后按快捷键Shift+F5将帧删除。删除帧前后的效果分别如图13-17和图13-18所示。

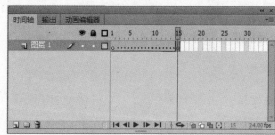 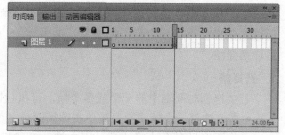

图13-17 删除帧前的状态　　　　　　　　　　　图13-18 删除帧后的效果

4．移动帧

若要移动帧，直接把该帧拖到指定位置上即可。移动帧前后的效果分别如图13-19和图13-20所示。

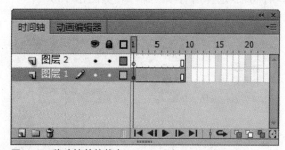 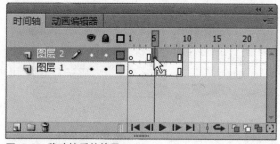

图13-19 移动帧前的状态　　　　　　　　　　　图13-20 移动帧后的效果

5．复制帧

在Flash CS6中，复制帧的方法有以下两种。

1）选中要复制的帧，然后按住Alt键将其拖曳到要复制的位置。

2）在时间轴中选中要复制的帧，单击鼠标右键，在弹出的快捷菜单中选择"复制帧"命令。复制帧前后的效果分别如图13-21和图13-22所示。

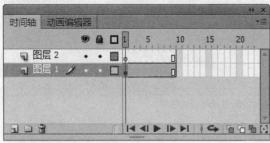

图13-21 复制帧前的状态

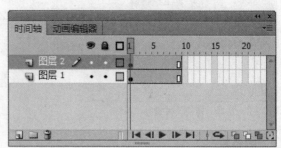

图13-22 复制帧后的效果

6. 清除帧

清除帧仅将要清除的普通帧或关键帧上的内容清空，此操作对所要清除帧的前后内容没有任何影响。若要清除一个普通帧，则将该帧清除后，此帧会变为空白关键帧，而其后紧接着的普通帧自动生成关键帧以延续原内容，如图13-23和图13-24所示为清除帧前后的效果。

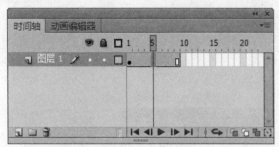

图13-23 清除帧前的状态

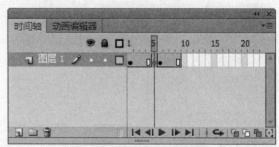

图13-24 清除帧后的效果

清除关键帧可以将要清除的关键帧转化为普通帧。具体操作是，选中要清除的关键帧，单击鼠标右键，在弹出的快捷菜单中选择"清除关键帧"命令即可清除关键帧。用户还可以选中要清除的关键帧，按快捷键Shift+F6将其清除，如图13-25和图13-26所示为清除关键帧前后的效果。

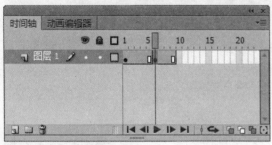

图13-25 清除关键帧前的状态

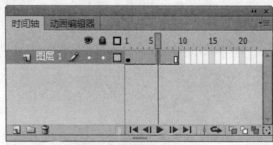

图13-26 清除关键帧后的效果

7. 转换帧

转换帧可以将帧转换为关键帧和空白关键帧。选中时间轴上的帧，单击鼠标右键，在弹出的快捷菜单中选择"转换为关键帧"或"转换为空白关键帧"命令即可完成帧的转换，如将图13-27中的帧转换为图13-28中的关键帧。

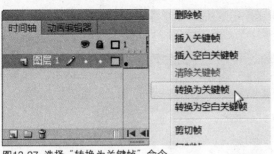

图13-27 选择"转换为关键帧"命令

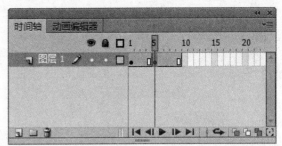

图13-28 转换帧后的效果

8. 翻转帧

有时候用户希望制作的动画能倒着播放，此时可以使用"翻转帧"命令来实现。要翻转帧，首先应选择时间轴中的某一图层上的所有帧（该图层上至少包含有两个关键帧，且位于帧序的开始和结束位置）或多个帧，然后使用以下任意一种方法即可完成翻转帧的操作。

（1）选中要翻转的帧，选择"修改>时间轴>翻转帧"命令，如图13-29所示。

（2）选中要翻转的帧，单击鼠标右键，在弹出的快捷菜单中选择"翻转帧"命令，如图13-30所示。

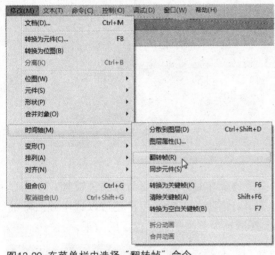

图13-29 在菜单栏中选择"翻转帧"命令

图13-30 在快捷菜单中选择"翻转帧"命令

执行翻转帧操作前后的效果分别如图13-31和图13-32所示。

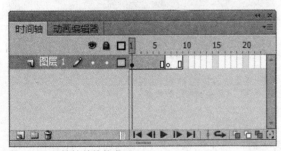

图13-31 翻转帧前的状态

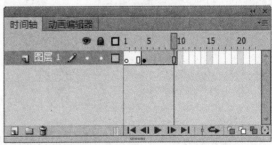

图13-32 翻转帧后的状态

13.2　元件

元件是Flash中非常重要的概念，它使得Flash的功能更加强大，同时，也是Flash动画所占空间小的重要原因。下面将对元件的类型和各类型元件的创建方法进行详细介绍。

13.2.1　元件的类型

创建元件需要首先选择元件类型，Flash中的元件有3种类型，分别是影片剪辑、按钮和图形，下面将对各种类型元件的含义进行介绍。

（1）影片剪辑元件

使用影片剪辑元件可以创建一个独立的动画。在影片剪辑元件中，用户可以为其添加声音、创建补间动画，或者为其创建的实例添加脚本动作。

（2）按钮元件

按钮元件用于在影片中创建对鼠标事件（如单击和滑过）响应的互动按钮。用户不可以为按钮元件创建补间动画，但可以将影片剪辑元件的实例应用到按钮元件中，使按钮有更好的效果。

（3）图形元件

图形元件通常用于存放静态的对象，还能用来创建动画，在动画中也可以包含其他元件。但用户不能为图形元件添加声音，也不能为图形元件的实例添加脚本动作。

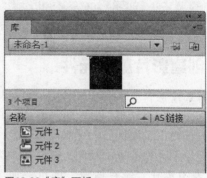

上述这3种类型的元件在"库"面板中的显示方式有所不同。影片剪辑元件在"库"面板中以一个齿轮图标表示；按钮元件以一个手指向下按的图标表示；图形元件以一个几何图形构成的图标表示，如图13-33所示。

图13-33 "库"面板

13.2.2　创建图形元件

每种元件都有其各自的时间轴、舞台和图层。在创建元件时，首先要选择元件的类型，创建何种元件主要取决于在影片中如何使用该元件。

执行"插入>新建元件"命令，或者按快捷键Ctrl+F8，均可打开"创建新元件"对话框，如图13-34所示。

在该对话框中，各选项的含义如下。

（1）名称：可以设置元件的名称。

（2）类型：可以设置元件的类型，包括"图形"、"按钮"和"影片剪辑"3个选项。

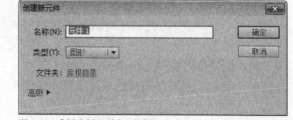

图13-34 "创建新元件"对话框

（3）文件夹：在"库根目录"上单击，打开"移至文件夹"对话框，用户可以将元件放置在新创建的文件夹中，也可以将元件放置在现在的文件夹中，如图13-35所示。

（4）"高级"按钮，可以展开该面板，对元件进行高级设置，如图13-36所示。

设置完各选项后，单击"确定"按钮即可创建一个新元件。

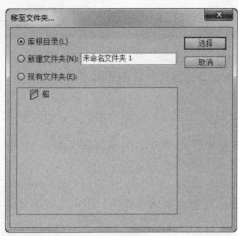

图13-35 "移至文件夹"对话框　　　　图13-36 "高级"面板

TIP　在"库"面板中创建元件

在"库"面板中的空白处单击鼠标右键，在弹出的快捷菜单中选择"新建元件"命令；或者单击"库"面板右上角的扩展菜单按钮 ⬛，在扩展菜单中选择"新建元件"命令；或者单击"库"面板底部的"新建元件"按钮 ⬛，均可以实现元件的新建操作。

13.2.3 创建影片剪辑元件

　　影片剪辑元件就像是Flash中嵌套的小型影片一样，使用它可以创建动画片断，它具有和主时间轴相对独立的时间轴属性。创建影片剪辑元件的方法与创建图形元件的方法相同。只要在"类型"下拉列表中选择"影片剪辑"即可，如图13-37所示。

图13-37 "创建新元件"对话框

13.2.4 创建按钮元件

　　按钮元件是一种特殊的元件，具有一定的交互性，是一个具有4帧的影片剪辑。按钮在时间轴上的每帧都有一个固定的名称。在"创建新元件"的"类型"下拉列表中选择"按钮"选项，并单击"确定"按钮，即可进入按钮元件的编辑模式，如图13-38所示。

　　按钮元件对应时间轴上各帧的含义分别如下。

　　1）弹起：表示鼠标指针没有滑过按钮或者单击按钮后又立刻释放时的状态。

图13-38 编辑按钮元件

　　2）指针：表示鼠标指针经过按钮时的外观。

　　3）按下：表示鼠标单击按钮时的外观。

　　4）点击：用于定义可以响应鼠标事件的最大区域。如果这一帧没有图形，鼠标的响应区域则由指针经过和弹出两帧的图形来定义。

13.3 库

Flash CS6文档中的库存储了在Flash中创建的元件，以及导入的元件、声音剪辑、位图和影片剪辑等。"库"面板中包含了库中所有项目的名称，用户可以在工作时查看并组织这些元素。

13.3.1 "库"面板简介

"库"面板的作用是存放和组织可重复使用的元件、位图、声音和视频文件等，它可以有效地提高工作效率，若将元件从"库"面板中拖放到场景中，将生成该元件的一个实例。

选择"窗口>库"命令，或按快捷键Ctrl+L，即可打开"库"面板，如图13-39所示。

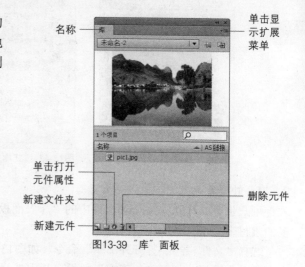

图13-39 "库"面板

13.3.2 库的使用和管理

在了解了库的基础知识后，接下来学习有关库的使用与管理操作。

1. 打开公共库

公共库是Flash系统附带的库，选择"窗口>公共库"命令，在弹出的子菜单中包含3个命令，如图13-40所示。

声音库中包含了多种类型的声音，用户可以根据自己的具体需要在声音库中选择合适的声音，如图13-41所示。

按钮库中提供了内容丰富且形式各异的按钮样本，用户可以根据自己的需要在按钮库中选择合适的按钮，如图13-42所示。

类库中包括DataBindingClasses（数据绑定组件）、UtilsClasses（应用组件）和WebService-Classes（网络服务组件）3个元件，如图13-43所示。

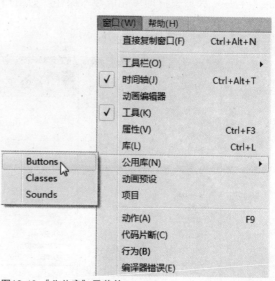

图13-40 "公共库"子菜单

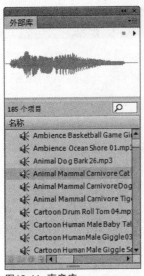

图13-41 声音库　　　　　　　　图13-42 按钮库　　　　　　　　图13-43 类库

2. 打开外部库

用户也可以打开其他Flash文件中的"库"面板，从而调用该文档中的元件，这样便可以使用更多的素材来完成动画的制作。

选择"文件>导入>打开外部库"命令，如图13-44所示。在弹出的对话框中选择相应的文件，单击"打开"按钮，打开"外部库"面板。从中选择相应的元件并拖至当前文档所对应的"库"面板或舞台中，释放鼠标即可完成导入操作，如图13-45所示。

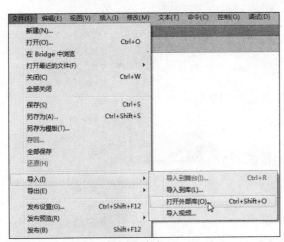

图13-44 选择"打开外部库"命令

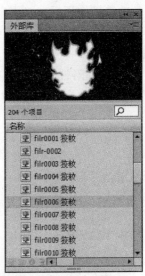

图13-45 "外部库"面板

3. 对"库"面板中的项目进行排序

用户可以在"库"面板中按字母或数字顺序对项目进行排序。单击需排列的列标题，即会根据该列进行排序，如图13-46所示。单击列标题右侧的 按钮，可以倒转排列顺序，如图13-47所示。

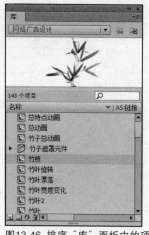

图13-46 排序"库"面板中的项目　　图13-47 倒转排列顺序

4．新建库

在"库"面板中单击"新建库面板"按钮[≡]，将新建一个面板。新建的面板相当于创建该面板的副本，其中包含了原有面板的所有项目，如图13-48和图13-49所示。

图13-48 单击"新建库面板"按钮　　图13-49 新建的库

5．选择库

当打开多个Flash文档时，可以在当前文档中随意切换并使用其他文档的库。在"库名称"下拉列表中可以选择需要的库，如图13-50和图13-51所示。

图13-50 选择需要的库　　图13-51 打开所选择的库

创建 Flash 文件后，库中包含了经常使用的元件。用户可以将 Flash 文件保存在硬盘上的用户级库文件夹中，即 Flash 安装位置下的 Flash CS6\Adobe Flash CS6\zh_CN\Configuration\Libraries 文件夹，如图 13-52 所示。

图13-52 自定义库的存储目录

13.4　Flash动画的制作方法

Flash动画是通过时间轴上对帧的顺序播放，实现各帧中舞台实例的变化，从而产生动画效果，动画的播放快慢是由帧频控制的。Flash CS6中更是包含了多种类型的动画制作方法，为用户创作精彩的动画效果提供了便捷。

13.4.1 逐帧动画

通常，逐帧动画由多个连续的关键帧组成，通过连续表现关键帧中的对象，从而产生动画效果。创建逐帧动画需要将每个帧都定义为关键帧，然后为每个帧创建不同的图像。由于每个新关键帧最初包含的内容与它前面的关键帧是一样的，因此，可以递增地修改动画中的帧。

下面将以创建一个线条运动的动画为例进行详细介绍。

01 打开"逐帧动画.fla"，选中第1～9帧，按下F6键插入关键帧。单击第1帧，将"库"面板中的"线条1"元件拖至舞台中，并调整其大小和位置，如图13-53所示。

02 选择第2帧，将元件"线条2"拖入舞台，参照第1帧中图形的大小和位置，调整第2帧中图形的大小和位置，如图13-54所示。

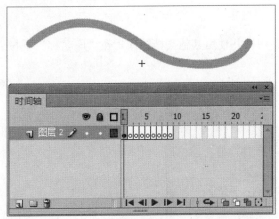

图13-53 将"线条1"元件拖至舞台

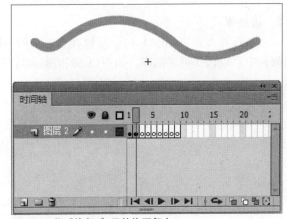

图13-54 将"线条2"元件拖至舞台

03 依次选择第3、4、5、6、7、8、9帧，用类似的方法将"库"面板中相应的元件拖至各帧对应的舞台中，如图13-55所示。

04 在时间轴上单击"绘图纸外观"按钮观察动作过程，拖动播放指针或按下Enter键预览逐帧动画效果，如图13-56所示。

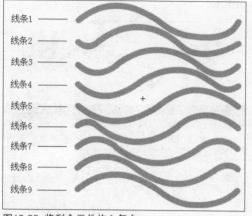

图13-55 将剩余元件拖入舞台

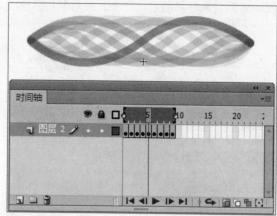

图13-56 预览效果

13.4.2 补间动画

补间动画是通过为一个帧中的对象属性指定一个值，并为另一个帧中的相同属性指定另一个值创建的动画，Flash会自动计算这两个帧之间该属性的值。创建补间动画的对象类型包括影片剪辑、图形、按钮元件以及文本字段。

（1）在帧上创建补间动画

在时间轴上选择关键帧，选择"插入>补间动画"命令，或单击鼠标右键，在弹出的快捷菜单中选择"创建补间动画"命令，系统将自动添加补间范围。在时间轴中拖动补间范围的任一端，可按所需长度缩短或延长范围，如图13-57所示。

（2）在对象上创建补间动画

在舞台上选择对象，选择"插入>补间动画"命令，或单击鼠标右键，在弹出的快捷菜单中选择"创建补间动画"命令。将播放头移动到补间范围内的帧上，再将舞台上的对象拖到新位置，该帧处将自动生成一个关键帧，如图13-58所示。

图13-57 在帧上创建补间动画

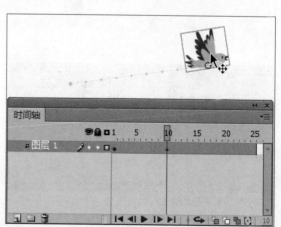

图13-58 在对象上创建补间动画

（3）更改补间对象的位置

编辑路径最简单的方法是在补间范围的任何帧中移动补间的目标实例。将播放头放在要移动的目标实例所在的帧中，使用选择工具将目标实例拖到舞台上的新位置，如图13-59所示。

（4）在舞台上更改运动路径的位置

用户可在舞台上拖动整个运动路径，也可在属性检查器中设置其位置。使用选择工具选择路径，然后将光标移动到路径上并拖动至目标位置。如图13-60所示。

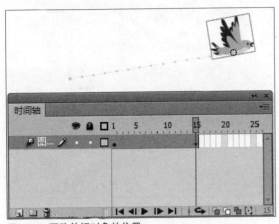

图13-59 更改补间对象的位置

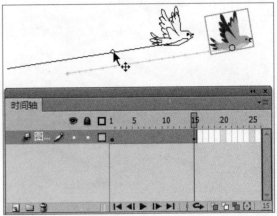

图13-60 更改运动路径的位置

TIP 认识补间范围

补间中的最小构造块是补间范围，它只能包含一个元件实例。元件实例称为补间范围的目标实例。将第二个元件添加到补间范围将会替换补间中的原始元件。将其他元件从库拖到补间范围上，也会更改补间的目标对象。

（5）使用选择工具编辑路径的形状

使用选择工具通过拖动的方式可以编辑运动路径的形状。将鼠标光标移动到路径线上，当光标变成 形状时，按住左键拖动更改路径的形状，如图13-61所示。

（6）使用部分选取工具编辑路径的形状

使用部分选取工具可以更改运动路径的曲线形状，在运动路径线端点处单击以添加控制手柄，然后拖动控制手柄更改曲线形状，如图13-62所示。

图13-61 编辑路径形状

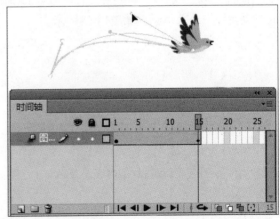

图13-62 更改曲线形状

（7）使用任意变形工具编辑路径

使用任意变形工具选择运动路径（不要单击目标实例），然后可以进行缩放、倾斜或旋转操作，如图13-63所示。

（8）删除路径

使用选择工具在舞台上单击运动路径将其选中，然后按下Delete键删除补间中的运动路径，如图13-64所示。

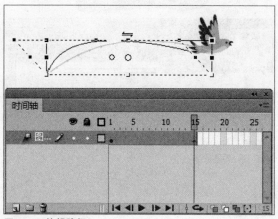

图13-63 编辑路径

图13-64 删除路径

13.4.3 补间形状动画

补间形状动画是通过Flash计算两个关键帧中矢量图形的形状差异，并在关键帧中自动添加变化过程的一种动画类型。下面将通过一个具体实例来对补间形状动画的制作进行讲解，操作步骤如下。

01 新建一个Flash文档，使用矩形工具绘制一个矩形，利用选择工具调整线条弧度，然后为其填充Alpha值为50%的淡蓝色（#00A3D9），如图13-65所示。

02 在第20帧处插入关键帧，利用部分选取工具选中图形，在图形的各个节点处调整线条弧度，如图13-66所示。

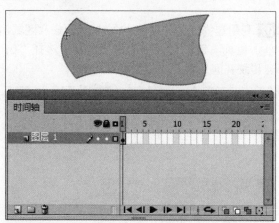

图13-65 绘制图形

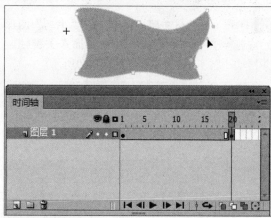

图13-66 编辑图形

03 利用选择工具选择第1~20帧间的任意区域，单击鼠标右键，在弹出的快捷菜单中选择"创建补间形状"命令，如图13-67所示。

04 在时间轴上单击"绘图纸外观"按钮观察动作过程，拖动播放指针或按下Enter键预览补间形状动画效果，如图13-68所示。

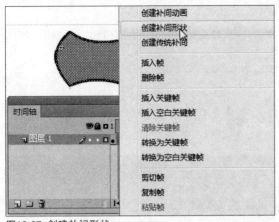

图13-67 创建补间形状

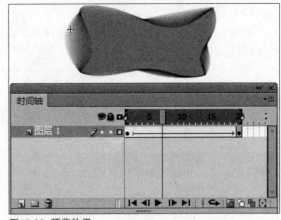

图13-68 预览效果

13.4.4 引导动画

引导动画是物体沿着一条绘制的线段所做的运动。只要固定初始点和结束点，物体就可以沿着这条线段运动，而这条线段就是引导线。引导层中的对象必须是打散的图形，也就是说作为路径的线条不能是组合对象，被引导层必须位于引导层的下方。

在制作引导层动画时，必须要创建引导层，引导层是Flash中的一种特殊的图层，在影片中起辅助作用。引导层不会导出，因此不会显示在发布的SWF文件中。任何图层都可以作为引导层。

创建引导层动画必须具备如下两个条件。

1）指定路径；

2）指定在路径上运动的对象。

一条路径上可以有多个对象运动，引导路径都是一些静态线条，在播放动画时路径线条不会显示。

下面将通过具体实例来讲解引导动画的制作方法。

01 打开一个素材文档，将库中的"小鸟"图形元件拖至舞台，然后在第20帧处插入关键帧，并移动小鸟实例的位置，如图13-69所示。

02 利用选择工具选择第 1~20 帧间的任意区域，单击鼠标右键，在弹出的快捷菜单中选择"创建传统补间"命令，如图 13-70 所示。

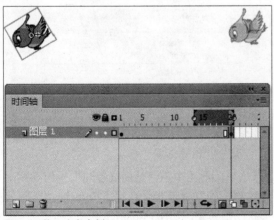

图13-69 拖入小鸟实例

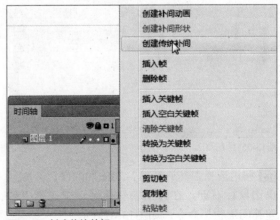

图13-70 创建传统补间

03 新建"图层2"，使用钢笔工具在舞台上绘制一条曲线。分别移动图层1中第1、20帧中的小鸟实例，使其中心点分别与曲线的右端点、左端点重合，如图13-71所示。

04 选择"图层2"，单击鼠标右键，在弹出的快捷菜单中选择"引导层"命令。拖动图层1到图层2下方，将引导层转换为运动引导层，如图13-72所示。

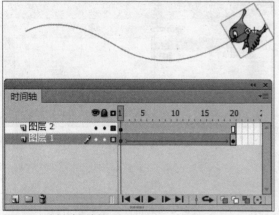

图13-71 绘制引导路径

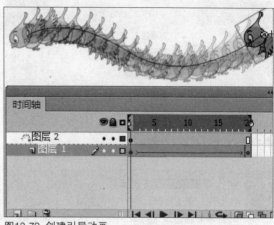

图13-72 创建引导动画

13.4.5 遮罩动画

遮罩动画是Flash设计中对元件控制的一个重要部分，在设计动画时，首先要分清楚哪些元件需要运用遮罩，在什么时候运用遮罩。制作遮罩动画至少需要两个图层，即遮罩层和被遮罩层。合理地运用遮罩效果会使动画看起来更流畅，元件与元件之间的衔接时间很准确，动画具有丰富的层次感和立体感。

1. 创建遮罩层

选择用于遮罩的"图层2"，单击鼠标右键，在弹出的快捷菜单中选择"遮罩层"命令，如图13-73所示。此时，"图层2"即被转换为遮罩层，紧贴在其下的"图层1"将被链接到遮罩层，其内容会透过遮罩层上的填充区域显示出来，如图13-74所示。

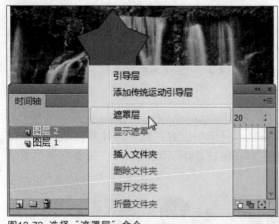

图13-73 选择"遮罩层"命令

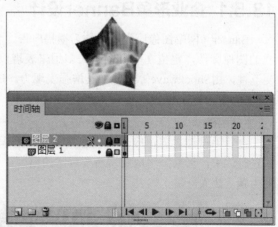

图13-74 创建遮罩层后的效果

2. 取消遮罩层

如果不需要遮罩层，可以将其取消遮罩，即将遮罩层转换为普通层。

选择遮罩层"图层2"，单击鼠标右键，在弹出的快捷菜单中选择"遮罩层"命令，如图13-75所示。此时，遮罩层"图层2"即被转换为普通层，被遮罩层"图层1"的遮罩链接也随之被取消，如图13-76所示。

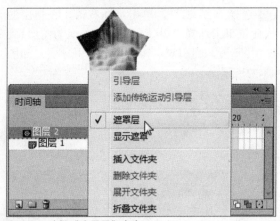

图13-75 选择"遮罩层"命令

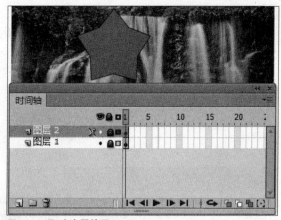

图13-76 取消遮罩效果

TIP 制作遮罩动画的注意事项

在制作遮罩动画时，用户应注意以下3点。

（1）若要获得聚光灯效果和过渡效果，可以使用遮罩层创建一个孔，通过这个孔可以看到下面的图层。遮罩项目可以是填充的形状、文字对象、图形元件的实例或影片剪辑。将多个图层组织在一个遮罩层下可创建复杂的效果。

（2）若要创建动态效果，可以让遮罩层动起来。

（3）创建遮罩层时，需要将遮罩项目放在要用作遮罩的图层上。

13.5 使用Flash制作网络广告

在许多网站上，都可以看到动感十足的网页广告存在。这些网页广告色彩丰富、节奏明快，给访客带来强烈的视觉冲击，同时快速有效地传递着各式各样的信息。而这些广告中，有相当一部分是用Flash制作的。

13.5.1 企业形象Banner设计

Banner（网幅图像广告）又称为横幅广告、全幅广告、条幅广告等，它是以GIF、JPEG等格式建立的图像文件，定位在网页中，大多用来表现网络广告内容，同时还可以使用Java等语言使其产生交互性，用Shockwave等插件工具增强表现力。Banner广告有多种表现规格和形式，其中最常用的是468×60像素的标准广告。

1．主题明确

在着手设计之前，应该明确想要表达的主题和需要重点突出的内容。然后再针对性地对广告对象进行诉求，形象鲜明地展示所要表达的内容。如图13-77、图13-78所示的Banner广告都有一个明确的主题，让人一目了然。

图13-77 佰草集广告

图13-78 圣诞节广告

2．与整个页面相协调

确定主题之后，要在Banner实际放置的环境中展开后续的设计工作。色彩搭配要明亮干净，使其与整个页面相协调。不能为了使Banner更加吸引用户的眼球而大面积使用一些浓重的颜色，除非是特殊需求。如图13-79所示的网站页面色彩搭配自然和谐。

图13-79 网站页面效果

4．点击才是王道

Banner通常都是为了宣传、推广某个产品或新功能等，它本身就是引导用户点击参与的入口，其目的就是要吸引用户点击。所以可以采用不同形式和手法来表现，但相同之处即是通情达意，突出主题，富有乐趣，这样才能让浏览者产生兴趣，如图13-81所示。

3．顺应用户的浏览习惯

大多数用户在浏览网页时都是从上到下、从左到右。为了使Banner更易于浏览，在设计Banner时应该顺应用户的浏览习惯。如果浏览的焦点过于分散，只会让用户无所适从。浏览者通常会在看过广告条内容之后点击按钮，因此按钮要放置在文字右侧，如图13-80所示。

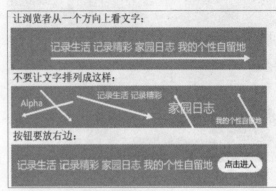

图13-80 广告条的内容排列

图13-81 网站案例

13.5.2 精彩网站片头设计

网站片头动画可以塑造具有震撼效果的网站入口，并引导网站整体的风格、突出网站的特征形象，给浏览者一个直观深刻的印象。

1．精彩网站片头欣赏

随着人们品味的不断提高，网站中Flash片头随处可见。那炫目的几秒钟即牢牢地吸引住了浏览者的注意力。在片头播放结束后将会显示正式进入网站的途径，如图13-82所示为以地产网站片头，而如图13-83所示为旅游公司网站片头。不同的网站片头风格各有不同，但都将动画"酷、闪、炫"的特点表示得淋漓尽致。

图13-82 地产网站片头

图13-83 旅游公司网站片头

2．设计分析

片头中动态图片展示可通过动作补间动画实现，在图片的显现与切换过程中，可设置透明度变化，使图片的过渡自然协调，让浏览者在视觉上更加舒适，并带给浏览者朦胧神秘之感。文字展示也可通过动作补间动画来实现，设置其透明度，使文字逐步自然显示。将最后定格的图片作为点击目标，通过脚本命令来链接主站页面，使片头与页面浑然一体，给人一种自然美感。

3．制作过程提示

（1）导入外部素材文件到库中。

（2）图像动画的制作。

（3）文字动画的制作。

（4）按钮元件的使用。

（5）动作脚本的添加。

（6）网页链接的实现。

13.6 上机实训

利用Flash制作网页动画在时下非常普遍，与此同时，动画表现的深度、广度和力度也越来越完善。下面将通过两个实例详细讲解网页动画的制作过程。

实训1｜手机网站动画 实训目的：熟练运用传统补间动画知识，制作一个如图13-84所示的手机网站中的横幅广告。

◎ 实训要点：(1) 创建各种类型元件；(2) 使用"库"面板；(3) 创建传统补间动画

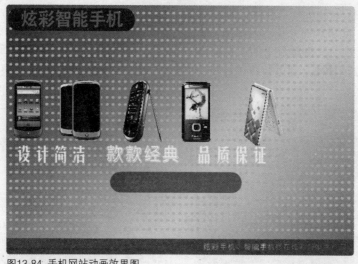

图13-84 手机网站动画效果图

01 新建一个Flash文档，将文档命名为"手机网站动画"。将"图层1"重命名为"背景"，在第300帧处插入普通帧。将库中图片"背景.png"拖至舞台，调整其大小和位置使其布满舞台，如图13-85所示。

图13-85 添加背景

02 新建图层并命名为"点1"，选择"插入>新建元件"命令，新建一个图形元件并命名为"圆阵"，选择刷子工具，设置笔触为无，填充色为灰色（#CCCCCC），然后在舞台区域绘制由圆点组成的整齐方阵，如图13-86所示。

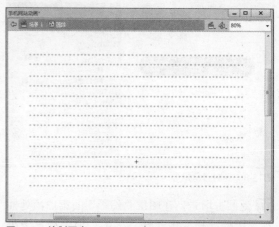

图13-86 绘制圆点

03 返回主场景，将库中元件"圆阵"拖至舞台，在图层"点1"的第10帧处插入关键帧，将第1帧移动到第2帧处，并将舞台上的实例移动到舞台左侧。在第2～10帧之间创建传统补间动画，如图13-87所示。

04 新建图层并命名为"点2"，将库中元件"圆阵"拖至舞台，使其与"点1"中的圆阵水平交叉。参照图层"点1"中的动画制作方式制作"点2"动画，与之不同的是在"图层点2"中将第2帧处的实例移动到舞台右侧，如图13-88所示。

图13-87 制作"点1"动画

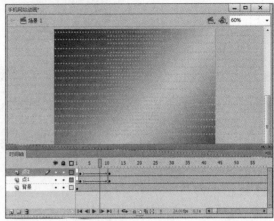

图13-88 制作"点2"动画

05 新建图层并命名为"幻影"，新建一个图形元件并命名为"标志"，在编辑状态下，选择矩形工具，在"矩形选项"卷展栏中设置4个圆角均为20，并设置笔触为无，填充色为蓝色（#010287），然后在舞台上绘制一个圆角矩形，如图13-89所示。

06 新建"图层2"，选择文本工具，在"属性"面板中设置其字符系列为"交通标志专用字体"，大小为32，颜色为紫色（#9966CC），然后在矩形区域内输入文字"炫彩智能手机"，如图13-90所示。

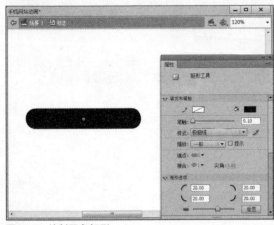

图13-89 绘制圆角矩形

图13-90 输入静态文本

07 返回主场景，在图层"幻影"的第13帧处插入关键帧，将库中元件"标志"拖至舞台中央偏下的位置，依次在第19～24帧处插入关键帧，分别改变第13、19～23、24帧处实例的Alpha值为0%、30%、50%，将第19、24帧处的实例缩小，将第20～23帧处的实例依次旋转，如图13-91所示。

08 新建图层并命名为"标志"，新建一个按钮元件并命名为"按钮1"，在编辑状态下新建图层2，制作与图形元件"标志"同样的实例，并在第2～4帧处插入关键帧，改变第2帧处的字符颜色为深紫色（#633195），将第4帧处的所有实例一起缩小，并为矩形描边，笔触大小为2，颜色为白色，如图13-92所示。

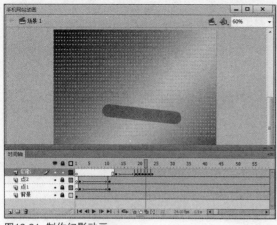

图13-91 制作幻影动画

图13-92 制作"按钮1"

09 返回主场景，将库中元件"按钮1"拖至舞台中央，在第13、19、29、33、36、41帧处插入关键帧，改变第13、33帧处实例的Alpha值为0%，将第33帧处的实例放大至超出舞台范围并向下移动，将第41帧处的实例移动到舞台左上角。在第13～19帧、29～41帧间创建传统补间动画，如图13-93所示。

10 新建图层并命名为"手机1"，在第43帧处插入关键帧，将库中图片"手机1.png"拖至舞台，按下F8键将其转换为图形元件并命名为"手机1"。在第47、56、60帧处插入关键帧，如图13-94所示。

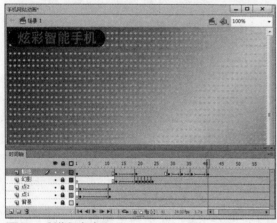

图13-93 制作标志动画

图13-94 创建实例"手机1"

11 将第43帧处的实例缩小并移至舞台右侧，将第56帧处的实例缩小，将第60帧处的实例缩小并移至舞台左侧不可见区域。在第43～60帧之间创建传统补间动画，如图13-95所示。

12 新建图层并命名为"最时尚"，新建一个图形元件并命名为"时尚"，在编辑状态下，选择文本工具，在"属性"面板中设置字符大小为48，颜色为蓝紫色（#633195），然后在舞台上输入文字"最时尚"，如图13-96所示。

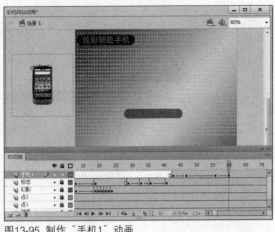

图13-95 制作"手机1"动画

图13-96 输入文本"最时尚"

13 返回主场景，在第47帧处插入关键帧，将库中元件"时尚"拖至舞台中央偏右位置，依次在第48～50、52、56、60、65、77、81帧处插入关键帧，分别将第48～50、52、56帧处的实例移动少许并适当旋转，如图13-97所示。

14 分别改变第60、77、81帧处实例的Alpha值为0%、80%、0%，并改变第60～81帧之间各帧处实例的位置，使实例在舞台上由左向右逐步移动。在第56～81帧之间创建传统补间动画，如图13-98所示。

图13-97 编辑"最时尚"实例

图13-98 制作"最时尚"动画

15 新建图层并命名为"手机2"，在第61帧处插入关键帧，将库中图片"手机2.png"拖至舞台中央，按下F8键将其转换为图形元件"手机2"。在第65、70～73、77、81帧处插入关键帧，如图13-99所示。

16 将第65帧处的实例移至舞台左侧偏下的位置，将第71帧处的实例向左上方移动一小段距离，将第72帧处的实例放大，将第77帧处的实例稍向右上方移动，将第81帧处的实例移动到舞台右侧。在第61～81帧间创建传统补间动画，如图13-100所示。

图13-99 创建"手机2"实例

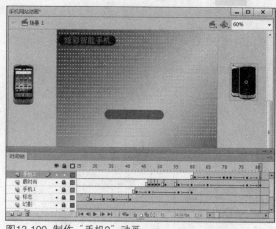

图13-100 制作"手机2"动画

17 新建图层"手机3"，在第83帧处插入关键帧，将库中图片"手机3.png"拖至舞台右侧，按下F8键将其转换为图形元件"手机3"。在第93帧处插入关键帧，将实例移至舞台左侧。在第83～93帧之间创建传统补间动画，如图13-101所示。

18 新建图层"手机4"，在第94帧处插入关键帧，将库中图片"手机4.png"拖至舞台中央偏左位置，按下F8键将其转换为图形元件"手机4"。在第101帧处插入关键帧，将实例移至舞台右侧。在第94～101帧之间创建传统补间动画，如图13-102所示。

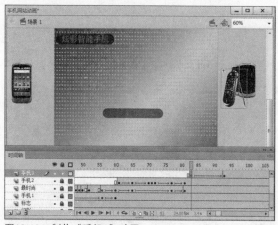

图13-101 制作"手机3"动画

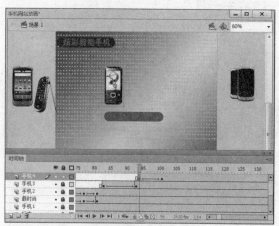

图13-102 制作"手机4"动画

19 新建图层并命名为"手机5"，在第102帧处插入关键帧，将库中图片"手机5.png"拖至舞台左侧，按下F8键将其转换为图形元件"手机5"。在第109帧处插入关键帧，将实例移至舞台右侧。在第102～109帧之间创建传统补间动画，如图13-103所示。

20 新建图层并命名为"组合图"，新建一个图形元件并命名为"组合"，在编辑状态下，将库中图片"手机1.png"～"手机5.png"依次拖至舞台，并使其由左向右水平排列。选择"修改>文档"命令，在弹出的"文档设置"对话框中将背景颜色设置为宝蓝色（#0099CC），如图13-104所示。

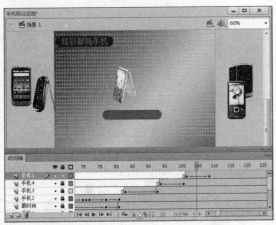

图13-103 制作"手机5"动画

图13-104 添加手机组合实例

21 新建"图层2",选择文本工具,在"属性"面板中设置字符系列为"迷你简长艺",大小为30,颜色为白色,在手机组的下方从左向右分别输入文字"设计简洁"、"款款经典"、"品质保证"。选中文字"款款经典",将其字体更改为"迷你简圆立",如图13-105所示。

22 返回主场景,在第116帧处插入关键帧,将库中元件"组合"拖至舞台右侧不可见区域,在第300帧处插入关键帧,将实例移至舞台左侧不可见区域。在第116~300帧之间创建传统补间动画,如图13-106所示。

图13-105 添加组合图文本

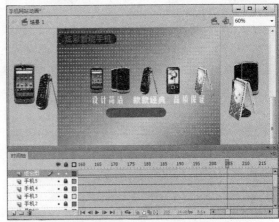

图13-106 制作组合图动画

23 新建图层并命名为"网",新建一个图形元件并命名为"底行",在编辑状态下,在图层1的第300帧处出插入关键帧。选择矩形工具,在"属性"面板中设置笔触为无,填充色为红色(#AE0000),在舞台上绘制一个超出舞台长度的矩形,如图13-107所示。

24 选择文本工具,在"属性"面板中设置字符系列为"迷你简圆立",大小为15,颜色为白色,在矩形区域内的右侧输入文字"炫彩手机、智能手机尽在炫彩智能手机网",如图13-108所示。

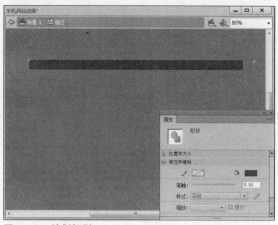

图13-107 绘制矩形

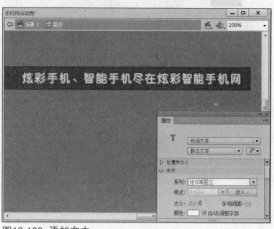

图13-108 添加文本

25 新建"图层2"与"图层3",在"图层2"与"图层3"的第201帧处插入关键帧。选中图层2的第201帧,利用矩形工具在舞台上绘制笔触为无的矩形,选中矩形,在"颜色"面板中选择线性渐变,设置两端色标均为Alpha为0%的白色,中间色标为白色,如图13-109所示。

26 选中矩形,按下F8键将其转换为图形元件"光",将其移至文字左侧并向右旋转,在第241帧处插入关键帧,将其移至文字右侧。在图层2的第201~241帧之间创建传统补间动画,如图13-110所示。

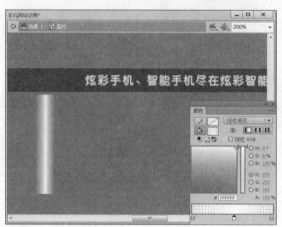

图13-109 绘制"光"图形

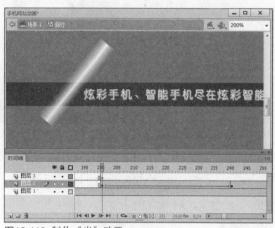

图13-110 制作"光"动画

27 复制图层1中的文字,选择图层3的第201帧,按快捷键Ctrl+Shift+V将文字原位粘贴。选择图层1中的文字,按两次快捷键Ctrl+B将文字打散,然后按下Delete键将其删除。将图层3设置为遮罩层,如图13-111所示。

28 返回主场景,在第2帧处插入关键帧,将元件"底行"拖至舞台最下方。新建图层并命名为"声音",在第2帧处插入关键帧,将库中声音文件"打击器"拖至舞台。至此,完成手机网站动画的制作。最后保存该动画并对该动画进行测试,如图13-112所示。

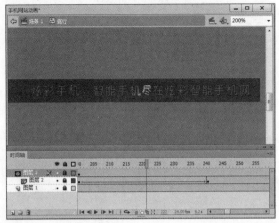

图13-111 编辑底行实例

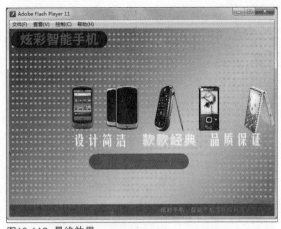

图13-112 最终效果

 实训2| 汽车网站片头 实训目的： 综合应用本章所学内容完成一个汽车网站片头动画的制作，效果如图13-113所示。同时，掌握Flash中各种高级动画的制作方法与技巧。

◎ 实训要点：（1）创建各种类型的元件；（2）制作各种动画效果；（3）添加动作控制脚本

图13-113 汽车网站片头效果图

01 新建一个Flash文档，并命名为"汽车网站片头"，在"文档设置"对话框中设置其尺寸为980×586像素，背景颜色为黑色，帧频为30，单击"确定"按钮完成文档设置。按快捷键Ctrl+Shift+S将该文档存储，如图13-114所示。

02 将所有素材导入到库中。选择"插入>新建元件"命令，创建一个图形元件并命名为"星星"，在编辑状态下，使用椭圆工具和钢笔工具绘制星星的形状，并为其填充由白色到透明的径向渐变颜色，如图13-115所示。

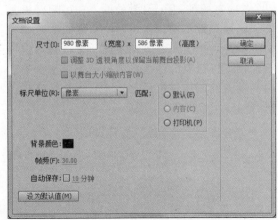

图13-114 设置文档

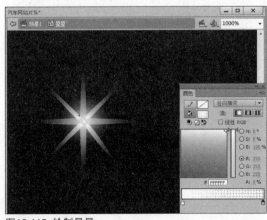

图13-115 绘制星星

03 选择"插入>新建元件"命令,创建图形元件并命名为"群星1",将背景颜色改为白色,使用矩形工具绘制一个Alpha值为90%的黑色色块。新建"图层2",将库中元件"星星"拖至舞台,复制若干个,并平均分布在舞台中,如图13-116所示。

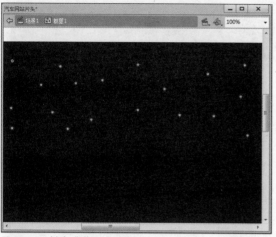

图13-116 创建"群星1"实例

05 在"图层2"的第1~25帧间创建传统补间,新建"图层3",在第48帧处插入关键帧,复制"图层2"中第25帧处的实例,按下Ctrl+Shift+V快捷键将其原位粘贴在"图层3"的第48帧处,在第74帧处插入关键帧,将色彩效果设置为无。在第48~74帧之间创建传统补间,如图13-118所示。

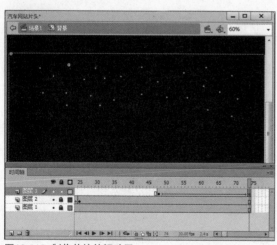

图13-118 制作传统补间动画

04 插入影片剪辑元件"群星",将库中元件"群星1"拖至舞台。插入影片剪辑元件"背景",在第74帧插入普通帧,将库中图片"背景.jpg"拖至舞台合适位置,新建"图层2",将库中元件"群星"拖至舞台,在第25帧处插入关键帧,设置Alpha值为0%,如图13-117所示。

图13-117 创建"背景"实例

06 插入影片剪辑元件2013,在第12帧处插入关键帧,将库中图片"2013.png"拖至舞台,并将其转换为影片剪辑元件,命名为"数字",为其添加模糊滤镜,然后在第13~21帧之间插入关键帧,并依次将各帧实例逐步向上移动,如图13-119所示。

图13-119 创建"数字"实例

07 在第22帧处插入关键帧，降低模糊Y值为10像素，在第24帧处插入关键帧，取消其模糊值。在第22～24帧之间创建传统补间动画。新建图层2，在第24帧处插入关键帧，如图13-120所示。

08 插入影片剪辑元件"光"，在编辑状态下，将背景颜色改为黑色。在第110帧处插入普通帧，在第19帧处插入关键帧，然后绘制一个矩形条，并为其填充由透明到白色再到透明的径向渐变颜色，并将其转换为影片剪辑元件"光1"，如图13-121所示。

图13-120 制作逐帧动画

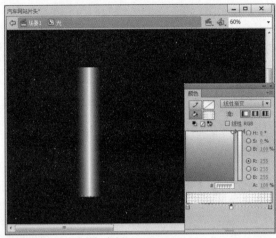

图13-121 创建"光"实例

09 利用任意变形工具将元件"光1"向右旋转，在第31帧处插入关键帧，并将其实例向左移动。在第19～31帧之间创建传统补间动画。新建图层2，在第19帧处插入关键帧，利用钢笔工具绘制一个与图片"2013.png"的外轮廓重合的区域，接着绘制2013内部的空白区域，将此区域删除，如图13-122所示。

10 将"图层2"设置为遮罩层。返回影片剪辑元件2013，选择"图层2"的第24帧，将库中元件"光"拖至舞台，双击元件"光"，进入编辑状态，调整绘制的2013，使其与影片剪辑2013相重合，如图13-123所示。

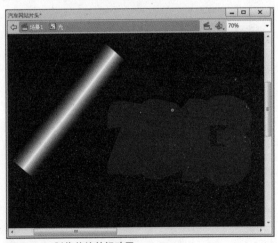

图13-122 制作传统补间动画

图13-123 创建实例

11 返回影片剪辑元件2013，新建图层3，在第24帧处插入关键帧。依次插入影片剪辑元件"白星"、"白星1"、"白星2"、"白星3"和图形元件"白星4"，最后进入图形元件"白星4"的编辑状态，如图13-124所示。

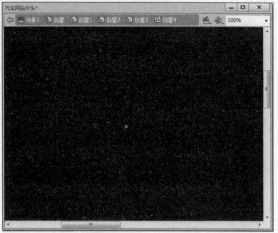

图13-124 插入影片剪辑

13 返回影片剪辑"白星3"，进入编辑状态，在第50帧处插入普通帧，将库中元件"白星4"拖至舞台，在第5～7、11～37、33、34帧处插入关键帧，在此过程中，每建一个关键帧，便挪动一下元件的位置，但幅度不宜过大，保证播放时的连贯性。如图13-126所示。

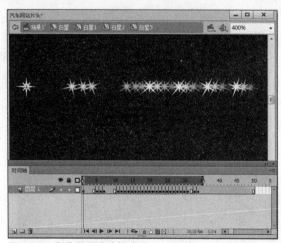

图13-126 制作星星移动的动画

12 利用钢笔工具在舞台上绘制一个笔触为无、填充色为白色的星星。新建图层2，利用椭圆工具在星星中间绘制一个椭圆，并为其填充由白色到透明的径向渐变颜色，如图13-125所示。

图13-125 绘制图形

14 在第1～34帧之间创建传统补间动画。返回影片剪辑"白星2"，进入编辑状态，将库中元件"白星3"拖至舞台。新建图层2，为第1帧添加控制影片剪辑播放的脚本，如图13-127所示。

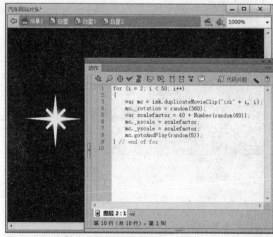

图13-127 为影片剪辑添加脚本

15 返回影片剪辑"白星1"，进入编辑状态，在第29帧处插入普通帧，将库中元件"白星2"拖至舞台。新建图层2，在第10帧处插入关键帧，将库中元件"白星2"拖至舞台，从"白星2"开始，依次将其内部元件更名为"白星5"、"白星6"和"白星7"，如图13-128所示。

16 返回影片剪辑"白星1"，进入编辑状态，选择"图层2"中的实例，设置其色彩效果为"高级"，其参数为（红：173；绿：248；蓝：230）。新建图层3，在第29帧处插入关键帧，并为其添加控制脚本"stop ();"，如图13-129所示。

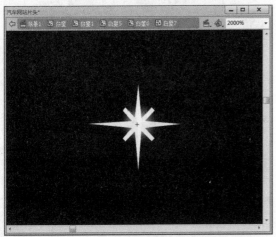

图13-128 复制并修改元件

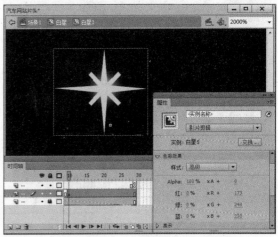

图13-129 编辑〝白星1〞

17 返回影片剪辑"白星"，进入编辑状态，在第16帧处插入关键帧，将库中元件"白星1"拖至舞台。新建"图层2"，在第16帧处插入关键帧，并为其添加控制脚本"stop ();"，如图13-130所示。

18 插入影片剪辑元件"建筑物"，在编辑状态下，新建"图层2"～"图层7"，并分别将库中图片"建筑1.png"～"建筑7.png"拖至其上。插入影片剪辑元件"陆地"，将库中图片"地面.png"拖至舞台合适位置，如图13-131所示。

图13-130 编辑〝白星〞

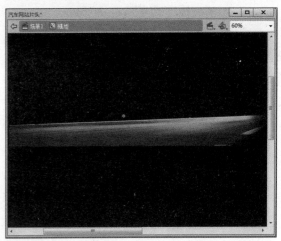

图13-131 插入元件

19 选择舞台上的实例，将其转化为影片剪辑元件"陆地1"，并设置其色彩效果为"色调"，色调参数为（色调：5%；红：50；绿：183；蓝：0）。插入按钮元件Enter1，进入编辑状态，如图13-132所示。

20 将库中图片"左右.png"拖至舞台，并将其水平翻转，在第2帧处插入空白关键帧，将库中图片"蓝左"拖至舞台，使其与第1帧的实例重合。新建"图层2"，将库中图片"Enter.png"拖至舞台合适位置，如图13-133所示。

图13-132 更改元件色调

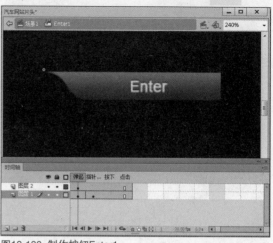

图13-133 制作按钮Enter1

21 选择库中的按钮元件Enter1，单击鼠标右键，在快捷菜单中选择"直接复制"命令，复制一个按钮元件Enter2，双击进入其编辑状态，选择"图层2"中的实例，将其水平翻转。插入影片剪辑元件"文字"，如图13-134所示。

22 选择文本工具，在"属性"面板中设置字符系列为"交通标志专用字体"，大小为20，颜色为草绿色（#99FF00），在舞台上输入文字"车行中国China Car"和"车行天下Global Car"，选中英文并更改颜色为白色，如图13-135所示。

图13-134 制作按钮Enter2

图13-135 输入文字

23 插入影片剪辑元件"车"，将库中影片剪辑元件"车1"拖至舞台，并为其添加模糊X和Y均为20像素的模糊滤镜。在第7帧处插入空白关键帧，选中第1帧，单击鼠标右键，选择"创建补间动画"命令，如图13-136所示。

24 在第4帧处插入关键帧，将"车1"向右移动，并降低模糊X和Y值为10像素。选择第7帧，将库中影片剪辑元件"车2"拖至舞台合适位置，并调整其大小，为第7帧创建补间动画，在第19帧处插入关键帧，将"车2"放大并向下移动，如图13-137所示。

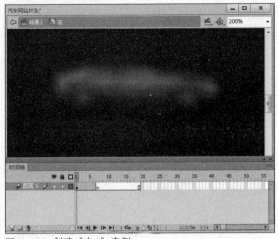

图13-136 创建"车1"实例

图13-137 创建"车2"实例

25 新建"图层2"，在第19帧处插入关键帧，将库中影片剪辑元件"光圈"拖至舞台，将其放置在汽车前挡风玻璃处。新建"图层3"，在第19帧处插入关键帧，并为其添加控制脚本"stop ();"，如图13-138所示。

26 插入影片剪辑元件"车动"，在第10帧处插入关键帧，在第11帧处插入普通帧，将库中元件"车"拖至舞台。新建"图层2"～"图层4"，复制"图层1"中的汽车实例，依次将其原位粘贴在"图层2"～"图层4"的第7、4、1帧处，如图13-139所示。

图13-138 创建"光圈"实例

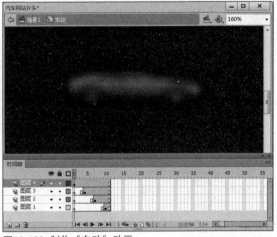

图13-139 制作"车动"动画

27 新建"图层5"，在第11帧处插入关键帧，并为其添加控制脚本"stop ();"。返回主场景，将库中影片剪辑"背景"拖至舞台，使其布满画布。新建图层2，将库中影片剪辑2013拖至舞台合适位置，如图13-140所示。

28 新建"图层3"～"图层9"，并依次将库中"建筑物"、"陆地"、"色块"、"车"、"文字"、"Enter1"和"Enter2"、"声音.mp3"分别拖曳至其上。将"图层5"移动到"图层6"的上方，如图13-141所示。

图13-140 创建图层1与图层2的实例

图13-141 创建图层3~图层9的实例

29 选择"图层8",将按钮元件Enter2水平翻转。选择"图层9"中的第1帧,设置声音同步为"事件"和"循环"。至此,完成汽车网站的制作。

30 按快捷键Ctrl+S保存该动画,并按快捷键 Ctrl+Enter对该动画进行测试,如图13-142所示。

图13-142 测试动画效果

13.7 习题

1. 选择题

（1）（ ）是通过为一个帧中的对象属性指定一个值并为另一个帧中的相同属性指定另一个值创建的动画。

A. 逐帧动画   B. 补间动画

C. 引导动画   D. 遮罩动画

（2）透过遮罩层中的对象，可以看到（ ）中的对象。

A. 被遮罩层   B. 引导层

C. 被引导层   D. 任意图层

（3）图层显示下面哪个图标时，表示已经成功建立了引导层和被引导层的连接（ ）。

A. ▦   B. ▦

C. 🔨   D. ⟡

2. 填空题

（1）引导层中的对象必须是 _____，也就是说作为路径的线条不能是组合对象，被引导层必须位于引导层的 _____。

（2）遮罩动画是 Flash 的一种基本动画方式，制作遮罩动画至少需要两个图层，即 _____ 层和 _____ 层。

（3）Banner 广告有多种表现规格和形式，其中最常用的是 _____ 的标准标志广告，这种规格曾处于支配地位。

3. 上机操作

（1）搜集两张图片，使用遮罩动画来创建图片切换效果，如图 13-143 所示。

（2）将 2 作为引导线，制作星光沿着 2 运动的引导动画，如图 13-144 所示。

图13-143 图片切换效果

图13-144 引导动画效果

网页特效的制作

Chapter
14

网页一般由文本、图片、声音和视频等元素组成，熟练使用Flash中的文本和音视频可以制作多姿多彩的动画。在Flash中，用户可以利用脚本来制作网页中的动态效果，也可以利用控制脚本控制图片、声音和视频的播放效果。

 本章重点知识预览

本章重点内容	学习时间	必会知识	重点程度
文本的创建与编辑	35分钟	各类文本的创建 文本属性的设置 文本的分离与变形	★★★
音视频文件的编辑	30分钟	音频文件的编辑 视频文件的编辑	★★★★
ActionScript3.0的应用	35分钟	ActionScript3.0基础	★★★★
动作脚本的添加	20分钟	熟悉动作面板 动作脚本的编写	★★★

本章范例文件	·无
本章习题文件	·Chapter 14\实训1　·Chapter 14\实训2

本章精彩案例预览

▲ 添加动作脚本

▲ 制作按钮特效

▲ 制作导航栏效果

14.1 文本的应用

使用文本工具可以更直观地表达作者要表达的理念，并且文本的效果也会影响作品的质量。利用文本还可以在Flash影片中添加各种文字特效，以提高Flash动画的整体效果，使动画更加丰富多彩。

14.1.1 静态文本

静态文本是指在动画制作阶段创建、在动画播放阶段不能改变的文本。静态文本是Flash动画中应用最为广泛的一种文本格式，主要应用于文字的输入与编排，起解释说明的作用，是大量信息的传播载体。

比如要输入如图14-1所示的文本，选择文本工具，然后打开"属性"面板，在"文本引擎"下拉列表中选择"传统文本"选项，在"文件类型"下拉列表中选择"静态文本"选项，如图14-2所示。接着对文字的"系列"、"样式"、"大小"等属性进行设置，最后在舞台上单击并输入文字即可。

图14-1 输入文本

图14-2 设置文本类型

14.1.2 动态文本

动态文本主要应用于数据的更新。在Flash动画中，一些需要进行动态更新的内容，以及能够被浏览者选择的文本内容用动态文本来显示。在创建动态文本区域后，需要创建一个外部文件，通过编写脚本语言，使外部文件链接到动态文本框中。

在"属性"面板中的"文本类型"下拉列表中选择"动态文本"选项，即可切换到动态文本输入状态，如图14-3所示。

在动态文本的"属性"面板中，部分选项的含义如下。

1）实例名称：为当前文本指定一个对象名称。

2）行为：当文本包含的文本内容多于一行时，在"段落"卷展栏的"行为"下拉列表中，可以选择"单行"、"多行"（自行回行）或"多行不换行"进行显示。

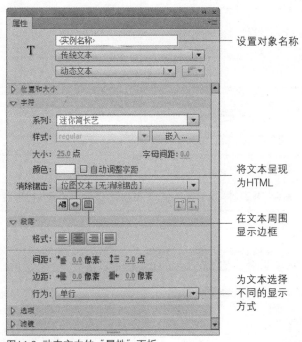

图14-3 动态文本的"属性"面板

3）将文本呈现为HTML：在"字符"卷展栏中单击"将文本呈现为HTML"按钮，可将当前的文本框内容转换为HTML内容，这样，一些简单的HTML标记就可以被Flash播放器识别并进行渲染了。

4）在文本周围显示边框：在"字符"卷展栏中单击"在文本周围显示边框"按钮，可显示文本框的边框和背景，如图14-4所示。

图14-4 有边框及背景的动态文本

14.1.3 输入文本

输入文本主要应用于交互式操作的实现，目的是让浏览者填写一些信息，以达到某种信息交互或收集的目的。例如，常见的会员注册表、搜索引擎或个人简历表等。

在"属性"面板的"文本类型"下拉列表中选择"输入文本"选项，即可切换到输入文本所对应的"属性"面板，如图14-5所示。

输入文本各种属性的设置主要是为浏览者的输入服务的。例如，当浏览者输入文字时，会按照在"属性"面板中对文字颜色、字体和字号等参数的设置来显示所输入的文字。输入文本可让用户进行直接输入，可以通过用户的输入得到特定的信息，比如用户名称和用户密码等。

图14-5 输入文本的"属性"面板

> **TIP** 密码文本属性的设置
> 在输入文本中，"行为"下拉列表中还包括"密码"选项，选择该选项后，用户输入的内容全部显示为"*"。

14.1.4 设置文本样式

字符的属性包括字体系列、磅值、样式、颜色、字母间距、自动字距微调和字符位置等。

段落的属性包括对齐、边距和间距等，如图14-6所示。用户可以根据自己的需要对所选择的文本类型作出恰当的设置。

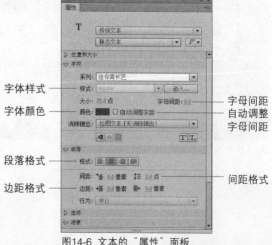

图14-6 文本的"属性"面板

14.1.5　文本的分离与变形

Flash CS6可使用两种方式编辑文本标签和文本块，一种方式是将文本作为一个整体，对其进行移动、旋转、调整或对齐等操作，另一种方式是编辑文本块中的独立文本。

1．分离文本

文字对象与一般的图形对象相同，可以进行分解和组合编辑操作。利用"分离"命令可以把文本的每一个字符置于一个独立的文本块中，经分离处理的文字将不能再按文本进行编辑。

在编辑区中输入文本内容，然后执行"修改>分离"命令，或按快捷键Ctrl+B即可实现文字分离，如图14-7和图14-8所示。

图14-7　输入文本

图14-8　分离文本

2．文本变形

在Flash CS6中，用户也可以像变形其他对象一样对文本进行变形操作。在进行动画创作的过程中，可对文本进行缩放、旋转和倾斜等操作，通过将文本转换为图形，制作出更丰富的变形文字。

1）缩放文本

在编辑文本时，除了可以在"属性"面板中设置字体的大小外，还可以使用任意变形工具或"变形"命令，整体对文本进行缩放变形。将光标置于任意一个控制节点后，当光标变为双向箭头时拖动鼠标即可，如图14-9所示。

2）旋转与倾斜

将光标放置在不同的控制点上，光标的形状也会发生变化。将光标放置在变形框4个角的控制点上，当光标变为⤾形状时，可以旋转文本块，如图14-10所示。

图14-9　缩放文本

图14-10　旋转文本

将光标放置在变形框左右两边中间的控制点上，当光标变为 ◗ 形状时，可以上下倾斜文本块；将光标放置在变形框上下两边中间的控制点上，当光标变为 ⇌ 形状时，可以左右倾斜文本块，如图14-11所示。

图14-11 倾斜文本

3. 对文本进行局部变形

在Flash CS6中，可以对文本进行局部变形操作。通过执行两次"修改>分离"命令，将文本转换为图形。然后选中需要变形的文本，通过扭曲、封套、变形文字的某个笔画、填色等操作，制作出更为丰富的文字效果。

若要对文本局部进行变形，首先选中文本，按两次快捷键Ctrl+B，将文本彻底分离出来。然后选择任意变形工具单击准备变形的文本局部，在按住Ctrl键的同时，当光标变成 ◗ 形状时，单击并拖动鼠标左键，即可对文本对象进行局部变形，如图14-12和图14-13所示。

图14-12 将文本分离为图形

图14-13 对文本进行局部变形

14.2 音视频的应用

在Flash动画的各项应用中，声音是必不可少的一部分，声音在动画中起着重要的衬托作用，声音是Flash动画的重要组成部分之一，直接关系到动画的表现力和效果。

14.2.1 设置声音的属性

可以使用库将声音添加至文档，也可以在运行时使用Sound对象的loadSound方法将声音加载至SWF文件。保存在库中的声音与位图和元件类似，只需创建声音文件的副本就可以在文档中以多种方式使用这个声音，如图14-14所示。

用户不仅可以使用声音文件，还可以通过软件对声音进行合理的编辑。

图14-14 设置声音

在时间轴中添加的声音可以通过属性检查器来对声音效果进行设置。选择声音所在图层上的帧，然后在"属性"面板的"效果"下拉列表和"同步"下拉列表中设置声音。

（1）效果

"效果"下拉列表中包含8个选项，如图14-15所示，含义分别如下。

- 无：不对声音文件应用效果。此选项将删除以前应用的效果。
- 左声道/右声道：只在左声道或右声道播放声音。
- 从左淡出/从右淡出：会将声音从一个声道切换到另一个声道。
- 淡入：随着声音的播放逐渐增加音量。
- 淡出：随着声音的播放逐渐减小音量。
- 自定义：允许使用"编辑封套"创建自定义的声音淡入和淡出点。

图14-15 设置声音属性

（2）同步

"同步"下拉列表中包含4个选项，如图14-16所示，其含义分别如下。

- 事件：Flash的默认选项，该选项会将声音和一个事件的发生过程同步起来。事件声音在显示其起始关键帧时开始播放，并独立于时间轴完整播放，即使SWF文件停止播放也会继续。当播放发布的SWF文件时，事件声音会混合在一起。如果事件声音正在播放，而声音再次被实例化（如用户再次单击按钮），则第一个声音实例继续播放，另一个声音实例同时开始播放。
- 开始："开始"与"事件"选项的功能相近，但如果声音已经在播放，使用"开始"选项则不会播放新的声音实例。

图14-16 "同步"下拉列表

- 停止：选择此项，在播放动画时会使指定的声音停止播放。
- 数据流：选择此项，Flash会强制动画和声音同步。与"事件"声音不同，"数据流"声音需要在时间轴上播放，会随着动画的停止而停止。而且，声音的播放时间不会比帧的播放时间长，如果要终止声音播放，只需要在终止的地方添加一个关键帧即可。一般在添加人物对白和需要控制背景声音播放时，会选择"数据流"。

TIP **将声音与动画同步**

若要将声音与动画同步，则需要进行相应设置，其方法为：导入声音到文档中，并在时间轴中添加声音，在声音图层要停止播放声音处插入关键帧，选择该帧，在"属性"面板中"声音"卷展栏的"名称"下拉列表中选择同一声音，在"同步"下拉列表中选择"停止"选项。这样在播放 SWF 文件时，声音会在结束关键帧处停止播放。

14.2.2 编辑导入的声音

在Flash动画中，可以定义声音的起始点，或在播放时控制声音的音量。还可以改变声音开始播放和停止播放的位置。这对于删除音频文件的无用部分、减小音频文件的大小是很有用的。

（1）裁剪声音

导入声音文件，并添加到时间轴上，单击该帧，在"属性"面板中单击 按钮，打开"编辑封套"对话框。在标尺处拖动滑条，改变声音开始播放和停止播放的位置，如图14-17所示。

（2）更改音量

在音频波段处单击添加几个封套手柄，分别调整手柄位置，控制声音播放时音量的大小。单击"确定"按钮，关闭对话框，完成对声音的编辑，如图14-18所示。

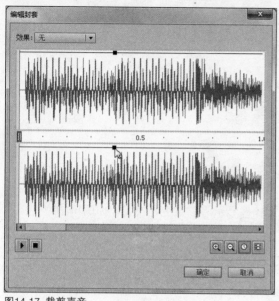

图14-17 裁剪声音

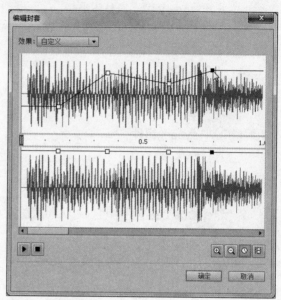

图14-18 更改音量

14.2.3 导入视频文件

选择"文件>导入>导入视频"命令，在打开的对话框中可选择导入的方式。

（1）使用播放组件加载外部视频

导入视频并创建FLVPlayback组件的实例以控制视频回放。可以将Flash文档作为SWF发布并将其上载到Web服务器时，还必须将视频文件上载到Web服务器或Flash Media Server，并按照已上载视频文件的位置配置FLVPlayback组件。

（2）在SWF中嵌入FLV并在时间轴中播放

这样导入视频时，该视频放置于时间轴中，可以看到时间轴帧所表示的各个视频帧的位置。嵌入的FLV或F4V视频文件成为Flash文档的一部分。

（3）作为捆绑在SWF中的移动设备视频导入

与在Flash文档中嵌入视频类似，将视频绑定到Flash Lite文档中以部署到移动设备。

14.2.4 处理导入的视频

在Flash中嵌入视频或加载外部视频后，可以对视频进行播放及编辑。

1. 更改视频剪辑属性

利用属性检测器可以更改舞台上嵌入的视频剪辑实例的属性，为实例分配一个实例名称，并更改此实例在舞台上的宽度、高度和位置。还可以交换视频剪辑的实例，即为视频剪辑实例分配一个不同的元件。

（1）编辑视频实例属性

在舞台上选择嵌入视频剪辑或链接视频剪辑的实例。在"属性"面板的"名称"文本框中输入实例名称。输入W和H值更改视频实例的尺寸，输入X和Y值更改实例在舞台上的位置。

（2）查看视频剪辑属性

在"库"面板中选择一个视频剪辑，在"库"面板扩展菜单中选择"属性"命令，或单击"库"面板中的"属性"按钮，打开"视频属性"对话框，在其中可查看视频的位置、像素等属性。

（3）使用FLV或F4V文件替换视频

从库中打开"视频属性"对话框。单击"导入"按钮，在打开的"打开"对话框中选择FLV或F4V文件，然后单击"打开"按钮即可替换。

（4）更新视频

在"库"面板中选择视频剪辑，单击"属性"按钮。在打开的"视频属性"对话框中单击"更新"按钮即可更新当前视频。

2．编辑FLVPlayback组件

（1）选择外观

在skin选项中单击 ✎ 按钮，打开"选择外观"对话框，可以选择外观和颜色，如图14-19所示。

（2）更改参数

在"组件参数"卷展栏中可以对组件的播放方式、控件显示等参数进行设置，如图14-20所示。

图14-19 "选择外观"对话框

图14-20 "属性"面板

14.3 ActionScript 3.0编程基础

ActionScript遵循自身的语法规则和保留关键字，并且允许使用变量存储和检索信息。ActionScript含有一个很大的内置类库，可以通过创建对象来执行任务。其结构和C、Java等高级编程语言相似，都是采用面向对象编程的思想，因此易于学习。

14.3.1 常量

常量是相对于变量而言的，它是使用指定的数据类型表示计算机内存中的值的名称。在ActionScript 应用程序运行期间只能为常量赋值一次。一旦为某个常量赋值之后，该常量的值在整个应用程序运行期间都保持不变。声明常量需要使用关键字 const，如下代码所示。

const SALES_TAX_RATE:Number = 0.12;

若需要定义在整个项目中多个位置使用且正常情况下不会更改的值，则定义常量非常有用。使用常量而不是字面值可提高代码的可读性。例如，一个用 SALES_TAX_RATE 与价格相乘。另一个则用0.12与价格相乘。使用 SALES_TAX_RATE 常量的版本较易理解。另外，假设用常量定义的值确实需要更改，在整个项目中若使用常量表示特定值，则可以在一处位置更改此值（常量声明）。相反，若使用硬编码的字面值，则必须在各个位置更改此值。

14.3.2 变量

变量可用来存储程序中使用的值。要声明变量，必须将var语句和变量名结合使用。在ActionScript 2.0中，只有当用户使用类型注释时，才需要使用var语句。在 ActionScript 3.0中，var语句不能省略使用。比如要声明一个名为a的变量，ActionScript代码的格式为：

var a;

若在声明变量时省略了 var 语句，则在严格模式下会出现编译器警告，在标准模式下会出现运行错误。若未定义变量y，则下面的代码行将产生错误：

a; // error if a was not previously defined

在 ActionScript 3.0 中，一个变量实际上包含3个不同部分。

1）变量的名称。

2）可以存储在变量中的数据类型，如String（文本型）、Boolean（布尔型）等。

3）存储在计算机内存中的实际值。

要将变量与一个数据类型相关联，则必须在声明变量时进行此操作。在声明变量时不指定变量的类型是合法的，但这在严格模式下会产生编译器警告。可通过在变量名后面追加一个后跟变量类型的冒号（：）来指定变量类型。如下面的代码声明一个int类型的变量a：

var a : int;

可以使用赋值运算符 （=） 为变量赋值。例如，下面的代码声明一个变量y并将值20赋给它：

var a:int;

a = 20;

用户可能会发现在声明变量的同时为变量赋值可能更加方便，如下面的代码所示：

var a:int = 20;

通常，在声明变量的同时为变量赋值的方法不仅在赋予基元值（如整数和字符串）时很常用，而且在创建数组或实例化类的实例时也很常用。下面的示例显示了一个使用一行代码声明和赋值的数组。

var numArray:Array = ["one", "two","three"];

可以使用new运算符来创建类的实例。下面的示例创建一个名为 CustomClass的实例，并向名为customItem的变量赋予对该实例的引用：

var customItem:CustomClass = new CustomClass();

如果要声明多个变量，则可以使用逗号运算符（,）来分隔变量，从而在一行代码中声明所有这些变量。如下面的代码在一行代码中声明3个变量：

var a:int, b:int, c:int;

也可以在同一行代码中为其中的每个变量赋值。如下面的代码声明3个变量（x、y和z）并为每个变量赋值：

var x:int = 15, y:int = 18, z:int = 36;

14.3.3 关键字

在ActionScript中有很多的关键字，例如this、throw、to、true、try、typeof、use、var、void、while等，下面介绍常用的几种。

关键字：typeof——返回对象的类型

例：trace（typeof 100）;输出number。

关键字：var——定义变量

Var a: int = 100;声明一个int变量，并赋值为100。

关键字：const——定义常量。

Const a:Number = 10;定义变量数值。

14.3.4 运算符

运算符是一种特殊的函数，它们具有一个或多个操作数并返回相应的值。

1．运算符的操作数

操作数是运算符用作输入的值（通常为字面值、变量或表达式）。在下面的代码中，将加法运算符（+）和乘法运算符（*）与3个字面值操作数（2、3和4）结合使用来返回一个值。赋值运算符（=）随后使用此值将返回值14赋给变量sumNumber。

Var sumNumber: uint=2+3*4; //unit=14

运算符可以是一元、二元或三元的。一元运算符采用一个操作数。例如，递增运算符（++）就是一元运算符，因为它只有一个操作数。二元运算符采用两个操作数。例如，除法运算符（/）有两个操作数。三元运算符有3个操作数。例如，条件运算符（？：）有3个操作数。

2．运算符的优先级和结合律

运算符的优先级和结合律决定了处理运算符的顺序。虽然对于熟悉算术的人来说，编译器先处理乘法运算符（*）后处理加法运算符（+）是自然而然的事情，但编译器需要明确先处理哪些运算符。此类指令统称为运算符优先级。ActionScript定义了一个默认的运算符优先级，可以使用小括号运算符（()）来改变它的优先级。如下面的代码改变上一个实例中的默认优先级，以强制编译器优先处理加法运算符，然后再处理乘法运算符：

Var sumNumber: uint=（2+3）*4; //unit=20

同一个表达式中出现两个或多个具有相同优先级的运算符。在这种情况下，编译器使用结合律的规则确定首先处理哪个运算符。除了赋值运算符和条件运算符（？：）之外，所有二进制运算符都是左结合的，也就是说，先处理左边的运算符然后再处理右边的运算符。而赋值运算符和条件运算符（？：）是右结合的。

如小于运算符（<）和大于运算符（>）具有相同的优先级，将这两个运算符用于同一个表达式中，因为这两个运算符都是左结合的，所以首先处理左边的运算符。因此以下两个语句将生成相同的输出结果：

trace（3>2<1）; // false

trace（（3>2）<1）; // false

表14-1按优先级递减的顺序列出了ActionScript 3.0中的运算符。其中每一行中包含的运算符优先级相同，表中每一行运算符的优先级都高于其下面行中的运算符。

表14-1 ActionScript 3.0中的运算符

组 合	运 算 符
主要	[] {x:y} () f(x) new x.y x[y] <></> @ :: ..
后缀	x++ x--
一元	++x --x + - ~ ! 删除 typeof 无效
乘性	* / %
加性	+ -
按位移动	<< >> >>>
关系	< > <= >=
等于	== != === !==
按位AND	&
按位XOR	^
按位OR	|
逻辑AND	&&
逻辑OR	||
条件	?:
赋值	= *= /= %= += -= <<= >>= >>>= &= ^= |=
逗号	,

为了更好地了解各运算符的含义，下面将分别对其进行说明，如表14-2～14-9所示。

表14-2 主要运算符

运算符	执行的运算
[]	初始化数组
{x:y}	初始化对象
()	对表达式进行分组
f(x)	调用函数
new	调用构造函数
x.y x[y]	访问属性
<></>	初始化XMLList对象
@	访问属性（E4X）
::	限定名称（E4X）
..	访问子级XML元素

表14-3 一元运算符

运算符	执行的运算
++	递增（前缀）
−−	递减（前缀）
+	一元 +
−	一元 −（非）
!	逻辑NOT
~	按位NOT
delete	删除属性
typeof	返回类型信息
void	返回未定义值

表14-4 后缀运算符

运算符	执行的运算
++	递增（后缀）
−−	递减（后缀）

表14-5 加性运算符

运算符	执行的运算
+	加法
−	减法

表14-6 乘性运算符

运算符	执行的运算
*	乘法
/	除法
%	求模

表14-7 按位移动运算符

运算符	执行的运算
<<	按位左移位
>>	按位右移位
>>>	按位无符号右移位

表14-8 关系运算符

运算符	执行的运算
<	小于
>	大于
<=	小于或等于
>=	大于或等于
as	检查数据类型
in	检查对象属性
is	检查数据类型
instanceof	检查原型链

表14-9 赋值运算符

运算符	执行的运算
=	赋值运算符
*=	乘法赋值
/=	除法赋值
%=	求模赋值
+=	加法赋值
−=	减法赋值
《=	按位左移位赋值
》=	按位右移位赋值

14.4　ActionScript 3.0 语法基础

ActionScript 3.0既包含 ActionScript核心语言，同时也包含了Adobe Flash Player应用程序编程接口（API）。核心语言是定义语言语法以及顶级数据类型的 ActionScript部分。

下面将简要介绍ActionScript 3.0的语法基础，让用户充分了解在编写可执行代码时必须遵循的语法规则。

14.4.1　点

点运算符（.）提供对对象的属性和方法的访问功能。使用点语法，可以使用在如下代码中创建的实例名来访问prop1属性和method1()方法：

var myDotEx:DotExample = new DotExample();

myDotEx.prop1 = ”hello”;

myDotEx.method();

14.4.2　注释

ActionScript 3.0代码支持两种类型的注释，即单行注释和多行注释。

单行注释以两个正斜杠字符（//）开头并持续到该行的末尾。如下面的代码包含一个单行注释：

Var someNumber:Number = 3; // a single line comment

多行注释以一个正斜杠和一个星号（/*）开头，以一个星号和一个正斜杠（*/）结尾。如下面的代码包含一个条行注释：

/* This is multiline comment that can span

More than one line of code.*/

14.4.3　分号

可以使用分号字符（;）来终止语句。如果省略分号字符，则编译器将假设每一行代码代表一条语句。由于很多程序员都习惯使用分号来表示语句结束，因此，如果坚持使用分号来终止语句，则代码会更易于阅读。

14.4.4　大括号

在ActionScript语句中大括号（｛｝）用来分块，如下面所示：

on(release){

_root.mc.Play();

14.4.5　小括号

在 ActionScript 3.0中，可以通过如下3种方式使用小括号（()）。

（1）使用小括号来更改表达式中的运算顺序，如下所示：

trace（2+3*4）; // 14

trace（（2+3）*4）; // 20

（2）结合使用小括号和逗号运算符（,）来计算一系列表达式并返回最后一个表达式的结果，如下所示：

Var a:int = 2

Var a:int = 3

trace（（a++,b++,a+b）*4））；// 7

（3）使用小括号来向函数或方法传递一个或多个参数，此示例向trace()函数传递一个字符串值，如下所示：

Trace（"hello"）; // hello

14.5 使用动作脚本

在Flash中，如果要使用动画中的关键帧、按钮、动画片段等具有交互性的特殊效果，就必须为其添加相应的脚本语言。这里的脚本语言是指实现某一具体功能的命令语句或实现一系列功能的命令语句组合。在Flash中，脚本语言是通过"动作"面板实现的。

14.5.1 "动作"面板

在Flash CS6中，选择"窗口>动作"命令，或按下F9快捷键，即可打开"动作"面板，如图14-21所示。

"动作"面板由动作工具箱、脚本导航器和脚本窗口3个部分组成，各部分的功能分别如下。

1）动作工具箱：动作工具箱位于"动作"面板左上方，可以按照下拉列表中所选不同的ActionScript版本类别显示不同的脚本命令，如图14-22所示。

图14-21 "动作"面板

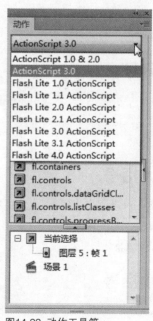

图14-22 动作工具箱

2）脚本导航器：脚本导航器位于"动作"面板的左下方，其中列出了当前选中对象的具体信息，如名称、位置等。通过脚本导航器可以快速地在Flash文档中的脚本间导航，如图14-23所示。

3）脚本窗口：脚本窗口可以创建导入应用程序的外部脚本文件。脚本可以是ActionScript、Flash Communication或Flash JavaScript文件，如图14-24所示。

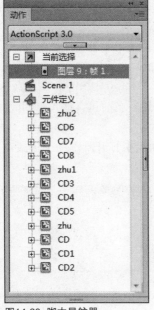

图14-23 脚本导航器

图14-24 脚本窗口

14.5.2 动作脚本的使用

在脚本窗口上方可以看到一排按钮工具，这些按钮在输入脚本语句之后即激活，各按钮的功能分别如下。

1）"将新项目添加到脚本中"按钮 ⏚：单击该按钮，在弹出的菜单中显示需要添加的脚本命令，如图14-25所示，选择相应的命令，即可将脚本添加到脚本窗口中。

2）"查找"按钮 ⌕：单击该按钮，打开"查找和替换"对话框，如图14-26所示，在此可以查找或替换脚本中的文本或者字符串。

图14-25 ⏚ 按钮的下拉列表

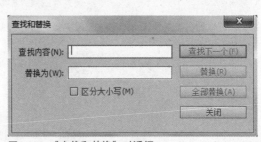

图14-26 "查找和替换"对话框

3）"插入目标路径"按钮 ⊕：单击该按钮，打开"插入目标路径"对话框，如图14-27所示。在此可为脚本中的某个动作设置绝对或相对路径。

4）"语法检查"按钮 ✔：单击该按钮，检查当前脚本中的语法错误。如果出现错误，将自动打开"编译器错误"面板，在该面板中显示错误报告。

5）"自动套用格式"按钮 ☰：单击该按钮，可以实现编码语法的正确性和可读性，在"首选参数"对话框中可设置自动套用格式首选参数。

6）"显示代码提示"按钮 <img> ：单击该按钮，可显示或关闭自动代码提示，显示正在处理的代码提示。

7）"调试选项"按钮 <img> ：单击该按钮，即可在打开的下拉菜单中设置或删除断点，以便在调试时可以逐行执行脚本。调试选项只适用于ActionScript文件，Flash Communication或Flash JavaScript文件不能使用此选项。

8）"折叠成对大括号"按钮 <img> ：单击该按钮，可以对出现在当前包含插入点的成对大括号或小括号间的代码进行折叠。

9）"脚本助手"按钮 <img> ：单击该按钮，将在"动作"面板中打开脚本助手模式，如图14-28所示，在脚本助手模式下创建脚本所需的元素。

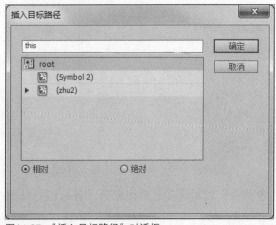

图14-27 "插入目标路径"对话框

图14-28 脚本助手模式

14.6 上机实训

在网站动画中，浏览者通常可以通过单击按钮来控制图片的切换，这种交互式的动画都是通过脚本实现的。下面将通过两个实例来介绍如何为 Flash 动画添加控制脚本。

实 训 1 | 网站导航菜单 实训目的：能够熟练运用绘图工具和文本工具制作菜单元素，并利用控制脚本控制菜单的展开和收回，效果如图14-29所示。

◎ 实训要点：(1) 绘制矢量图形; (2) 输入和编辑文字; (3) 为各元素添加控制脚本

图14-29 按钮特效

01 新建一个Flash文档，将文档尺寸设置为480×400像素，背景颜色为黑色，帧频为12，其他设置保持默认不变。将文档命名为"网站导航菜单.fla"，如图14-30所示。

02 选择"文件>导入>导入到库"命令，打开"导入到库"对话框，将素材文件夹里所需素材依次导入到库中。选择导入的文件s5并右击，选择"属性"命令，定义其类为s5，如图14-31所示。

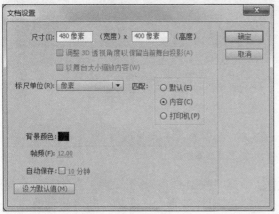

图14-30 "文档设置"对话框

图14-31 "导入到库"对话框

03 选择"插入>新建元件"命令，打开"创建新元件"对话框，在"名称"文本框中输入CD，选择"类型"下拉列表中"影片剪辑"选项，单击"确定"按钮，如图14-32所示。

04 利用矩形工具绘制一个矩形，并为其填充由黄色（#CC9900）到白色的线性渐变颜色，在"属性"面板中设置矩形大小为250×25，如图14-33所示。

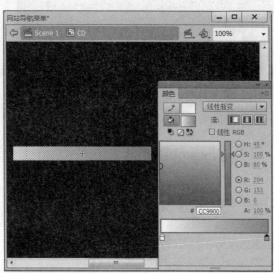

图14-33 绘制矩形条

图14-32 "创建新元件"对话框

05 将矩形转换为图形元件"补间1"，在第10、20帧处插入关键帧，将第10帧处的矩形条向左平移。在第1～20帧间创建传统补间动画。分别为第1、10、20帧添加控制脚本"stop();"，如图14-34所示。

06 新建"图层2"，绘制一个矩形，设置其尺寸为100×25，移动其位置，使之覆盖在图层1中矩形的左侧。选择"图层2"，在右键快捷菜单中选择"遮罩层"命令，如图14-35所示。

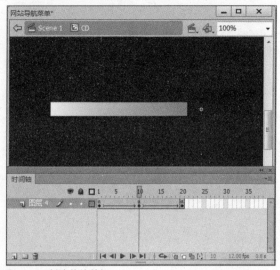

图14-34 创建传统补间

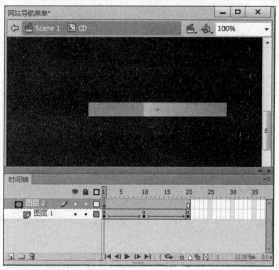

图14-35 创建遮罩动画

07 新建"图层3"，选择文本工具，在"属性"面板中设置其字符大小为16，颜色为赭石（#993300），接着在矩形框内输入文字"朋友靓照"，如图14-36所示。

08 新建"图层4"，利用矩形工具绘制一个与舞台上的矩形框重合的矩形，并将其转换为按钮元件"元件1"，进入其编辑状态，在第4帧处插入关键帧，如图14-37所示。

图14-36 输入文字

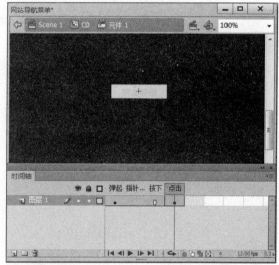

图14-37 编辑"元件1"

09 更改第4帧处矩形的颜色为黄色（#DFC741），删除边线。选择第1帧，删除该帧处的实例。用同样的方法新建影片剪辑 CD1~CD7，其文本内容依次为"好图转载"、"白采靓照"、"心情日记"、"好文转载"、"自娱自乐"、"自我介绍"、"知己评语"、"我的朋友圈"，如图14-38所示。

10 新建影片剪辑元件并命名为zhu，在第10帧处插入普通帧。绘制一个描边为无、填充色为黄色（#DFC741）的圆角矩形，复制此矩形，向右下方移动稍许，并更改其颜色为淡黄色（#F9F0AD），分别在矩形的四角位置绘制4个黄色小圆，如图14-39所示。

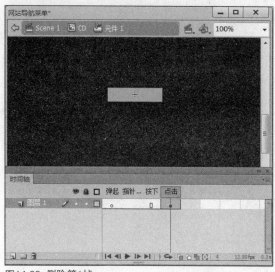

图14-38 删除第1帧

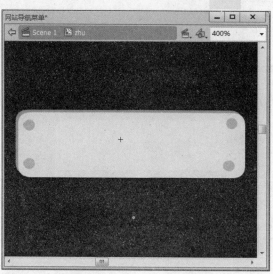

图14-39 绘制圆角矩形

11 新建"图层2"，选择文本工具，在"属性"面板中设置字符大小为18，颜色为紫色（#993399），接着在圆角矩形内输入文字"白采相册"。新建图层3，利用钢笔工具绘制一个描边为无、填充色为黄色的旋转符号，如图14-40所示。

12 将绘制的旋转符号转换为图形元件并命名为"旋转"，在第10帧处插入关键帧，将舞台上的实例旋转，在第1～10帧之间创建传统补间动画。新建"图层4"，将按钮元件"元件1"拖至舞台，使其覆盖住图层1中的矩形，如图14-41所示。

图14-40 输入文字

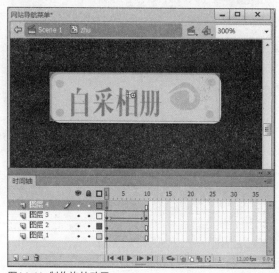

图14-41 制作旋转动画

13 新建"图层5"，在第10帧处插入关键帧，分别在第1、10帧处添加控制脚本"stop();"。新建图层6，在第2帧处插入关键帧，将库中影片剪辑CD拖至舞台，使其与按钮"元件1"重合，如图14-42所示。

14 将"图层6"移至最底层，在第5帧处插入关键帧，将此帧处的实例向下移动直至被覆盖的部分全部露出，在第2～5帧间创建传统补间动画。在"图层6"的下方新建"图层7"。用同样的方法，在图层7上制作影片剪辑CD1在第5～8帧间的传统补间动画，如图14-43所示。

图14-42 将CD拖至舞台

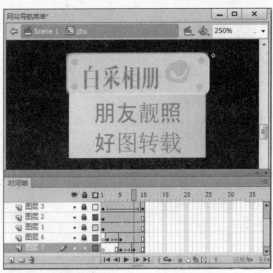

图14-43 制作菜单动画

15 在"图层7"下方新建"图层8"，参照"图层7"，在其上制作影片剪辑CD2在第8~10帧之间的传统补间动画。在最上方新建"图层9"，选择第1帧，为其添加相应控制脚本，如图14-44所示。

16 用相同的方法创建影片剪辑元件并命名为zhu1、zhu2。在影片剪辑zhu2的编辑状态下，在"图层1"上编辑绘制的圆角矩形，使上边线向上拱起，如图14-45所示。返回主场景，将库中图片"背景.jpg"拖至舞台合适位置。

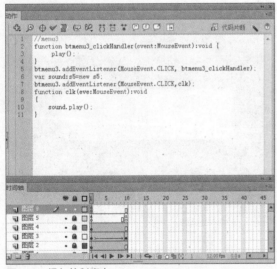

图14-44 添加控制脚本

图14-45 制作影片剪辑zhu2

17 新建图形元件并命名为Symbol 1，在舞台上绘制流星图案。新建影片剪辑元件并命名为Symbol 2，将库中元件Symbol 1拖至舞台，如图14-46所示。

18 在第85帧处插入关键帧，将该帧处的实例向左下方移动一段距离。在第1~85帧之间创建传统补间动画，如图14-47所示。

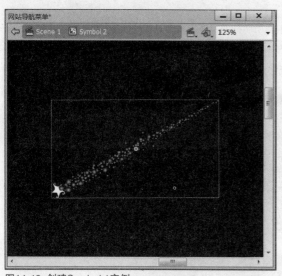

图14-46 创建Symbol 1实例

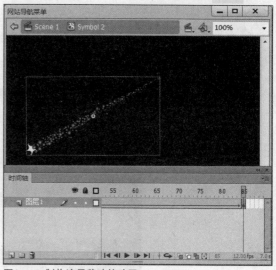

图14-47 制作流星移动的动画

19 返回主场景，新建"图层2"~"图层7"，分别在各层上将库中影片剪辑元件Symbol 2拖至舞台右上角的不同位置，并使其超出舞台范围。新建"图层8"，将库中影片剪辑元件zhu2拖至舞台右上方位置，如图14-48所示。

20 新建"图层9"，将库中声音文件"流星雨.mp3"拖至舞台。至此，完成"网站导航菜单"的制作。最后按快捷键Ctrl+S保存该动画，按快捷键Ctrl+Enter对该动画进行测试，如图14-49所示。

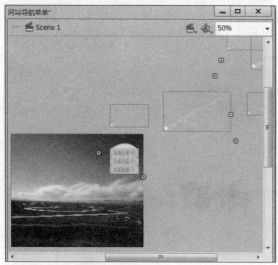

图14-48 将元件拖至各层上

图14-49 测试动画效果

实训2 | 网站切换按钮　实训目的：能够熟练运用本章所学的知识制作出网站切换按钮动画，掌握通过添加脚本实现用按钮切换图片的效果，如图14-50所示。

◎ 实训要点：（1）绘制各种按钮元素；（2）制作各种按钮元件；（3）添加控制脚本

图14-50　最终效果

实训步骤：

01 新建一个Flash文档，采用默认的文档设置。选择"文件>导入到库"命令，打开"导入到库"对话框，将所需素材导入到库中，如图14-51所示。

02 新建按钮元件并命名为b1，使用文本工具在舞台上输入文字HOME，将其选中，设置颜色为灰色（#666666），如图14-52所示。

图14-51　"导入到库"对话框

图14-52　输入文字HOME

03 在第2帧处插入关键帧，选中文字HOME，将其颜色改为红色（#FF0000）。选中库中的按钮b1，右击并选择"直接复制"命令，复制一个名为b2的按钮元件，如图14-53所示。

04 进入按钮b2的编辑状态，分别将第1、2帧处的实例HOME改为BULLETIN。使用相同的方法创建按钮b3、b4，其实例分别为BOARD、CONTACT US，如图14-54所示。

图14-53 编辑实例HOME

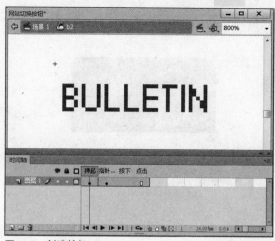

图14-54 创建按钮b2~b4

05 插入一个按钮元件并命名为menu1，利用钢笔工具绘制一个封闭的按钮形状，并为其填充由淡绿（#2CC258）到深绿（#247D51）的线性渐变颜色，如图14-55所示。

06 新建"图层2"，利用文本工具在按钮内输入文字"关于我们"，将文字选中，在"属性"面板中设置字符系列为宋体，大小为12，颜色为白色，如图14-56所示。

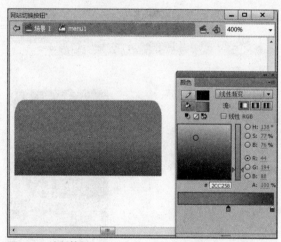

图14-55 绘制按钮

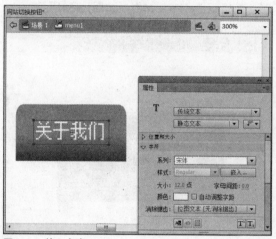

图14-56 输入文字

07 在第2帧处插入关键帧，选中舞台上的文字实例，将其颜色更改为红色（#FF0000）。在第3帧处插入关键帧，选中文字实例，将其放大，如图14-57所示。

08 用同样的方法创建按钮元件menu2~menu6，其文字实例的内容依次为"产品与服务"、"新闻中心"、"下载中心"、"会员服务"、"客服中心"，如图14-58所示。

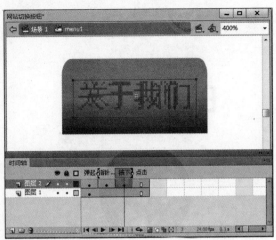

图14-57 编辑各帧处的文字

图14-58 创建按钮menu2~menu6

09 插入一个影片剪辑元件并命名为pic1，在其编辑状态下，将库中图片"pic1.jpg"拖至舞台。采用相同的方法，创建影片剪辑元件pic2~pic6，并依次将图片pic2.jpg~pic6.jpg拖至影片剪辑元件pic2~pic6内，如图14-59所示。

10 插入一个图形元件并命名为"圆"，进入其编辑状态，利用椭圆工具绘制一个描边为无、填充色为黄绿色（#8DD900）的正圆，如图14-60所示。

图14-59 创建影片剪辑pic2~pic6

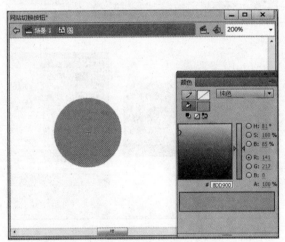

图14-60 绘制一个正圆

11 插入一个图形元件并命名为"灰边"，在其编辑状态下，选择椭圆工具，在"属性"面板中设置其笔触颜色为灰色（#999999），笔触为5，填充色为无。接着在舞台上绘制一个70×70的正圆，如图14-61所示。

12 插入一个图形元件并命名为"背景1_边框小圆图"，在编辑状态下依次将库中图片"pic1.jpg"和元件"灰边"拖至舞台，将图片缩小。选中所有实例，按快捷键Ctrl+B将其打散并删除灰边外的多余部分，如图14-62所示。

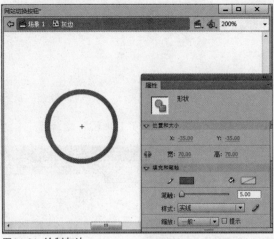

图14-61 绘制灰边

图14-62 制作边框小圆

13 采用同样的方法，创建图形元件并命名为"背景2_边框小圆"～"背景6_边框小圆"，依次将图片pic2.jpg~pic6.jpg拖入各元件内，制作边框小圆，如图14-63所示。

14 插入一个按钮元件并命名为Button1，在其编辑状态下，将库中元件"圆"拖至舞台中心，在第4帧处插入关键帧。在第2帧处插入关键帧，将库中元件"背景1_边框小圆图"拖至舞台中心，如图14-64所示。

图14-63 制作其他边框小圆

图14-64 制作按钮Button1

15 采用相同的方法，创建按钮元件Button2~Button6，并依次将库中元件"背景2_边框小圆"～"背景6_边框小圆"拖至各按钮元件内的第2帧处，如图14-65所示。插入一个影片剪辑元件并命名为"按钮"，进入其编辑状态。

16 将"图层1"重命名为cmd1，将库中按钮元件Button1拖至舞台，在第10帧处插入关键帧，将Button1向左移动一段距离，在第1~10帧之间创建传统补间动画，如图14-66所示。

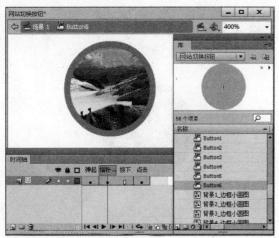

图14-65 制作按钮Button2~Button6

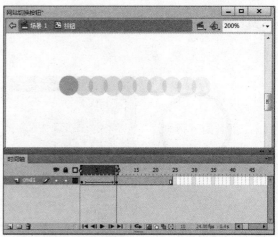

图14-66 制作Button1的动画

17 在第24帧处插入普通帧。新建图层并命名为cmd2~cmd6，参照图层cmd1中动画的制作方法，在图层cmd2~cmd6中依次制作第5~12、8~15、11~18、14~21、17~24帧的动画，新建图层7，如图14-67所示。

18 在第24帧处插入关键帧，并为其添加控制脚本"stop();"。插入一个影片剪辑元件并命名为"菜单栏"，在其编辑状态下，利用矩形工具绘制矩形，并填充由白色到绿色（#3A9E54）的线性渐变，如图14-68所示。

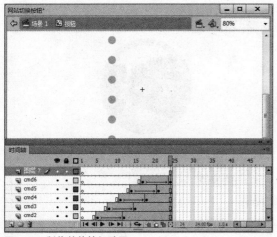

图14-67 制作其他按钮动画

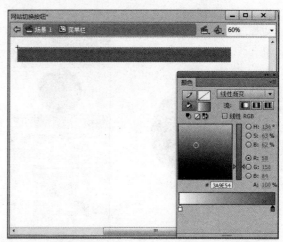

图14-68 绘制菜单栏图形

19 将库中图片"背景.jpg"拖至舞台合适位置，调整其大小，使其布满整个舞台。新建"图层2"，将库中元件"菜单栏"拖至舞台上方，使其横跨整个舞台，如图14-69所示。

20 依次将库中按钮b1、b2、b3、b4由左向右拖至舞台右上角位置。新建"图层3"，依次将库中按钮menu1~menu6由左向右拖至舞台中的菜单栏上，如图14-70所示。

图14-69 创建"菜单栏"实例

图14-70 创建菜单按钮实例

21 新建"图层4"，将库中影片剪辑元件"按钮"拖至舞台右侧合适位置，使其超出舞台范围。新建"图层5"，在第25～30帧处插入关键帧，如图14-71所示。

22 将库中影片剪辑元件pic1～pic6依次拖至图层5的第25～30帧上，调整各帧处的实例，保证各实例图片在舞台上同等大小且位置相同。复制第25帧，将其粘贴在第1帧上，如图14-72所示。

图14-71 将影片剪辑"按钮"拖至舞台

图14-72 将pic1～pic6拖至舞台

23 新建"图层6"，在第25帧处插入关键帧，选择该帧，按下F9键打开"动作"面板，在脚本编辑区域输入控制图片播放的代码，如图14-73所示。

24 新建"图层7"，将库中声音"背景音乐.mp3"拖至舞台，设置声音同步为"事件"和"循环"。最后保存该动画并对该动画进行测试，如图14-74所示。

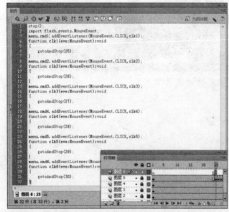

图14-73 添加控制脚本

图14-74 测试动画效果

14.7 习题

1. 选择题

（1）下列选项中不属于传统文本的是（ ）。

A. 静态文本   B. 动态文本

C. 输入文本   D. TLF 文本

（2）在 Flash 中，利用（ ）组件可以控制视频播放。

A. RadioButton   B. FLVPlayback

C. BufferingBar   D. CaptionButton

（3）在 Flash 中，脚本语言是通过（ ）实现的。

A. "属性" 面板   B. "信息" 面板

C. "动作" 面板   D. "库" 面板

2. 填空题

（1）应用 "调整颜色" 滤镜，可以很好地控制所选对象的颜色属性，其中包括 _____、_____、_____ 和 _____。

（2）如果视频不是FLV或F4V格式，可以使用_____以适当的格式对视频进行编码。

（3）使用 Flash CS6 制作交互动画时，可以通过 3 种方式触发事件，即 _____、_____ 和 _____。

3. 上机操作

（1）利用绘图工具、文本工具绘制按钮形状等元素，创建一系列按钮元件，添加控制按钮和声音的脚本，如图 14-75 所示。

（2）根据本章所学知识，发挥自己的想象和创意，设计制作一个利用按钮控制图片播放的动画，如图 14-76 所示。

图14-75 按钮控制效果

图14-76 图片播放动画效果

综合案例——
制作科技公司网站

随着互联网科技的发展，大多数公司都有自己的网站。网站就像是公司的网络名片，是企业在互联网上的标志，通过企业网站不仅能够很好地宣传公司的形象，还可以通过网络宣传产品和服务，帮助公司提升产品的销售业绩，促使企业与用户及其他企业建立实时互动的信息交换，最终实现企业经营管理全面信息化。

本章重点知识预览

本章重点内容	学习时间	必会知识	重点程度
规划和建立站点	25分钟	建立站点 站点管理	★★
利用div+css制作网站页面	45分钟	插入div标签与创建css样式 创建模板并利用模板制作网页	★★★★
网站的测试与上传	20分钟	网站测试 上传网页	★★★

本章范例文件	·Chapter 15\index.html等
本章习题文件	·无

本章精彩案例预览

▲ 动作脚本的添加

▲ 按钮特效的制作

▲ 导航栏效果的制作

15.1 网站的规划与制作

网站制作一般是指网站页面结构定位、合理布局、图片文字处理、程序设计、数据库设计等一系列工作的总和。网页设计、网站架构、代码编写不仅仅是复制粘贴的过程，网站制作要突出个性，注重浏览者的综合感受，令其在众多的网站中脱颖而出。

一个公司的网站，不仅体现了公司的形象，也包含了公司的理念及文化背景。本章将通过具体案例详细介绍网站的制作方法。

15.1.1 规划和建立站点

在制作网站之前，需要先规划好站点。网站是多个网页的集合，包括一个首页和若干个分页。为了达到最佳效果，在创建任何Web站点页面之前，要对站点的结构进行设计和规划，要综合考虑需要创建多少页、每页上显示什么内容、页面布局的外观以及各页如何互相连接等。本例的站点结构如图15-1所示。

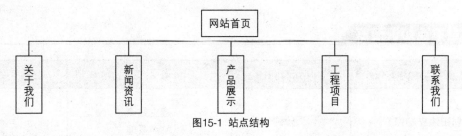

图15-1 站点结构

制作一个能够被大家浏览的网站，首先需要在本地磁盘上制作这个网站，然后把该网站传到互联网的Web服务器上。放置在本地磁盘上的网站被称为本地站点，位于互联网Web服务器里的网站被称为远程站点。

建立本地站点的步骤如下。

01 启动Dreamweaver CS6，选择"站点>新建站点"命令，如图15-2所示。

02 弹出"站点设置对象"对话框，输入站点名称及保存路径，单击"保存"按钮，如图15-3所示。

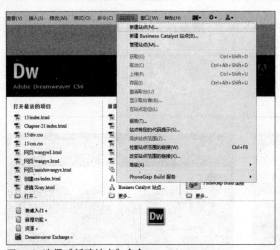

图15-2 选择"新建站点"命令

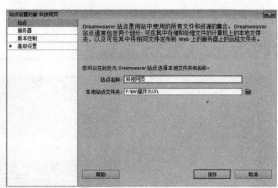

图15-3 "站点设置对象"对话框

03 此时在"文件"面板中可以看到新建成的站点，如图15-4所示。

图15-4 建立站点

15.1.2 页面结构分析

下面以"徐州力行科技有限公司"网站为例进行制作。首先在Photoshop中设计完成网站的页面效果图，如图15-5所示。

在开始制作之前，先对效果图进行分析，对页面的各个区块进行划分。从图中可以看出整个页面分为顶部区域、主体部分和底部，其中主体部分又分为左右两列，整体框架结构图如图15-6所示。

图15-5 网站效果图

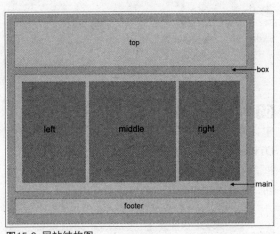

图15-6 网站结构图

15.1.3 制作网站首页

对网页结构进行分析后，便可以开始制作网页了。首先制作网站的首页，网站首页一般包括如下内容：网站标题、导航栏、网站主题介绍以及footer等。常见的网页布局有"国"字型、"匡"字型、"川"字型、封面型等。制作网站首页的具体步骤如下。

01 新建网页文档，另存为index.html，然后新建两个CSS文件，分别保存为css.css和div.css，如图15-7所示。

02 在"CSS样式"面板中单击面板底部的"附加样式表"按钮，弹出"链接外部样式表"对话框，将新建的外部样式表文件css.css和div.css链接到页面中，如图15-8所示。

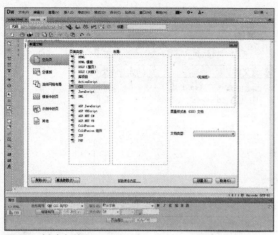

图15-7　新建文件

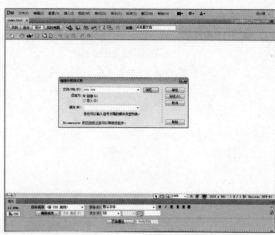

图15-8　链接外部样式表

03 切换到css.css文件，创建一个名为*和body的标签CSS规则，然后创建链接的CSS规则，如图15-9所示。

```
*{
margin:0px;
boder:0px;
padding:0px;
}
body {
font-family: "宋体";
font-size: 12px;
color: #000;
}
```

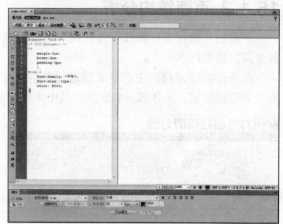

图15-9　创建css规则

04 切换到"设计"视图，将光标置于页面视图中，单击"插入"面板中的"插入>布局>插入Div标签"按钮，弹出"插入Div标签"对话框，在ID文本框中输入box，单击"确定"按钮，如图15-10所示。

05 页面中已插入名为box的Div，切换到div.css文件，创建一个#box的CSS规则，如图15-11所示。

```
#box {
width: 980px;
margin:auto;
}
```

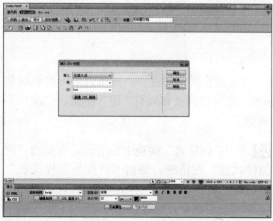

图15-10　插入Div标签

图15-11　创建css规则

06 将光标移至名为box的Div中，将多余的文本内容删除，然后单击"插入"面板中的"插入>布局>插入Div标签"按钮，弹出"插入Div标签"对话框，在"插入"下拉列表中选择"在开始标签之后"，在标签选择器中选择"<div id="box">"，在ID文本框中输入top，然后单击"确定"按钮，如图15-12所示。

图15-12 插入Div标签

08 切换到div.css文件，分别创建两个名为#top1和#top2的css规则，如图15-14所示。

```
#top1 {
height:45px;
float:left;
width:500px;
margin-top:10px;
margin-left:5px;
}
#top2 {
float:right;
margin-top:10px;
margin-right:20px;
}
```

09 切换到"设计"视图，删除top1的Div中的文本，选择"插入>图像"命令，插入图像素材，如图15-15所示。

07 切换到div.css文件中，创建名为#top的css规则，如图15-13所示。使用相同的方法，在top的Div中分别插入top1和top2的Div标签。

```
#top {
width:980px;
}
```

图15-13 创建css规则

图15-14 创建css规则

图15-15 插入素材

10 将光标定位在top2的Div中，删除多余文本，添加新的文本内容，如图15-16所示。

```
#top3 {
width:980px;
height:31px;
background-image:url(images/2.jpg);
float:left;
font-family:" 黑体 ";
color:#FFF;
font-size:16px;
text-align:center;
margin-top:5px;
}
```

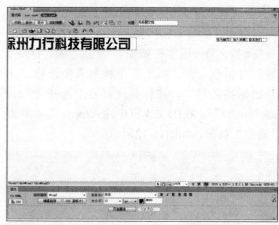

图15-16 输入文本

11 在名为top2的Div标签后插入top3的Div标签，然后切换到div.css文件，创建名为#top3的css规则，如图15-17所示。

图15-17 创建css规则

12 切换到"拆分"视图，在<div id="top3">与</div>标签之间添加代码，如图15-18所示。

```
<ul>
<li>网站首页 </li>
<li>关于我们 </li>
<li>新闻资讯 </li>
<li>产品展示 </li>
<li>工程项目 </li>
<li>联系我们 </li>
</ul>
```

图15-18 添加代码

13 切换到div.css文件，创建名为#top3 ul li的css规则，如图15-19所示。

```
#top3 ul li {
text-align:center;
float:left;
list-style-type:none;
height:25px;
width:100px;
margin-top:5px;
margin-left:50px;
}
```

图15-19 创建css规则

14 在top3的Div标签后插入名为top4的Div标签，切换到div.css文件，创建一个名为#top4的css规则，如图15-20所示。

```
#top4{
width:980px;
height:272px;
float:left;
}
```

15 将光标定位在top4的Div标签中，删除多余文本，选择"插入>媒体>swf"命令，插入动画，如图15-21所示。

图15-20 创建css规则

图15-21 插入动画

16 单击"插入"面板中的"插入Div标签"按钮，在"插入Div标签"对话框的"插入"下拉列表中选择"在标签之后"，在标签选择器中选择"<div id="top">"，在ID 文本框中输入main，单击"确定"按钮，如图15-22所示。

```
#main {
width:980px;
height:455px;
margin-top:5px;
float:left;
}
```

图15-22 插入div标签

17 切换到div.css 文件，创建#main的CSS规则，如图15-23所示。

图15-23 创建css规则

18 将光标定位在main的Div标签中，删除多余文本，插入名为main1和main2的Div标签，切换到div.css文件，创建名为#main1和#main2的css规则，如图15-24所示。

```
#main1 {
width:980px;
height:220px;
}
#main2 {
width:980px;
height:230px;
}
```

15-24 创建css规则

19 将光标定位在main1的Div标签中，删除多余文本，插入名为left1、center1和right1的Div标签，切换到div.css文件，创建名为#left1、#center1和#right1的css规则，如图15-25所示。

```
#left1 {
height:205px;
width:253px;
float:left;
margin-top:5px;
margin-left:5px;
text-align:center;
background-image:url(images/3.jpg);
background-repeat:no-repeat;
}
#center1 {
width:430px;
height:205px;
float:left;
margin-top:5px;
margin-left:10px;
line-height:20px;
font-family:" 宋体 ";
font-size:12px;
color:#000;
}
```

```
#right1 {
height:205px;
width:270px;
float:left;
margin-top:5px;
margin-top:5px;
margin-left:10px;
background-image:url(images/2.gif);
background-repeat:no-repeat;
line-height:20px;
font-family:" 宋体 ";
font-size:12px;
color:#000;
}
```

图15-25 创建css规则

20 将光标定位在left1的Div中，删除多余文字，选择"插入>图像"命令，插入图像素材，如图15-26所示。

21 将光标定位在center1中，删除多余文本，插入图像素材，如图15-27所示。

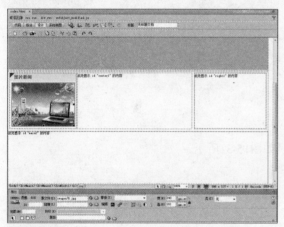

图15-26 插入图像

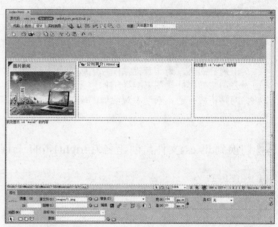

图15-27 插入图像

22 按下Enter键输入一个段落符，输入相应的文本内容，如图15-28所示。

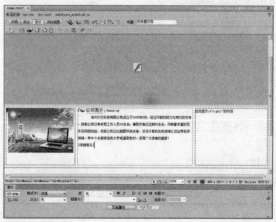

图15-28 输入文本

23 使用相同的方法，在right1的Div标签中输入内容，如图15-29所示。

图15-29 输入文本

24 选中刚输入的文本内容，单击"属性"面板中的"项目列表"按钮 ，为文本创建项目列表，在代码视图中，可以看到相应的列表代码，如图15-30所示。

```
<ul>
<li>特色网上书店兴起，图书零售呈多元格局！</li>
<li>教育出版大发展须加快国际合作！</li>
<li>全国印刷复制行政执法报告评价制度实施办法！</li>
<li>汉语言文化环境问题引起重视！</li>
<li>出最好的书，为作者提供图片出版的全方位服务！</li>
<li>公司将开展外文图书翻译工作！</li>
<li>网站正式开通，欢迎参观我们的网站！</li>
</ul>
```

25 切换到div.css文件，创建名为#right1 li的css规则，如图15-31所示。

```
#right1 li {
margin-left:20px;
}
```

图15-30 创建项目列表

图15-31 创建CSS规则

26 将光标定位在main2的Div标签中，删除多余文本，插入名为left2、center2和right2的Div标签，切换到div.css文件，创建名为#left2、#center2和#right2的CSS规则，如图15-32所示。

27 将光标定位在left2的Div标签中，删除多余文本，输入文本内容，如图15-33所示。

▼ Part 03 Flash CS6 篇

Chapter
12

Chapter
13

Chapter
14

Chapter
15 │ 综合案例——制作科技公司网站

```
#left2 {
height:205px;
width:253px;
float:left;
margin-top:5px;
margin-left:5px;
background-image:url(images/4.jpg);
background-repeat:no-repeat;
line-height:20px;
font-family:" 宋体 ";
font-size:12px;
color:#000;
}
#center2 {
width:485px;
height:205px;
float:left;
margin-top:5px;
margin-left:10px;
background-image:url(images/4.png);
background-repeat:no-repeat;
}
#right2 {
height:205px;
width:215px;
float:left;
margin-top:5px;
margin-left:10px;
text-align:center;
}
```

图15-32 创建css规则

图15-33 输入文本

28 使用相同的方法，在center2的Div中插入图像，切换到div.css文件，创建名为#center2 img和.pic的css规则，如图15-34所示。删除right2的Div中多余的文字，在right2中插入图像，如图15-35所示。

```
#center2 img {
margin-left:10px;
margin-top:40px;
}
.pic {
padding:2px;
border:solid 1px #CCCCCC;
}
```

图15-34 创建css规则

图15-35 插入图像

29 单击"插入"面板中的"插入>布局>插入Div 标签"按钮，在"插入Div标签"对话框的"插入"下拉列表中选择"在标签之后"，在标签选择器中选择"<div id="main">"，在ID文本框中输入footer，如图15-36所示。切换到div.css 文件，创建#footer 的CSS规则，如图15-37所示。

```
#footer {
width:980px;
height:100px;
float:left;
font-family:" 黑体 ";
font-size:14px;
text-align:center;
line-height:20px;
background-image:url(images/5.jpg);
background-repeat:no-repeat;
padding-top:10px;
}
```

图15-36 插入Div标签

图15-37 创建css规则

30 将多余的文本删除，输入文本内容，如图 15-38所示。

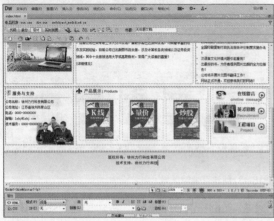

图15-38 输入文本

31 保存文件，按下F12键预览网页，如图15-39 所示。

15-39 预览网页

15.1.4 制作次级页面

对于该科技网站来说，次级页面具有相同的版式结构，应用模板制作其他页面不仅可以统一网站风格，还可以节省网站制作的时间。利用模板制作网页的具体操作步骤如下。

01 打开index.html文档，选择"文件>另存为模板"命令，弹出"另存模板"对话框，输入模板名称，单击"保存"按钮，如图15-40所示。

图15-40 "另存模板"对话框

03 在模板中选择main的Div，选择"插入>模板对象>可编辑区域"命令，如图15-42所示。

02 弹出信息提示对话框，单击"是"按钮，如图15-41所示。

图15-41 信息提示对话框

04 弹出"新建可编辑区域"对话框，单击"确定"按钮，此时在模板文件中创建了可编辑区域，然后保存模板，如图15-43所示。

图15-42 选择"可编辑区域"命令

图15-43 创建可编辑区域

05 新建网页文档，另存为jianjie.html，打开"资源"面板，切换到"模板"选项卡，选中模板，单击"应用"按钮，此时该文档应用了模板，如图15-44所示。

06 删除main的Div标签，新建一个CSS文件，并保存为inner.css，如图15-45所示。

图15-44 应用模板

图15-45 新建css文件

07 单击"CSS样式"面板底部的"附加样式表"按钮，弹出"链接外部样式表"对话框，将新建的外部样式表文件inner.css链接到页面中，如图15-46所示。

```
#main-1 {
width:980px;
height:455px;
margin-top:5px;
float:left;
}
```

图15-46 "链接外部样式表"对话框

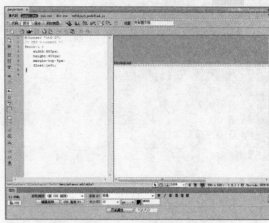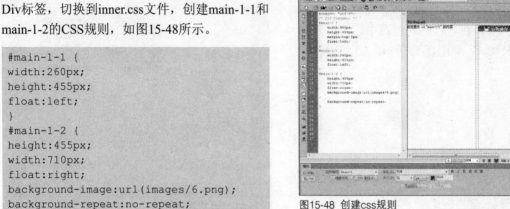

08 插入一个名为main-1的Div标签，切换到inner.css文件，创建main-1的CSS规则，如图15-47所示。

图15-47 创建css规则

09 在main-1中分别插入main-1-1和main-1-2的Div标签，切换到inner.css文件，创建main-1-1和main-1-2的CSS规则，如图15-48所示。

```
#main-1-1 {
width:260px;
height:455px;
float:left;
}
#main-1-2 {
height:455px;
width:710px;
float:right;
background-image:url(images/6.png);
background-repeat:no-repeat;
}
```

图15-48 创建css规则

10 删除main-1-1的Div标签中的多余文本，插入名为left-1-1和left-1-2的Div标签，切换到inner.css文件，创建left-1-1和left-1-2的CSS规则，如图15-49所示。

```
#left-1-1 {
width:253px;
height:215px;
margin-top:5px;
margin-left:5px;
background-image:url(images/7.png);
background-repeat:no-repeat;
line-height:20px;
font-family:" 宋体 ";
font-size:12px;
color:#000;
}
#left-1-2 {
height:205px;
width:253px;
float:left;
margin-top:10px;
margin-left:5px;
background-image:url(images/4.jpg);
background-repeat:no-repeat;
line-height:20px;
```

```
font-family:" 宋体 ";
font-size:12px;
color:#000;
}
```

图15-49 创建css规则

11 删除left-1-1和left-1-2的Div标签中的内容，输入文本，如图15-50所示。

```
<ul>
<li> 公司简介 </li>
<li> 发展历程 </li>
<li> 公司风采 </li>
<li> 员工天地 </li>
<li> 总经理致辞 </li>
</ul>
```

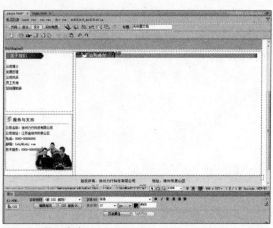

图15-50 输入文本

12 选中left-1-1的Div标签中的文本内容，单击"属性"面板中的"项目列表"按钮，为文本创建项目列表，在"代码"视图中，可以看到相应的列表代码，如图15-51所示。

图15-51 创建项目列表

13 切换到inner.css文件，创建#left-1-1 li的CSS规则，如图15-52所示。

```
#left-1-1 li {
margin-left:20px;
}
```

14 删除main-1-2中多余的文本，插入right-1-1的Div标签，创建名为#right-1-1的CSS规则，如图15-53所示。

```
#right-1-1 {
width:680px;
height:380px;
margin-top:60px;
margin-left:10px;
line-height:25px;
font-family:" 宋体 ";
font-size:16px;
color:#000;
}
```

图15-52 创建css规则

图15-53 创建css规则

15 删除right-1-1中多余的文本，输入文本内容，如图15-54所示。

16 保存文件，预览网页，如图15-55所示。

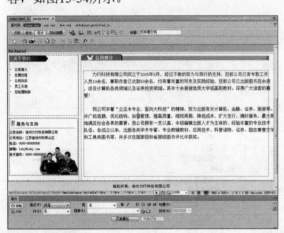

图15-54 输入文本

图15-55 预览网页

15.2 网站的测试与上传

网站制作完成后，首先要对站点进行测试，然后在将其发布到Web服务器上，形成真正的网站，让更多的用户浏览。

15.2.1 测试网站

发布网站之前需要对网站进行测试。一般情况下，网站的测试工作都是在本地计算机中进行的。测试内容一般包括浏览器的兼容性、用户功能的实现情况和网络中的各个链接等。

1. 检查站点

使用Dreamweaver可以帮助快速检查站点中的网页链接，避免出现链接错误。

选择"站点>检查站点范围的链接"命令，Dreamweaver CS6会自动为站点检查链接，检查结果将在链接检查器中显示，如图15-56所示。

图15-56 链接检查器

2．站点报告

使用站点报告可以检查多余的嵌套标签、可删除的空标签和无标题文档等。

01 选择"站点>报告"命令，弹出"报告"对话框，在"报告"下拉列表中选择"整个当前本地站点"选项，在"选择报告"列表框中勾选各复选框，如图15-57所示。

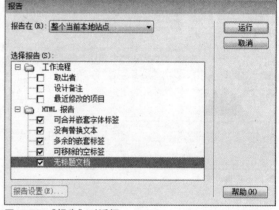

图15-57 "报告"对话框

02 单击"运行"按钮，Dreamweaver CS6会对整个站点进行检查，检查完毕后，将在"站点报告"面板中显示检查结果，如图15-58所示。根据显示结果，可以进行相应编辑。

图15-58 "站点报告"面板

3．清理文档

清理文档就是清理一些空标签或在Word中编辑时产生的多余标签。

01 选择"命令>清理HTML"命令，弹出"清理HTML/XHTML"对话框，设置参数，单击"确定"按钮，如图15-59所示。

02 弹出提示对话框，单击"确定"按钮，如图15-60所示。

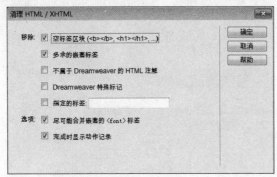

图15-59 "清理HTML/XHTML"对话框

图15-60 提示对话框

03 选择"命令>清理Word生成的HTML"命令，弹出"清理Word生成的HTML"对话框，切换至"基本"选项卡，可以设置来自Word文档的特定标记、CSS等选项，如图15-61所示。

04 切换至"详细"选项卡，可以进一步设置要清理的Word文档中的特定标记以及CSS样式表的内容，单击"确定"按钮，如图15-62所示。

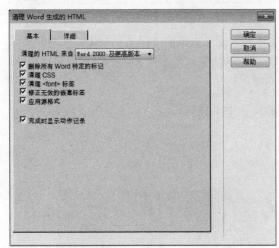

图15-61 设置基本参数

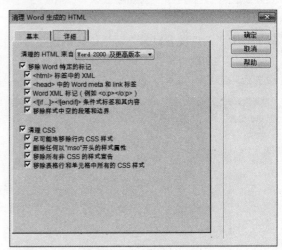

图15-62 设置详细参数

05 弹出信息提示对话框，提示已完成对页面中由Word生成的HTML内容的清理，单击"确定"按钮，如图15-63所示。

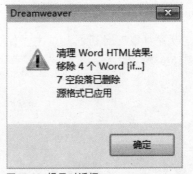

图15-63 提示对话框

15.2.2 网站上传

网页测试完成后，即可将其发布到Web服务器上。一般来说，发布站点包括上传文件、下载文件和同步文件，具体操作步骤如下。

01 打开"文件"面板，单击该面板中的"显示本地和远端站点"按钮，如图15-64所示。

图15-64 "文件"面板

02 打开本地和远端站点窗口，单击"定义远程服务器"文本链接，如图15-65所示。

图15-65 单击"定义远程服务器"

03 弹出"站点设置对象"对话框，切换至"服务器"选项面板，单击"添加服务器"按钮，设置选项参数，如图15-66所示。

图15-66 添加服务器

05 返回"站点设置对象"对话框，单击"保存"按钮，如图15-68所示。

04 设置完成后单击"测试"按钮，此时弹出信息提示对话框，单击"确定"按钮，如图15-67所示。

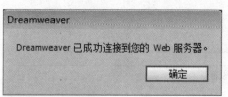

图15-67 提示对话框

06 在本地和远端站点窗口，单击"连接到远程主机"按钮，连接到服务器后，"连接到远程主机"按钮会自动变成关闭状态，并在旁边亮起一个小绿灯，而在"远程服务器"列表框中将显示文件及文件夹，如图15-69所示。

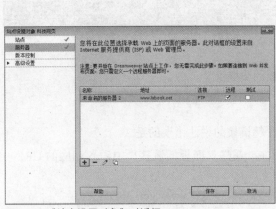

图15-68 "站点设置对象"对话框

07 在服务器上新建一个文件夹，在"本地文件"列表框中选择要上传的文件，单击"上传文件"按钮，如图15-70所示。

图15-70 上传文件

09 打开浏览器，在地址栏输入FTP://www.lxbook.net后按Enter键，将弹出提示对话框，输入用户名和密码，单击"登录"按钮，如图15-72所示。

图15-72 登录网站

图15-69 链接远程主机

08 此时，系统弹出提示对话框，单击"确定"按钮即可。当文件上传完毕后，在左侧"远程服务器"列表中将看到上传的所有文件，如图15-71所示。

图15-71 完成文件上传

10 打开FTP服务器，用户可以看到远程服务器中的文件夹，单击kejiwangye文件夹可以看到上传的文件，如图15-73所示。

图15-73 查看上传的文件

15.3　习题

1. 选择题

（1）在 Dreamweaver 中，快速打开"历史"面板的快捷键是（　）。

A. Shift+F10　　　　B. Shift+F8　　　C. Alt+F8　　　D. Alt+F10

（2）在 Dreamweaver 中，下面对文本和图像设置超链接的说法错误的是（　）。

A. 选中要设置成超级链接的文字或图像，然后在"属性"面板的链接栏中添入相应的 URL 地址即可

B. "属性"面板的链接栏中添入相应的 URL 地址格式可以是"www.geft.org.cn"

C. 完成后，可以发现选中的文本变为蓝色，并出现下划线

D. 使用相对地址时，图像的链接起点是此 HTML 文档所在的文件夹

（3）在制作网站时，下面是 Dreamweaver 的工作范畴的是（　）。

A. 内容信息的搜集整理　　　　　　B. 美工图像的制作

C. 把所有有用的内容组合成网页　　D. 网页的美工设计

（4）下面关于设计网站结构的说法错误的是（　）。

A. 按照模块功能的不同分别创建网页，将相关的网页放在一个文件夹中

B. 必要时应建立子文件夹

C. 尽量将图像和动画文件放在一个大文件夹中

D. 当地网站和远程网站最好不要使用相同的结构

2. 填空题

（1）在 Dreamweaver CS6 中设立链接目标，表示在新窗口打开网页的是 _____。

（2）在网页制作中，精确定位网页中各个元素的位置应该使用 _____。

（3）在 Dreamweave CS6 中，打开"页面属性"对话框的快捷键是 _____。

（4）在网页中添加 css 样式表的方式主要包括嵌入样式表、内部样式表和 _____ 等。

3. 上机练习

通过本章学习，制作如图 15-74 所示的网页，并上传到服务器上。

制作要点：在 Photoshop 中设计制作网页的效果图，之后剩下的工作需要到 Dreamweaver 中完成。首先要规划和建立站点，对页面结构进行分析，然后制作网页，网站完成后，还需要对网站进行测试、上传。

图15-74 网页最终效果

习题参考答案

第1章

1. 选择题
（1）D（2）C（3）D（4）A

2. 填空题
（1）域名（网站地址）、网站空间 （2）网页 （3）色相、饱和度 （4）网站定位、网站理念

第2章

1. 选择题
（1）B（2）A（3）B（4）D

2. 填空题
（1）HTML源代码 （2）设计器、双重屏幕 （3）不可编辑的、交互式的 （4）可复制性

第3章

1. 选择题
（1）A（2）A（3）C（4）C

2. 填空题
（1）GIF （2）替换图像 （3）绝对路径、相对路径 （4）热点链接功能

第4章

1. 选择题
（1）C（2）D（3）C（4）B

2. 填空题
（1）框架集、单个框架（2）区域（3）容器、对象的位置（4）visible

第5章

1. 选择题
（1.）A（2.）B（3.）C（4.）B

第6章（第2章填空题续）

2. 填空题
（1）"全部"模式 （2）内部样式表、外部样式表 （3）选择器类型、选择器名称 （4）标签

第6章

1. 选择题
（1）B（2）A（3）B

2. 填空题
（1）属性、所有行为 （2）菜单按钮 （3）对象、事件

第7章

1. 选择题
（1）B（2）D（3）C

2. 填空题
（1）数据传输（2）密码域（3）数据表（4）收集、存储数据

第8章

1. 选择题
（1）C（2）C（3）A

2. 填空题
（1）新模板 （2）可编辑区域、不可编辑区域、可编辑区域 （3）模板中分离出来 （4）库项目

第9章

1. 选择题
（1）A（2）B（3）A（4）D

2. 填空题
（1）工具箱、工具选项栏 （2）标准屏幕模式、全屏模式 （3）矢量图（4）像素 （5）RGB模式、CMYK模式 （6）CMYK模式

第10章

1. 选择题

（1）B （2）D （3）B （4）B （5）B

2. 填空题

（1）污点修复画笔工具、修复画笔工具、修补工具、红眼工具、内容感知移动工具 （2）等高线、纹理 （3）混合模式、不透明度 （4）色相、明度、饱和度 （5）场景模糊、光圈模糊、倾斜偏移

第11章

1. 选择题

（1）A （2）B （3）D （4）B

2. 填空题

（1）横排文字工具、横排文字蒙版工具 （2）添加图层样式 （3）文字图层 （4）Logo

第12章

1. 选择题

（1）C （2）B （3）D

2. 填空题

（1）Ctrl+Enter （2）伸直、平滑和墨水 （3）墨水瓶

第13章

1. 选择题

（1）B （2）A （3）D

2. 填空题

（1）打散的图形；下方 （2）遮罩层和被遮罩层 （3）468×60 像素

第14章

1. 选择题

（1）D （2）B （3）C

2. 填空题

（1）对比度、亮度、饱和度和色相 （2）Adobe Media Encoder （3）帧触发事件；按钮触发事件；影片剪辑触发事件

第15章

1. 选择题

（1）A （2）B （3）C （4）D

2. 填空题

（1）_blank （2）AP DIV （3）Ctrl+J （4）外部样式表